高等学校"十一五"精品规划教材

继电保护综合调试实习实训指导书

芮新花　赵珏斐　主编

U0237889

中国水利水电出版社
www.waterpub.com.cn

内 容 提 要

本书系电气工程及其自动化专业继电保护方向的课程实习教材，内容涵盖电力系统继电保护、电力系统自动装置、继电保护测试技术、电力自动化技术等课程的主要实习项目、实习原理和实验方法。实习分类清晰，指导明确，可操作性强。

本书共分四章及 18 个附录：第一章为继电保护调试实习，第二章为高压线路保护调试实习，第三章为主设备保护调试实习，第四章为低压线路保护及辅助保护调试实习。第一章主要为传统的单个继电器调试实习，第二章至第四章为 RCS 系列的微机保护调试实习。附录主要包括微机保护的整定计算、定值说明、保护原理接线图及继电保护测试仪的使用说明等。

本书既可作为高等学校电气工程及其自动化、电气自动化专业及其他电气类、自动化类学生的调试实习教学用书，也可作为从事电力系统继电保护及安全自动装置安装与调试的工程技术人员的参考用书。

图书在版编目（ＣＩＰ）数据

继电保护综合调试实习实训指导书 / 芮新花，赵珏
斐主编. -- 北京 ：中国水利水电出版社，2010.11（2021.7重印）
高等学校"十一五"精品规划教材
ISBN 978-7-5084-8068-8

Ⅰ. ①继… Ⅱ. ①芮… ②赵… Ⅲ. ①继电保护装置
－调试－高等学校－教学参考资料 Ⅳ. ①TM774

中国版本图书馆CIP数据核字(2010)第220480号

书　　名	高等学校"十一五"精品规划教材 **继电保护综合调试实习实训指导书**
作　　者	芮新花　赵珏斐　主编
出版发行	中国水利水电出版社 （北京市海淀区玉渊潭南路 1 号 D 座　100038） 网址：www. waterpub. com. cn E - mail：sales@waterpub. com. cn 电话：(010) 68367658（营销中心）
经　　售	北京科水图书销售中心（零售） 电话：(010) 88383994、63202643、68545874 全国各地新华书店和相关出版物销售网点
排　　版	中国水利水电出版社微机排版中心
印　　刷	天津嘉恒印务有限公司
规　　格	184mm×260mm　16 开本　26 印张　617 千字
版　　次	2010 年 11 月第 1 版　2021 年 7 月第 3 次印刷
印　　数	4001—5000 册
定　　价	**68.00 元**

凡购买我社图书，如有缺页、倒页、脱页的，本社营销中心负责调换

前　　言

随着新原理、新技术在数字式继电保护中的应用，继电保护装置测试的复杂性不断提高。而继电保护测试所涉及到的知识广泛，测试手段多种多样，所遇到的实际问题层出不穷。微机型测试装置（实验装置）为微机保护调试工作提供了一种先进的测试手段，然而在现场实际测试过程中，许多人只是使用其基本功能，对测试原理及如何更准确、更高效地进行测试不甚了解，在遇到继电保护测试的难点问题时更感到无从下手。作者结合多年继电保护教学与工程实践的心得，在本书中向读者重点介绍数字式继电保护装置的主要原理及具体测试步骤和要领。在编写过程中，注重于实用性、适用性、可读性，与实际联系较为紧密。

本书所涉及的装置主要为南瑞继保电气有限公司（以下简称南瑞继保）的 RCS 系列保护及自动装置。由于目前各院校学生所用的实习装置中的继电器等一些电气符号多为旧的文字符号，为方便学生实验，故本书对这些旧符号未做改动，其常用电气新旧文字符号对照参见附录 R。

本书所列实验的指导内容的编排是严格按照教学大纲及实验大纲的要求进行教学组织的，既注重实践教学环节与理论教学的紧密结合，又自成体系，便于单独开设实验课。本书在理论与实际相结合方面给学生留有充分的思考余地，以便培养和提高学生的实际操作能力、分析和解决问题的独立工作能力、综合运用所学知识的创新能力。

本书共分四章及 18 个附录：第一章为继电保护调试实习，第二章为高压线路保护调试实习，第三章为主设备保护调试实习，第四章为低压线路保护及辅助保护调试实习。第一章主要为传统的单个继电器调试实习，包括电流继电器、过压、欠压继电器、数字式时间继电器、信号继电器、差动继电器、功率方向继电器等的原理和调试；第二章至第四章为 RCS 系列的微机保护调试实习。其中，第二章为 RCS-902、RCS-931、RCS-941 等高压微机线路保护的原理、操作和调试，第三章为 RCS-978、RCS-985、RCS-915 等主设备保护的原理、操作和调试；第四章为 RCS-923、RCS-9611 等低压微机线路保护及辅助保护等的原理、操作和调试。本书附有大量的实用附录，其中包括微机保护的整定计算、定值说明、保护原理接线图及继电保护测试仪的使用说明等。

本书第一章、第二章第一节至第七节、附录 L 和附录 M 由南京工程学院芮新花编写，第三章第一节至第五节、第四章、附录 F 至附录 K 由南京供电公司赵珏斐编写，第二章第八节、附录 A 至附录 E 由广东省输变电工程公司卢林煌编写，第三章第六节、附录 N 至附录 R 由国电南京自动化股份有限公司电网分公司于秀荣编写，芮新花、赵珏斐担任主编，卢林煌、于秀荣担任副主编。全书由芮新花负责统稿。

本书编写过程中，参阅了国内外许多单位的有关技术资料，南瑞继保公司周耿华、北京博电新力电力系统仪器有限公司南京分公司周云杰、深圳市凯弦电气自动化有限公司南京分公司武经天等为此书提供了大量的技术资料及支持。此外，还得到了南京工程学院电力工程学院韩笑、刘薇、杨建伟三位老师的指导和帮助，在此一并向他们表示感谢！

由于作者水平有限，书中难免存在错误和疏漏之处，恳请广大读者批评指正。

目　　录

第一章 继电保护调试实习

第一节 电流继电器特性实验

一、实验目的

(1) 通过观察，熟悉电磁型电流继电器（DL-32 型）内部结构及动作情况。

(2) 学会调试，测量电磁型电流继电器的动作值，返回值和返回系数。

(3) 学会计算误差、变差、离散值及返回系数并判断其是否合格。

(4) 学会使用电动毫秒计，并利用电动毫秒计测试 DL-32 型的动作时间和返回时间。

(5) 了解过电流继电器动作的速动性。

二、实验预习

(1) 熟悉电磁型电流继电器界面及内部接线图。熟悉交直流电流表的使用。

(2) 了解单相自耦变及电动毫秒计的原理。

(3) 列出详细实验步骤。

(4) 当电流继电器返回系数低于 0.85 或高于 0.95 时，使用中会出现什么问题？

(5) 电流继电器两个线圈反向串联后，动作电流有何改变？为什么？

三、实验仪器及设备

实验仪器及设备见表 1-1。

表 1-1 　　　　　　　　　电流继电器实验仪器及设备

序　号	设备代号	仪 器 名 称	数　量	序　号	设备代号	仪 器 名 称	数　量
1	KA	电流继电器	1	4	R	可调变阻（30Ω，5A）	1
2	PA	电流表	1	5	HR	信号灯	1
3	TV	单相自耦调压器	1	6	401	电动毫秒计	1

四、实验原理

1. 电磁型电流继电器 DL-32 的基本构成

DL-32 型电流继电器的结构如图 1-1-1 所示。

DL-32 型继电器是封闭结构的凸出安装的电磁式电流继电器，用于电气元件的过电流和短路保护中，作为测量元件。

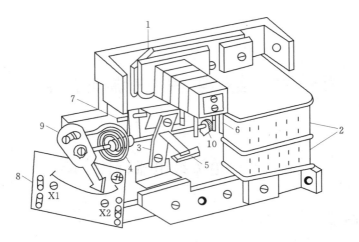

图 1-1-1　DL-32 系列电流继电器的结构图

1—电磁铁；2—绕组；3—Z 形舌片；4—弹簧；5—动触点；6—静触点；

7—限制螺杆；8—刻度盘；9—定值调整把手；10—轴承

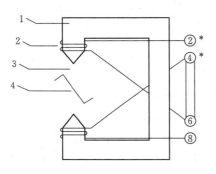

图 1-1-2　DL-32 型电磁系统

1—铁芯；2—线圈；3—空气隙；4—动片

DL-32 型继电器的结构可分为电磁系统和可动系统两部分。

（1）电磁系统由铁芯、线圈、空气隙和动片组成（见图 1-1-2）。

1）铁芯：由硅钢片叠装而成，外涂黑色绝缘漆，便于散热；

2）线圈：用双纱包线绕制的两个线圈分别装在铁芯上下极。线圈的阻抗很小，两线圈可以串联，也可以并联；

串联：④⑥相连，见图 1-1-3（a），磁通助增，故串联接法也称顺极性或和极性接法。

并联：②④相连，⑥⑧相连，见图 1-1-3（b），磁通削弱，故并联接法也称逆极性或差极性接法。

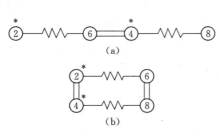

图 1-1-3　线圈串、并联接线示意图

（a）串联；（b）并联

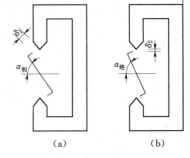

图 1-1-4　α 角与空气隙

（a）初始状态；（b）最终状态

3）空气隙：动片端部与铁芯之间的空气间距，空气隙大小直接影响电流继电器动作和返回值。α 角与空气隙见图 1-1-4。

在初始状态下，空气隙称 δ_1；在最终状态下，空气隙称 δ_2，显然 $\delta_1 > \delta_2$。原则上，上下空气隙应相等。

4）动片：又称衔铁，舌片。形状呈 Z 形，俗称 Z 形舌片，动片端部角可适当改变，从而改变上下气隙。

（2）可动系统由游丝、动接点、动片和转轴组成。

1）转轴：用不锈钢制成，轴尖极光洁，轴壳外表压花，增加在其上安装部件的紧固性。

2）动接点：通过内箍上的两个螺栓，使其与轴承相连，属桥式结构。

3）游丝：又称反作用弹簧，可产生与电磁动矩起相反作用的力矩，是用青铜材料制成的弹性元件，要求圈间均匀不凸肚，不偏心。

2. DL-32 型电流继电器工作原理

DL-32 系列电磁型电流继电器常用于电机、变压器和输电线路的过负荷和短路保护中，作为起动元件，是实现电流保护的基本元件。只有它首先反映出电流的剧增，由它再起动和传递到保护环节、直至触发断路器跳闸，将故障部分从系统中切除。通过实验对电流继电器的特性、接线方式和整定都有明确的认识。

当线圈中通过电流 I 时，铁芯中产生磁通 Φ，它通过由铁芯、空气隙和转动动片组成的磁路，将动片磁化，产生电磁力矩 M_{em}，它克服弹簧的反作用力矩 M_{sp}，使动片向磁极趋近。动片所受的电磁力 F 与磁通 Φ 的平方成正比，即 $F = K_1 \Phi^2$，而磁通 Φ 又正比于继电器线圈中的电流 I，所以动片所受的电磁吸引力为 $F = K_1 I^2$。当继电器线圈中的电流所产生的电磁力矩大于弹簧及可动系统重力产生的电磁力矩时，继电器可动。若继电器线圈的电流中断或减小到一定的数值时，则继电器因弹簧的反作用力矩而返回。

本实验所用的电流继电器为 DL-32，整定电流范围为 0.5～3A。其电磁系统有两个线圈，可根据需要串联和并联，故改变接线方式可使继电器整定范围变化一倍。继电器铭牌上的刻度值及额定值对于电流继电器是线圈串联的值（以 A 为单位），拨动刻度指针，即可改变继电器的动作值（其原理是改变游丝的反作用力矩）。内部接线图如图 1-1-5 所示。

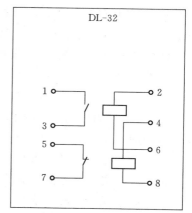

图 1-1-5　DL-32 型电流继电器
内部接线图

电流继电器的动作方程：$M_{em} > M_{sp} + C$。其中，C 为常数。当电流值升至整定值或大于整定值时，继电器动作，这个电流称为继电器的动作电流，用 I_{op} 表示。继电器动作，其常开触点闭合，常闭触点打开。继电器返回方程：$M_{em} < M_{sp} - C$。当电流降低到一定值时继电器返回，能使继电器返回的最大电流称为继电器的返回电流，并以 I_{re} 表示。继电器返回，常开触点打开，常闭触点闭合。

返回电流 I_{re} 与动作电流 I_{op} 的比值称为返回系数，即 $K_{re} = I_{re} / I_{op}$。反应电流增大而动作的继电器 $I_{op} > I_{re}$，因而 $K_{re} < 1$。对于不同结构的继电器，K_{re} 不同，一般在 0.85～

0.98 内变化。

五、实验项目及步骤

（一）电流继电器特性实验

电流继电器动作、返回电流值测试实验。本实验按图 1-1-6 接线，经指导老师检查，确认接线为正确后可按下列步骤进行实验。

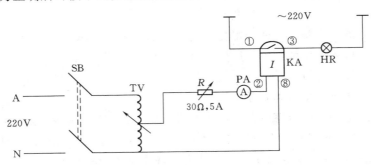

图 1-1-6　电流继电器特性实验接线图

（1）检查单相自耦调压器并调至零位，可调电阻 R 应在最大位置，将继电器整定在某一标度上（整定值）。

电流继电器的两个线圈可以串联亦可以并联，实验时按选择的接线方式接好线后，整定值从低标度依次作实验（最小、中间、最大）。

（2）合上电源开关 SB，缓慢调节调压器，配合可变电阻 R 使电流上升直至信号灯（HR）刚能发亮为止，说明继电器刚好动作。此时电流表显示的电流即为继电器的起动电流 I_{op}。记录电流表的指示数，然后缓慢调节调压器及可变电阻 R，使电流缓慢下降，信号灯（HR）刚好熄灭时的电流即为继电器的返回电流 I_r。记录此数，并反复三次，以观察可能的误差情况。

（3）改变标度位置，重复上述步骤并作好记录，在每个标度上均重复三次取其平均值，再由起动电流与返回电流的平均值求出继电器的返回系数。

（4）改变线圈接法，重复上述的步骤。

根据实测的返回电流及起动电流的平均值，求出继电器的返回系数，填入记录表格，其值不应小于 0.85。

继电器动作值稳定性的误差、离散值及变差计算方法如下

$$误差 = \frac{实测值 - 整定值}{整定值} \times 100\%（要求小于 5\%） \times 100\%$$

$$离散值 = \frac{与平均值相差最大的数值 - 平均值}{平均值} \times 100\%$$

$$变差 = \frac{三次实验中的最大值 - 三次实验中的最小值}{三次实验平均值}$$

（二）电流继电器动作及返回时间测试实验

动作时间：是指从继电器加上动作电流（电压）开始到继电器完全动作的时间，也称

4

这个时间为继电器的延时时间。实验原理图如图1-1-7所示。

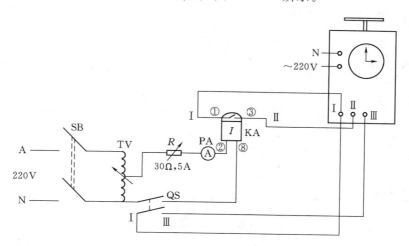

图1-1-7　电流继电器动作时间测量实验原理图

返回时间：规定条件下，对处于最终状态的继电器，当输入激励量变化至规定值瞬间起至继电器释放为初态瞬间止的时间。

实验步骤如下：

（1）按图接线，检查调压器并调至零位，滑线电阻R应在最大位置，将继电器整定为1.2A。

（2）检查线路后，合上刀闸QS，合上电源开关SB。

（3）打开电秒表电源开关，使用其时间测量功能，工作选择开关"连续"。

（4）调节调压器使电压匀速升高，使加入继电器的电流为0.5A。

（5）先拉开刀闸QS，复位电秒表，使其显示为零，然后再合上QS，电秒表显示的时间即为动作时间，记下该值然后复位。

（6）测三组数据，计算平均值，结果填入表4中。

（7）使加入继电器的电流分别为0.8A、1A、1.2A，重复上述步骤。

（8）分析四种电流情况读数是否相同，为什么？

（9）返回时间接线自拟，填入相应表1-5中。

六、实验注意事项

（1）自耦变压器的极性接入要正确，清楚火线A与零线N接线端位置。

（2）明确滑变电阻的作用是用来限制电流，因此，回路中必须正确接入滑变电阻，实验开始时一定要把R滑到最大位置处。

（3）正确连接电流继电器的电流线圈的两种连接方式，并明确不同连接时的整定范围。

（4）电流继电器的电流线圈只允许短时间通入大电流。

七、实验数据

实验参数见表1-2～表1-4。

表 1-2　　　　　　　　　　　　　　　　動作值、返回值测试（一）

线圈连接	串 联 连 接			并 联 连 接		
实验次数	第一次	第二次	第三次	第一次	第二次	第三次
整定电流（A）						
实测动作电流（A）						
实测返回电流（A）						
误差（A）						
变差（A）						
平均值（A）						
返回系数						

表 1-3　　　　　　　　　　　　　　　　动作值、返回值测试（二）

线圈连接	串 联 连 接			并 联 连 接		
实验次数	第一次	第二次	第三次	第一次	第二次	第三次
整定电流（A）						
实测动作电流（A）						
实测返回电流（A）						
误差（A）						
变差（A）						
平均值（A）						
返回系数						

表 1-4　　　　　　　　　　　　　　　　动作值、返回值测试（三）

线圈连接	串 联 连 接			并 联 连 接		
实验次数	第一次	第二次	第三次	第一次	第二次	第三次
整定电流（A）						
实测动作电流（A）						
实测返回电流（A）						
误差（A）						
变差（A）						
平均值（A）						
返回系数						

表 1-5　　　　　　　　　　　　動 作 时 间 测 试

I（A）	0.5	0.8	1	1.2
T_p（s）				
T_k（s）				

八、实验报告

（1）实验结束后，绘制记录表格，并填好记录，计算出电流继电器的返回系数，某一整定值处的误差离散值及变差。

（2）回答预习要求的问题。

（3）被试继电器的动作参数是否有误差？如有，试分析原因，并对被试继电器做评价。

九、技术参数

（1）最大整定电流：3A。

（2）继电器刻度误差：不大于6％。

（3）动作值的变差：不大于6％。

（4）返回系数不小于0.8。

（5）绝缘电阻：当周围介质温度为+40℃时，继电器在6A（串联）或12A（并联）下长期工作时，不会有绝缘和其他电气元件的损坏，而线圈的温升不大于60℃。

（6）介质强度：继电器的所有电路对于外壳绝缘应耐受2kV，50Hz交流历时1min实验。

（7）触点断开容量：当电压不大于250V及电流不大于2A时，触点的断开功率，在具有电感负载的直流电路［时间常数为（5+0.75）ms］中为50W，在交流电路中为250VA。

（8）功率消耗：在最小整定值处，继电器的线圈所消耗的功率规定的数据。

（9）寿命：继电器电寿命500次，机械寿命5000次。

第二节　过压、欠压继电器特性实验

一、实验目的

（1）通过观察，熟悉电磁型电压继电器（DY-32型）界面，了解其结构及内部接线图。

（2）学会测试电磁型电压继电器的动作值、返回值和返回系数。

二、实验预习

（1）熟悉本实验中所使用设备及仪器的界面及使用方法。

（2）电磁型电压继电器与电磁型电流继电器在结构上有什么异同？

（3）过电压继电器和欠电压继电器有何区别？

三、实验仪器及设备

DY-32型电压继电器实验仪器及设备见表1-6。

表 1-6   电压继电器实验仪器与设备

序　号	设备代号	仪器名称	数　量	序　号	设备代号	仪器名称	数　量
1	KV	电压继电器	1	4	R	可调变阻（30Ω，5A）	1
2	PV	电压表	1	5	HR	信号灯	1
3	TV	单相自耦调压器	1	6	401	电动毫秒计	1

四、实验原理

常用的电磁式电压继电器的结构与原理与电磁式电流继电器极为相似，它们接点系统都不够完善，当电流较大时可能发生振动现象，接点容量小不能跳闸。

电压继电器的线圈是经过电压互感器接入系统电压 U_s 的，其线圈中的电流为

$$I_r = \frac{U_r}{Z_r} \qquad\qquad (1-2-1)$$

式中　　U_r——加于继电器线圈上的电压，等于 U_s/n_{TV}（为电压互感器的变比）；

　　　　Z_r——继电器线圈阻抗。

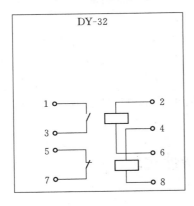

图 1-2-1　DY-32 型电压继电器
内部接线图

继电器的平均电磁力 $F_e = KI_r^2 = K'U_s^2$，因而它的动作情况取决于系统电压 U_s。我国工厂生产的 DY 系列电压继电器的结构和 DL 系列电流继电器相同。它的线圈是用温度系数很小的导线（例如康铜线）制成，且线圈电阻很大。

DY 系列电压继电器分过电压继电器和低电压继电器两种。过电压继电器动作时，衔铁释放；返回时，衔铁吸持，即过电压继电器的动作电压相当于低电压继电器的返回电压；因而过电压继电器 $K_{re} < 1$；而低电压继电器的 $K_{re} > 1$。K_{re} 越接近 1，说明继电器越灵敏。

本实验用 DY-32 型电压继电器（AC 110V），其内部结构如图 1-2-1 所示。

五、实验项目及步骤

（一）电压继电器特性实验

（1）按图 1-2-2 正确接线，检查调压器并调至零位，整定电压继电器的动作值。

（2）合上电源开关 SB，缓慢调节调压器，使电压上升直至继电器刚好动作，信号灯（HR）刚能发亮为止。此时电流表显示电压即为继电器的起动电压 U_{op}。记录电压表的指示数。

（3）然后缓慢调节调压器，使电压缓慢下降，当信号灯（HR）刚好熄灭时的电压即为继电器的返回电压 U_r。记录此数，并反复三次，以观察可能的误差情况。

（4）由起动电压与返回电压的平均值求出继电器的返回系数。

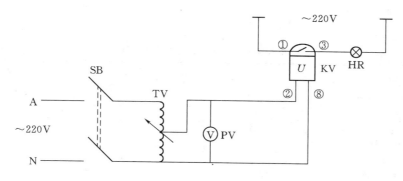

图 1-2-2 DY-32 型动作值测试接线图

（5）将结果填入表 1-7 中。

（二）DY-32 型电压继电器动作时间测试实验

（1）按图 1-2-3 接线，检查单相自耦调压器并调至零位。

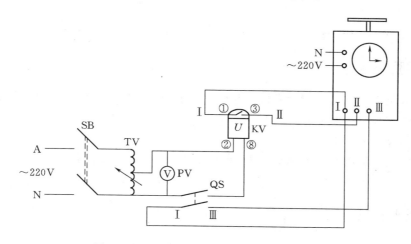

图 1-2-3 DY-32 型动作时间测试接线图

（2）检查线路后，合上刀闸 QS，合上电源开关 SB。

（3）打开电秒表电源开关，使用其时间测量功能，工作选择开关"连续"。

（4）调节调压器使电压匀速升高，约超过继电器动作值 1.2～1.5 倍。

（5）先拉开刀闸 QS，复位电秒表，使其显示为零，然后再合上 QS，电秒表显示的时间即为动作时间，记下该值然后复位。

（6）测三组数据，计算平均值，结果填入表 1-8 中。

六、实验注意事项

（1）自耦变压器的极性接入要正确，清楚火线 A 与零线 N 接线端位置。

（2）正确连接电压继电器的电压线圈的两种连接方式，并明确不同连接时的整定范围。

七、实验数据

表 1-7　　　　　　　　　　　电压继电器动作值、返回值测试

实 验 次 数	第一次	第二次	第三次
实测动作电压（V）			
实测返回电压（V）			
误差（V）			
变差（V）			
平均值（V）			
返回系数			

表 1-8　　　　　　　　　　　动 作 时 间 测 试

次　数	第一次	第二次	第三次	平均
T（s）				

八、实验报告

（1）实验结束后，绘制记录表格，并填好记录，计算出电压继电器的返回系数，某一整定值处的误差离散值及变差。

（2）回答预习要求的问题。

（3）被测继电器的动作参数是否有误差？如有，试分析原因，并对被测继电器做出评价。

九、技术参数

（1）最大整定电压：200V。

（2）继电器刻度误差：不大于 6%。

（3）动作值的变差：不大于 6%。

（4）返回系数不小于 0.8。

（5）绝缘电阻：当周围介质温度为 +40℃ 时，继电器在 110V（并联）或 220V（串联）下长期工作时，不会有绝缘和其他电气元件的损坏，而线圈的温升不大于 60℃。

（6）介质强度：继电器的所有电路对于外壳绝缘应耐受 2kV，50Hz 交流历时 1min 实验。

（7）触点断开容量：当电压不大于 250V 及电流不大于 2A 时，触点的断开功率，在具有电感负载的直流电路［时间常数为（5＋0.75）ms］中为 50W，在交流电路中为 250VA。

（8）功率消耗：在最小整定值处，继电器的线圈所消耗的功率规定的数据。

（9）寿命：继电器电寿命 500 次，机械寿命 5000 次。

10

第三节 数字式时间继电器特性实验

一、实验目的

（1）熟悉 SSJ-31A 时间继电器的实际结构。

（2）了解 SSJ-31A 工作原理及基本特性。

（3）掌握延时的整定和检验方法。

二、实验预习

（1）SSJ-31A 的延时原理如何？

（2）SSJ-31A 是如何实现双独立延时的？

（3）时间继电器主要用于哪些具体的继电保护和自动装置中？

三、实验仪器及设备

实验仪器及设备见表 1-9。

表 1-9 　　　　　　　　　　数字式时间继电器实验仪器及设备

序　号	设备代号	仪器名称	数量	序　号	设备代号	仪器名称	数　量
1	KT	时间继电器	1	4	HR	信号灯	1
2	PV	电压表	1	5	401	电动毫秒计	1
3	R	可调变阻（30Ω，5A）	1				

四、实验原理

（1）时间继电器用于各种继电保护和自动控制线路中，使被控制元件按时限控制原则进行动作。在电路中起着控制动作时间的作用。对时间继电器的要求是时间的准确性，而且动作时间不应随操作电压在运行中可能的波动而改变。有延时吸合接点和延时释放接点，有些型号的时间继电器还兼有瞬时闭合和瞬时分断触头，无论是吸合延时还是释放延时继电器，在电力系统继电保护回路中常用作时限元件获得延时动作来实现自动控制功效。

（2）SSJ-30 系列时间继电器用于电力系统二次回路的继电保护及自动控制中，作为延时元件，使被控制元件达到所需的延时，以实现保护的选择性配合，保证电力系统安全可靠地运行。SSJ-31A 为高精度时间继电器，是老式电磁式时间继电器的换代产品。

（3）SSJ-31A 为动作延时数字式时间继电器，由通用 CMOS 集成电路构成逻辑电路，采用晶体振荡器分频计数，由四位拨盘整定延时值组成，当实际延时值与整定值符合时，经符合电路起动出口电路，从而实现所需延时。由于采用晶体振荡器，并增加时间补偿预置电路，对于极短的延时值也能严格符合整定值，具有极高的精度。

（4）SSJ-31 内部接线图，见图 1-3-1。

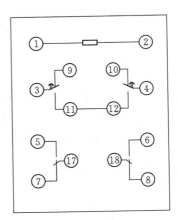

图 1-3-1 SSJ-31 内部接线图

五、实验项目及步骤

（一）动作值、返回值测试实验

（1）接线图如图 1-3-2 所示。

（2）合直流 110V 电源，调节可变电阻，缓慢增加 SSJ-31A 的输入电压，直至灯亮，即时间继电器的动作。

（3）读出此时电压表的读数即为 SSJ-31A 的动作电压 U_d。

（4）调节可变电阻继续增加输入电压使 SSJ-31A 充分动作。

（5）调节可变电阻使输入电压缓慢减少，直至灯熄灭，即 SSJ-31A 返回。

（6）读出此时电压表的读数即为 SSJ-31A 的动作电压 U_f。

（7）将数据记入表 1-10。

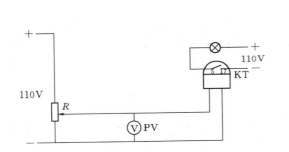

图 1-3-2 SSJ-31A 动作、返回电压测试接线图　　图 1-3-3 SSJ-31A 延时特性实验接线图

（二）延时特性实验

（1）如图 1-3-3 接线。

（2）合上直流 110V 及交流电源。

（3）合上 QS 直至电秒表停表。

（4）断开 QS，电秒表清零。

（5）合上 QS 直至电秒表停的读数即为 SSJ-31A 的实际延时。

（6）将数据记入表 1-11。

（三）返回时间实验

（1）接线图如图 1-3-3 所示，将电秒表 Ⅱ、Ⅲ 端子交换。

（2）合上直流 110V 电源及交流电源。

（3）合上 QS。

（4）断开 QS 直至电秒表停。

（5）读出此时电秒表的读数即为返回时间。

（6）将数据记入表 1-12。

六、实验注意事项

（1）SSJ－31 型时间继电器系直流型数字式，实验时应注意电源的稳定性、测量仪表的精度以及延时的整定配合。

（2）所加电压应符合直流型数字式时间的动作电压标准，并根据实验结果及时分析。

七、实验数据

实验相关数据填入表 1－10 至表 1－12 中。

表 1－10　　　　　　　　　动作值、返回值测试

$U_e = 110V$	是 否 合 格
$U_d =$	
$U_f =$	
结论：	

表 1－11　　　　　　　　延 时 特 性 测 试

$T_{set} =$	
$T_d =$	
结论：	

表 1－12　　　　　　　　返 回 时 间 测 试

$T_f =$	
结论：	

八、实验报告

（1）实验结束后，绘制记录表格，并填好记录，计算出时间继电器的动返电压，以及某一整定值处的延时精度。

（2）回答预习要求里的问题。

（3）被测继电器的动作参数是否有误差？如有，试分析原因。并对被测继电器做评价。

九、技术参数

1. 延时整定范围

（1）20ms～9.999s（级差 1ms）。

（2）1～99.99s（级差 10ms）。

（3）1～999.9s（级差 0.1s）。

（4）10～9999s（级差 1s）。

2. 延时整定值的平均误差

在基准条件下，任一整定值的平均误差不超过±（延时整定值的 0.1％＋3ms）。

3. 动作延时的一致性

在基准条件下，任一延时整定的动作延时一致性不大于延时整定值的 0.1% + 3ms。

4. 动作值及返回值

在基准条件下，动作电压不大于 70% 额定值，返回电压不小于 5% 额定值。

5. 返回时间不大于 20ms

6. 功率消耗

额定直流电压时功率消耗不大于 10W，额定交流电压时功率消耗不大于 3VA。

7. 输出点电流

输出触点长期允许接通电流为 5A。

8. 绝缘电阻

应不小于 300MΩ。

9. 介质强度

能承受 2kV（有效值），50Hz，历时 1min 交流实验无击穿或闪络现象。

第四节　信号继电器特性实验

一、实验目的

（1）熟悉和掌握 DX-31B 型信号继电器的工作原理。

（2）了解 DX-31B 的实际结构和基本特性。

（3）学会 DX-31B 特性参数检验方法。

二、实验预习

（1）信号继电器在继电保护和自动装置中的作用是什么？

（2）实验时为什么要注意极性？

三、实验仪器及设备

实验仪器及设备见表 1-13。

表 1-13　　　　　　　　　　信号继电器实验仪器及设备

序　号	设备代号	仪器名称	数　量	序　号	设备代号	仪器名称	数　量
1	KS	信号继电器	1	4	R	可调变阻	1
2	PV	双显电压表	1	5	HR	信号灯	1
3	TV	单相自耦调压器	1				

四、实验原理

（1）信号继电器用于直流操作的继电保护和自动控制线路中作为远距离复归的动作指示器，具体是指用于继电保护装置和自动装置或个别元件动作后的信号指示。由铁芯、线圈、衔铁、指示系统、接点系统、插头座、外壳等几部分组成。信号继电器的作用是在保护动作时，发出灯光和音响信号，并对保护装置的动作起记忆作用，以便分析保护装置动作情况和电力系统故障性质。

（2）DX-31B 为嵌入式安装的电磁式信号继电器。

（3）当线圈通电时，衔铁被吸引，信号掉牌（指示灯亮）且接点闭合。失去电源时，有的需要手动复归（如：DX-31B），有的需要电动复归。

（4）信号继电器有电压动作和电流动作两种。

五、实验项目及步骤

（1）接线图如图 1-4-1 所示。

（2）合直流 110V 电源，缓慢增加输入电压，直至 DX-31B 信号继电器动作光字牌亮。

（3）读出此时电压表的读数即为动作电压 U_d。

（4）继续增加输入电压使信号继电器充分动作，掉牌。

（5）缓慢减小输入电压，直至信号继电器动作光字牌熄灭。

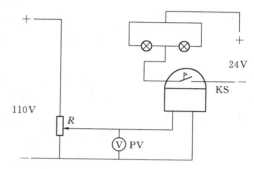

图 1-4-1　DX-31B 动作、返回值测试接线图

（6）读出此时电压表的读数即为返回电压 U_f。

（7）手动复归掉牌。观察现象并将数据记入表 1-14。

六、实验注意事项

（1）DX-31B 型信号继电器所加电压为直流 110V，实验时不能加错电源，在测试其动作电压时应注意观察其动作时的掉牌现象。

（2）在测试返回电压时观察其不能自动复归必须手动复归的现象，加深其对保护装置动作时所起记忆作用的理解。

七、实验数据

实验相关数据填入表 1-14 中。

表 1-14　　　　　　　　　　动作值、返回值测试

$U_e=110V$	是否合格
$U_d=$	
$U_f=$	
结论：	

八、实验报告

（1）实验结束后，绘制记录表格，并填好记录，记录信号继电器的动返电压，以及其手动复归的现象。

（2）回答预习要求的问题。

（3）被实验信号继电器的动作参数是否有误差？如有，试分析原因，并对该信号继电器做出评价。

九、技术参数

（1）额定值：直流 110V，1A。

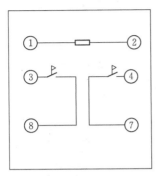

图 1-4-2　DX-31B 内部
接线图

（2）动作值：动作电压不大于 70％额定电压，动作电流不大于 90％额定电流。

（3）返回值：不小于 5％额定值。

（4）功率消耗：电流绕组不大于 0.3W，电压绕组不大于 3W。

（5）介质强度：耐受 2kV，50Hz，历时 1min 交流实验无击穿或闪络现象。

（6）热稳定：当环境温度为 40℃，电压绕组长期通以 1.1 倍额定电压，电流绕组长期通以额定电流，绕组温升不大于 65℃。

（7）内部接线图见图 1-4-2。

第五节　差动继电器特性实验

一、实验目的

（1）熟悉 DCD-5（BCH-1）型差动继电器构成及原理、结构特点及实验方法，了解其调试方法。

（2）明确差动继电器的作用。

二、预习要求

（1）掌握具有磁力制动特性的 DCD-5 型差动继电器的工作原理、结构特点及实验方法，了解其调试方法。

（2）DCD-5 型差动继电器为何具有较强的躲开外部故障不平衡电流的功能？

（3）起动安匝数为多少才符合要求？如何调整？

（4）分析评价继电器防止非周期分量的影响作用。

三、实验仪器及设备

实验仪器及设备见表 1-15。

表 1-15　　　　　　　　　　　差动继电器实验仪器及设备

序　号	设备代号	仪器名称	数　量	序　号	设备代号	仪器名称	数　量
1	KA	差动继电器	1	3	R	滑线变阻	1
2	PA	电流表	1	4	HR	信号灯	1

四、实验原理

DCD - 5 型差动继电器用于电力变压器的差动保护。由于继电器带有一个制动绕组，当被保护变压器外部故障不平衡电流较大时，能产生制动作用。

这两部分磁通分别在 W_2 的两部分绕组中感应出电势，该电势达到一定值时（视执行元件的动作电压而定），执行元件就动作。制动绕组 W_{res} 的作用是加速两侧边柱的饱和，从而使得 W_2 与 W_d、W_{b1}、W_{b2} 间的相互作用减弱。从图 1 - 5 - 1 中可以看出，在一侧边柱内，差动绕组中电流 $\dot{I}_d$ 产生的磁通 $\dot{\Phi}_d$ 和制动绕组中电流 $\dot{I}_{res}$ 产生的磁通 $\dot{\Phi}_{res}$ 相加，而在另一侧边柱内，$\dot{\Phi}_d$ 和 $\dot{\Phi}_{res}$ 相减，因而每侧边柱内的合成磁通等于这两个磁通的相量和。令 Ψ 表示工作电流和制动电流间的相位角，当 $\Psi = 0°$ 或 $\Psi = 180°$ 时，两边柱内的合成磁通为 $\dot{\Phi}_d$ 和 $\dot{\Phi}_{res}$ 绝对值的和或差。而在 $\Psi = 90°$ 或 $\Psi = 270°$ 时，两边柱内的合成磁通相等。由此看出，继电器的动作电流（即

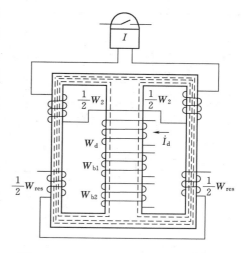

图 1 - 5 - 1　DCD - 5 差动继电器原理图

W_d 内的电流）不仅与 W_{res} 内的大小有关，而且还与二者之间的相位有关。当二者间的相位一定时，继电器的动作电流随 W_{res} 内电流的增减而增减，这就是继电器具有制动特性的概念。

W_{b1}、W_{b2} 和 W_d 的绕向一致，所以平衡绕组产生的磁通起着增强或削弱差动绕组产生的磁通作用（两绕组内电流方向相同时起增强作用，方向相反时起削弱作用）。由于变压器各侧电流互感器的变比不能完全配合，在变压器正常运行时，W_d 中有不平衡电流 I_{unb} 流过。当平衡绕组接入后，如果平衡绕组的匝数选得适当，就能完全或几乎完全使 I_{unb} 得到补偿，使得变压器正常运行时，W_2 内完全或几乎完全没有 I_{unb} 感应电势，从而提高了保护装置的可靠性。当保护区内部发生故障时，流过平衡绕组内的电流所产生的磁通与差动绕组内电流所产生的磁通方向一致，于是就增加了使继电器动作的安匝数，从而提高了保护装置的灵敏度，此即 W_{b1}、W_{b2} 和 W_d 三绕组绕向一致的原因。

除 W_2 外，其余的绕组都有一定数量的抽头，抽头的引出线都接在饱和变流器前面的面板上。应该特别注意：每个平衡绕组具有两组插头（0、1、2、3）或（0、4、8、12、16），两个螺丝必须分别插入（0、1、2、3）或（0、4、8、12、16）的孔中。若螺丝插头同时都插入（0、1、2、3）或（0、4、8、12、16）的两个孔中，将在平衡绕组中造成短路和开路现象，这将引起保护装置误动作和使电流互感器开路。如图 1 - 5 - 2 所示。继电器引出端子名称匝数选择见表 1 - 16。

表 1 - 16 继电器引出端子名称匝数选择

线圈代表符号	线圈名称	总匝数	线圈代表符号	线圈名称	总匝数
W_d	差动线圈	20	W_2	二次线圈	—
W_{b1}	平衡线圈 I	19	W_{res}	制动线圈	14
W_{b2}	平衡线圈 II	19			

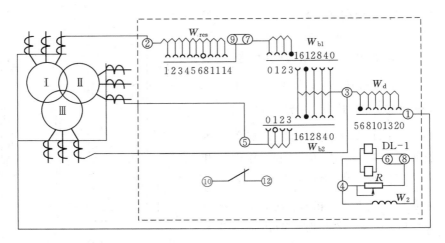

图 1 - 5 - 2 DCD - 5 型差动继电器内部接线图

五、实验步骤

1. 准备工作

熟悉 DCD - 5 型差动继电器的结构原理和内部接线图,认真阅读 DCD - 5 型差动继电器的原理图。

2. 执行元件的检验

(1) 实验接线如图 1 - 5 - 3 所示。

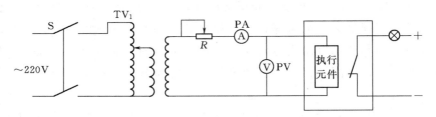

图 1 - 5 - 3 DCD - 5 型执行元件实验接线图

(2) 实验方法与步骤。本实验是对执行元件单独进行实验。应特别注意,执行元件的动作电压是指执行元件起动后再用非磁性物体把动片卡在未动作位置的电压值。动作电压应该满足 1.5~1.56V,动作电流满足 220~230mA,返回系数为 0.7~0.85。测量重复三次,填入表 1 - 17 中,其离散值不大于 ±3%,否则应检查原因。

表 1 - 17　　　　　　　　　执 行 元 件 检 验 数 据

动作电流 I_{op}（mA）	返回电流 I_f（mA）	返回系数 K_f	动作电压 U_{op}（mV）

注意：如果实验时电源频率不是 $50Hz$，应该按每偏差 $\pm 1Hz$ 电压值改变 $\pm 2\%$ 进行修正。

3. 动作安匝检验（无制动时起始动作安匝）

（1）实验接线如图 $1-5-4$ 所示。

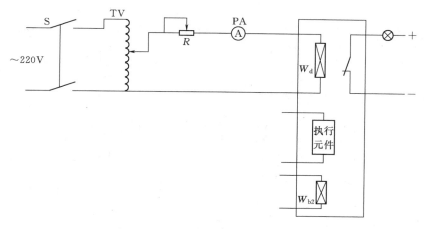

图 $1-5-4$　DCD-5型动作安匝实验接线图

（2）实验方法与步骤。W_{b2} 都插入 0 匝，W_d 先插入 5 匝。合上开关 S，调节 TV 的电流使 DL-1 型继电器动作，记下此时电流即为动作电流，动作电流乘以使用的动作安匝即为动作安匝。动作安匝符合 60 ± 4，以此值为基准，然后按表 $1-18$ 改变 W_{b2}、W_d，用上述实验方法测动作电流，填入表 $1-17$。

表 1 - 18　　　　　　　　　动 作 安 匝 检 验 数 据

螺 丝 插 入 的 位 置			动作电流 I_{op}	动作安匝
差动线圈 W_d（匝）	平衡线圈 I W_{b1}（匝）	平衡线圈 II W_{b2}（匝）	（A）	（AW）
5	0＋0	—		
6	0＋0	—		
8	0＋0	—		
10	0＋0	—		
13	0＋0	—		
20	0＋0	—		
20	1＋0	—		
20	2＋0	—		
20	3＋0	—		
20	3＋0	—		

螺 丝 插 入 的 位 置			动作电流 I_{op} （A）	动作安匝 （AW）
差动线圈 W_d（匝）	平衡线圈Ⅰ W_{b1}（匝）	平衡线圈Ⅱ W_{b2}（匝）		
20	3＋0	—		
20	3＋12	—		
20	3＋16	—		

注 1. 实验中改变线圈匝数时应停电，避免由螺丝切断电流而引起的烧损。

2. 螺丝插头必须插对，旋紧，以免造成局部短路或开路。

4. **制动特性实验**

（1）实验接线如图 1-5-5 所示，$W_d＝20$ 匝，$W_{res}＝14$ 匝。

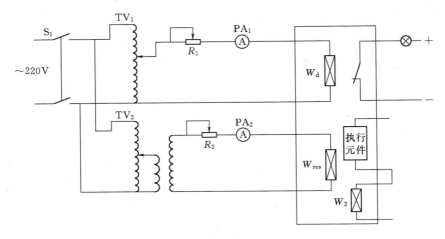

图 1-5-5　制动特性实验接线图

（2）实验步骤。实验时，先将 TV_2 回零，调 TV_1 差动回路的电流使继电器动作，记录此时动作电流，填入表 1-19，然后 TV_1 回零。PA_1 为 0 调 TV_2 逐渐增加制动回路电流，再调节 TV_1 差动回路的电流测出相应的起动电流，填入表中，并绘制出制动曲线 $W_d I_{op}＝f(W_{res} I_{res})$。

表 1-19　　　　　　　　　　制 动 特 性 实 验 数 据

I_{res} （A）								
$W_{res} I_{res}$ （AW）								
I_{op} （A）								
$W_d I_{op}$ （AW）								

改变实验接线，使制动线圈 W_{res} 和差动线圈 W_d 接在单相调压器（TV_1）上，差动线圈 W_d 接在三相调压器的 a、b 相上，造成两个线圈的电流有 30°相位差，这里是指动作电流超前于制动电流的角度 Ψ。重复上述方法作出制动特性曲线。并分析 Ψ 角度的不同其制动特性的变化。

5. **直流助磁特性曲线**

直流助磁特性曲线用 $\varepsilon＝f(k)$ 表示，ε 为相对动作电流系数，S 及 ε 分别由下式决定

$$K = \frac{I_{res}}{I_{op}}, \quad \varepsilon = \frac{I_{op}}{I_{op0}}$$

式中　I_{res}——直流助磁电流；

　　　I_{op}——直流助磁时，继电器的交流动作电流；

　　　I_{op0}——无直流助磁时，继电器的交流动作电流。

（1）实验接线如图 1-5-6 所示。

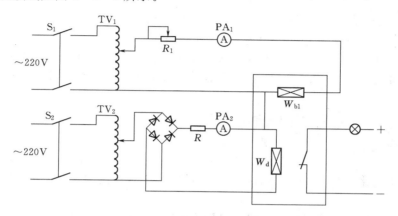

图 1-5-6　直流助磁特性接线图

（2）实验与步骤。取 $W_d = 20$ 匝，$W_{b1} = 19$ 匝，合上电源 S_1、S_2，调 TV_2 在差动线圈之间加入直流电流某一值，用于模拟一个不衰减的非周期分量。然后调 TV_1 加交流至继电器动作，加入不同的直流，测出相应的起动电流，填入表 1-20 中。

表 1-20　　　　　　　　　　　　　**直流助磁特性实验数据**

非周期分量 I_{res}（A）							
动作电流 I_{op}（A）							
偏移系数 $K = \dfrac{I_{res}}{I_{op}}$							
相对动作系数 $\varepsilon = \dfrac{I_{op}}{I_{op0}}$							

注　由于匝数不等，所以测出的起动电流应乘以匝数比 19/20＝0.95，即为计算用起动电流 I_{op}。要求当偏移系数 K ＝1 时，相对动作电流系数 $\varepsilon \geqslant 2.3$。

6. 整组伏安特性实验

（1）实验接线如图 1-5-7 所示。

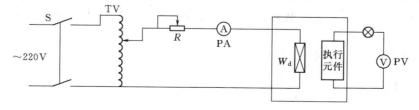

图 1-5-7　DCD-5型差动继电器整组伏安特性实验接线图

（2）实验方法与步骤。差动线圈全部投入，实验时用非导磁物体把执行元件可动动片卡在未动作位置，实验电流渐渐增加，禁止来回摆动。按表1-21调好电流值，并记录相应的电压值填入表1-21。

表 1-21　　　　　　　　　　　　整组伏安特性实验数据

I（A）	2.5	5	7.5	10	12.5	15	17.5	20
IW_d								
U（V）								

根据整组伏安曲线，计算二倍动作安匝时执行元件端子上电压 U_2 与一倍动作安匝时执行元件端子上电压 U_1 之比以及五倍动作安匝时执行元件端子上电压 U_5 与 U_1 之比。

要求：$U_2/U_1 \geq 1.15$，$U_5/U_1 \geq 1.3$。

六、注意事项

（1）如果实验时电源频率不是 50Hz，应该按每偏差 ± 1Hz 电压值改变 $\pm 2\%$ 进行修正。

（2）进行动作安匝检验时，实验中改变线圈匝数时应停电，避免由螺丝切断电流而引起的烧损；螺丝插头必须插对，旋紧，以免造成局部短路或开路。

（3）在进行直流助磁特性曲线实验时，由于与匝数不等，所以测出的起动电流应乘以匝数比 $19/20 = 0.95$ 后，即为计算用起动电流 I_{op}。要求当偏移系数 $K = 1$ 时，相对动作电流系数 $\varepsilon \geq 2.3$。

（4）在进行整组伏安特性实验时，要求：$U_2/U_1 \geq 1.15$，$U_5/U_1 \geq 1.3$。

七、实验报告

实验结束后要认真进行总结，写出实验报告，实验报告内容包括：DCD-5 继电器的认识，各个实验的原理、步骤及实验的数据，以及回答预习要求的问题。

第六节　功率方向继电器特性实验

一、实验目的

（1）学会运用相位测试仪器测量电流和电压之间相角的方法。
（2）掌握功率方向继电器的动作特性、接线方式及动作特性的实验方法。
（3）研究接入功率方向继电器的电流、电压的极性对功率方向继电器的动作特性的影响。
（4）熟悉极化继电器 KP 动作原理。

二、实验预习

（1）熟悉 LG-11 型功率方向继电器的结构和原理。

（2）了解极化继电器 KP、电抗变压器 TDK、谐振变压器 TXB 的构成和作用。

（3）了解感应移相器的使用方法。

（4）了解相位表的使用方法。

（5）什么是潜动？潜动分为几种？

三、实验仪器及设备

实验仪器及设备见表 1-22。

表 1-22 功率方向继电器实验仪器及设备

序 号	设备代号	仪器名称	数量	序 号	设备代号	仪器名称	数量
1	KW	功率方向继电器	1	6	401	电动毫秒计	1
2	PA	电流表	1	7	Φ	感应移相器	1
3	TV	单相自耦调压器	1	8	DF	电流发生器	1
4	R	可调变阻（30Ω，5A）	1	9	TA	电流互感器	1
5	HR	信号灯	1	10	P	万用表	1

四、实验原理

（一）LG-11 型功率方向继电器的结构

为嵌入结构，全部元器件安装在一个带透明盖子的金属外壳内，见图 1-6-1，面板上仅有继电器灵敏角切换整定压板。为便于检修调试，有一把手可以将整机从外壳内抽出。插入整机后并有锁定装置。它的电器组件有：电抗变压器、谐振变压器、极化继电器、比较回路、电阻电容等，见图 1-6-2。

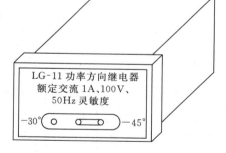

图 1-6-1 LG-11 型继电器外形图

1. 电抗变压器 TDK

将一次输入电流 $\dot{I}_j$ 按比例转换成二次电压 $\dot{U}_d$。

结构如图 1-6-3 所示，它采用山型铁芯（15mm×30mm），中间柱留有空气隙 δ（约 2mm），一次绕组 W_1 通过 $\dot{I}_j$，二次绕组有两个（或三个），一个绕组 W_2 用以获得所需电压 $\dot{U}_d$，另一个绕组 W_3 接入移相电阻 R_φ，用以调节 $\dot{U}_d$ 与 $\dot{I}_j$ 之间的相位角 φ_z，从而改变继电器的灵敏角 φ_{LM}。

$\dot{U}_d$ 与 $\dot{I}_j$ 关系为

$$\dot{U}_d = \dot{K}_1 \dot{I}_j \qquad (1-6-1)$$

式中 $\dot{K}_1$——转移阻抗，具有阻抗量纲的复数。

转移阻抗 $\dot{K}_1$ 的模值

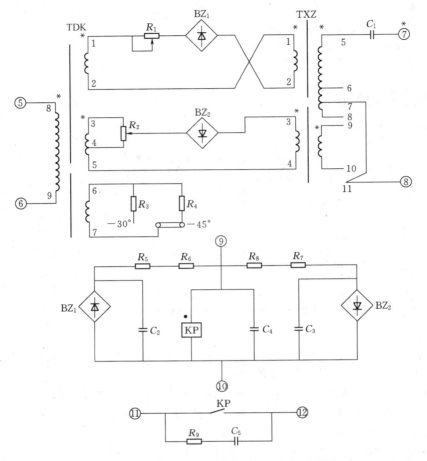

图 1-6-2　LG-11 型功率方向继电器原理图

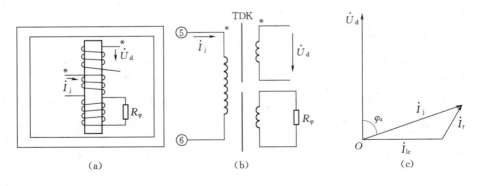

图 1-6-3　TDK 原理图

（a）结构图；（b）接线图；（c）相量图

$$K_1 = |\dot{K}_1| = \frac{R'}{\sqrt{1 + \left(\dfrac{R'R'_{\mathrm{m}}}{\omega W_1 W_2}\right)^2}} \qquad (1-6-2)$$

式中　R'——绕组 W_3 回路中折算后的等效电阻，$R' = R'_3 + R'_\varphi$；

ω——角频率；

W_1、W_2——绕组 W_1 与 W_2 的匝数；

R'_m——磁路磁阻，因有较大空气隙，R'_m 值很大。

转移阻抗 $\dot{K}_1$ 的幅角

$$\varphi_z = \arctan \frac{(R_3 + R_4) R_m}{\omega W_3^2} \qquad (1-6-3)$$

改变 $\dot{K}_1$ 的模值，主要是改变 W_1、W_2 的匝数，W_1 或 W_2 增大，$\dot{K}_1$ 增大。φ_z 的改变主要是改变 R_φ，当 $R_\varphi = \infty$（开路时），φ_z 接近 90°；当 R_φ 减小时，φ_z 也减小，R_φ 的改变对 $\dot{K}_1$ 影响不大。

2. 谐振变压器 TXZ

YXZ 也采用山型铁芯（15mm×30mm），中间柱有空气隙，一次绕组（5，6，7，8）有抽头，还有一个匝数较少的绕组（9，10），二次绕组有两个（1，2 与 3，4），一次绕组与电容 C_1 串联，用改变一次绕组的匝数或将 9、10 绕组顺时针串入或反极性串入，使 TXZ 电感量改变，见图 1-6-4 所示。

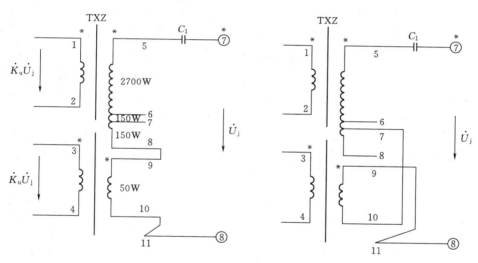

图 1-6-4　TXZ 的一次线圈匝数

TXZ 与 C_1 构成在工频（50Hz）时的谐振电路，图 1-6-5 为谐振时等效电路及相量图。

在图 1-6-5（b）中，L 为谐振回路电感，R 为谐振回路的总电阻（包括 TXZ 一次线圈电阻、电容器介质和铁芯铁损的电阻）。由于谐振，故 $\dot{I}_1$ 与 $\dot{U}_j = \dot{U}_r$ 同相位，而电感电压 $\dot{U}_1$ 超前 $\dot{U}_j$ 90°，且电容电压 $\dot{U}_c = -\dot{U}_1$，二次电压折算值 $\dot{U}_y = \dot{U}_1$，而实际二次电压 $\dot{U}_y = \dot{U}_j \frac{W_1}{W_2}$，$\dot{U}_y$ 与 $\dot{U}_1$ 同相位，即超前 $\dot{U}_j$ 90°。

$\dot{U}_y$ 的 $\dot{U}_j$ 关系为

$$\dot{U}_y = \dot{K}_u \dot{U}_j \qquad (1-6-4)$$

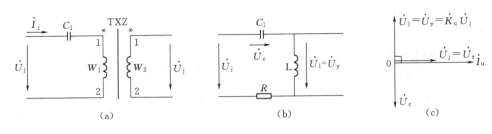

图 1-6-5 谐振变压器原理图
(a) 原理图；(b) 等值电路；(c) 相量图

式中 $\dot{K}_u$——没有量纲的复数。

设置 TXZ 与 C_1 串联谐振电路的目的，是为了当加于继电器的电压 $\dot{U}_j$ 由额定值突然降为 0 时，利用储存在谐振回路内的电场能量和磁场能量，使回路的震荡继续一段时间，直到储存的能量全部消耗完为止，在按原频率振荡过程中，TXZ 的二次电压 $\dot{U}_y$ 依然存在，$\dot{U}_y$ 的数值和相位与存在 $\dot{U}_j$ 时的 $\dot{U}_j$ 相近，因此，谐振电路具有记忆 $\dot{U}_j$ 的功能，但谐振电路有衰减，故记忆时间仅几十毫秒，使 LG-11 型功率方向继电器的输出接点接通持续时间足够长，保证后面继电器可靠动作。由于整流型功率方向继电器采用了电压记忆电路，在保护安装处发生三相短路时，能记忆故障发生前的 $\dot{U}_j$，仍能正确判断短路功率方向，决定继电器是否应该动作，即功率方向继电器无电压死区。这也是整流型比感应型功率方向继电器优越的一个方面。

3. 极化继电器 KP

极化继电器是一种它的输出状态的改变决定输入激励量极性的直流继电器。LG-11 型 KP 采用 JH-1Y 型继电器和 16 脚引出的插座组成的小型插入式继电器。

（1）KP 的结构。极化电磁系统：由永久磁铁（L 形）、电磁铁（钼坡莫合金）、衔铁、空气隙和线圈等组成，见图 1-6-6。

永久磁铁产生的磁通称极化磁通 ϕ_j，它的路径为：N 极→平行的空气隙→金属翅片（导磁材料）→衔铁→空气隙 δ_1 和 δ_2→左右极靴→S 极。

工作电流流入线圈产生的磁通称工作磁通 ϕ_g，它的路径为：铁芯→左极靴→空气隙 δ_1→衔铁→空气隙 δ_2→右极靴→铁芯。

这两个独立的磁通通过极靴共同作用于空气隙和衔铁上，决定继电器的动作行为。

衔铁由两片电工钢片叠合制成，悬挂在铝合金架的弹簧片上，弹簧片具有反作用力，衔铁的下部有两个绝缘止

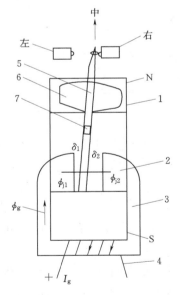

图 1-6-6 KP 的结构示意图
1—永久磁铁；2—极靴；3—铁芯；
4—线圈；5—衔铁；6—金属翅片；
7—弹簧片轴

挡，防止衔铁和极靴相接触。

触点系统，动触点有两片夹固在衔铁上部，处于左右静接点的中间，动触点引出线简称"中"。静接点有左右两个，引出线分别简称"左"和"右"，见图1-6-7。动静触点的组合是偏右倚双位式。继电器不激励时，借助衔铁轴弹簧片的反力，使动触点与右静触点接触相通。当线圈通入规定方向激励电流时，继电器动作，动触点离开右静触点，与左静触点接触相通。当切断激励电流时，在衔铁轴弹簧片作用下，继电器返回，中右触点又接通。中左触点间隙（距离）不小于0.2mm，为了防止触点在断开负载引导起的电弧烧坏触点，在中左触点上并联R_9、C_5电路作消弧作用。

（2）KP的动作原理。当继电器不激励时，由于衔铁轴弹簧片反力使衔铁在极靴中偏向左边，故$\delta_1 < \delta_2$，$\phi_{j1} > \phi_{j2}$。

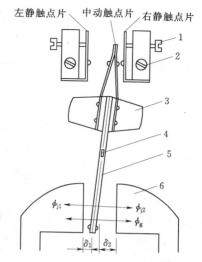

图1-6-7 KP的动静触点
1—右静点片调整螺丝；2—紧固螺丝；
3—金属翅片；4—弹簧片轴；
5—衔铁；6—极靴

当继电器通入规定的工作电流I_g时，产生的工作磁通ϕ_g，同时经δ_1和δ_2空气隙，在δ_1气隙中ϕ_g与ϕ_{j1}方向相反，而在δ_2气隙中ϕ_g与ϕ_{j2}方向相同，此时两气隙中合成磁通ϕ_1与ϕ_2分别为

$$\phi_1 = \phi_g - \phi_{j1}$$
$$\phi_2 = \phi_g + \phi_{j2}$$

在ϕ_1与ϕ_2作用下，衔铁下部将产生两个方向相反的电磁力F_1与F_2，显然$\phi_2 > \phi_1$，则$F_2 > F_1$，在合力$F_2 - F_1$的作用下，克服弹簧片反力，使衔铁的下端吸向于右极靴侧，于是衔铁上端的动触点向左运动，使中左触点接通，继电器完成动作。

如果工作电流I_g从相反方向流入工作线圈，则仍是$\phi_1 > \phi_2$，$F_1 > F_2$，衔铁仍处原位置不动，中左触点仍断开，继电器不动作，因此，极化继电器的动作情况取决于通入线圈的电流方向，即极化继电器的动作是带方向性的，可作LG-11型方向继电器的执行元件。

4．整流桥与滤波

LG-11型继电器的输入激励量为交流电流与交流电压，而执行元件需直流电流，故必须将交流量进行整流与滤波。有两个整流桥BZ_1与BZ_2，均用二极管2CP24构成，BZ_1称工作整流桥，BZ_2称制动整流桥。分别用电容器C_2、C_3进行滤波，C_4并接在KP线圈两端，进一步滤去交流分量，防止KP的接点抖动。R_5、R_6和R_7、R_8为限流电阻。

5．平衡电阻

平衡电阻为带有锁紧螺母的绕线电位器，在电路中调整动作回路与制动回路之间的平衡，以消除潜动。

（二）LG-11型继电器工作原理

1．构成原理

电气量$\dot{A}$与$\dot{B}$分别经BZ_1与BZ_2两整流器后，按环流法连接，KP继电器跨环而接，见图1-6-8。

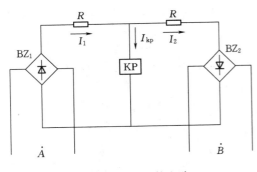

图 1-6-8 比较电路

继电器中电流 $I_{kp} = I_1 - I_2$，而 I_1 是由 $\dot{A}$ 产生，而 $I_1 = |\dot{A}|$；同样，I_2 是由 $\dot{B}$ 产生，而 $I_2 = |\dot{B}|$。如果设 KP 的动作值接近于零，则继电器工作状况如下：

(1) $|\dot{A}| < |\dot{B}|$ 时，继电器不动作。

(2) $|\dot{A}| = |\dot{B}|$ 时，继电器临界动作。

(3) $|\dot{A}| > |\dot{B}|$ 时，继电器动作。

因此，称 $|\dot{A}|$ 为动作量；$|\dot{B}|$ 为制动量。

$\dot{A}$、$\dot{B}$ 两个量都是由继电器的输入激励量 $\dot{U}_j$ 与 $\dot{I}_j$ 构成，根据 DKB 与 YB 二次侧线圈的极性和连接方式，$\dot{A}$ 是由 $\dot{K}_i \dot{I}_j$ 与 $\dot{K}_u \dot{U}_j$ 按顺极性连接（又称和接法）；而 $\dot{B}$ 是由 $\dot{K}_i \dot{I}_j$ 与 $\dot{K}_u \dot{U}_j$ 反极性连接（又称差接法），即

$$\dot{A} = \dot{K}_i \dot{I}_j + \dot{K}_u \dot{U}_j，\quad \dot{B} = \dot{K}_i \dot{I}_j - \dot{K}_u \dot{U}_j$$

LG-11 型继电器的动作条件为

$$|\dot{K}_i \dot{I}_j + \dot{K}_u \dot{U}_j| \geqslant |\dot{K}_i \dot{I}_j - \dot{K}_u \dot{U}_j|$$

LG-11 型继电器的动作公式可以用三角函数来表达。绝对值比较动作公式，实际上为两个相量之和的绝对值与两个相量之差的绝对值大小之比较。两个相量的和与差，可以用三角形已知两边长和夹角求第三边的问题来求得，根据余弦定律和 $\alpha = 90° - \varphi_z$ 关系得

$$|\dot{A}|^2 = (K_i I_j)^2 - (K_u U_j)^2 + 2K_i I_j K_u U_j \cos(\varphi_j + \alpha)$$

$$|\dot{B}|^2 = (K_i I_j)^2 - (K_u U_j)^2 - 2K_i I_j K_u U_j \cos(\varphi_j + \alpha)$$

从 $|\dot{A}| > |\dot{B}|$ 得

$$4K_i I_j K_u U_j \cos(\varphi_j + \alpha) \geqslant 0$$

简化得

$$K I_j U_j \cos(\varphi_j + \alpha) \geqslant 0$$

【例题 1】 已知 LG-11 型继电器 TDK 的转移阻抗角 $\varphi_z = 45°$（即 $\varphi_{lm} = -45°$），输入激励量 $\dot{I}_j$ 与 $\dot{U}_j$ 之间夹角 $\varphi_j = -20°$（负号表示 $\dot{I}_j$ 超前 $\dot{U}_j$；反之，正号表示 $\dot{I}_j$ 滞后 $\dot{U}_j$）。用相量图分析 $\dot{A}$、$\dot{B}$ 的绝对值，判断继电器是否动作。若 $\varphi_j = 90°$，判断继电器是否动作。

解：

(1) 先画出 $\dot{U}_j$，超前 $\dot{U}_j$ 画出 $\dot{I}_j$，超前 $\dot{U}_j$ 90° 画出 $\dot{K}_u \dot{U}_j$；超前 $\dot{I}_j$ 45° 画出 $\dot{K}_i \dot{I}_j$。将 $\dot{K}_i \dot{I}_j$ 与 $\dot{K}_u \dot{U}_j$ 相加得 $\dot{A}$，将 $\dot{K}_i \dot{I}_j$ 与 $\dot{K}_u \dot{U}_j$ 相减得 $\dot{B}$，判断出 $|\dot{A}|$ 比 $|\dot{B}|$ 大，故 LG-11 型继电器应动作，见图 1-6-9。

(2) 先画出 $\dot{U}_j$，滞后 $\dot{U}_j$ 90° 画出 $\dot{I}_j$，超前 $\dot{U}_j$ 90° 画出 $\dot{K}_u \dot{U}_j$；超前 $\dot{I}_j$ 45° 画出 $\dot{K}_i \dot{I}_j$。将 $\dot{K}_i$

$\dot{I}_{\mathrm{j}}$ 与 $\dot{K}_{\mathrm{u}}\dot{U}_{\mathrm{j}}$ 相加得 $\dot{A}$，将 $\dot{K}_{\mathrm{i}}\dot{I}_{\mathrm{j}}$ 与 $\dot{K}_{\mathrm{u}}\dot{U}_{\mathrm{j}}$ 相减得 $\dot{B}$，判断出 $|\dot{B}|$ 比 $|\dot{A}|$ 大，故 LG-11 型继电器不动作，见图 1-6-10 所示。

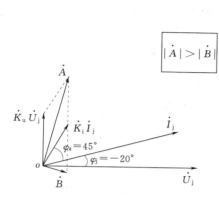

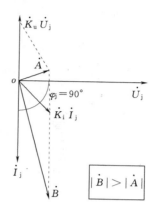

图 1-6-9　$\varphi_{\mathrm{j}}=-20°$ 时，动作　　　　图 1-6-10　$\varphi_{\mathrm{j}}=90°$ 时，不动作

2. 动作区

LG-11 型的临界动作条件 $|\dot{A}|=|\dot{B}|$ 可知，当两个相量（$\dot{K}_{\mathrm{i}}\dot{I}_{\mathrm{j}}$ 与 $\dot{K}_{\mathrm{u}}\dot{U}_{\mathrm{j}}$）成 90° 夹角时，两个相量之和等于两个相量之差。

图 1-6-11 为设 $\varphi_{\mathrm{z}}=60°$，当 $\dot{K}_{\mathrm{i}}\dot{I}_{\mathrm{j}}$ 超前或滞后 $\dot{K}_{\mathrm{u}}\dot{U}_{\mathrm{j}}$ 时，分别求得 φ_{j} 的两个临界角：$\varphi_1=-120°$、$\varphi_2=60°$。即 φ_{j} 角满足下列条件时，继电器处于动作状态

$$-120°\leqslant\varphi_{\mathrm{j}}\leqslant60°$$

动作区范围内

$$|\varphi_1|+|\varphi_2|=180°$$

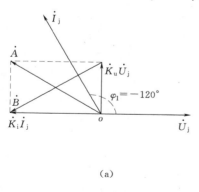

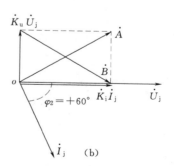

（a）　　　　　　　　　　　　　（b）

图 1-6-11　求临界动作角的相量图

（a）φ_1；（b）φ_2

用 $KI_{\mathrm{j}}U_{\mathrm{j}}\cos(\varphi_{\mathrm{j}}+\alpha)\geqslant0$ 动作公式也可得出动作区，即当 $\cos(\varphi_{\mathrm{j}}+\alpha)\geqslant0$。因此，继电器动作区范围为

$$-(90°+\alpha)\leqslant\varphi_{\mathrm{j}}\leqslant(90°-\alpha)$$

当 $\alpha=30°$（即 $\varphi_{\mathrm{z}}=60°$）时

$$-120°\leqslant\varphi_j\leqslant60°$$

图 1-6-12 为 LG-11 型继电器不同 φ_z（60°或 45°）时的动作区范围（有影印线区）。

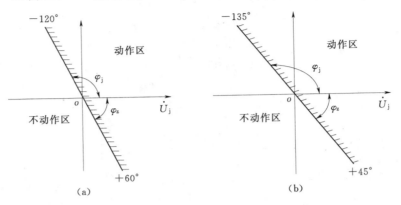

图 1-6-12　理想的动作区域
(a) $\varphi_z=60°$; (b) $\varphi_z=45°$

　　实际上由于极化继电器 KP 动作电流有一定数量要求（约 0.8mA 以内），其对应的等效交流动作电压为 C。因此，LG-11 型继电器实际动作条件为

$$|\dot{K}_i\dot{I}_j+\dot{K}_u\dot{U}_j|-|\dot{K}_i\dot{I}_j-\dot{K}_u\dot{U}_j|\geqslant C$$

不难得出，实际继电器的动作范围小于 180°，见图 1-6-13。

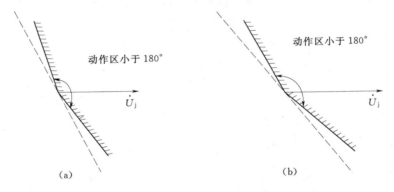

图 1-6-13　实际动作区域
(a) $\varphi_z=60°$; (b) $\varphi_z=45°$

　　3. 灵敏角 φ_{lm}

　　两个输入激励量间的矢量夹角为特性角，该角度表示继电器的性能，使继电器启动功率最小的特性角称最灵敏角。

　　对于 LG-11 型继电器，在输入量 $\dot{I}_j$ 与 $\dot{U}_j$ 的数值不变，当 $\varphi_j=\varphi_{lm}$ 时，$|\dot{A}|-|\dot{B}|$ 的数值为最大值，即 $I_{kp}=I_1-I_2$ 为最大值，U_{kp} 为最大值。见图 1-6-14。

　　LG-11 型继电器的灵敏角从 $KI_jU_j\cos(\varphi_j+\alpha)\geqslant0$ 式中得出 $\cos(\varphi_j+\alpha)=1$ 时的 φ_j 角就是最大灵敏角，即当 $\varphi_j=-\alpha$ 时，改变 R_φ 值，能改变 φ_z 和 α 值，从而改变 φ_{lm} 角。φ_{lm} 有两个整定值：30°与 -45°。

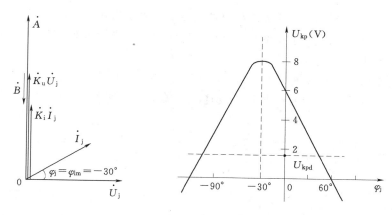

图 1-6-14　在 φ_{lm} 时 $|\dot{A}|-|\dot{B}|$ 与 U_{kp} 关系图

4. 最小动作电压 $U_{j.min}$

当 φ_j 与 $\dot{I}_j$ 为某一定值时，能使继电器动作的最小电压称为在此 φ_j 与 $\dot{I}_j$ 条件下的继电器最小动作电压。下面讨论 $\varphi_j=\varphi_{lm}$ 时的最小动作电压。

图 1-6-14 中，$\dot{K}_i\dot{I}_j$ 与 $\dot{K}_u\dot{U}_j$、$\dot{A}$ 与 $\dot{B}$ 都是同相位，故此时继电器临界动作时的方程式可表达为

$$\dot{K}_i\dot{I}_j+\dot{K}_u\dot{U}_j-\dot{K}_i\dot{I}_j+\dot{K}_u\dot{U}_j=C$$

即

$$2\dot{K}_u\dot{U}_j=C$$

最小动作电压为

$$U_{j.min}=\frac{C}{2K_u}$$

上式表明 $U_{j.min}$ 的数值取决于 KP 继电器的等效交流动作电压 C 值和 TXZ 的 K_u 值。即 $U_{j.min}$ 基本为常数，与 I_j 数值无关。

5. 潜动

根据 $KI_jU_j\cos(\varphi_j+\alpha)\geqslant 0$ 可知，当 $I_j=0$，只加 U_j 时，或 $U_j=0$，只加 I_j 时，$KI_jU_j\cos(\varphi_j+\alpha)=0$，即 $|\dot{A}|=|\dot{B}|$，执行继电器 KP 的两端电压 U_{kp} 和 I_{kp} 为零，因此，LG-11 型继电器应不动作。对于两个输入激励量的量度继电器，由于磁路电路的不平衡而引起的只施加一个激励量继电器也起动的不正常现象称为潜动。只加电压产生的潜动称电压潜动，只加电流的潜动称电流潜动。

潜动时，如果 $|\dot{A}|>|\dot{B}|$，U_{kp} 为正值，又称正向潜动，会使由它组成的方向保护误动作；如果 $|\dot{A}|<|\dot{B}|$，U_{kp} 为负值，又称反向潜动，将会增大继电器的动作功率。因此，继电器应消除潜动。

五、LG-11 型继电器电气特性的检验和调整

(一) KP 的检验和调整

1. 机械部分

中左触点距离不小于 0.2mm，触点压力大于 4g。

如触点距离不符合要求，可松开左静触点柱上的固定螺丝，用拧进或退出左静触点调整螺丝的办法，使触点距离符合要求，调整好后应把固定螺丝拧紧以免静触点松动。

2. 动作电流和返回电流检验

极化继电器插座引出片编号如图 1-6-15，继电器有两个线圈，分别接于引出片 4～3 与 2～1 之间，实验时引出片 3 与片 2 要连接，实验接线见图 1-6-16，实验电源用干电池（6V）。

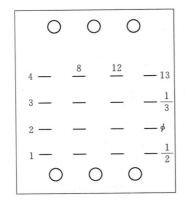

图 1-6-15 KP 的插座图

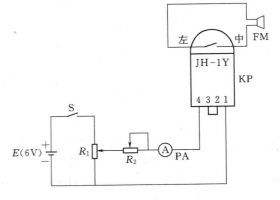

图 1-6-16 KP 的动作电流实验接线图

平稳通入电流，使继电器动作的最小电流值为动作电流，使衔铁返回原来位置的最大电流为返回电流，动作电流应小于 0.8mA，返回系数应大于 0.4。用 3 倍动作电流冲击后，其动作电流和返回系数仍应满足要求，以检验剩磁的影响。

动作电流与返回电流在左右极靴间隙量不变情况下，取决于空气隙 δ_1 与 δ_2 的分配比例，初始状态如 δ_1 增大，δ_2 就减小，则动作电流就会减小；反之，δ_1 减小，δ_2 就增大，则动作电流就会增大。最终状态空气隙 δ_1 与 δ_2 的分配决定返回电流值，例如：δ_2 增大，δ_1 就减小，返回电流就增大。

调整右静接点的位置可改变初始状态的间隙分配，从而动作电流得到调整，调整左静接点的位置可改变最终状态的间隙分配，从而返回电流得到调整。

另外，永久磁铁的极化磁通 ϕ_j 的大小也影响动作参数。适当改变衔铁金属翅翼面与永久磁铁平面之间隙（一般为 0.3～0.5mm），就能改变 ϕ_j 的大小，如平行间隙减小时，ϕ_j 增大，动作电流增大。

此外，悬挂衔铁的弹簧片的扭力也影响动作参数。在向左或向右移动瓷架位置时，改变衔铁的中位置，对动作参数有较大影响，应小心调整。

3. 触点工作可靠性检验

发现触点抖动应予以消除，触点抖动是在衔铁绝缘止档碰极靴回弹时产生。因此，衔铁动作后不与极靴接触。同时也与动触点簧片摩擦表面清洁状况，静接点簧片对调节螺丝的压力大小有关。故也可以用适当调小静接点簧片对调节螺丝的压力来消除抖动。

（二）潜动检验

1. 电压潜动检验

实验接线见图 1-6-17。电流回路开路，用万用表测量极化继电器的 U_{kp}。电压回路在 S 闭合时，调 R，使 $U_j = 0$；S_1 断开时，调 TV，使 $U_j = 110V$，调整 LG - 11 型内部的电位器 R_2，使 $U_j = 0V$，再拉合 S_2，继电器应无潜动。

2. 电流潜动检验

实验接线见图 1 - 6 - 18，电压回路端子 ⑦、⑧ 经 20Ω 电阻短接，合上 S_2，使 $I_j = I_e$，继电器应无潜动，$U_{kp} = 0$，如果 $U_{kp} \neq 0$，应调继电器内部的电位器 R_1。

实际上，调整电位器 R_1，就是调整 BZ_1

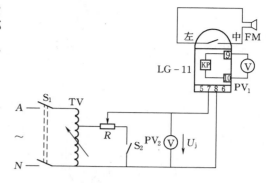

图 1 - 6 - 17 LG - 11 型电压潜动实验接线图

整流桥整流后的电流 I_1，而调整电位器 R_2，就是调整经 BZ_2 整流后的电流 I_2。不论是电压潜动或电流潜动，都是由于 $I_1 \neq I_2$ 而产生潜动。因此，调整 R_1（或 R_2）既对电流潜动有影响，又对电压潜动有影响。通过电流、电压潜动的反复调整 R_1、R_2 可以消除潜动。

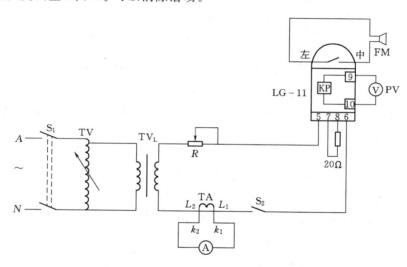

图 1 - 6 - 18 LG - 11 型电流潜动实验接线图

当消除潜动有困难时，允许 LG - 11 型继电器在加 110V 电压时，电压应不大于 0.1V，但电流潜动应消除。

（三）动作区与灵敏角检验

实验接线见图 1 - 6 - 19，采用电流固定，电压移相的方式改变 I_j 与 U_j 之夹角 φ_j，接线时应注意继电器电流互感器及相位表的极性。

实验时：$U_j = U_e = 100V$，$I_j = I_e = 1A$，并保持两值不变。摇动移相器改变 φ_j，测出继电器临界动作的两个临界角 φ_1 和 φ_2，注意应由不动作区移至动作区的方式测出临界角，当然，I_j 滞后 U_j 的角度为正，I_j 超前 U_j 的角度为负。动作区的计算公式为

$$动作区 = |\varphi_1| + |\varphi_2|$$

一般认为动作区的角平分线与 U_j 的夹角视为灵敏角，即

$$\varphi_{lm} = \frac{\varphi_1 + \varphi_2}{2}$$

动作区应不小于155°，实测灵敏角与整定角误差允许±5°。

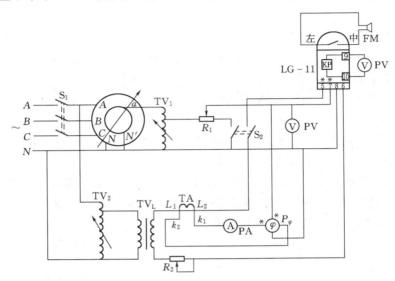

图 1 - 6 - 19　LG - 11 型继电器动作区实验接线图

【例题 2】　某 LG - 11 型继电器，整定灵敏角为 -30°，测出动作区的第一个临界角相位表上读角为发电机电感区 65°；第二个临界角，在相位表上读角为负载电感区 55°。画出动作区图及计算灵敏角。

解：

$$\varphi_1 = -(180° - 读角) = (180° - 65°) = 115°$$

$$\varphi_2 = 读角 = +55°$$

以 I_j 为基准量，超前 U_j 画出第一个临界动作角 φ_1，滞后 U_j55°，画出第二个临界角 φ_2，见图 1 - 6 - 20。

$$动作区 = |-115°| + |55°| = 170°, \quad \varphi_{lm} = \frac{-115° + 55°}{2} = -30°$$

KP 的动作电流大小直接影响动作区大小。灵敏角超出误差允许范围时，应首先检查电阻 R_3 或 R_4 的阻值，另外和 TXZ 与 C_1 构成的谐振电路是否调好有关，即 $\dot{K}_u\dot{U}_j$ 超前 $\dot{U}_j$ 的角度大小。作出 $U_{kp} = f(\varphi_j)$ 的曲线，在 φ_{lm} 时，U_{kp} 应为最大值。

（四）动作电压和返回系数检验

在 $\varphi_j = \varphi_{lm}$，$I_j = I_e = 1A$ 时，调整 TV 或 R_1 使 U_j 由 0 缓慢增大至继电器动作，测得动作电压 U_d，再降低测得返回电压 U_f。动作值以 5 次测试中的最大值为准，返回值以 5 次测试中的最小值为准。

（五）记忆时间检验

实验接线示意图见图 1 - 6 - 21，继电器接点（11、12 端子）接测量时间仪表，如用401 型电动秒表时，接至秒表 I、III 端子即可。

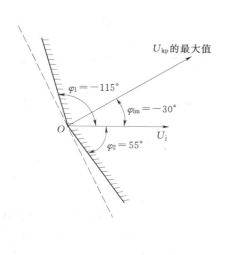

图 1-6-20 动作区示意图

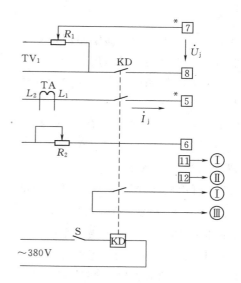

图 1-6-21 LG-11 型动作时间测
试接线示意图

测试时，$\varphi_j = \varphi_{lm}$，U_j 由 U_e 突降到 0，同时 I_j 由 0 突升到 1A。即 S_2 合上时，调 R_1 使 $U_j = 0$，$I_j = 1A$；S 断开时，调 R_1 使 $U_j = 100V$，$I_j = 0$。从断开到接通，即可测出记忆时间，测量 5 次平均值不小于 50ms。若记忆时间小于 50ms，应检查谐振回路特性。

在 $I_j = 10I_e = 10A$ 时，同样测量 5 次。

继电器无潜动才能测得记忆时间，如有电流潜动，则会出现测出的记忆时间为无穷大（秒表不停转）。另外为了保证合上 S 时 $U_j = 0$，则要求刀闸接触应良好，接至继电器电压线圈的接线应短，并具有一定截面积，否则会引起继电器 7、8 端子上电压不为零，并大于动作电压，继电器记忆时间也为无穷大。

（六）动作时间检验

在 $\varphi_j = \varphi_{lm}$，U_j 由 0 突升到 $5U_d$、I_j 由 0 突升到 I_e 时，测定继电器的动作时间，动作时间应不大于 40ms，以 5 次平均值为准，实验接线示意图与图 1-6-21 相似，但需用交流接触器的三对主接点来作通断电压、电流和起动电秒表。

六、技术参数

1. 额定值

额定值为 100V、5A（1A）、50Hz。

2. 继电器灵敏角

LG-11 型：$-30°$ 或 $-45°$。

LG-12 型：$+70°$。

在额定值下，灵敏角的误差不超过 5%。

3. 静态可靠动作区

在额定电压和电流时，动作区应不小于 155°，但应不大于 180°。

4. 灵敏度

在灵敏角下，当一输入激励量固定不变，变化另一输入激励量使继电器动作，此变化量的最小值即为继电器的灵敏度。

（1）电压激励量灵敏度。在灵敏角和额定电流（或 0.5 倍）下，继电器的最小动作电压应不大于 2V。

（2）电流激励量灵敏度。在灵敏角和 0.1 倍额定电压下，继电器的最小动作电流：$I_e=5A$ 的应不大于 0.5A；$I_e=1A$ 的应不大于 0.1A。

5. 继电器的返回系数

在灵敏角和额定电流下，继电器返回电压和动作电压比值不小于 0.45。

6. 继电器应无电流潜动和电压潜动

当继电器仅加入一个输入激励量而另一输入激励量为零时，不应有抖动或动作现象。

（1）在电压回路经 20Ω 电阻短接，突然加入与切除 10 倍额定电流时，应无潜动。

（2）在电流回路开路时，突然加入与切除 110V 电压时，应无潜动。

7. 动作时间

在灵敏角和额定电流下，接入 5 倍动作电压，继电器的动作时间应不大于 40ms。

8. 记忆时间

在灵敏角下，突然加额定电流及 10 倍额定电流，电压从 100V 突然降 0，继电器应可靠动作，其动合触点持续接通时间应大于 50ms。

9. 触点断开容量

当电压不超过 220V，电流不超过 1A，继电器触点断开容量在直流电感负载（时间常数 $\tau=5\times10^{-3}s$）电路中为 20W。

各元件参数见表 1-23。

表 1-23　　　　　　　　　　　元 件 参 数 表

名　　称	规　　格	
R_1、R_2	WX14-11、100Ω、56Ω	
R_3	RXY-8W、250Ω	
R_4	RXY-8W、33Ω	
R_5、R_7	RX22-5W、250Ω	
R_6、R_8	RX22-5W、270Ω	
R_9	RJ-0.5W、500Ω	
C_1	KD40、400V、2μF	
C_2、C_3、C_4	KD41、400V、4μF	
C_5	KD1D、400V、0.22μF	
$VD_1\sim VD_8$	2CP24	
KP	JH-1Y、RG4、521、106	I-730W、517Ω
		II-600W、142Ω

名　称		规　格
TDK－15	1－2	1000 匝、QQ－0.17、83Ω
	3－4－5	1100 匝、QQ－0.17，在 150 匝处抽头 4
		3－4：11.8Ω；4－5：900Ω
	6－7	1500 匝、QQ－0.17、159Ω
	8－9	1500 匝、QQ－0.69、1.4Ω
TXZ－15	1－2	1500 匝、QQ－0.16、138Ω
	3－4	1500 匝、QQ－0.16、161Ω
	5－6－7－8	3000 匝、QQ－0.18，在 2700 匝处抽头⑥、在 2850 匝处抽头⑦
		5－6：266Ω；6－7：16.7Ω；7－8：16.9Ω
	9－10	50 匝、QQ－0.18、6.3Ω

10. 绝缘电阻和绝缘电压

继电器导电部分与非导电部分的金属之间，以及电气上无联系的各回路之间用 500V 兆欧表测量时，应不小于 50kΩ。

同绝缘电阻相同的部位，应能承受 50Hz 交流电压 2000V，历时 1min 的实验应无击穿和闪络现象。

11. 继电器的内部接线图

继电器的内部接线图见图 1－6－22，元件布置图（见图 1－6－23）和元件参数表。

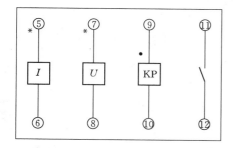

图 1－6－22　LG－11 型内部接线图

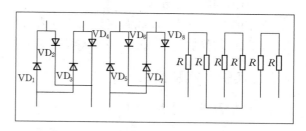

图 1－6－23　LG－11 型继电器元件二极管电阻板布置图

第二章　高压线路保护调试实习

第一节　RCS－931A 线路保护装置硬件介绍、基本操作及定值输入

一、实验目的

（1）通过观察，熟悉 RCS－931A 线路保护装置的外观及硬件组成。

（2）学会如何使用 RCS－931A 线路保护装置的各种菜单功能。

（3）学会 RCS－931A 线路保护装置的定值输入。

（4）了解 RCS－931A 线路保护装置定值整定原则。

二、实验预习

（1）熟悉 RCS－931A 线路保护装置的基本菜单操作及定值整定操作方法。

（2）了解 RCS－931A 线路保护装置的硬件构成原理。

（3）列出详细实验步骤。

（4）如果 RCS－931A 线路保护装置定值输入不合理，会出现什么情况？

（5）如何切换和复制 RCS－931A 线路保护装置的定值？

三、实验仪器及设备

实验仪器及设备见表 2－1。

表 2－1　　　　　　　　　　　实验仪器及设备（一）

序　号	设 备 型 号	仪器/设备名称	数　量
1	PRC31A－02	220kV 线路光纤差动保护柜	1
2	RCS－931A	线路保护装置	1

四、实验原理

（一）概述

1. 保护装置应用范围

本装置为由微机实现的数字式超高压线路成套快速保护装置，可用作 220kV 及以上电压等级输电线路的主保护及后备保护。

38

2. 保护配置

RCS-931系列保护包括以分相电流差动和零序电流差动为主体的快速主保护，由工频变化量距离元件构成的快速Ⅰ段保护，由三段式相间和接地距离及多个零序方向过流构成的全套后备保护，RCS-931系列保护有分相出口，配有自动重合闸功能，对单或双母线接线的开关实现单相重合、三相重合和综合重合闸。

RCS-931系列保护根据功能有一个或多个后缀，各后缀的含义见表2-2。RCS-931系列保护具体配置见表2-3。

表2-2　　　　　　　　　　RCS-931系列保护后缀含义

序　号	后缀	功　能　含　义
1	A	2个延时段零序方向过流
2	B	4个延时段零序方向过流
3	D	1个延时段零序方向过流和1个零序反时限方向过流
4	L	过负荷告警、过流跳闸
5	M	光纤通信为2048kbit/s数据接口（缺省为64kbit/s数据接口）
6	S	适用于串补线路

表2-3　　　　　　　　　　RCS-931系列保护配置表

型　号	配　置			通信速率（kbit/s）
RCS-931A	分相电流差动 零序电流差动 工频变化量距离 三段式接地距离 三段式相间距离 自动重合闸	2个延时段零序方向过流		64
RCS-931AS			适用于串补线路	64
RCS-931AL			过负荷告警、过流跳闸	64
RCS-931AM				2048
RCS-931B		4个延时段零序方向过流		64
RCS-931BS			适用于串补线路	64
RCS-931BL			过负荷告警、过流跳闸	64
RCS-931BM				2048
RCS-931D		1个延时段零序方向过流 1个零序反时限方向过流		64
RCS-931DS			适用于串补线路	64
RCS-931DL			过负荷告警、过流跳闸	64
RCS-931DM				2048

3. 性能特征

（1）设有分相电流差动和零序电流差动继电器全线速跳功能。

（2）64kbit/s或2048kbit/s高速数据通信接口，线路两侧数据同步采样，两侧电流互感器变比可以不一致。

（3）利用双端数据进行测距。

（4）通道自动监测，通信误码率在线显示，通道故障自动闭锁差动保护。

（5）动作速度快，线路近处故障跳闸时间小于10ms，线路中间故障跳闸时间小于15ms，线路远处故障跳闸时间小于25ms。

（6）反应工频变化量的测量元件采用了具有自适应能力的浮动门槛，对系统不平衡和

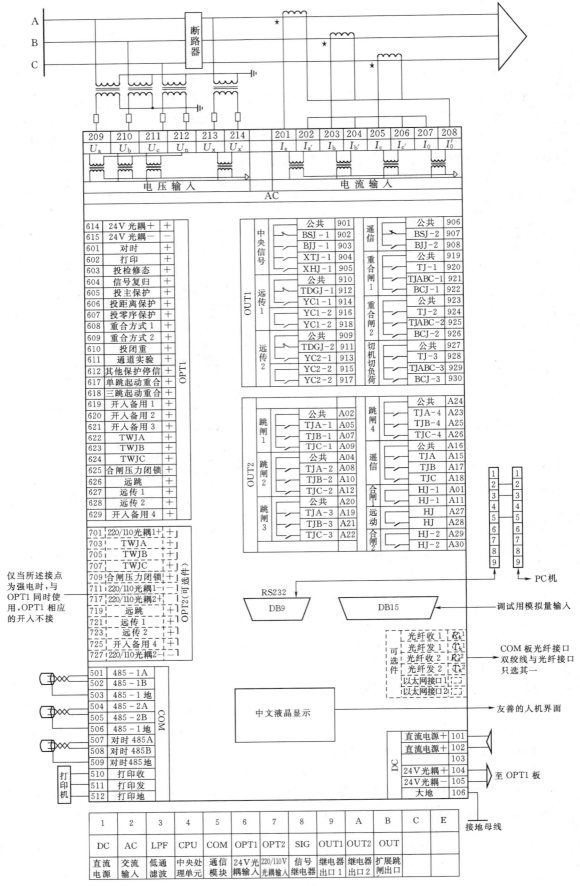

图 2-1-1 装置整体结构

干扰具有极强的预防能力，因而测量元件能在保证安全性的基础上达到特高速，起动元件有很高的灵敏度而不会频繁起动。

（7）先进可靠的振荡闭锁功能，保证距离保护在系统振荡加区外故障时能可靠闭锁，而在振荡加区内故障时能可靠切除故障。

（8）灵活的自动重合闸方式。

（9）装置采用整体面板、全封闭机箱，强弱电严格分开，取消传统背板配线方式，同时在软件设计上也采取相应的抗干扰措施，装置的抗干扰能力大大提高，对外电磁辐射也满足相关标准。

（10）完善的事件报文处理，可保存最新 128 次动作报告，24 次故障录波报告。

（11）友好的人机界面、汉字显示、中文报告打印。

（12）后台通信方式灵活，配有 RS-485 通信接口（可选双绞线、光纤）或以太网。

（13）支持电力行业标准 DL/T 667—1999（IEC60870-5—103 标准）的通信规约。

（14）与 COMTRADE 兼容的故障录波。

（二）硬件原理说明

1. 装置整体结构

装置结构见图 2-1-1。

2. 装置面板布置

图 2-1-2 是装置的正面面板布置图及指示灯定义图。

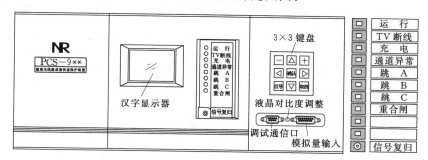

图 2-1-2　面板布置图及指示灯定义图

图 2-1-3 是装置的背面面板布置图（OPT2、OUT 为可选件）。

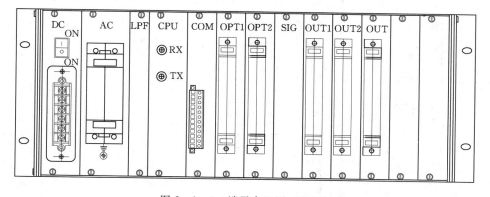

图 2-1-3　端子布置图（背视）

图 2-1-4 端子定义图（背视）

1 — DC

名称	端子
直流电源 +	101
直流电源 −	102
	103
24V光耦 +	104
24V光耦 −	105
大地	106

2 — AC（电流/电压）

I_A	201	$I_{A'}$	202
I_B	203	$I_{B'}$	204
I_C	205	$I_{C'}$	206
I_0	207	$I_{0'}$	208
U_A	209	U_B	210
U_C	211	U_N	212
U_X	213	$U_{X'}$	214
215 大地			

（电流 / 电压）

3 — LPF

4 — CPU

5 — COM

名称	端子	分组
485-1 A	501	串口1
485-1 B	502	串口1
485-1 地	503	串口1
485-2 A	504	串口2
485-2 B	505	串口2
485-2 地	506	串口2
对时485A	507	时钟同步
对时485B	508	时钟同步
对时地	509	时钟同步
打印RXA	510	打印
打印TXB	511	打印
打印地	512	打印

6 — OPT1(24V)

打印	602	对时	601
信号复归	604	投检修态	603
投距离	606	投主保护	605
重合方式1	608	投零序	607
投闭重	610	重合方式2	609
备用2	612	备用1	611
24V光耦+	614		613
	616	24V光耦−	615
三跳重合	618	单跳重合	617
备用4	620	备用3	619
TWJA	622	备用5	621
TWJC	624	TWJB	623
远跳	626	压力闭锁	625
远传2	628	远传1	627
	630	备用6	629

7 — OPT2(220V/110V)可选件

	702	光耦1+	701
	704	TWJA	703
	706	TWJB	705
	708	TWJC	707
	710	压力闭锁	709
	712	光耦1−	711
	714		713
	716		715
	718	光耦2+	717
	720	远跳	719
	722	远传1	721
	724	远传2	723
	726	备用6	725
	728	光耦2−	727
	730		729

8 — SIG

9 — OUT1

				分组
BSJ-1	902	公共1	901	中央信号
XTJ-1	904	BJJ-1	903	中央信号
公共2	906	XHJ-1	905	遥信
BJJ-2	908	KCB-2	907	遥信
公共3	910	公共4	909	通道异常及远传
通道异常	912	通道异常	911	通道异常及远传
远传1-1	914	远传2-1	913	通道异常及远传
远传1-2	916	远传2-2	915	通道异常及远传
远传1-2	918	远传2-2	917	通道异常及远传
TJ-1	920	公共	919	起动重合闸1
BCJ-1	922	TJABC-1	921	起动重合闸1
TJ-2	924	公共	923	起动重合闸2
BCJ-2	926	TJABC-2	925	起动重合闸2
TJ-3	928	公共	927	切机切负荷
BCJ-3	930	TJABC-3	929	切机切负荷

A — OUT2

				分组
跳闸1公共	A02	合闸1公共	A01	公共
跳闸2公共	A04		A03	公共
	A06	TJA-1	A05	跳合闸
TJA-2	A08	TJB-1	A07	跳合闸
TJB-2	A10	TJC-1	A09	跳合闸
TJC-2	A12	HJ-1	A11	跳合闸
	A14		A13	跳合闸
公共	A16	TJA	A15	遥信
TJC	A18	TJB	A17	遥信
公共	A20	TJA-3	A19	跳闸3
TJC-3	A22	TJB-3	A21	跳闸3
公共	A24	TJA-4	A23	跳闸4
TJC-4	A26	TJB-4	A25	跳闸4
HJ	A28	HJ	A27	遥信
HJ-2	A30	HJ-2	A29	合闸2

B — OUT(可选件)

跳闸5公共	B02		B01
跳闸6公共	B04		B03
	B06	TJA-5	B05
TJA-6	B08	TJB-5	B07
TJB-6	B10	TJC-5	B09
TJC-6	B12		B11
	B14		B13
跳闸7公共	B16	TJA-7	B15
TJC-7	B18	TJB-7	B17
跳闸8公共	B20	TJA-8	B19
TJC-8	B22	TJB-8	B21
	B24		B23
	B26		B25
	B28		B27
	B30		B29

C — 备用

E — 备用

3. 装置接线端子

图 2-1-4 为端子定义图，虚线为可选件。

4. 输出接点

输出接点如图 2-1-5 所示。

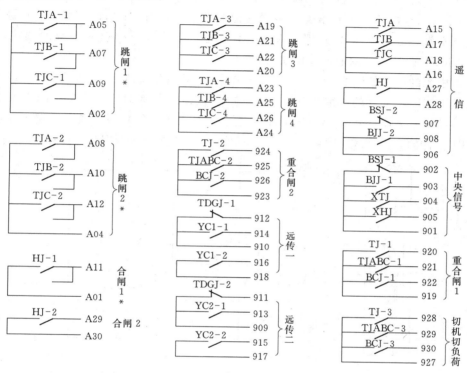

图 2-1-5　输出接点图

5. 各插件原理说明

组成装置的插件有：电源插件（DC）、交流插件（AC）、低通滤波器（LPF），CPU 插件（CPU）、通信插件（COM）、24V 光耦插件（OPT1）、高压光耦插件（OPT2，可选）、信号插件（SIG）、跳闸出口插件（OUT1、OUT2）、扩展跳闸出口（OUT，可选）、显示面板（LCD）。具体硬件模块图见图 2-1-6。

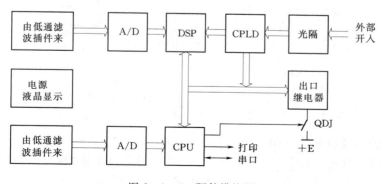

图 2-1-6　硬件模块图

（1）电源插件（DC）。从装置的背面看，第一个插件为电源插件，如图 2-1-7（a）所示。

保护装置的电源从 101 端子（直流电源 220V/110V＋端）、102 端子（直流电源 220V/110V－端）经抗干扰盒、背板电源开关至内部 DC/DC 转换器，输出＋5V、±12V、＋24V（继电器电源）给保护装置其他插件供电；另外经 104、105 端子输出一组 24V 光耦电源，其中 104 为光耦 24V＋，105 为光耦 24V－。输入电源的额定电压有 220V 和 110V 两种，电源输入连接如图 2-1-7（b）。

光耦电源的连接如图 2-1-7（c），电源插件输出光耦 24V－（105 端子），经外部连线直接接至 OPT1 插件的光耦 24V－（615 端子）；输出光耦 24V＋（104 端子）接至屏上开入公共端子；为监视开入 24V 电源是否正常，需从开入公共端子或 104 端子经连线接至 OPT1 插件的光耦 24V＋（614 端子），其他开入的连接详见 OPT1 插件。

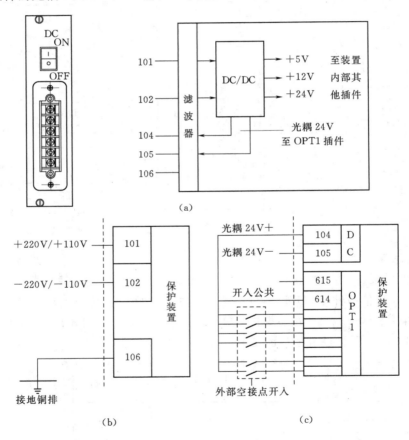

图 2-1-7 电源插件原理及输入接线图
(a) 电源插件；(b) 输入连接；(c) 光耦电源

（2）交流输入变换插件（AC）。说明见本章第二节。

（3）低通滤波插件（LPF）（图 2-1-8）。本插件无外部连线，其主要作用是：①滤除高频信号；②电平调整；③为利用专用实验仪（HELP-90A）测试创造条件。

由此可见，CPU 与 DSP 采样从有源元件开始就完全独立，因此，保证了任一器件损

44

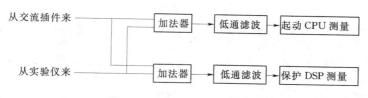

图 2-1-8 低通滤波原理图

坏不至于引起保护误动。实验输入由装置前面板的 DB15 插座引入。

（4）CPU 插件（CPU）。该插件是装置核心部分，由单片机（CPU）和数字信号处理器（DSP）组成，CPU 管理装置的总起动元件、人机界面及后台通信功能，DSP 完成所有的保护算法和逻辑功能。装置采样率为每周波 24 点，在每个采样点对所有保护算法和逻辑进行并行实时计算，使得装置具有很高的可靠性及安全性。

起动 CPU 内设总起动元件，起动后开放出口继电器的正电源，同时完成事件记录及打印、保护部分的后台通信及与面板通信；另外，还具有完整的故障录波功能，录波格式与 COMTRADE 格式兼容，录波数据可单独串口输出或打印输出。

CPU 插件还带有光端机，它通过 64kbit/s 高速数据通道（专用光纤或复用 PCM 设备），用同步通信方式与对侧交换电流采样值和信号。

（5）通信插件（COM）。通信插件的功能是完成与监控计算机或 RTU 的连接，有如表 2-4 所示三种型号可选。

表 2-4　　　　　　　　　　　　三 种 通 信 插 件

插件	A	B	物理层	规 约
5A	RS-485	RS-485	双绞线	
5B	RS-485	RS-485	光纤	IEC60870-5-103
5C	以太网		10/100Mbit/s 光纤	

5A、5B 插件设置了两个用于向监控计算机或 RTU 传送报告的 RS-485 接口，5C 插件通过以太网上送报告。三种插件的背板端子及外部接线图如图 2-1-9。所有型号的插件均设置了一个用于对时的 RS-485 接口，该接口只接收 GPS 发送的秒脉冲信号，不向外发送任何信号。所有型号的插件均设置了一个用于打印的 RS-485 或 RS-232 接口，通过整定控制字选择接口方式，如选用 RS-232 方式，控制字"网络打印方式"设为"0"，同时将该插件上相应的端子短接于 232 位置，如选用 RS-485 方式，控制字"网络打印方式"设为"1"，同时将该插件上相应的端子短接于 485 位置。与打印机通信的波特率应于打印机整定为一致。

（6）24V 光耦插件（OPT1）。本章第二节。

（7）高压光耦插件（OPT2）。本章第二节。

（8）信号继电器插件（SIG）。本插件无外部连线，该板主要是将 5V 的动作信号经三极管转换为 24V 信号，从而驱动继电器。正常运行时，装置会对所有三极管的出口进行检查，若有错则告警并闭锁保护。本板设置了总起动继电器，当 CPU 满足起动条件，则

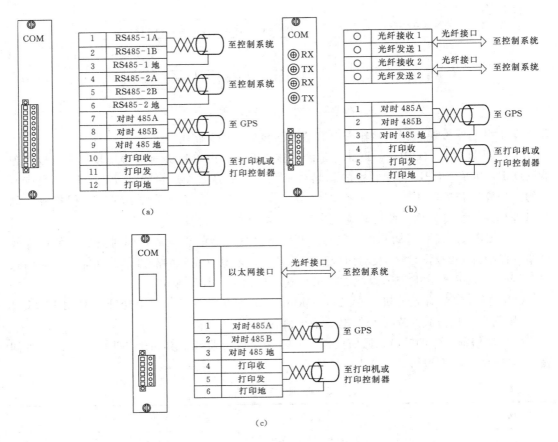

图 2-1-9 通信插件背板端子及外部接线图

(a) 5A；(b) 5B；(c) 5C

该继电器动作，接点闭合，开放出口继电器的正电源。

（9）继电器出口 1 插件（OUT1）。本章第二节。

（10）继电器出口 2 插件（OUT2）。本章第二节。

（11）扩展跳闸出口插件 OUT（可选）。本章第二节。。

（12）显示面板（LCD）。显示面板单设一个单片机，负责汉字液晶显示、键盘处理，通过串口与 CPU 交换数据。显示面板还提供一个与 PC 机或 HELP-90A 通信的接口（9芯），一个调试用模拟量输入端子（15 芯）。

（13）过负荷告警插件（RCS-931XL）。装置过负荷报警期间，报警接点 BJJ（901-903、906-908）应闭合。若需要单独的过负荷报警接点，需配过负荷报警插件，其过负荷报警接点（PP23-PP24、PP25-PP26、PP27-PP28、PP29-PP30）在过负荷报警期间应闭合。过负荷报警插件可插于 B、C、E 任一插槽内。

（三）保护定值整定说明

（1）电流变化量起动值：按躲过正常负荷电流波动最大值整定，一般整定为 $0.2I_n$。对于负荷变化剧烈的线路（如电气化铁路、轧钢、炼铝等），可以适当提高定值以免装置频繁起动，定值范围为 $(0.1\sim0.5)I_n$；线路两侧应按一次电流相同折算到二次整定。

（2）零序起动电流：按躲过最大零序不平衡电流整定，定值范围为（0.1～0.5）I_n；线路两侧应按一次电流相同折算到二次整定。

（3）工频变化量阻抗：按全线路阻抗的 0.8～0.85 整定。

（4）TA 变比系数：将电流一次额定值大的一侧整定为 1，小的一侧整定为本侧电流一次额定值与对侧电流一次额定值的比值。与两侧的电流二次额定值无关。例如：本侧一次电流互感器变比为 1250/5，对侧变比为 2500/1，则本侧 TA 变比系数整定为 0.5，对侧整定为 1.00。

（5）差动电流高定值：按不小于 4 倍的电容电流整定。一般应按不小于 0.2 倍额定电流整定，根据区内故障短路电流校验其灵敏度。线路两侧应按一次电流相同折算到二次整定。

（6）差动电流低定值：按不小于 1.5 倍的电容电流整定。一般按不小于 0.1 倍额定电流整定，根据最小运行方式下区内故障短路电流校验其灵敏度。线路两侧应按一次电流相同折算到二次整定。

（7）TA 断线差流定值：当 TA 断线不闭锁差动保护时，差动保护的动作值。

（8）零序补偿系数：$K = \dfrac{Z_{01} - Z_{11}}{3Z_{11}}$，其中 Z_{01} 和 Z_{11} 分别为线路的零序和正序阻抗。建议采用实测值，如无实测值，则将计算值减去 0.05 作为整定值。

（9）振荡闭锁过流：按躲过线路最大负荷电流整定。

（10）接地距离Ⅰ段定值：按全线路阻抗的 0.8～0.85 倍整定，对于有互感的线路，应适当减小。

（11）相间距离Ⅰ段定值：按全线路阻抗的 0.8～0.9 倍整定。

（12）距离Ⅱ段、Ⅲ段的阻抗和时间定值按段间配合需要整定，对本线末端故障有灵敏度。

（13）负荷限制电阻定值：按重负荷时的最小测量电阻整定。

（14）正序灵敏角、零序灵敏角：分别按线路的正序、零序阻抗角整定。

（15）接地距离偏移角：为扩大测量过渡电阻能力，接地距离Ⅰ段、Ⅱ段的特性圆可向第一象限偏移，建议线路长度大于 40km 时取 0°，大于 10km 且小于 40km 时取 15°，小于 10km 时取 30°。

（16）相间距离偏移角：为扩大测量过渡电阻能力，相间距离Ⅰ段、Ⅱ段的特性圆可向第一象限偏移，建议线路长度大于 10km 时取 0°，大于 2km 且小于 10km 时取 15°，小于 2km 时取 30°。

（17）零序过流Ⅱ段定值：应保证线路末端接地故障有足够的灵敏度。

（18）零序过流Ⅲ段定值：应保证经最大过渡电阻故障时有足够的灵敏度。

（19）零序过流加速段：应保证线路末端接地故障有足够的灵敏度。

（20）TV 断线相过流定值、TV 断线时零序过流：仅在 TV 断线时自动投入。

（21）同期合闸角：检同期合闸方式时母线电压对线路电压的允许角度差。

（22）线路正序电抗、线路正序电阻、线路零序电抗、线路零序电阻：线路全长的参数，用于测距计算。

（23）线路正序容抗、线路零序容抗。当线路的电容电流小于 0.1 倍额定电流时，电容电流补偿没有实际意义，可按下列定值整定线路正序容抗和零序容抗（二次值）

$$\begin{cases} X_{c1} = 580\Omega (I_n = 1A) \\ X_{c0} = 840\Omega (I_n = 1A) \end{cases} \text{或} \begin{cases} X_{c1} = 116\Omega (I_n = 5A) \\ X_{c0} = 168\Omega (I_n = 5A) \end{cases}$$

当线路的电容电流较大，即超高压长线路时，正序、零序容抗按线路全长的实际参数整定（二次值）。当整定的容抗比实际线路容抗大，满足实测的电容电流大于 $\frac{U_n}{X_{c1}}$ 时，装置报"容抗整定出错"。整定时还需注意：零序容抗大于正序容抗。作为一个参考，每百公里各电压等级架空线路的容抗和电容电流如表 2-5 表所示。

表 2-5 每百公里超高压线路额定值

线路电压 （kV）	正序容抗 （Ω）	零序容抗 （Ω）	电容电流 （A）	线路电压 （kV）	正序容抗 （Ω）	零序容抗 （Ω）	电容电流 （A）
220	3700	5260	34	500	2590	3790	111
330	2860	4170	66	750	2242	3322	193

（24）线路总长度：按实际线路长度整定，单位为 km，用于测距计算。

（25）线路编号：按实际线路编号整定，打印报告时用。

（26）对于阻抗定值，即使某一元件不投，仍应按整定原则和配合关系整定，如Ⅲ段阻抗大于Ⅱ段阻抗，Ⅱ段阻抗大于Ⅰ段阻抗，Ⅱ段阻抗对本线末端故障有灵敏度；对于各零序电流定值，均应大于零序起动电流定值，且Ⅱ段零序电流定值大于Ⅲ段零序电流定值；对于起动元件（电流变化量起动和零序电流起动），线路两侧宜按一次电流定值相同折算至二次整定。

（四）运行方式控制字整定说明

（1）"工频变化量阻抗"：对于短线路如整定阻抗小于 $1/I_n \Omega$ 时，可将该控制字置"0"，即将工频变化量阻抗保护退出。

（2）"投纵联差动保护"：运行时将这个控制字置"1"，如需将纵联保护退出，可通过退出屏上的主保护压板实现。

（3）"TA 断线闭锁差动"：当 TA 发生断线时，若需闭锁差动保护，则将该控制字置为"1"，否则置为"0"。

（4）"主机方式"：指装置运行在主机还是从机方式，两侧保护装置必须一侧为主机方式，另一侧为从机方式。

（5）"专用光纤"：当通道采用专用光纤时，该控制字置"1"；当与 PCM 设备复接时，该控制字置"0"。

（6）"通道自环实验"：当通道自环实验时，该控制字置"1"，正常运行时该控制字置"0"。

（7）"远跳受起动控制"：当收到对侧的远跳信号时，若需本侧起动才开放跳闸出口，则需将该控制字置"1"，否则该控制字置"0"。不使用远跳功能时，建议将该控制字置"1"。

（8）"电压接线路TV"：当保护测量用的三相电压取自线路侧时（如3/2开关情况），该控制字置"1"，取自母线时置"0"。

（9）"投振荡闭锁元件"：当所保护的线路不会发生振荡时，该控制字置"0"，否则置"1"。

（10）"投Ⅰ段接地距离"、"投Ⅱ段接地距离"、"投Ⅲ段接地距离"、"投Ⅰ段相间距离"、"投Ⅱ段相间距离"、"投Ⅲ段相间距离"：分别为三段接地距离和三段相间距离保护的投入控制字，置"1"时相应的距离保护投入，置"0"时退出。

（11）"投负荷限制距离"：当用于长距离重负荷线路时，测量负荷阻抗可能会进入Ⅰ段、Ⅱ段、Ⅲ段距离继电器时，该控制字置"1"。

（12）"三重加速Ⅱ段距离"、"三重加速Ⅲ段距离"：当三相重合闸不可能出现系统振荡时投入，则三重时分别加速不受振荡闭锁控制的Ⅱ段或Ⅲ段距离保护；若上述控制字均不投（置"0"）则加速受振荡闭锁控制的Ⅱ段距离。

（13）"零序Ⅲ段经方向"：为零序过流Ⅲ段保护经零序功率方向闭锁投入控制字，置"1"时需经方向闭锁。

（14）"零Ⅲ跳闸后加速"：为保护跳闸后是否要把零序过流Ⅲ段保护时间缩短500ms，置"1"要缩短500ms，置"0"不缩短。

（15）"投三相跳闸方式"：为三相跳闸方式投入控制字，置"1"时任何故障三跳，但不闭锁重合闸。

（16）"投重合闸"：为本装置重合闸投入控制字，当重合闸长期不投（如3/2开关情况）时置"0"，一般应置"1"。

（17）"投检同期方式"、"投检无压方式"、"投重合闸不检"：为重合闸方式控制字，重合闸不投时，这些控制字无效；投"检无压方式"时可同时"投检同期方式"。

（18）"不对应起动重合"：为位置不对应起动重合闸投入控制字，重合闸不投时，该控制字无效。

（19）"相间距离Ⅱ段闭重"、"接地距离Ⅱ段闭重"：分别为相间距离Ⅱ段、接地距离Ⅱ段保护动作三跳并闭锁重合闸投入控制字。

（20）"零Ⅱ段三跳闭重"：为选择零序方向过流Ⅱ段动作时直接三跳并闭锁重合闸的控制字，置"0"时，零序方向过流Ⅱ段动作经选相跳闸。

（21）"投选相无效闭重"：为选相无效三跳时是否闭锁重合闸的控制字，置"1"时选相无效三跳时闭锁重合闸。

（22）"非全相故障闭重"：为非全相运行再故障保护动作时是否闭锁重合闸的控制字。

（23）"投多相故障闭重"、"投三相故障闭重"：分别为多相故障和三相故障闭锁重合闸投入控制字。

（24）当重合闸方式在运行中不会改变时，用整定控制字比由重合闸切换把手经光耦输入更为可靠。另外，用整定控制字可实现远方重合闸方式的改变。"内重合把手有效"、"投单重方式"、"投三重方式"、"投综重方式"这 4 个控制字可完成上述功能。当"内重合把手有效"置"1"时，整定控制字确定重合闸方式，而不管外部重合闸切换把手处于什么位置。"内重合把手有效"置"1"，而"投单重方式"、"投三重方式"、"投综重方式"均置"0"时等同于"投重合闸"置"0"，即本装置重合闸退出。当"内重合把手有效"置"0"，则重合闸方式由切换把手确定，后面的 3 个控制字均无效。

五、实验项目及步骤

（一）装置上电及观察面板

装置的正面面板布置见图 2-1-2。

（1）装置上电前，先用万用表电阻档测量装置的正、负电源之间的电阻。确认没有短路，才能给装置上电。

（2）装置上电后，观察装置面板及液晶屏幕、面板上指示灯显示情况如下：

1）"运行"灯为绿色，装置正常运行时点亮。

2）"TV 断线"灯为黄色，当发生电压回路断线时点亮。

3）"充电"灯为黄色，当重合充电完成时点亮。

4）"通道异常"灯为黄色，当通道故障时点亮。

图 2-1-10　液晶屏画面

5）"跳 A"、"跳 B"、"跳 C"、"跳闸"、"重合闸"灯为红色，当保护动作出口时点亮，在"信号复归"后熄灭。

（3）运行时液晶显示说明。装置上电后，正常运行时液晶屏幕将显示主画面，见图 2-1-10。

中间两行的内容因各保护而异，当无重合闸功能时则无充电标志。

（二）进行人机对话操作

在主画面状态下，按"▲"键可进入主菜单，通过"▲"键、"▼"键、"确认"键和"取消"键选择子菜单。命令菜单见图 2-1-11。

（三）定值整定操作

（1）依照人机对话操作进入整定定值菜单。

（2）选择装置参数进入，按"▲"键、"▼"键用来滚动选择要修改的定值，按"◀"键、"▶"键用来将光标移到要修改的那一位，用"+"键和"-"键来修改数据，按"取消"键为不修改返回，按"确认"键完成定值整定后返回。

（3）依照上步依次进入保护定值及压板定值，进行定值整定。

（4）进入菜单中的"拷贝定值"子菜单，将"当前区号"内的"保护定值"拷贝到"拷贝区号"内，"拷贝区号"可通过"+"键和"-"键修改。

若整定出错，液晶会显示错误信息，需重新整定。另外，"系统频率"、"电流二次额定值"整定后，保护定值必须重新整定，否则装置认为该区定值无效。

整定定值的口令为：键盘的"+"键、"◀"键、"▲"键、"-"键，输入口令时，

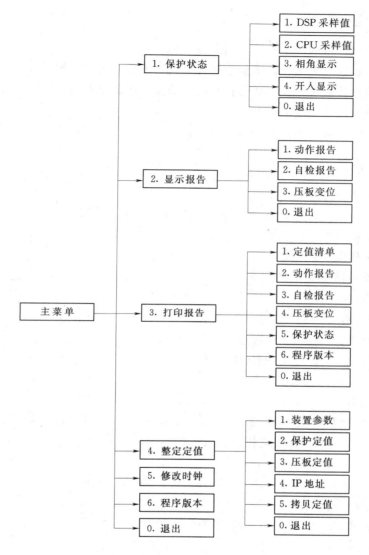

图 2-1-11 树形命令菜单

每按一次键盘，液晶显示由"."变为"＊"，当显示四个"＊"时，方可按确认。

（四）其他操作

（1）进入菜单"修改时钟"，显示当前的日期和时间。按"▲"键、"▼"键、"◀"键、"▶"键用来选择，"＋"和"－"键用来修改。按"取消"键为不修改返回，"确认"为修改后返回。

（2）进入菜单"程序版本"，查看液晶显示程序版本、校验码以及程序生成时间。

（3）按键盘的"区号"键，液晶显示"当前区号"和"修改区号"，按"＋"键或"－"键来修改区号，按"取消"键为不修改返回，按"确认"键完成区号修改后返回。

（4）进入菜单"打印报告"选择"定值清单"，进行定值打印。

51

六、实验注意事项

（1）实验前请仔细阅读本实验大纲及说明书。

（2）尽量少拔插装置插件，不触摸插件电路，不带电插拔插件。

（3）实验前应检查屏柜及装置是否有明显的损伤或螺丝松动。特别是 TA 回路的螺丝及连片，不允许有丝毫松动的情况。

（4）按键动作要轻，不得重复加力按揿。

七、技术参数

1．机械及环境参数

（1）机箱结构尺寸：482mm×177mm×291mm，嵌入式安装。

（2）正常工作温度：0～40℃。

（3）极限工作温度：−10～50℃。

（4）贮存及运输温度：−25～70℃。

2．额定电气参数

（1）直流电源：220V，110V。允许偏差：−20％～+15％。

（2）交流电压：$100/\sqrt{3}$ V（额定电压 U_n）。

（3）交流电流：5A，1A（额定电流 I_n）。

（4）频率：50Hz/60Hz。

（5）过载能力。

1）电流回路：2 倍额定电流，连续工作；10 倍额定电流，允许 10s；40 倍额定电流，允许 1s。

2）电压回路：1.5 倍额定电压，连续工作。

（6）功耗。

1）交流电流＜1VA/相（I_n＝5A），＜0.5VA/相（I_n＝1A）。

2）交流电压＜0.5VA/相。

（7）直流：正常时小于 35W，跳闸时小于 50W。

3．主要技术指标

（1）整组动作时间。

1）工频变化量距离元件：近处 3～10ms，末端小于 20ms。

2）差动保护全线路跳闸时间：＜25ms（差流大于 1.5 倍差动电流高定值）。

3）距离保护Ⅰ段约为 20ms。

（2）起动元件。

1）电流变化量起动元件，整定范围（0.1～0.5）I_n。

2）零序过流起动元件，整定范围（0.1～0.5）I_n。

（3）工频变化量距离。

1）动作速度：＜10ms（ΔU_{op}＞$2U_z$）。

2）整定范围：0.1～7.5Ω（I_n＝5A），0.5～37.5Ω（I_n＝1A）。

（4）距离保护。

1）整定范围：$0.01\sim25\Omega$（$I_n=5A$），$0.05\sim125\Omega$（$I_n=1A$）。

2）距离元件定值误差：$<5\%$。

3）精确工作电压：$<0.25V$。

4）最小精确工作电流：$0.1I_n$。

5）最大精确工作电流：$30I_n$。

6）Ⅱ段、Ⅲ段跳闸时间：$0\sim10s$。

（5）零序过流保护。

1）整定范围：$(0.1\sim20)I_n$。

2）零序过流元件定值误差：$<5\%$。

3）后备段零序跳闸延迟时间：$0\sim10s$。

（6）暂态超越。快速保护均不大于2%。

（7）测距部分。

1）单端电源多相故障时允许误差：$<\pm2.5\%$。

2）单相故障有较大过渡电阻时测距误差将增大。

（8）自动重合闸。检同期元件角度误差：$<\pm3°$。

（9）电磁兼容。

1）辐射电磁场干扰实验符合国标 GB/T 14598.9 的规定。

2）快速瞬变干扰实验符合国标 GB/T 14598.10 的规定。

3）静电放电实验符合国标 GB/T 14598.14 的规定。

4）脉冲群干扰实验符合国标 GB/T 14598.13 的规定。

5）射频场感应的传导骚扰抗扰度实验符合国标 GB/T 17626.6 的规定。

6）工频磁场抗扰度实验符合国标 GB/T 17626.8 的规定。

7）脉冲磁场抗扰度实验符合国标 GB/T 17626.9 的规定。

8）浪涌（冲击）抗扰度实验符合国标 GB/T 17626.5 的规定。

（10）绝缘实验。

1）绝缘实验符合国标：GB/T 14598.3—936.0 的规定。

2）冲击电压实验符合国标：GB/T 14598.3—938.0 的规定。

（11）输出接点容量。

1）信号接点容量。允许长期通过电流8A，切断电流0.3A（DC220V，V/R 1ms）。

2）其他辅助继电器接点容量。允许长期通过电流5A，切断电流0.2A（DC220V，V/R 1ms）。

3）跳闸出口接点容量。允许长期通过电流8A，切断电流0.3A（DC220V，V/R 1ms），不带电流保持。

（12）通信接口。两个 RS-485 通信接口（可选光纤或双绞线接口），或光纤以太网接口，通信规约可选择电力行业标准 DL/T 667—1999（idt IEC60870-5-103）规约或 LFP（V2.0）规约，通信速率可整定。

1）一个用于 GPS 对时的 RS-485 双绞线接口。

2）一个打印接口，可选 RS-485 或 RS-232 方式，通信速率可整定。

3）一个用于调试的 RS－232 接口（前面板）。

（13）光纤接口。RCS－931 系列保护装置可通过专用光纤或经 PCM 机复接，与对侧交换数据。光纤接口位于 CPU 板背面，光接头采用 FC/PC 型式。当采用专用光纤时，发送功率分四挡，由跳线决定。发送功率参数见表 2－6。

表 2－6　　　　　　　　　　　　　　发 送 功 率 参 数　　　　　　　　　　　　单位：dBm

跳线选择 \ 发送速率	64kbit/s	2048kbit/s	跳线选择 \ 发送速率	64kbit/s	2048kbit/s
JP301－OFF，JP302－OFF	－16	－16	JP301－OFF，JP302－ON	－7	－9
JP301－ON，JP302－OFF	－9	－12	JP301－ON，JP302－ON	－5	－8

1）光纤类型：单模 CCITT，Rec. G652。

2）接收灵敏度：－45dBm（64kbit/s），－35dBm（2048kbit/s）。

3）传输距离：＜100km（64kbit/s），＜60km（2048kbit/s）。

当采用 PCM 机复接时：

1）信道类型：数字光纤或数字微波（可多次转接）。

2）接口标准：64kbit/s，G.703 同向数字接口或 2048kbit/s，E1 接口。

3）时延要求：单向传输时延小于 15ms。

第二节　RCS－931A 线路保护装置交流回路校验及输入/输出接点检查

一、实验目的

（1）学会如何进行微机线路保护装置的交流回路校验。

（2）学会如何检查微机线路保护装置的输入/输出接点。

二、实验预习

（1）熟悉 RCS－931A 线路保护装置的交流回路构成。

（2）熟悉交流回路校验及输入/输出接点检查的方法。

（3）列出详细实验步骤。

（4）如果交流回路中零序电流不接，对保护有什么影响？

（5）如何检查交流回路的正确性？

三、实验仪器及设备

仪器及设备同第一节。

四、实验原理

（一）交流输入变换插件（AC）

交流输入变换插件（AC）与系统接线图如图 2－2－1。

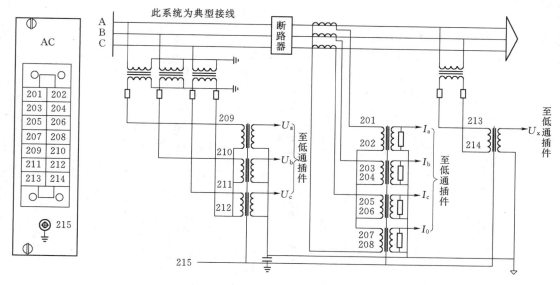

图 2-2-1 交流输入变换插件与系统接线图

交流插件中三相电流和零序电流输入，按额定电流可分为 1A、5A 两种。

图中 I_a、I_b、I_c、I_0，分别为三相电流和零序电流输入，值得注意的是：虽然保护中零序方向、零序过流元件均采用自产的零序电流计算，但是零序电流起动元件仍由外部的输入零序电流计算，因此，如果零序电流不接，则所有与零序电流相关的保护均不能动作，如零序差动、零序过流等，电流变换器的线性工作范围为 $30I_n$。

U_a、U_b、U_c 为三相电压输入，额定电压为 $100/\sqrt{3}V$；U_x 为重合闸中检无压、检同期元件用的电压输入，额定电压为 100V 或 $100/\sqrt{3}V$，当输入电压小于 30V 时，检无压条件满足，当输入电压大于 40V 时，检同期中有压条件满足；如重合闸不投或不检重合，则该输入电压可以不接。如果重合闸投入且使用检无压或检同期方式（由定值中重合闸方式整定），则装置在正常运行时检查该输入电压是否大于 40V，若小于 40V，经 10s 延时报线路 TV 断线告警，BJJ 继电器动作。正常运行时测量 U_x 与 U_a 之间的相位差，作为检同期的固有相位差，因此，对 U_x 是哪一相或相间是没有要求的，保护能够自动适应。

215 端子为装置的接地点，应将该端子接至接地铜排。

（二）24V 光耦插件（OPT1）

电源插件输出的光耦 24V 电源，其正端（104 端子）应接至屏上开入公共端，其负端（105 端子）应与本插件的 24V 光耦负（615 端子）直接相连；另外，光耦 24V＋应与本插件的 24V 光耦正（614 端子）相连，以便让保护监视光耦开入电源是否正常，接线如图 2-2-2 所示。

601 端子是对时输入，用于接收 GPS 或其他对时装置发来的秒脉冲接点或光耦信号，输入的信号必须是无源的，如图 2-2-3 所示，开入导通时的电流约 3～5mA，推荐使用 RS-485 总线对时方式（参见通信插件说明），这两种对时方式实际使用时只能选用一种，若用总线对时方式，该输入不接。

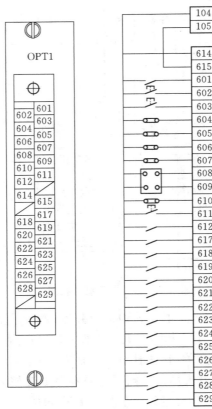

104	24V 光耦＋（输出）
105	24V 光耦－（输出）
614	24V 光耦＋（输入）
615	24V 光耦－（输入）
601	对时
602	打印
603	投检修态
604	信号复归
605	投主保护
606	投距离保护
607	投零序保护
608	重合方式 1
609	重合方式 2
610	投闭重
611	开入备用 1
612	开入备用 2
617	单跳起动重合
618	三跳起动重合
619	开入备用 3
620	开入备用 4
621	开入备用 5
622	TWJA
623	TWJB
624	TWJC
625	合闸压力闭锁
626	远跳
627	远传 1
628	远传 2
629	开入备用 6

图 2-2-2　光耦插件背板端子及外部接线图

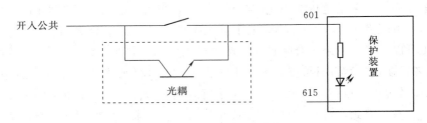

图 2-2-3　对时输入接点示意图

602 端子是打印输入，用于手动起动打印最新一次动作报告，一般在屏上装设打印按钮。装置通过整定控制字选择自动打印或手动打印，当设定为自动打印时，保护一有动作报告即向打印机输出，当设定为手动打印时，则需按屏上的打印按钮打印。

603 端子是投检修态输入，是为了防止在保护装置进行实验时，有关报告经 IEC60870-5—103 规约接口向监控系统发送相关信息，而干扰调度系统的正常运行，一般在屏上设置一投检修态压板，在装置检修时，将该压板投上，在此期间进行实验的动作报告不会通过通信口上送，但本地的显示、打印不受影响；运行时应将该压板退出。

604 端子是信号复归输入，用于复归装置的磁保持信号继电器和液晶的报告显示，一般在屏上装设信号复归按钮。信号复归也可以通过通信进行远方复归。

608 端子、609 端子为重合闸方式选择开入，一般在屏上装设重合闸的方式选择切换开关，接点引入及方式如表 2 - 7 所示。

表 2 - 7　　　　　　　　　　　　接 点 引 入 方 式

端 子	定 义	单 重	三 重	综 重	停 用
608	重合闸方式 1	0	1	0	1
609	重合闸方式 2	0	0	1	1

重合闸方式开关打在停用位置，仅表明本装置的重合闸停用，保护仍是选相跳闸。本装置的重合闸停用还可由整定控制字"重合闸投入"置"0"实现。要实现线路重合闸停用，即任何故障三跳且不重，则应将"闭重三跳"（610 端子）压板投入。

610 端子是闭重三跳输入，其意义是：①沟三跳，即单相故障保护也三跳；②闭锁重合闸，如重合闸投入则放电。

本装置的重合闸起动方式有：①位置（TWJ）接点确定的不对应起动（可由整定控制字确定是否投入）；②本保护动作起动；③其他保护动作起动。617 端子、618 端子分别为其他保护动作单跳起动重合闸、三跳起动重合闸输入。这两个接点要求是瞬动接点，即保护动作返回而返回，单跳起动重合闸可为三相跳闸的或门输出，任一相跳闸即动作，而三跳起动重合闸则必须为三相跳闸的与门输出。如果不用本装置的重合闸或采用位置不对应起动重合闸，则不接这两个输入。

622 端子、623 端子、624 端子分别为 A、B、C 三相的分相跳闸位置继电器接点（TWJA、TWJB、TWJC）输入，一般由操作箱提供。位置接点的作用是：①重合闸用，不对应起动重合闸，单重方式是否三相跳开；②判别线路是否处于非全相运行；③TV 三相失压且线路无电流时，看开关是否在合闸位置，若是，则经 1.25s 报 TV 断线。

625 端子是压力闭锁重合闸输入，仅作用于重合闸，不用本装置的重合闸时，该端子可不接。

626 端子定义为远跳，主要为其他装置提供通道切除线路对侧开关，如本侧失灵保护动作，跳闸信号经远跳，结合"远跳受起动控制"可直接或经对侧起动控制，跳对侧开关。

627 端子，628 端子定义为远传 1、远传 2。只是利用通道提供简单的接点传输功能，如本侧失灵保护动作，跳闸信号经远传 1（2），结合对侧就地判据跳对侧开关。

（三）高压光耦插件（OPT2）

有些开入可能从较远处引入，如收信接点从通信机房的载波机接至控制室的保护屏，或某些情况下从断路器处引位置接点至保护屏，这时不宜采用 24V 光耦，为此，本装置设置一个 220V/110V 的光耦插件，背板定义及接线图如图 2-2-4 所示。

如果位置接点从操作箱引入，则用 OPT1 插件的开入，由 622 端子、623 端子、624 端子、625 端子引入；如由断路器引入，则分别由 703 端子、705 端子、707 端子、709 端子引入。OPT1 插件的相应端子不接，701 端子为外接光耦电源的＋220V/＋110V，707 端子为外接光耦电源的－220V/－110V。

719 端子、721 端子、723 端子分别定义为远跳、远传 1、远传 2，当用该插件的端子

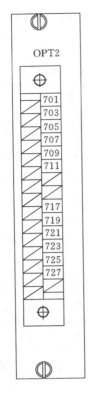

开入公共1+	701	+220V/+110V
	703	TWJA
	705	TWJB
	707	TWJC
	709	合闸压力闭锁
开入公共1−	711	−220V/−110V
开入公共2+	717	+220V/+110V
	719	远跳
	721	远传1
	723	远传2
	725	开入备用6
开入公共2−	727	−220V/−110V

图 2-2-4　高压光耦插件背板定义及接线图

时相应的 626 端子、627 端子、628 端子不接。717 端子为外接光耦电源的＋220V/＋110V，727 端子为外接光耦电源的－220V/－110V。

OPT2 插件上 701 端子与 717 端子，711 端子与 727 端子在插件上不连，若采用其中一组光耦时，另一组光耦的正负电源必须同时接上，否则会报光耦失电而闭锁保护，接到 OPT2 插件的开入，就不应再接 OPT1 插件相应定义的端子，反之亦然。

（四）继电器出口 1 插件（OUT1）

本插件提供输出空接点，如图 2-2-5 所示。

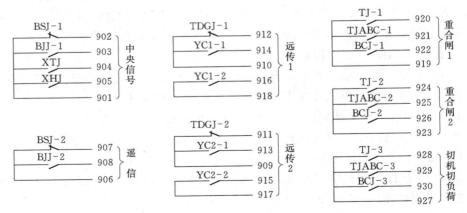

图 2-2-5　OUT1 插件接点输出图

58

BSJ 为装置故障告警继电器，其输出接点 BSJ－1、BSJ－2、BSJ－3 均为常闭接点，装置退出运行如装置失电、内部故障时均闭合。

BJJ 为装置异常告警继电器，其输出接点 BJJ－1、BJJ－2 为常开接点，装置异常如 TV 断线、TWJ 异常、TA 断线等，仍有保护在运行时发告警信号，BJJ 继电器动作，接点闭合。

XTJ、XHJ 为跳闸和重合闸信号磁保持继电器，保护跳闸时 XTJ 继电器动作并保持，重合闸时 XHJ 继电器动作并保持，需按信号复归按钮或由通信口发远方信号复归命令才返回。

TDGJ、YC1、YC2 为通道告警及远传继电器。TDGJ 定义为通道告警（常闭接点），YC1 定义为远传 1，YC2 定义为远传 2。装置给出两组接点，可分别给两套远方起动跳闸装置。

TJ 继电器为保护跳闸时动作（单跳和三跳该继电器均动作），保护动作返回时，该继电器也返回，其接点可接至另一套装置的单跳起动重合闸输入。

TJ_ABC 继电器为保护发三跳命令时动作，保护动作返回该继电器也返回，其接点可接至另一套装置的三跳起动重合闸输入。

BCJ 继电器为闭锁重合闸继电器，当本保护动作跳闸同时满足了设定的闭重条件时，BCJ 继电器动作，例如设置相间距离Ⅱ段闭重，则当相间距离Ⅱ段动作跳闸时，BCJ 继电器动作。BCJ 继电器一旦动作，则直至整组复归返回。

TJ、TJ_ABC、BCJ 继电器各有三组接点输出，供其他装置使用。

（五）继电器出口 2 插件（OUT2）

OUT2 插件输出接点如下图 2－2－6 所示。

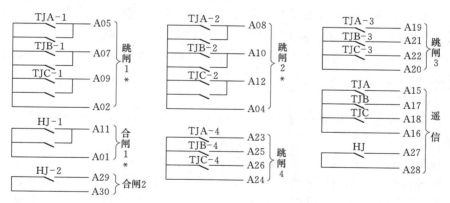

图 2－2－6　OUT2 插件接点输出图

该插件输出 5 组跳闸出口接点和 3 组重合闸出口接点，均为瞬动接点。用第一组跳闸和第一组合闸接点去接操作箱的跳合线圈，其他供遥信、故障录波起动、失灵用。如果需跳两个开关，则用第二组跳闸接点去跳第二个开关。

（六）扩展跳闸出口插件 OUT（可选）

一般情况，继电器出口 OUT2 插件的跳合闸输出接点是够用的，如果不够，可在 OUT2 的右侧插入扩展继电器出口插件 OUT，可扩展四组跳闸接点，如图 2－2－7 所示。

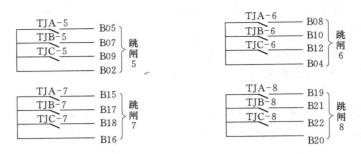

图 2-2-7 OUT（可选）插件接点输出图

五、实验项目及步骤

（一）交流回路校验

（1）将实验仪器的交流电压、电流输出与保护装置的交流电压、电流端子相连。

（2）在保护屏端子上分别加入电压、电流量。（三相正序）

电流量：A 相 1A，B 相 2A，C 相 3A。

电压量：A 相 10V，B 相 20V，C 相 30V。

（3）进入"保护状态"菜单中"DSP 采样值"子菜单，在液晶显示屏上显示的采样值应与实际加入量相等，其误差应小于±5%。

（二）输入接点检查

（1）断开保护的所有压板。

（2）进入"保护状态"菜单中"开入状态"子菜单。

（3）依次合上各保护投入压板，重合闸切换把手依次切换为"综重"、"三重"、"单重"、"停用"，此时在液晶显示屏上显示的开入量状态应有相应改变。

（4）在保护屏后短接接点，进行各输入接点的模拟导通，在液晶显示屏上显示的开入量状态应有相应改变。

（三）输出接点检查

（1）关闭装置电源，闭锁接点（901-902、906-907）闭合，装置处于正常运行状态，闭锁接点断开。

（2）模拟装置 TV 断线，报警接点（901-903、906-908）应闭合。

（3）断开保护装置的出口跳闸回路，投入主保护、距离保护、零序过流保护压板，加故障电压 0，故障电流 10A，模拟 ABC 三相故障，此时跳闸接点（901-904、919-920、919-921、923-924、923-925、927-928、927-929、A02-A05、A02-A07、A02-A09、A04-A08、A04-A10、A04-A12、A16-A15、A16-A17、A16-A18、A20-A19、A20-A21、A20-A22、A24-A23、A24-A25、A24-A26）应由断开变为闭合。

（4）断开保护装置的出口跳闸回路，投入主保护、距离保护、零序过流保护压板，重合把手切在"综重方式"，重合闸整定在"不检"方式，等重合闸充电完成后加故障电压 0，故障电流 10A，模拟 ABC 三相故障，当保护重合闸动作时，合闸接点（901-905、919-922、923-926、927-930、A01-A11、A27-A28、A29-A30）应由断开变为

60

闭合；

（5）短接＋24V 和"远传 1"开入（614－627），远传 1 开出接点（910－914、916－918）应由断开变为闭合。

（6）短接＋24V 和"远传 2"开入（614－628），远传 2 开出接点（909－913、915－917）应由断开变为闭合。

（7）将连接光端机"接收"（RX）和"发送"（TX）的尾纤断开，面板上的"通道告警"灯应发光，同时，通道告警接点（909－911、910－912）应由断开变为闭合。

六、实验注意事项

（1）实验前请仔细阅读本实验大纲及保护说明书。

（2）尽量少拔插装置插件，不触摸插件电路，不带电插拔插件。

（3）实验前应检查屏柜及装置是否有明显的损伤或螺丝松动。特别是 TA 回路的螺丝及连片，禁止有丝毫松动的情况。

（4）按键动作要轻，不得重复加力按揿。

（5）实验接线完毕后，要经过第二人检查后方可通电。

（6）保护屏后进行短接实验时，必须两人一组进行。

第三节　RCS－931A 线路保护装置电流差动保护实验

一、实验目的

（1）理解电流差动保护的构成原理。

（2）学会如何进行电流差动保护的校验。

二、实验预习

（1）熟悉 RCS－931A 线路保护装置中电流差动保护的构成。

（2）熟悉电流差动保护的原理。

（3）列出详细实验步骤。

（4）电流差动保护分为几种？

三、实验仪器及设备

实验仪器及设备同本章第一节。

四、实验原理

（一）装置总起动元件原理

起动元件的主体以反应相间工频变化量的过流继电器实现，同时又配以反应全电流的零序过流继电器互相补充。反应工频变化量的起动元件采用浮动门坎，正常运行及系统振荡时变化量的不平衡输出均自动构成自适应式的门坎，浮动门坎始终略高于不平衡输出。

在正常运行时由于不平衡分量很小，装置有很高的灵敏度，当系统振荡时，自动抬高浮动门坎而降低灵敏度，不需要设置专门的振荡闭锁回路。因此，起动元件有很高的灵敏度而又不会频繁起动，装置有很高的安全性。

1. 电流变化量起动

$$\Delta I_{\Phi\Phi max} > 1.25\Delta I_t + \Delta I_{zd} \qquad (2-3-1)$$

式中　　$\Delta I_{\Phi\Phi max}$——相间电流的半波积分的最大值；

　　　　ΔI_{zd}——可整定的固定门坎；

　　　　ΔI_t——浮动门坎，随着变化量的变化而自动调整，取 1.25 倍可保证门坎始终略高于不平衡输出。

该元件动作并展宽 7s，去开放出口继电器正电源。

2. 零序过流元件起动

当外接和自产零序电流均大于整定值时，零序起动元件动作并展宽 7s，去开放出口继电器正电源。

3. 位置不对应起动

这一部分的起动由用户选择投入，条件满足总起动元件动作并展宽 15s，去开放出口继电器正电源。

4. 纵联差动或远跳起动

发生区内三相故障，弱电源侧电流起动元件可能不动作，此时若收到对侧的差动保护允许信号，则判别差动继电器动作相关相、相间电压，若小于 60% 额定电压，则辅助电压起动元件动作，去开放出口继电器正电源 7s。

当本侧收到对侧的远跳信号且定值中"不经本侧起动控制"置"1"时，去开放出口继电器正电源 500ms。

5. 过流跳闸起动

对于 RCS-931XL，"距离压板"投入并且"投过流跳闸"控制字置"1"，若其他起动元件不动作，但最大相电流大于"过流跳闸定值"，经"过流跳闸延时"，过流跳闸起动元件动作，去开放出口继电器正电源 7s。

最大相电流大于"过流跳闸定值"，经 100ms 延时，装置有开关变位报告"过流起动"；开关变位报告"过流起动"的主要作用是作为过流跳闸元件动作时间的参考。

装置由"过流动作"起动时，动作报告中"过流动作"的动作时间为 1ms，无法直观看到"过流跳闸时间"延时。此时可参考"过流起动"变位报告的绝对时间。因最大相电流大于"过流跳闸定值"延时 100ms 报"过流起动"变位，最大相电流大于"过流跳闸定值"经"过流跳闸时间"延时动作，所以有

过流跳闸延时＝过流起动动作绝对时间－过流起动变位的绝对时间＋100ms

（二）保护起动元件原理

保护起动元件原理与总起动元件原理一致。

（三）电流差动继电器原理

电流差动继电器由三部分组成：变化量相差动继电器、稳态相差动继电器和零序差动继电器。

1. 变化量相差动继电器

动作方程

$$\begin{cases} \Delta I_{cd\Phi} > 0.75\Delta I_{r\Phi} \\ \Delta I_{cd\Phi} > I_{h} \end{cases}$$　(2-3-2)

$$\Delta I_{cd\Phi} = |\Delta \dot{I}_{m\Phi} + \Delta \dot{I}_{n\Phi}|$$

$$\Delta I_{r\Phi} = \Delta I_{m\Phi} + \Delta I_{n\Phi}$$

其中　　　　　　　　　　$$\Phi = A, B, C$$

式中　　$\Delta I_{cd\Phi}$——工频变化量差动电流，即为两侧电流变化量相量和的幅值；

$\Delta I_{r\Phi}$——工频变化量制动电流，为两侧电流变化量的标量和；

I_{h}——"差动电流高定值"（整定值）、4 倍实测电容电流和 $\frac{4U_{n}}{X_{c1}}$ 的大值，实测电

容电流由正常运行时未经补偿的差流获得；

U_{n}——额定电压；

X_{c1}——正序容抗整定值，当用于长线路时，X_{c1} 为线路的实际正序容抗值。当用

于短线路时，由于电容电流和 $\frac{U_{n}}{X_{c1}}$ 都较小，差动继电器有较高的灵敏度，

此时可通过适当减小 X_{c1} 或抬高"差动电流高定值"来降低灵敏度。

2. 稳态 I 段相差动继电器

动作方程

$$\begin{cases} I_{cd\Phi} > 0.75 I_{r\Phi} \\ I_{cd\Phi} > I_{h} \end{cases}$$　(2-3-3)

$$I_{cd\Phi} = |\dot{I}_{m\Phi} + \dot{I}_{n\Phi}|$$

$$I_{r\Phi} = |\dot{I}_{m\Phi} - \dot{I}_{n\Phi}|$$

其中　　　　　　　　　　$$\Phi = A, B, C$$

式中　　$I_{cd\Phi}$——差动电流，即为两侧电流相量和的幅值；

$I_{r\Phi}$——制动电流，即为两侧电流相量差的幅值。

3. 稳态 II 段相差动继电器

动作方程

$$\begin{cases} I_{cd\Phi} > 0.75 I_{r\Phi} \\ I_{cd\Phi} > I_{m} \end{cases}$$　(2-3-4)

$$\Phi = A, B, C$$

式中　　I_{m}——差动电流低定值，1.5 倍实测电容电流和 $\frac{1.5U_{n}}{X_{c1}}$ 的大值。

稳态 II 段相差动继电器经 40ms 延时动作。

4. 零序 I 段差动继电器

对于经高过渡电阻接地故障，采用零序差动继电器具有较高的灵敏度，由零序差动继
电器，通过低比率制动系数的稳态差动元件选相，构成零序 I 段差动继电器，经 100ms
延时动作。其动作方程

63

$$\begin{cases} I_{cd0} > 0.75 I_{r0} \\ I_{cd0} > I_{qd0} \\ I_{cdbc\Phi} > 0.15 I_{r\Phi} \\ I_{cdbc\Phi} > I_1 \end{cases} \qquad (2-3-5)$$

$$I_{cd0} = |\dot{I}_{m0} + \dot{I}_{n0}|$$

$$I_{r0} = |\dot{I}_{m0} - \dot{I}_{n0}|$$

式中　I_{cd0}——零序差动电流，即为两侧零序电流相量和的幅值；

　　　I_{r0}——零序制动电流，即为两侧零序电流相量差的幅值；

　　　I_{qd0}——零序起动电流定值；

　　　I_1——I_{qd0}、0.6 倍实测电容电流和$\dfrac{0.6 U_n}{X_{c1}}$中的大值；

　　　$I_{cdbc\Phi}$——经电容电流补偿后的差动电流。

当 TV 断线或容抗整定出错时，自动退出电容电流补偿，零序 I 段差动继电器的动作方程

$$\begin{cases} I_{cd0} > 0.75 I_{r0} \\ I_{cd0} > I_{qd0} \\ I_{cd\Phi} > 0.15 I_{r\Phi} \\ I_{cd\Phi} > I_m \end{cases} \qquad (2-3-6)$$

5. 零序 II 段差动继电器

动作方程

$$\begin{cases} I_{cd0} > 0.75 I_{r0} \\ I_{cd0} > I_{qd0} \end{cases} \qquad (2-3-7)$$

零序 II 段差动继电器经 250ms 延时动作跳三相。

6. 电容电流补偿

对于较长的输电线路，电容电流较大，为提高经大过渡电阻故障时的灵敏度，需进行电容电流补偿。电容电流补偿由式 2-3-7 计算而得

$$I_{c\Phi} = \left(\frac{U_{m\Phi} - U_{m0}}{2 X_{c1}} + \frac{U_{m0}}{2 X_{c0}} \right) + \left(\frac{U_{n\Phi} - U_{n0}}{2 X_{c1}} + \frac{U_{n0}}{2 X_{c0}} \right) \qquad (2-3-8)$$

式中　$U_{m\Phi}$、$U_{n\Phi}$、U_{m0}、U_{n0}——本侧、对侧的相、零序电压；

　　　X_{c1}、X_{c0}——线路全长的正序和零序容抗。

由此计算的电容电流对于正常运行和区外故障都能给予较好的补偿。

7. TA 断线

TA 断线瞬间，断线侧的起动元件和差动继电器可能动作，但对侧的起动元件不动作，不会向本侧发差动保护动作信号，从而保证纵联差动不会误动。非断线侧经延时后报"长期有差流"，与 TA 断线作同样处理。

TA 断线时发生故障或系统扰动导致起动元件动作，若 "TA 断线闭锁差动" 整定为 "1"，则闭锁电流差动保护；若 "TA 断线闭锁差动" 整定为 "0"，且该相差流大于 "TA 断线差流定值"，仍开放电流差动保护。

8. TA 饱和

当发生区外故障时，TA 可能会暂态饱和，装置中由于采用了较高的制动系数和自适应浮动制动门槛，从而保证了在较严重的饱和情况下不会误动。

（四）电流差动保护方框图

保护方框图见图 2-3-1。

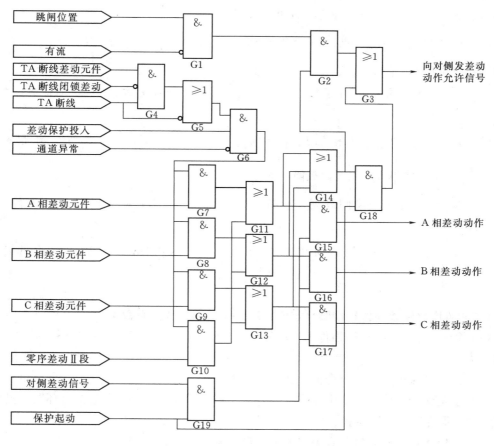

图 2-3-1　电流差动保护方框图

保护方框图说明：

（1）差动保护投入指保护屏上 "主保护压板"、压板定值 "投主保护压板" 和定值控制字 "投纵联差动保护" 同时投入。

（2）"A 相差动元件"、"B 相差动元件"、"C 相差动元件" 包括变化量差动、稳态量差动 I 段或 II 段，零序差动 I 段，只是各自的定值有差异。

（3）三相开关在跳开位置或经保护起动控制的差动继电器动作，则向对侧发差动动作允许信号。

五、实验项目及步骤

（一）光纤分相电流差动保护校验

（1）将光端机（在 CPU 插件上）的接收"RX"和发送"TX"用尾纤短接，构成自发自收方式。

（2）仅投主保护压板，重合把手切在"单重方式"。

（3）整定保护定值控制字中"投纵联差动保护"、"专用光纤"、"通道自环"、"投重合闸"和"投重合闸不检"均置"1"。

（4）等保护重合闸充电，直至"充电"灯亮。

（5）在 A、B、C 任意相加故障电流 $I > 1.05 \times 0.5 MAX\left(差动电流高定值、4\dfrac{57.7}{X_{c1}}\right)$，模拟单相或多相区内故障。

（6）装置面板上相应跳闸灯亮，液晶面板上显示"电流差动保护"，动作时间为 10～25ms。

（7）在 A、B、C 任意相加故障电流 $I > 1.05 \times 0.5 MAX\left(差动电流低定值、1.5\dfrac{57.7}{X_{c1}}\right)$，模拟单相或多相区内故障。

（8）装置面板上相应跳闸灯亮，液晶面板上显示"电流差动保护"，动作时间为 40～60ms。

（9）在 A、B、C 任意相加故障电流 $I < 0.95 \times 0.5 MAX\left(差动电流低定值、1.5\dfrac{57.7}{X_{c1}}\right)$，装置应可靠不动作。

（二）零序电流差动保护校验（定值：$I_{qd0} = 1A$，TA 变比系数 1）

（1）将光端机（在 CPU 插件上）的接收"RX"和发送"TX"用尾纤短接，构成自发自收方式。

（2）仅投主保护压板，重合把手切在"单重方式"。

（3）整定保护定值控制字中"投纵联差动保护"、"专用光纤"、"通道自环"、"投重合闸"和"投重合闸不检"均置"1"。

（4）等保护重合闸充电，直至"充电"灯亮。

（5）进入手动实验菜单进行校验。

1）先加入负荷电流（容性），然后锁定（所加电流、电压量如下）。

U_a：57.74V，0°；U_b：57.74V，−120°；U_c：57.74V，120°；I_a：0.4A，90°；I_b：0.4A，−30°；I_c：0.4A，210°。

容性电流计算公式为

$$57.74/(2 \times 正序容抗 \times TA 变比系数)$$

2）等 TV 断线灯灭后加入故障电流（所加电流、电压量如下）。

U_a：50V，0°（ΔU 降 3V 以上）；U_b：57.74V，−120°；U_c：57.74V，120°；I_A：

1.4A（大于 I_{qd0}，小于相差低值），0°（与 U_a 同向或零序灵敏角）。I_b：0.4A，$-30°$；I_c：0.4A，210°。此时，零序差动保护Ⅰ段应可靠动作，动作时间 100ms 单相跳闸。

3）重复上述 2 个步骤，实验接线做如下改动：将跳闸开入量相 A 返回接点断开。此时，零序差动保护Ⅰ段单跳不成功，零序差动保护Ⅱ段动作三跳，动作时间 250ms。

（6）进入整组实验菜单进行校验。

1）先加入负荷电流（容性），计算公式同第 5 步第 1 小步。

2）加短路电流 1.4A，此时，零序差动保护Ⅰ段动作，动作时间 100ms。

3）故障量同零序差动保护Ⅰ段，断开跳闸开入量 A 相返回接点，此时，零序差动保护Ⅰ段单跳不成功，零序差动保护Ⅱ段动作三跳，动作时间 250ms。

（三）TA 断线闭锁差动保护校验（整定定值为 8.5A，差动高值定值为 6A，TA 断线闭锁差动保护定值要比差动高值大才能验证逻辑）

（1）将光端机（在 CPU 插件上）的接收"RX"和发送"TX"用尾纤短接，构成自发自收方式。

（2）仅投主保护压板，重合把手切在"单重方式"。

（3）整定保护定值控制字中"投纵联差动保护"、"专用光纤"、"通道自环"、"投重合闸"和"投重合闸不检"均置"1"；"TA 断线闭锁差动"整定为"0"。

（4）等保护重合闸充电，直至"充电"灯亮。

（5）加入 A 相电流 1.2A（小于差动低值，让装置判 TA 断线），电流步长设为 3A。

（6）A 相经 10s 发 TA 断线（面板不一定及时报出），断线后加步长 3A，此时电流 4.2×2=8.4A 已大于高值定值，但小于 TA 断线闭锁差动电流定值 8.5A，故差动保护不动作。

（7）加 A 相 1.3A，电流步长设为步长 3A。

（8）A 相经 10s 发 TA 断线，断线后加步长 3A，此时电流 4.3×2=8.6A，差动保护动作。注意：所加电流步长一定要大于电流变化量起动值。

六、实验注意事项

（1）实验前请仔细阅读本实验大纲及保护说明书。

（2）尽量少拔插装置插件，不触摸插件电路，不带电插拔插件。

（3）实验前应检查屏柜及装置是否有明显的损伤或螺丝松动。特别是 TA 回路的螺丝及连片。禁止有丝毫松动的情况。

（4）按键动作要轻，不得重复加力按揿。

（5）实验接线完毕后，要经过第二人检查后方可通电。

（6）保护屏后进行短接实验时，必须两人一组进行。

第四节　RCS-900 系列线路保护装置距离保护校验

一、实验目的

（1）理解距离保护的构成原理。

（2）学会如何进行微机线路保护装置的距离保护校验。

二、实验预习

（1）熟悉工频变化量距离继电器的原理。

（2）熟悉如何进行微机线路保护装置的距离保护校验。

（3）列出详细实验步骤。

（4）列出各种距离保护的异同点。

三、实验仪器及设备

实验仪器及设备见表 2-8。

表 2-8　　　　　　　　　　　距离保护校实验仪器及设备

序　号	设备型号	仪器/设备名称	数　量
1	PRC31A-02	220kV 线路光纤差动保护柜	1
2	PRC02-23	220kV 线路光纤距离保护柜	1
3	PRC41A-02	110kV 线路保护柜	1
4	RCS-902A	线路保护装置	1
5	RCS-931A	线路保护装置	1
6	RCS-941A	线路保护装置	1

四、实验原理

（一）工频变化量距离继电器

电力系统发生短路故障时，其短路电流、短路电压可分解为故障前负荷状态的电流电压分量和故障分量，如图 2-4-1 所示的短路状态（A）可分解为图（B）、（C）二种状态下电流电压的叠加，反应工频变化量的继电器不受负荷状态的影响，因此，只要考虑图（C）的故障分量。

工频变化量距离继电器测量工作电压的工频变化量的幅值，其动作方程为

$$|\Delta U_{op}| > U_z \tag{2-4-1}$$

对相间故障

$$U_{op\Phi\Phi} = U_{\Phi\Phi} - I_{\Phi\Phi} Z_{zd} \tag{2-4-2}$$

$$\Phi\Phi = AB, BC, CA$$

对接地故障

$$U_{op\Phi} = U_{\Phi} - (I_{\Phi} + K3I_0) Z_{zd} \tag{2-4-3}$$

$$\Phi = A, B, C$$

式中　Z_{zd}——整定阻抗，一般取 0.8～0.85 倍线路阻抗；

U_z——动作门坎，取故障前工作电压的记忆量。

图 2-4-2 为保护区内外各点金属性短路时的电压分布，设故障前系统各点电压一致，即各故障点故障前电压为 U_z，则 $|\Delta E_{k1}|=|\Delta E_{k2}|=|\Delta E_{k3}|=U_z$；对反应工频变化量的继电器，系统电势为零，因而仅需考虑故障点附加电势 ΔE_k。

区内故障时，如图 2-4-2（b），ΔU_{op} 在本侧系统至 ΔE_{k1} 的连线的延长线上，可见，$\Delta U_{op}>\Delta E_{k1}$，继电器动作。

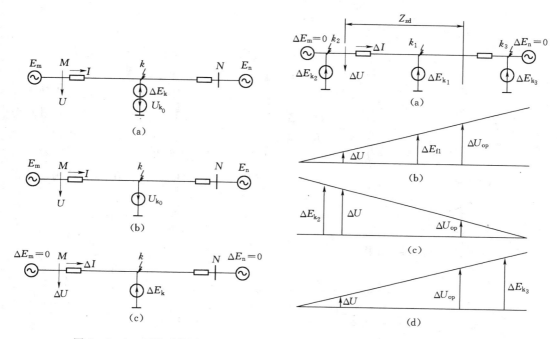

图 2-4-1　短路系统图

图 2-4-2　保护区内外各点金属性短路时的
电压分布图

反方向故障时，如图 2-4-2（c），ΔU_{op} 在 ΔE_{k_2} 与对侧系统的连线上，显然，$\Delta U_{op}<\Delta E_{k_2}$，继电器不动作。

区外故障时，如图 2-4-2（d），ΔU_{op} 在 ΔE_{k_3} 与本侧系统的连线上，$\Delta U_{op}<\Delta E_{k_3}$，继电器不动作。

正方向经过渡电阻故障时的动作特性可用解析法分析，如图 2-4-3 所示。

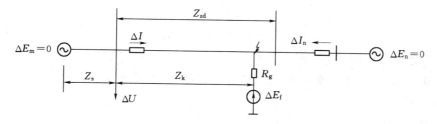

图 2-4-3　正方向经过渡电阻故障计算用图

以三相短路为例，设

$$U_z = |\Delta E_k|$$

由

$$\Delta E_k = -\Delta I(Z_s + Z_k)$$
$$\Delta U_{op} = \Delta U - \Delta I Z_{zd} = -\Delta I(Z_s + Z_{zd})$$

则

$$|\Delta I(Z_s + Z_{zd})| > |\Delta I(Z_s + Z_k)|$$
$$|Z_s + Z_{zd}| > |Z_s + Z_k| \qquad (2-4-4)$$

式中　Z_k——测量阻抗。

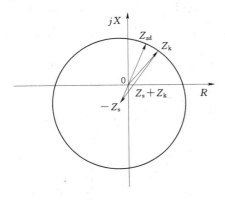

图 2-4-4　正方向短路动作特性

Z_k 在阻抗复数平面上的动作特性是以矢量 $-Z_s$ 为圆心，以 $|Z_s + Z_{zd}|$ 为半径的圆，如图 2-4-4 所示，当 Z_k 矢量末端落于圆内时动作，可见这种阻抗继电器有大的允许过渡电阻能力。当过渡电阻受对侧电源助增时，由于 ΔI_n 一般与 ΔI 是同相位，过渡电阻上的压降始终与 ΔI 同相位，过渡电阻始终呈电阻性，与 R 轴平行，因此，不存在由于对侧电流助增所引起的超越问题。

对反方向短路，如图 2-4-6 所示。

仍假设

$$U_z = |\Delta E_k|$$

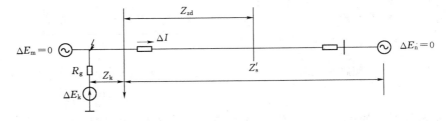

图 2-4-5　反方向故障计算用图

由

$$\Delta E_k = \Delta I(Z_s' + Z_k)$$
$$\Delta U_{op} = \Delta U - \Delta I Z_{zd} = \Delta I(Z_s' - Z_{zd})$$

则

$$|Z_s' - Z_{zd}| > |Z_s' + Z_k| \qquad (2-4-5)$$

测量阻抗 $-Z_k$ 在阻抗复数平面上的动作特性是以矢量 Z_s' 为圆心，以 $|Z_s' - Z_{zd}|$ 为半径的圆，如图 2-4-6，动作圆在第一象限，而因为 $-Z_k$ 总是在第三象限，因此，阻抗元件有明确的方向性。

（二）距离继电器

通常线路保护装置均设有三阶段式相间和接地距离继电器，继电器由正序电压极化，因而有较大的测量故障过渡电阻的能力；当用于短线路时，为了进一步扩大测量故障过渡电阻的能力，还可将Ⅰ段、Ⅱ段阻抗特性向第Ⅰ象限偏移；接地距离继电器设有零序电抗特性，可防止接地故障时继电器超越。

正序极化电压较高时，由正序电压极化的距离继电器有很好的方向性；当正序电压下降至$10\%U_n$以下时，进入三相低压程序，由正序电压记忆量极化，Ⅰ段、Ⅱ段距离继电器在动作前设置正的门坎，保证母线三相故障时继电器不可能失去方向性；继电器动作后则改为反门坎，保证正方向三相故障继电器动作后一直保持到故障切除。Ⅲ段距离继电器始终采用反门坎，因而三相短路Ⅲ段稳态特性包含原点，不存在电压死区。

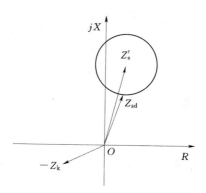

图 2 - 4 - 6　反方向短路动作特性

当用于长距离重负荷线路，常规距离继电器整定困难时，可引入负荷限制继电器，负荷限制继电器和距离继电器的交集为动作区，这有效地防止了重负荷时测量阻抗进入距离继电器而引起的误动。

1. 低压距离继电器

当正序电压小于$10\%U_n$时，进入低压距离程序，此时只可能有三相短路和系统振荡二种情况。系统振荡由振荡闭锁回路区分，这里只需考虑三相短路。三相短路时，因三个相阻抗和三个相间阻抗性能一样，所以仅测量相阻抗。

一般情况下各相阻抗一样，但为了保证母线故障转换至线路构成三相故障时仍能快速切除故障，所以对三相阻抗均进行计算，任一相动作跳闸时选为三相故障。

低压距离继电器比较工作电压和极化电压的相位如下：

工作电压

$$U_{op\Phi} = U_\Phi - I_\Phi Z_{zd}$$

极化电压

$$U_{p\Phi} = -U_{1\Phi m}$$
$$\Phi = A，B，C$$

其中

式中　　$U_{op\Phi}$——工作电压；

　　　　$U_{p\Phi}$——极化电压；

　　　　Z_{zd}——整定阻抗；

　　　　$U_{1\Phi m}$——记忆故障前正序电压。

正方向故障时，故障系统图如图2-4-7所示。

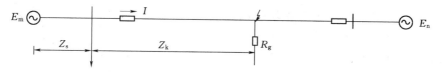

图 2 - 4 - 7　正方向故障系统图

71

在记忆作用消失前

$$U_\Phi = I_\Phi Z_k$$
$$U_{1\Phi m} = E_{m\Phi} e^{j\delta}$$
$$E_{m\Phi} = (Z_s + Z_k) I_\Phi$$

因此

$$U_{op\Phi} = (Z_k - Z_{zd}) I_\Phi$$
$$U_{p\Phi} = -(Z_s + Z_k) I_\Phi e^{j\delta}$$

继电器的比相方程为

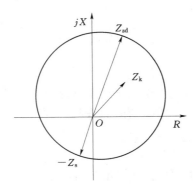

图 2-4-8 正方向故障时动作特性

$$-90° < \arg \frac{U_{op\Phi}}{U_{p\Phi}} < 90°$$

则

$$-90° < \arg \frac{Z_k - Z_{zd}}{-(Z_s + Z_k) e^{j\delta}} < 90° \quad (2-4-6)$$

设故障线母线电压与系统电势同相位 $\delta=0$，其暂态动作特性如图 2-4-8 所示。

测量阻抗 Z_k 在阻抗复数平面上的动作特性是以 Z_{zd} 至 $-Z_s$ 连线为直径的圆，动作特性包含原点表明正向出口经或不经过渡电阻故障时都能正确动作，并不表示反方向故障时会误动作；反方向故障时的动作特性必须以反方向故障为前提导出。当 δ 不为零时，将是以 Z_{zd} 到 $-Z_s$ 连线为弦的圆，动作特性向第 I 或第 II 象限偏移。

反方向故障时，故障系统图如图 2-4-9 所示，动作特性如图 2-4-10 所示。

图 2-4-9 反方向故障的计算用图

在记忆作用消失前

$$U_\Phi = -I_\Phi Z_k$$
$$U_{1\Phi m} = E_{n\Phi} e^{j\delta}$$
$$E_{n\Phi} = -(Z'_s + Z_k) I_\Phi$$

因此

$$U_{op\Phi} = -(Z_k + Z_{zd}) I_\Phi$$
$$U_{p\Phi} = (Z'_s + Z_k) I_\Phi e^{j\delta}$$

继电器的比相方程为

$$-90° < \arg \frac{U_{op\Phi}}{U_{p\Phi}} < 90°$$

则

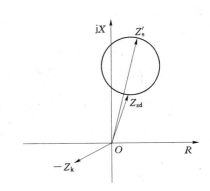

图 2-4-10 反方向故障时的动作特性

$$-90°<\arg\frac{-(Z_k+Z_{zd})}{(Z'_s+Z_k)e^{j\delta}}<90° \qquad (2-4-7)$$

测量阻抗$-Z_k$在阻抗复数平面上的动作特性是以Z_{zd}与Z'_s连线为直径的圆,如图2-4-10,当$-Z_k$在圆内时动作,可见,继电器有明确的方向性,不可能误判方向。以上的结论是在记忆电压消失以前,即继电器的暂态特性,当记忆电压消失后,

正方向故障时

$$U_{1\Phi m}=I_\Phi Z_k$$

$$U_{op}=(Z_k-Z_{zd})I_\Phi$$

$$U_{p\Phi}=-I_\Phi Z_k$$

$$-90°<\arg\frac{Z_k-Z_{zd}}{-Z_k}<90° \qquad (2-4-8)$$

反方向故障时

$$U_{1\Phi m}=-I_\Phi Z_k$$

$$U_{op}=(-Z_k-Z_{zd})I_\Phi$$

$$U_{p\Phi}=-I_\Phi(-Z_k)$$

$$-90°<\arg\frac{Z_k+Z_{zd}}{-Z_k}<90° \qquad (2-4-9)$$

正方向故障时,测量阻抗Z_k在阻抗复数平面上的动作特性如图2-4-11所示,反方向故障时,$-Z_k$动作特性也如图2-4-11所示。由于动作特性经过原点,因此,母线和出口故障时,继电器处于动作边界。为了保证母线故障,特别是经弧光电阻三相故障时不会误动作,因此,对Ⅰ段、Ⅱ段距离继电器设置了门坎电压,其幅值取最大弧光压降。同时,当Ⅰ段、Ⅱ段距离继电器暂态动作后,将继电器的门坎倒置,相当于将特性圆包含原点,以保证继电器动作后能保持到故障切除。为了保证Ⅲ段距离继电器的后备性能,Ⅲ段距离元件的门坎电压总是倒置的,其特性包含原点。

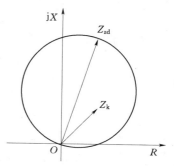

图2-4-11 三相短路稳态特性

2. 接地距离继电器

(1)Ⅲ段接地距离继电器。

工作电压

$$U_{op\Phi}=U_\Phi-(I_\Phi+K3I_0)Z_{zd}$$

极化电压

$$U_{p\Phi}=-U_{1\Phi}$$

$U_{p\Phi}$采用当前正序电压,非记忆量,这是因为接地故障时,正序电压主要由非故障相形成,基本保留了故障前的正序电压相位,因此,Ⅲ段接地距离继电器的特性与低压时的暂态特性完全一致,见图2-4-8、图2-4-10,继电器有很好的方向性。

(2)Ⅰ段、Ⅱ段接地距离继电器。

1)由正序电压极化的方向阻抗继电器。

工作电压

$$U_{\text{op}\Phi}=U_\Phi-(I_\Phi+K3I_0)Z_{\text{zd}}$$

极化电压

$$U_{\text{p}\Phi}=-U_{1\Phi}\text{e}^{j\theta1}$$

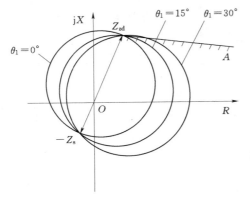

图 2-4-12 正方向故障时继电器特性

Ⅰ段、Ⅱ段极化电压引入移相角 θ_1，其作用是在短线路应用时，将方向阻抗特性向第Ⅰ象限偏移，以扩大允许故障过渡电阻的能力。其正方向故障时的特性如图 2-4-12 所示。θ_1 取值为 0°、15°、30°。

由图 2-4-12 可见，该继电器可测量很大的故障过渡电阻，但在对侧电源助增下可能超越，因而引入了零序电抗继电器以防止超越。

2) 零序电抗继电器。

工作电压

$$U_{\text{op}\Phi}=U_\Phi-(I_\Phi+K3I_0)Z_{\text{zd}}$$

极化电压

$$U_{\text{p}\Phi}=-I_0Z_{\text{d}}$$

式中 Z_{d}——模拟阻抗。

比相方程

$$-90°<\arg\frac{U_\Phi-(I_\Phi+K3I_0)Z_{\text{zd}}}{-I_0Z_{\text{d}}}<90°$$

正方向故障时

$$U_\Phi=(I_\Phi+K3I_0)Z_{\text{k}}$$

则

$$-90°<\arg\frac{(I_\Phi+K3I_0)\times(Z_{\text{k}}-Z_{\text{zd}})}{-I_0Z_{\text{d}}}<90°$$

$$90°+\arg Z_{\text{d}}+\arg\frac{I_0}{I_\Phi+K3I_0}<\arg(Z_{\text{k}}-Z_{\text{zd}})<270°+\arg Z_{\text{d}}+\arg\frac{I_0}{I_\Phi+K3I_0}$$

上式为典型的零序电抗特性，如图 2-4-12 所示中直线 A。

当 I_0 与 I_Φ 同相位时，直线 A 平行于 R 轴，不同相时，直线的倾角恰好等于 I_0 相对于 $I_\Phi+K3I_0$ 的相角差。假定 I_0 与过渡电阻上压降同相位，则直线 A 与过渡电阻上压降所呈现的阻抗相平行，因此，零序电抗特性对过渡电阻有自适应的特征。

实际的零序电抗特性由于 Z_{d} 为 78° 而要下倾 12°，所以，当实际系统中由于二侧零序阻抗角不一致而使 I_0 与过渡电阻上压降有相位差时，继电器仍不会超越。由带偏移角 θ_1 的方向阻抗继电器和零序电抗继电器两部分结合，同时动作时，Ⅰ段、Ⅱ段距离继电器动作，该距离继电器有很好的方向性，能测量很大的故障过渡电阻且不会超越。

3. 相间距离继电器

(1) Ⅲ段相间距离继电器。

工作电压

$$U_{\text{op}\Phi\Phi}=U_{\Phi\Phi}-I_{\Phi\Phi}Z_{\text{zd}}$$

极化电压

74

$$U_{p\Phi\Phi} = -U_{1\Phi\Phi}$$

继电器的极化电压采用正序电压，不带记忆。因相间故障其正序电压基本保留了故障前电压的相位。故障相的动作特性见图 2-4-8、图 2-4-10，继电器有很好的方向性。

三相短路时，由于极化电压无记忆作用，其动作特性为一过原点的圆，见图 2-4-11。由于正序电压较低时，由低压距离继电器测量，因此，这里既不存在死区也不存在母线故障失去方向性问题。

（2）Ⅰ段、Ⅱ段距离继电器。

1）由正序电压极化的方向阻抗继电器。

工作电压

$$U_{op\Phi\Phi} = U_{\Phi\Phi} - I_{\Phi\Phi}Z_{zd}$$

极化电压

$$U_{p\Phi\Phi} = -U_{1\Phi\Phi}e^{j\theta2}$$

这里，极化电压与接地距离Ⅰ段、Ⅱ段一样，较Ⅲ段增加了一个偏移角 θ_2，其作用也同样是为了在短线路使用时增加允许过渡电阻的能力。θ_2 的整定可按 0°，15°，30°三挡选择。

2）电抗继电器。

工作电压

$$U_{op\Phi\Phi} = U_{\Phi\Phi} - I_{\Phi\Phi}Z_{zd}$$

极化电压

$$U_{p\Phi\Phi} = -I_{\Phi\Phi}Z_d$$

式中　Z_d——模拟阻抗。

正方向故障时

$$U_{op\Phi\Phi} = I_{\Phi\Phi}Z_k - I_{\Phi\Phi}Z_{zd}$$

比相方程为

$$-90° < \arg\frac{Z_k - Z_{zd}}{-Z_d} < 90°$$

$$90° + \arg Z_d < \arg(Z_k - Z_{zd}) < 270° + \arg Z_d \qquad (2-4-10)$$

当 Z_d 阻抗角为 90°时，该继电器为与 R 轴平行的电抗继电器特性，实际的 Z_d 阻抗角为 78°，因此，电抗特性下倾 12°，使送电端的保护受对侧助增而过渡电阻呈容性时不致超越。以上方向阻抗与电抗继电器两部分结合，增强了在短线上使用时允许过渡电阻的能力。

4. 负荷限制继电器

为保证距离继电器躲开负荷测量阻抗，本装置设置了接地、相间负荷限制继电器，其特性如图 2-4-13 所示，继电器两边的斜率与正序灵敏角 φ 一致，直线 A 和直线 B 之间为动作区。当用于短线路不需要负荷限制继电器时，可将控制字"投负荷限制距离"置"0"。

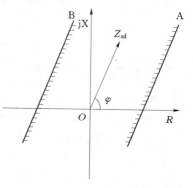

图 2-4-13　负荷限制继电器特性

（三）距离保护方框图

方框图说明（见图 2-4-14）：

（1）若用户选择"投负荷限制距离"，则Ⅰ段、Ⅱ段、Ⅲ段的接地和相间距离元件需经负荷限制继电器闭锁。

（2）保护起动时，如果按躲过最大负荷电流整定的振荡闭锁过流元件尚未动作或动作不到 10ms，则开放振荡闭锁 160ms，另外不对称故障开放元件、对称故障开放元件和非全相运行振闭开放元件任一元件开放则开放振荡闭锁；用户可选择"投振荡闭锁"去闭锁Ⅰ、Ⅱ段距离保护，否则距离保护Ⅰ、Ⅱ段不经振荡闭锁而直接开放。

（3）非全相运行再故障时，距离Ⅱ段受振荡闭锁开放元件控制，经 25ms 延时三相加速跳闸；

（4）合闸于故障线路时三相跳闸可有两种方式：①受振荡闭锁控制的Ⅱ段距离继电器在合闸过程中三相跳闸；②在三相合闸时，还可选择"投三重加速Ⅱ段距离"、"投三重加速Ⅲ段距离"、由不经振荡闭锁的Ⅱ段或Ⅲ段距离继电器加速跳闸。手合时总是加速Ⅲ段距离。

五、实验项目及步骤

（一）工频变化量阻抗继电器的校验

（1）仅投距离保护压板，重合闸把手切在"综重方式"或"单重方式"。

（2）整定保护定值控制字中"投工频变化量阻抗"置"1"、"投重合闸"置"1"、"投重合闸不检"置"1"。

（3）等保护重合闸充电，直至"充电"灯亮。

（4）加故障电流 15A（为 $\dot{I}_{1oa}-\dot{I}_k$），故障电压按照表 2-9 求出不同故障类型下的短路电压值，Z_{set} 为工频变化量阻抗定值，模拟故障，当 $M=1.1$ 时，保护应可靠动作。

（5）此时，装置面板上相应跳闸灯亮，液晶上显示"纵联变化量方向"，动作时间为 15~30ms。

（6）当 $M=0.9$ 时保护应可靠不动作。

（7）模拟上述反方向故障，保护不动作，三者关系见表 2-9。

表 2-9　　　　　　　故障方向、故障类型、短路电压计算公式之间的关系表

故障名称	故障类型	短路电压计算公式
正方向单相接地	A 相接地、B 相接地、C 相接地	$\dot{U}_k = (1+K)(\dot{I}_{1oa}-\dot{I}_k)Z_{set}+(1-m1.05)\dot{U}_n$
正方向相间短路	AB 相短路、BC 相短路、CA 相短路	$\dot{U}_k = -2(\dot{I}_{1oa}-\dot{I}_k)Z_{set}+(1-m1.05)\sqrt{3}\dot{U}_n$
反方向相间短路	A 相接地、B 相接地、C 相接地、AB 相短路、BC 相短路、CA 相短路	$\dot{U}_k=0$

（二）距离保护校验

（1）仅投距离保护压板，重合闸把手切在"综重方式"或"单重方式"。

（2）整定保护定值控制字中"投Ⅰ段接地距离"置"1"，"投Ⅰ段相间距离"置"1"，"投重合闸"置"1"，"投重合闸不检"置"1"。

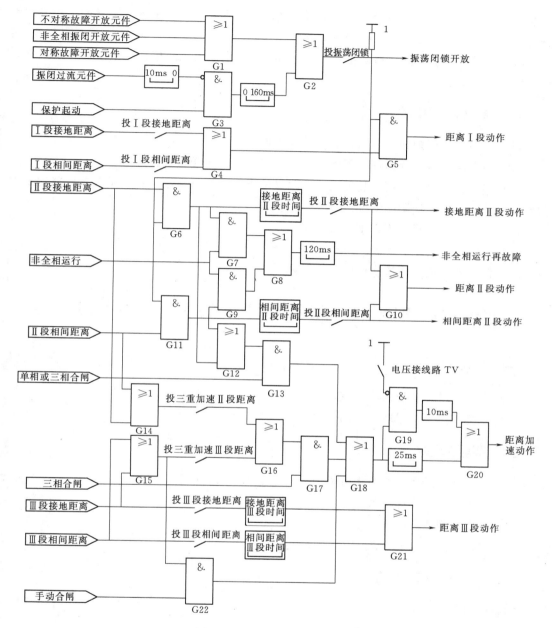

图 2-4-14 距离保护方框图

（3）等保护重合闸充电，直至"充电"灯亮。

（4）加故障电流 $I=5A$，故障电压 $U=0.95IZ_{zd1}$（Z_{zd1} 为距离Ⅰ段阻抗定值）模拟三相正方向瞬时故障，装置面板上相应灯亮，液晶上显示"距离Ⅰ段动作"，动作时间为 10～25ms，动作相为"ABC"。

（5）加故障电流 $I=5A$，故障电压 $U=0.95(1+K)IZ_{zd1}$（K 为零序补偿系数）分别模拟单相接地、两相接地正方向瞬时故障，装置面板上相应灯亮，液晶上显示"距离Ⅰ段动作"，动作时间为 10～25ms。

（6）同（1）～（5）条分别校验Ⅱ段、Ⅲ段距离保护，注意加入故障量的时间应大于保护定值时间。

（7）加故障电流20A，故障电压0，分别模拟单相接地、两相、两相接地和三相反方向故障，距离保护不动作。

六、实验注意事项

（1）实验前请仔细阅读本实验大纲及保护说明书。

（2）尽量少拔插装置插件，不触摸插件电路，不带电插拔插件。

（3）实验前应检查屏柜及装置是否有明显的损伤或螺丝松动。特别是 TA 回路的螺丝及连片。禁止有丝毫松动的情况。

（4）按键动作要轻，不得重复加力按摁。

（5）实验接线完毕后，要经过第二人检查后方可通电。

（6）保护屏后进行短接实验时，必须两人一组进行。

第五节　RCS - 900 系列线路保护装置零序保护校验

一、实验目的

（1）理解零序保护的构成原理。

（2）学会如何进行零序保护的校验。

二、实验预习

（1）熟悉 RCS - 900 系列线路保护装置零序保护的构成。

（2）熟悉进行零序保护校验的方法。

（3）列出详细实验步骤。

（4）保护正反方向发生故障时，$3U_0$ 与 $3I_0$ 的关系。

三、实验仪器及设备

实验仪器及设备见表 2 - 10。

表 2 - 10　　　　　　　　　零序保护校验实验及设备

序　号	设备型号	仪器/设备名称	数　量
1	PRC31A - 02	220kV 线路光纤差动保护柜	1
2	PRC02 - 23	220kV 线路光纤距离保护柜	1
3	PRC41A - 02	110kV 线路保护柜	1
4	RCS - 902A	线路保护装置	1
5	RCS - 931A	线路保护装置	1
6	RCS - 941A	线路保护装置	1

四、实验原理

（一）零序电压与零序电流的相位关系

保护安装处的零序电流以母线流向被保护线路为正向，正方向发生接地故障时的零序网络如图 $2-5-1$ 所示。其中 Z_{m0} 为保护安装处背后的零序阻抗。由图 $2-5-1$ 可得

$$3\dot{U}_0 = -3\dot{I}_0 Z_{m0}$$

$$\arg\left|\frac{3\dot{U}_0}{3\dot{I}_0}\right| = \arg(-Z_{m0}) = -(180° - \varphi_{m0})$$

式中 φ_{m0}——保护安装处背后的零序阻抗 Z_{m0} 的阻抗角，一般 φ_{m0} 为 $70° \sim 85°$。

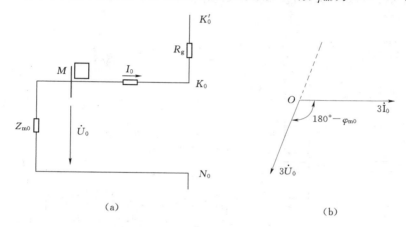

(a)   (b)

图 $2-5-1$　正方向发生接地故障时零序网络及 $3\dot{U}_0$ 与 $3\dot{I}_0$ 相位关系

（a）零序网络图；（b）$3\dot{U}_0$ 与 $3\dot{I}_0$ 相位关系

由上两式可见，保护正方向发生故障时，$3\dot{U}_0$ 滞后 $3\dot{I}_0$ 的相角为 $110° \sim 95°$，而且不受过渡电阻 R_g 的影响。

图 $2-5-2$ 是反方向故障时的零序网络，其中 Z'_{m0} 为保护安装处正方向的等值零序阻

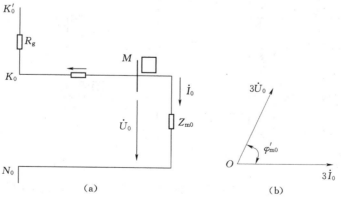

(a)   (b)

图 $2-5-2$　反方向发生接地故障时零序网络及 $3\dot{U}_0$ 与 $3\dot{I}_0$ 相位关系

（a）零序网络图；（b）$3\dot{U}_0$ 与 $3\dot{I}_0$ 相位关系图

抗。由图 2-5-2 可得

$$3\dot{U}_0 = 3\dot{I}_0 Z'_{m0}$$

$$\arg\left|\frac{3\dot{U}_0}{3\dot{I}_0}\right| = \arg Z'_{m0} = \varphi'_{m0}$$

式中　　φ'_{m0}——保护安装处正方向的等值零序阻抗 Z_{m0} 的阻抗角，一般 φ'_{m0} 为 $70°\sim85°$。

可见，保护反方向接地故障时，$3\dot{U}_0$ 超前 $3\dot{I}_0$ 的相角为 $70°\sim85°$。同样，$3\dot{U}_0$ 与 $3\dot{I}_0$ 的相位关系不受过渡电阻 R_g 的影响。

(二) 高压线路保护零序过流保护框图及说明

方框图见图 2-5-3，说明如下：

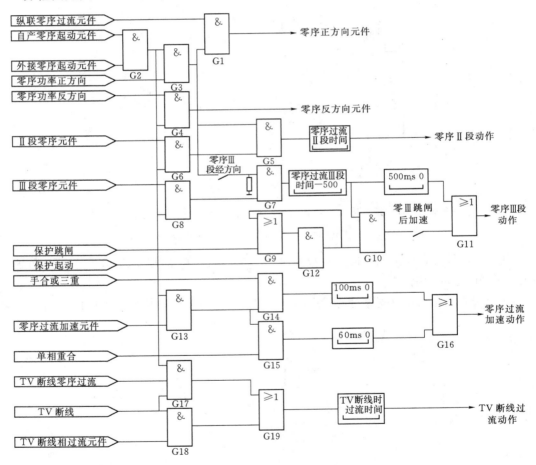

图 2-5-3　RCS-902A/931A 零序过流保护方框图

（1）RCS-902A/931A 设置了两个带延时段的零序方向过流保护，不设置速跳的 I 段零序过流。II 段零序受零序正方向元件控制，III 段零序则由用户选择经或不经方向元件控制。

（2）对 RCS-902A/931A 当用户置"零Ⅲ跳闸后加速"为"1"，则跳闸前零序Ⅲ段的动作时间为"零序过流Ⅲ段时间"，则跳闸后零序Ⅲ段的动作时间缩短 500ms。

（3）TV 断线时，装置自动投入零序过流和相过流元件，两个元件经同一延时段出口。

（4）所有零序电流保护都受零序起动过流元件控制，因此，各零序电流保护定值应大于零序起动电流定值。纵联零序反方向的电流定值固定取零序起动过流定值，而纵联零序正方向的电流定值取零序方向比较过流定值。

（5）单相重合时零序加速时间延时为 60ms，手合和三重时加速时间延时为 100ms，其过流定值用零序过流加速段定值。

（三）中压线路保护零序过流保护框图及说明

方框图见图 2-5-4，说明如下：

（1）本装置设置了四个带延时段的零序方向过流保护，各段零序可由用户选择经或不经方向元件控制。在 TV 断线时，零序Ⅰ段可由用户选择是否退出。四段零序过流保护均不经方向元件控制。

（2）所有零序电流保护都受起动过流元件控制，因此，各零序电流保护定值应大于零序起动电流定值。纵联零序反方向的电流定值固定取零序起动过流定值，而纵联零序正方向的电流定值取零序方向比较过流定值。

（3）当最小相电压小于 $0.8U_n$ 时，零序加速延时为 100ms，当最小相电压大于 $0.8U_n$ 时，加速时间延时为 200ms，其过流定值用零序过流加速段定值。

（4）TV 断线时，本装置自动投入两段相过流元件，两个元件延时段可分别整定。

五、实验项目及步骤

（一）高压线路保护零序过流保护校验（RCS-902A/931A）

（1）仅投零序保护压板，重合闸把手切在"综重方式"或"单重方式"。

（2）整定保护定值控制字中"零序Ⅲ段经方向"置"1"，"投重合闸"置"1"，"投重合闸不检"置"1"。

（3）等保护重合闸充电，直至"充电"灯亮。

（4）加故障电压 30V，故障电流 $1.05I_{0nzd}$（其中 I_{0nzd} 为零序过流Ⅰ段～Ⅳ段定值，以下同），模拟单相正方向故障，装置面板上相应灯亮，液晶上显示"零序过流Ⅰ段"或"零序过流Ⅱ段"或"零序过流Ⅲ段"或"零序过流Ⅳ段"。

（5）加故障电压 30V，故障电流 $0.95I_{0nzd}$，模拟单相正方向故障，零序过流保护不动。

（6）加故障电压 30V，故障电流 $1.2I_{0nzd}$，模拟单相反方向故障，零序过流保护不动。

（二）中压线路保护零序过流保护校验（RCS-941A）

（1）仅投零序保护Ⅰ段压板。

（2）整定保护定值控制字中"投Ⅰ段零序方向"置 1，"投重合闸"置"1"，"投重合闸不检"置"1"。

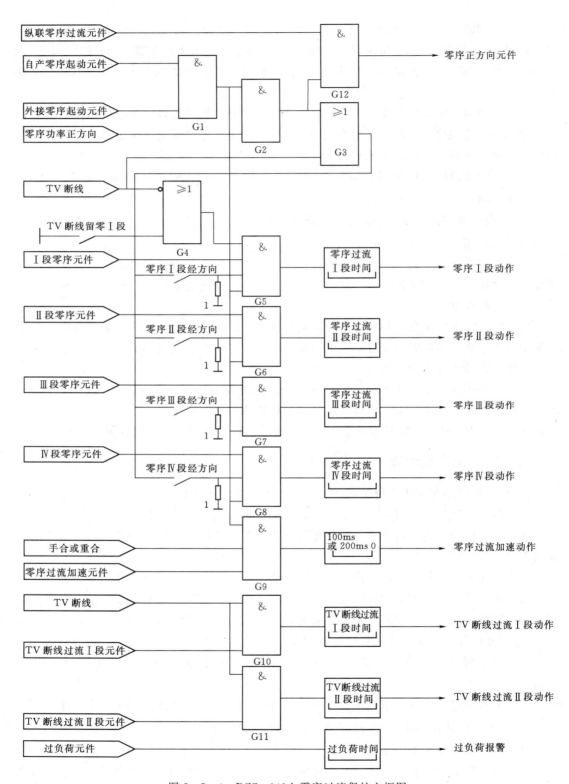

图 2 - 5 - 4 RCS - 941A 零序过流保护方框图

（3）等保护重合闸充电，直至"充电"灯亮。

（4）加故障电压 30V，故障电流 $1.05I_{01zd}$（其中 I_{01zd} 为零序过流Ⅰ段定值），模拟单相正方向故障，装置面板上相应灯亮，液晶上显示"零序过流Ⅰ段"。

（5）加故障电压 30V，故障电流 $0.95I_{01zd}$，模拟单相正方向故障，零序过流Ⅰ段保护不动。

（6）加故障电压 30V，故障电流 $1.2I_{01zd}$，模拟单相反方向故障，零序过流保护不动。

（7）同（1）～（6）分别校验Ⅱ、Ⅲ、Ⅳ段零序过流保护，注意加故障量的时间应大于保护定值时间。

六、实验注意事项

（1）实验前请仔细阅读本实验大纲及保护说明书。

（2）尽量少拔插装置插件，不触摸插件电路，不带电插拔插件。

（3）实验前应检查屏柜及装置是否有明显的损伤或螺丝松动。特别是 TA 回路的螺丝及连片。禁止有丝毫松动的情况。

（4）按键动作要轻，不得重复加力按揿。

（5）实验接线完毕后，要经过第二人检查后方可通电。

（6）保护屏后进行短接实验时，必须两人一组进行。

第六节　RCS-902 系列线路保护装置硬件介绍、基本操作及定值输入

一、实验目的

（1）通过观察，熟悉 RCS-902A 线路保护装置的外观及硬件组成。

（2）学会如何使用 RCS-902A 线路保护装置的各种菜单功能。

（3）学会 RCS-902A 线路保护装置的定值输入。

（4）了解 RCS-902A 线路保护装置定值整定原则。

二、实验预习

（1）熟悉 RCS-902A 线路保护装置的基本菜单操作及定值整定操作方法。

（2）了解 RCS-902A 线路保护装置的硬件构成原理。

（3）列出详细实验步骤。

（4）如果 RCS-902A 线路保护装置定值输入不合理，会出现什么情况？

（5）如何切换和复制 RCS-902A 线路保护装置的定值？

三、实验仪器及设备

实验仪器及设备见表 2-11。

　　　　　　　　　　　　RCS - 902 系列实验仪器及设备

序　号	设备型号	仪器/设备名称	数　量
1	PRC02 - 23	220kV 线路光纤距离保护柜	1
2	RCS - 902A	线路保护装置	1

四、实验原理

(一) 概述

1. 保护装置应用范围

本系列装置为由微机实现的数字式超高压线路成套快速保护装置,可用作 220kV 及以上电压等级输电线路的主保护及后备保护。

2. 保护配置

RCS - 902A (B、C、D) 包括以纵联距离和纵联零序方向元件为主体的快速主保护,由工频变化量距离元件构成的快速距离 I 段保护。

(1) RCS - 902A 由三段式相间和接地距离及二个延时段零序方向过流构成全套后备保护。

(2) RCS - 902B 由三段式相间和接地距离及四个延时段零序方向过流构成全套后备保护。

(3) RCS - 902C 设有分相命令,纵联保护的方向按相比较,适用于同杆并架双回线,后备保护配置同 RCS - 902A。

(4) RCS - 902D 以 RCS - 902A 为基础,仅将零序Ⅲ段方向过流保护改为零序反时限方向过流保护。

(5) RCS - 902A (B、C、D) 保护有分相出口,配有自动重合闸功能,对单或双母线接线的开关实现单相重合、三相重合和综合重合闸。

(6) RCS - 902XS 适用于串联电容补偿的输电系统。

3. 性能特征

(1) 动作速度快,线路近处故障跳闸时间小于 10ms,线路中间故障跳闸时间小于 15ms,线路远处故障跳闸时间小于 25ms。

(2) 主保护采用积分算法,计算速度快;后备保护强调准确性,采用傅氏算法,滤波效果好,计算精度高。

(3) 反应工频变化量的测量元件采用了具有自适应能力的浮动门槛,对系统不平衡和干扰具有极强的预防能力,因而测量元件能在保证安全性的基础上达到特高速,起动元件有很高的灵敏度而不会频繁起动。

(4) 先进可靠的振荡闭锁功能,保证距离保护在系统振荡区外故障时能可靠闭锁,而在振荡区内故障时能可靠切除故障。

(5) 灵活的自动重合闸方式。

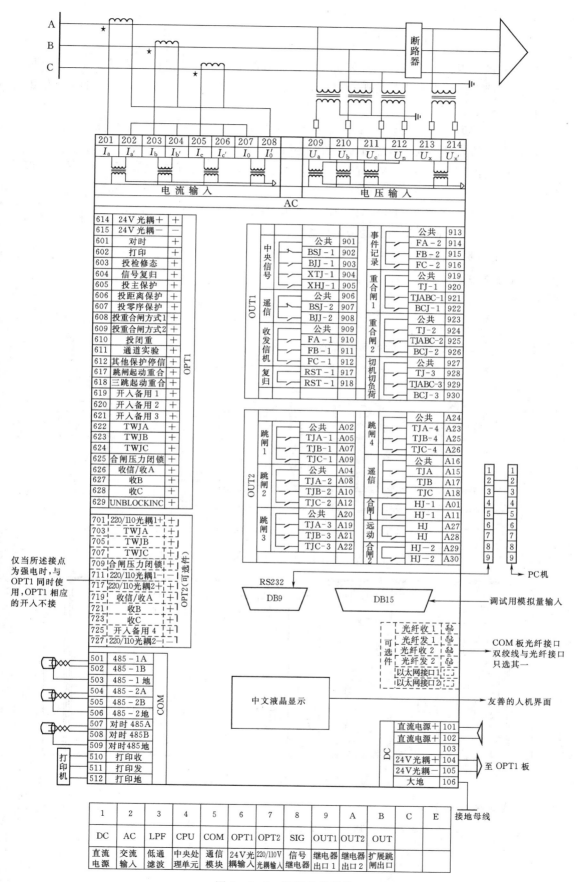

图 2-6-1 装置整体结构

（6）装置采用整体面板、全封闭机箱，强弱电严格分开，取消传统背板配线方式，同时在软件设计上也采取相应的抗干扰措施，装置的抗干扰能力大大提高，对外的电磁辐射也满足相关标准。

（7）完善的事件报文处理，可保存最新128次动作报告，24次故障录波报告。

（8）友好的人机界面、汉字显示、中文报告打印。

（9）灵活的后台通信方式，配有RS-485通信接口（可选双绞线、光纤）或以太网。

（10）支持电力行业标准DL/T 667—1999（IEC 60870-5—103标准）的通信规约。

（11）与COMTRADE兼容的故障录波。

(二) 硬件原理说明

1. 装置整体结构

见图2-6-1。

2. 装置面板布置

图2-6-2是装置的正面面板布置图及指示灯定义。

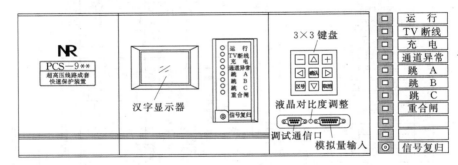

图2-6-2 面板布置图及指示灯定义

图2-6-3是装置的背面面板布置图（OPT2、OUT为可选件）。

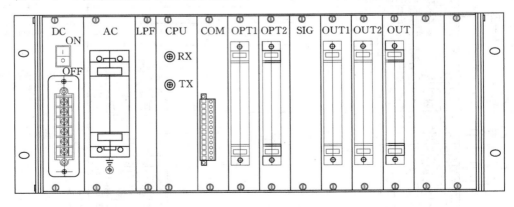

图2-6-3 端子布置图（背视）

3. 装置接线端子

图2-6-4为端子定义图，虚线为可选件。

图 2-6-4 端子定义图（背视）

1 — DC

直流电源+	101
直流电源-	102
	103
24V光耦+	104
24V光耦-	105
大地	106

2 — AC

I_A	201	$I_{A'}$	202	电
I_B	203	$I_{B'}$	204	流
I_C	205	$I_{C'}$	206	
I_0	207	$I_{0'}$	208	
U_A	209	U_B	210	电
U_C	211	U_N	212	压
U_X	213	$U_{X'}$	214	
	215	大地		

3 — LPF

4 — CPU

5 — COM

485-1 A	501	串口1
485-1 B	502	
485-1 地	503	
485-2 A	504	串口2
485-2 B	505	
485-2 地	506	
对时485A	507	时钟同步
对时485B	508	
对时地	509	
打印RXA	510	打印
打印TXB	511	
打印地	512	

6 — OPT1(24V)

打印	602	对时	601
信号复归	604	投检修态	603
投距离	606	投主保护	605
重合方式1	608	投零序	607
投闭重	610	重合方式2	609
其他停信	612	通道实验	611
24V光耦+	614		613
	616	24V光耦-	615
三跳重合	618	跳闸重合	617
备用1	620	3dB报警	619
TWJA	622	备用2	621
TWJC	624	TWJB	623
收信/收A	626	压力闭锁	625
收C	628	收B	627
	630	UNBLOCK	629

7 — OPT2(220V/110V)可选件

702	光耦1+	701
704	TWJA	703
706	TWJB	705
708	TWJC	707
710	压力闭锁	709
712	光耦1-	711
714		713
716		715
718	光耦2+	717
720	收信/收A	719
722	收B	721
724	收C	723
726	UNBLOCK	725
728	光耦2-	727
730		729

8 — SIG

9 — OUT1

BSJ-1	902	公共1	901	中央信号
XTJ-1	904	BJJ-1	903	
公共2	906	XHJ-1	905	遥信
BJJ-2	908	BCJ-2	907	
PA-1	910	公共1	909	收发信机
FC-1	912	FB-1	911	
FA-1	914	公共2	913	事件记录
FC-2	916	FB-2	915	
RST-1	918	RST-1	917	复归
TJ-1	920	公共	919	起动重合闸1
BCJ-1	922	TJABC-1	921	
TJ-2	924	公共	923	起动重合闸2
BCJ-2	926	TJABC-2	925	
TJ-3	928	公共	927	切机切负荷
BCJ-3	930	TJABC-3	929	

A — OUT2

跳闸1公共	A02	合闸1公共	A01	公共
跳闸2公共	A04		A03	
	A06	TJA-1	A05	跳合闸
TJA-2	A08	TJB-1	A07	
TJB-2	A10	TJC-1	A09	
TJC-2	A12	HJ-1	A11	
	A14		A13	
公共	A16	TJA	A15	遥信
TJC	A18	TJB	A17	
公共	A20	TJA-3	A19	跳闸3
TJC-3	A22	TJB-3	A21	
公共	A24	TJA-4	A23	跳闸4
TJC-4	A26	TJB-4	A25	
HJ	A28	HJ	A27	遥信
HJ-2	A30	HJ-2	A29	合闸2

B — OUT(可选件)

跳闸5公共	B02		B01
跳闸6公共	B04		B03
	B06	TJA-5	B05
TJA-6	B08	TJB-5	B07
TJB-6	B10	TJC-5	B09
TJC-6	B12		B11
	B14		B13
跳闸7公共	B16	TJA-7	B15
TJC-7	B18	TJB-7	B17
跳闸8公共	B20	TJA-8	B19
TJC-8	B22	TJB-8	B21
	B24		B23
	B26		B25
	B28		B27
	B30		B29

C — 备用

E — 备用

4. 输出接点

输出接点如图 2 - 6 - 5 所示。

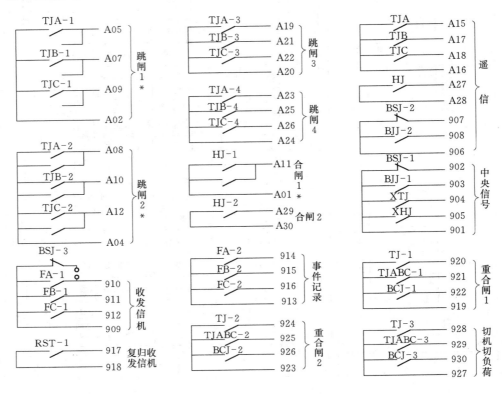

图 2 - 6 - 5 输出接点图

5. 各插件原理说明

组成装置的插件有：电源插件（DC）、交流插件（AC）、低通滤波器（LPF），CPU插件（CPU）、通信插件（COM）、24V 光耦插件（OPT1）、高压光耦插件（OPT2，可选）、信号插件（SIG）、跳闸出口插件（OUT1、OUT2）、扩展跳闸出口（OUT，可选）、显示面板（LCD）。具体硬件模块图见图 2 - 6 - 6。

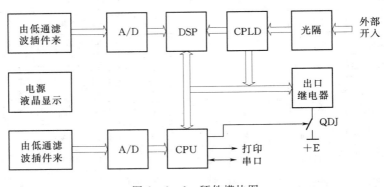

图 2 - 6 - 6 硬件模块图

（1）电源插件(DC)。说明见本章第一节。

（2）交流输入变换插件（AC）。说明见本章第二节。

（3）低通滤波插件（LPF）。说明见本章第一节。

（4）CPU 插件（CPU）。该插件是装置核心部分，由单片机（CPU）和数字信号处理器（DSP）组成，CPU 完成装置的总起动元件和人机界面及后台通信功能，DSP 完成所有的保护算法和逻辑功能。装置采样率为每周波 24 点，在每个采样点对所有保护算法和逻辑进行并行实时计算，使得装置具有很高的固有可靠性及安全性。

起动 CPU 内设总起动元件，起动后开放出口继电器的正电源，同时完成事件记录及打印、保护部分的后台通信及与面板通信；另外，还具有完整的故障录波功能，录波格式与 COMTRADE 格式兼容，录波数据可单独串口输出或打印输出。

（5）通信插件(COM)。说明见本章第一节。

（6）24V 光耦插件（OPT1）。电源插件输出的光耦 24V 电源，如图 2-6-7 所示。其正端（104 端子）应接至屏上开入公共端，其负端（105 端子）应与本板的 24V 光耦负（615 端子）直接相连；另外，光耦 24V 正应与本板的 24V 光耦正（614 端子）相连，以便让保护监视光耦开入电源是否正常。

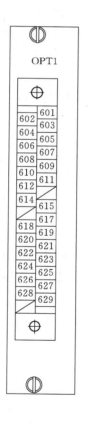

104	24V 光耦＋（输出）
105	24V 光耦－（输出）
614	24V 光耦＋（输入）
615	24V 光耦－（输入）
601	对时
602	打印
603	投检修态
604	信号复归
605	投主保护
606	投距离保护
607	投零序保护
608	重合方式 1
609	重合方式 2
610	投闭重
611	通道实验
612	其他保护停信
617	单跳起动重合
618	三跳起动重合
619	3dB 告警
620	开入备用 1
621	开入备用 2
622	TWJA
623	TWJB
624	TWJC
625	合闸压力闭锁
626	收信/收 A
627	收 B
628	收 C
629	UNBLOCKING

图 2-6-7　光耦插件背板端子及外部接线图

601 端子是对时输入，用于接收 GPS 或其他对时装置发来的秒脉冲接点或光耦信号，输入的信号必须是无源的，如图 2-6-8 所示，开入导通时的电流约 3～5mA，推荐使用 RS-485 总线对时方式（参见通信插件说明），这两种对时方式实际使用时只能选用一种，若用总线对时方式，该输入不接。

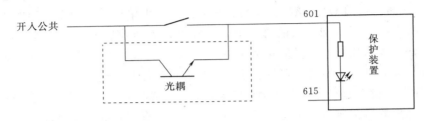

图 2-6-8　对时输入接点示意图

602 端子是打印输入，用于手动起动打印最新一次动作报告，一般在屏上装设打印按钮。装置通过整定控制字选择自动打印或手动打印，当设定为自动打印时，保护一有动作报告即向打印机输出，当设定为手动打印时，则需按屏上的打印按钮打印。

603 端子是投检修态输入，它的设置是为了防止在保护装置进行实验时，有关报告经 IEC60870-5-103 规约接口向监控系统发送相关信息，而干扰调度系统的正常运行，一般在屏上设置一投检修态压板，在装置检修时，将该压板投上，在此期间进行实验的动作报告不会通过通信口上送，但本地的显示、打印不受影响。运行时应将该压板退出。

604 端子是信号复归输入，用于复归装置的磁保持信号继电器和液晶的报告显示，一般在屏上装设信号复归按钮。信号复归也可以通过通信进行远方复归。

608、609 端子为重合闸方式选择开入，一般在屏上装设重合闸的方式选择切换开关，接点引入及方式如表 2-12 所示。

表 2-12　　　　　　　　接 点 引 入 及 方 式 表

端　子	定　　义	单　重	三　重	综　重	停　用
608	重合闸方式 1	0	1	0	1
609	重合闸方式 2	0	0	1	1

重合闸方式开关打在停用位置，仅表明本装置的重合闸停用，保护仍是选相跳闸。本装置的重合闸停用还可由整定控制字中"重合闸投入"置"0"实现。要实现线路重合闸停用，即任何故障三跳且不重，则应将"闭重三跳"（610 端子）压板投入。

610 端子是闭重三跳输入，其意义是：①沟通三跳，即单相故障保护也三跳；②闭锁重合闸，如重合闸投入则放电。

611 端子是起动通道实验输入，用于闭锁式时手动起动通道交换，一般在屏上设置通道实验按钮，允许式时该输入不接。

本装置的重合闸起动方式有：①位置（TWJ）接点确定的不对应起动（由整定控制字确定是否投入）；②本保护动作起动；③其他保护动作起动。617、618 端子分别为其他保护动作单跳起动重合闸、三跳起动重合闸输入。这两个接点要求是瞬动接点，即保护动作返回而返回，单跳起动重合闸可为三相跳闸的或门输出，任一相跳闸即动作，而三跳起

90

动重合闸则必须为三相跳闸的与门输出。如果不用本装置的重合闸或采用位置不对应起动重合闸，则不接这两个输入。

619端子为收发信机的3dB告警接点输入，用于通道交换时监视通道状态。

622端子、623端子、624端子分别为A、B、C三相的分相跳闸位置继电器接点（TWJA、TWJB、TWJC）输入，一般由操作箱提供。位置接点的作用是：①重合闸用（不对应起动重合闸、单重方式是否三相跳开）；②判别线路是否处于非全相运行；③TV三相失压且线路无电流时，看开关是否在合闸位置，若是则经1.25s报TV断线。

625端子是压力闭锁重合闸输入，仅作用于重合闸，不用本装置的重合闸时，该端子可不接。

626端子～629端子为纵联保护的收信输入，对采用分相式命令方式，626端子定义为收A，627端子定义为收B，628端子定义为收C，若不是分相式命令，则627端子、628端子不接，626端子定义为收信输入。对允许式通道，629端子定义为UNBLOCK-ING输入，当不采用解除闭锁方式时，该端子不接。采用单命令方式时，该端子不接。

（7）高压光耦插件（OPT2）。有些开入可能从较远处引入，如收信接点从通信机房的载波机接至控制室的保护屏，或某些情况下从断路器处引位置接点至保护屏，这时不宜采用24V光耦，为此，本装置设置了一个220V/110V的光耦插件，背板定义及接线图如图2-6-9所示。

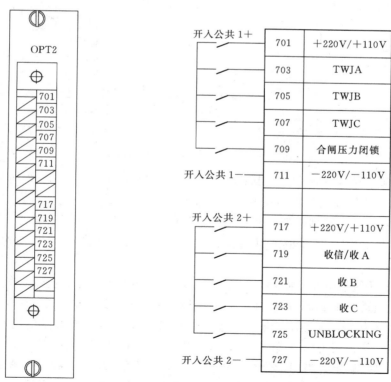

图2-6-9 高压光耦插件背板定义及接线图

如果位置接点从操作箱引入，则用OPT1插件的开入，由622端子、623端子、624

端子、625 端子引入；如由断路器引入，则分别由 703 端子、705 端子、707 端子、709 端子引入，OPT1 插件的相应端子不接。701 端子为外接光耦电源的＋220V/＋110V，717 端子为外接光耦电源的－220V/－110V。

如果纵联保护与载波机接口，单命令方式下，719 端子定义为收信，721 端子、723 端子、725 端子、626 端子、627 端子、628 端子、629 端子不接；若采用分相命令方式，719 端子、721 端子、723 端子、725 端子分别定义为收 A、收 B、收 C 和 UNBLOCK-ING，相应的 626 端子、627 端子、628 端子、629 端子不接。717 端子为外接光耦电源的＋220V/＋110V，727 端子为外接光耦电源的－220V/－110V。

注意：OPT2 插件上 701 端子与 717 端子、711 端子与 727 端子在插件上不连，若采用其中一组光耦时，另一组光耦的正负电源必须同时接上，否则会报光耦失电而闭锁保护，接到 OPT2 插件的开入，就不应再接 OPT1 插件相应定义的端子，反之亦然。

（8）信号继电器插件（SIG）。说明见本章第一节。

（9）继电器出口 1 插件（OUT1）。本插件提供输出空接点，如图 2-6-10 所示。

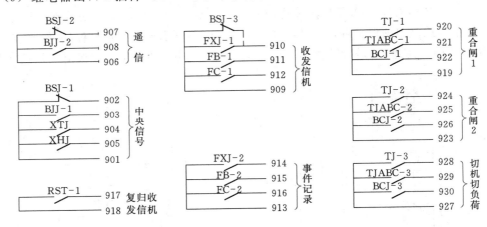

图 2-6-10　OUT1 插件接点输出图

BSJ 为装置故障告警继电器，其输出接点 BSJ-1、BSJ-2、BSJ-3 均为常闭接点，装置退出运行如装置失电、内部故障时均闭合。

BJJ 为装置异常告警继电器，其输出接点 BJJ-1、BJJ-2 为常开接点，装置异常如 TV 断线、TWJ 异常、TA 断线时仍有保护在运行时，发告警信号，BJJ 继电器动作，接点闭合。

XTJ、XHJ 为跳闸和重合闸信号磁保持继电器，保护跳闸时 XTJ 继电器动作并保持，重合闸时 XHJ 继电器动作并保持，需按信号复归按钮或由通信口发远方信号复归命令才返回。

FXJ 继电器为发信继电器。当用于闭锁式时，FXJ 动作则起动收发信机发信，FXJ 返回收发信机应停信；用于允许式时，FXJ 动作则发允许命令。闭锁式、允许式的选择由定值中的整定控制字确定。当用于分相命令时，FXJ 定义为 FA 继电器即发 A 相允许信号，相应的有 FB、FC 继电器分别为发 B 相、发 C 相允许信号。一般情况下，没有配置 FB、FC 继电器。装置给出两组接点，一组与通道设备连接（909 端子～912 端子）采用干簧继电器，在 FXJ-1 接点上通过跳线可并接 BSJ-3 接点，用于闭锁式时，当失电或装置故障时，由 BSJ 常闭接点动作发信，闭锁对侧的高频保护；用于允许式时，该跳线应断开，另一组接点可用于记录。

TJ 继电器为保护跳闸时动作（单跳和三跳该继电器均动作），保护动作返回时，该继电器也返回，其接点可接至另一套装置的单跳起动重合闸输入。

TJ$_{ABC}$ 继电器为保护发三跳命令时动作，保护动作返回该继电器也返回，其接点可接至另一套装置的三跳起动重合闸输入。

BCJ 继电器为闭锁重合闸继电器，当本保护动作跳闸同时满足了设定的闭重条件时，BCJ 继电器动作，例如设置相间距离Ⅱ段闭重，则当相间距离Ⅱ段动作跳闸时，BCJ 继电器动作。BCJ 继电器一旦动作，则直至整组复归才返回。

TJ、TJ$_{ABC}$、BCJ 继电器各有三组接点输出，供其他装置使用。

RST 为复归收发信机继电器，它用于复归收发信机的收信、发信、告警等磁保持继电器。

（10）继电器出口 2 插件（OUT2）。说明见本章第一节。

（11）扩展跳闸出口插件 OUT（可选）。说明见本章第一节。

（12）显示面板（LCD）。说明见本章第一节。

（三）装置参数及整定说明

见表 2-13。

表 2-13　　　　　　　　　　　　　装 置 参 数 表

序　号	定 值 名 称	定 值 范 围	整 定 值
1	定值区号	0~29	
2	通信地址	0~254	
3	串口 1 波特率	4800，9600，19200，38400	
4	串口 2 波特率	4800，9600，19200，38400	
5	打印波特率	4800，9600，19200，38400	
6	调试波特率	4800，9600	
7	系统频率（Hz）	50，60	
8	电压一次额定值（kV）	127~655	
9	电压二次额定值（V）	57.73	
10	电流一次额定值（A）	100~65535	
11	电流二次额定值（A）	1，5	
12	厂站名称		
13	网络打印	0，1	
14	自动打印	0，1	
15	规约类型	0，1	
16	分脉冲对时	0，1	
17	可远方修改定值	0，1	

装置参数整定说明：

（1）定值区号：保护定值有 30 套可供切换，装置参数不分区，只有一套定值。

（2）通信地址：指后台通信管理机与本装置通信的地址。

（3）串口 1 波特率、串口 2 波特率、打印波特率、调试波特率：只可在所列波特率数值中选其一数值整定。

（4）系统频率：为一次系统频率，整定为 50Hz。

（5）电压一次额定值：为一次系统中电压互感器原边的额定电压值。

（6）电压二次额定值：为一次系统中电压互感器副边的额定电压值。

（7）电流一次额定值：为一次系统中电流互感器原边的额定电流值。

（8）电流二次额定值：为一次系统中电流互感器副边的额定电流值。

（9）厂站名称：可整定汉字区位码（12 位），或 ASCⅡ码（后 6 位），装置将自动识别，此定值仅用于报文打印。

（10）自动打印：保护动作后需要自动打印动作报告时置为"1"，否则置为"0"。

（11）网络打印：需要使用共享打印机时置为"1"，否则置为"0"。使用共享打印机指的是多套保护装置共用一台打印机打印输出，这时打印口应设置为 RS-485 方式，经专用的打印控制器接入打印机；而使用本地打印机时，应设置为 RS-232 方式，直接接至打印机的串口。

（12）规约类型：当采用 IEC60870-5—103 规约置为"0"，采用 LFP 规约置为"1"。

（13）分脉冲对时：当采用分脉冲对时置为"1"，秒脉冲对时置为"0"。

（14）可远方修改定值：允许后台修改装置的定值时置为"1"，否则置为"0"。

（四）保护定值整定说明

（1）电流变化量起动值：按躲过正常负荷电流波动最大值整定，一般整定为 $0.2I_n$。对于负荷变化剧烈的线路（如电气化铁路、轧钢、炼铝等），可以适当提高定值以免装置频繁起动，定值范围为 $(0.1\sim0.5)I_n$。

（2）零序起动电流：按躲过最大零序不平衡电流整定，定值范围为 $(0.1\sim0.5)I_n$。

（3）工频变化量阻抗：按全线路阻抗的 0.8～0.85 倍整定。

（4）距离方向阻抗定值：按大于 1.3 倍线路阻抗整定。

（5）距离反向阻抗：按(1.5～2 倍)×(对侧距离方向阻抗－本线路阻抗)整定。该定值只有在"弱电源侧"才有效。

（6）零序方向过流定值：纵联零序正方向过流定值，应保证线路末端接地故障有足够的灵敏度。

（7）通道交换时间定值：当用于闭锁式通道时，本装置设有自动通道交换功能，当实时时钟（12 小时制）与定值一致时，自动起动通道交换，每天进行两次，通道交换完成后，保护自动复归收发信机的收发信信号继电器。该定值应按 BCD 码整定。例：08：30 应整定为 8.30。还需注意的是：线路两端的"通道交换时间定值"应不一致。

（8）零序补偿系数：$K=\dfrac{Z_{01}-Z_{11}}{3Z_{11}}$，其中 Z_{01} 和 Z_{11} 分别为线路的零序和正序阻抗。建议采用实测值，如无实测值，则将计算值减去 0.05 作为整定值。

（9）振荡闭锁过流：按躲过线路最大负荷电流整定。

（10）接地距离Ⅰ段定值：按全线路阻抗的 0.8～0.85 倍整定，对于有互感的线路，应适当减小。

（11）相间距离Ⅰ段定值：按全线路阻抗的 0.8～0.9 倍整定。

（12）距离Ⅱ段、Ⅲ段的阻抗和时间定值：按段间配合的需要整定，对本线末端故障有灵敏度。

（13）负荷限制电阻定值：按重负荷时的最小测量电阻整定。

（14）正序灵敏角、零序灵敏角：分别按线路的正序、零序阻抗角整定。

（15）接地距离偏移角：为扩大测量过渡电阻能力，接地距离Ⅰ段、Ⅱ段的特性圆可向第一象限偏移，建议线路长度不小于 40km 时取 0°，不小于 10km 时取 15°，小于 10km 时取 30°。

（16）相间距离偏移角：为扩大测量过渡电阻能力，相间距离Ⅰ段、Ⅱ段的特性圆可向第一象限偏移，建议线路长度不小于 10km 时取 0°，不小于 2km 时取 15°，小于 2km 时取 30°。

（17）零序过流Ⅱ段定值：应保证线路末端接地故障有足够的灵敏度。

（18）零序过流Ⅲ段定值：应保证经最大过渡电阻故障时有足够的灵敏度。

（19）零序过流加速段：应保证线路末端接地故障有足够的灵敏度。

（20）TV 断线相过流定值、TV 断线时零序过流：仅在 TV 断线时自动投入。

（21）同期合闸角：检同期合闸方式时母线电压对线路电压的允许角度差。

（22）线路正序电抗、线路正序电阻、线路零序电抗、线路零序电阻：线路全长的参数（二次值），用于测距计算。

（23）线路总长度：按实际线路长度整定，单位为 km，用于测距计算。

（24）线路编号：按实际线路编号整定，打印报告时用。

（25）对于阻抗定值，即使某一元件不投，仍应按整定原则和配合关系整定，如Ⅲ段阻抗大于Ⅱ段阻抗，Ⅱ段阻抗大于Ⅰ段阻抗，Ⅱ段阻抗对本线末端故障有灵敏度；对于各零序电流定值，均应大于零序起动电流定值，且Ⅱ段零序电流定值大于Ⅲ段零序电流定值；对于起动元件（电流变化量起动和零序电流起动），线路两侧宜按一次电流定值相同折算至二次整定。

（五）运行方式控制字整定说明

（1）"工频变化量阻抗"：对于短线路如整定阻抗小于 $1/I_n \Omega$ 时，可将该控制字置"0"，即将工频变化量阻抗保护退出。

（2）"投纵联距离保护"、"投纵联零序保护"：建议运行时这两个控制字都置"1"，要将纵联保护退出，可通过退出屏上的主保护压板实现。

（3）"允许式通道"：当采用允许式纵联保护时，将该控制字置"1"，采用闭锁式纵联保护时置"0"。

（4）"投自动通道交换"：该定值置"1"时，装置每天自动进行两次通道交换。

（5）"弱电源侧"：是弱电源侧时该控制字置"1"。但需注意，一条线路两侧保护"弱电源侧"控制字不能同时为"1"。

（6）"电压接线路 TV"：当保护测量用的三相电压取自线路侧时（如 3/2 开关情况），该控制字置"1"，取自母线时置"0"。

（7）"投振荡闭锁元件"：当所保护的线路不会发生振荡时，该控制字置"0"，否则置"1"。

（8）"投Ⅰ段接地距离"、"投Ⅱ段接地距离"、"投Ⅲ段接地距离"、"投Ⅰ段相间距离"、"投Ⅱ段相间距离"、"投Ⅲ段相间距离"：分别为三段接地距离和三段相间距离保护的投入控制字，置"1"时相应的距离保护投入，置"0"时退出。

（9）"投负荷限制距离"：当用于长距离重负荷线路时，测量负荷阻抗可能会进入Ⅰ段、Ⅱ段、Ⅲ段距离继电器时，该控制字置"1"。

（10）"三重加速Ⅱ段距离"、"三重加速Ⅲ段距离"：当三相重合闸不可能出现系统振荡时投入，则三重时分别加速不受振荡闭锁控制的Ⅱ段或Ⅲ段距离保护；若上述控制字均不投入（置"0"）则加速受振荡闭锁控制的Ⅱ段距离保护。

（11）"零序Ⅲ段经方向"：为零序过流Ⅲ段保护经零序功率方向闭锁投入控制字，置"1"时需经方向闭锁。

（12）"零Ⅲ段跳闸后加速"：为保护跳闸后是否要把零序过流Ⅲ段保护时间缩短500ms，置"1"要缩短500ms，置"0"不缩短。

（13）"投三相跳闸方式"：为三相跳闸方式投入控制字，置"1"时任何故障三跳，但不闭锁重合闸。

（14）"投重合闸"：为本装置重合闸投入控制字，当重合闸长期不投（如 3/2 开关情况）时置"0"，一般应置"1"。

（15）"投检同期方式"、"投检无压方式"、"投重合闸不检"：为重合闸方式控制字，重合闸不投时，这些控制字无效；投"检无压方式"时可同时"投检同期方式"。

（16）"不对应起动重合"：为位置不对应起动重合闸投入控制字，重合闸不投时，该控制字无效。

（17）"相间距离Ⅱ闭重"、"接地距离Ⅱ闭重"：分别为相间距离Ⅱ段、接地距离Ⅱ段保护动作三跳并闭锁重合闸投入控制字。

（18）"零Ⅱ段三跳闭重"：为选择零序方向过流Ⅱ段动作时直接三跳并闭锁重合闸的控制字，置"0"时，零序方向过流Ⅱ段动作经选相跳闸。

（19）"投选相无效闭重"：为选相无效三跳时是否闭锁重合闸的控制字，置"1"时选相无效三跳时闭锁重合闸。

（20）"非全相故障闭重"：为非全相运行再故障保护动作时是否闭锁重合闸的控制字。

（21）"投多相故障闭重"、"投三相故障闭重"：分别为多相故障和三相故障闭锁重合闸投入控制字。

（22）当重合闸方式在运行中不会改变时，用整定控制字比由重合闸切换把手经光耦输入更为可靠。另外，用整定控制字可实现远方重合闸方式的改变。"内重合把手有效"、"投单重方式"、"投三重方式"、"投综重方式"这 4 个控制字可完成上述功能；当"内重合把手有效"置"1"时，整定控制字确定重合闸方式，而不管外部重合闸切换把手处于什么位置；当"内重合把手有效"置"1"，而"投单重方式"、"投三重方式"、"投综重方式"均置"0"时等同于"投重合闸"置"0"，即本装置重合闸退出；当"内重合把手有效"置"0"，则重合闸方式由切换把手确定，后面的三个控制字均无效。

五、实验项目及步骤

（一）装置上电及观察面板

1. 上电前

装置上电前，先用万用表电阻挡测量装置的正、负电源之间的电阻。确认没有短路，才能给装置上电。

2. 上电后

装置上电后，观察装置面板及液晶屏幕。

（1）面板上，指示灯显示情况如下。

1）"运行"灯为绿色，装置正常运行时点亮。

2）"TV断线"灯为黄色，当发生电压回路断线时点亮。

3）"充电"灯为黄色，当重合充电完成时点亮。

4）"通道异常"灯为黄色，当通道故障时点亮。

5）"跳A"、"跳B"、"跳C"、"跳闸"、"重合闸"灯为红色，当保护动作出口点亮，在"信号复归"后熄灭。

3. 运行时液晶显示说明

装置上电后，正常运行时液晶屏幕将显示主画面，格式如图2-6-11所示。

图中中间两行的内容因各保护而异，当无重合闸功能时则无充电标志。

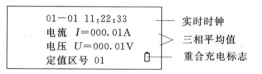

图2-6-11 液晶屏显示图

（二）进行人机对话操作

在主画面状态下，按"▲"键可进入主菜单，通过"▲"键、"▼"键、"确认"键和"取消"键选择子菜单。命令菜单采用树形目录结构，见图2-6-12。

（三）定值整定操作

（1）依照人机对话操作进入整定定值菜单。

（2）选择装置参数进入，按"▲"键、"▼"键用来滚动选择要修改的定值，按"◀"键、"▶"键将光标移到要修改的那一位，按"＋"键和"－"键修改数据，按"取消"键为不修改返回，按"确认"键完成定值整定后返回。

（3）依照（2）依次进入保护定值及压板定值，进行定值整定。

（4）进入菜单中的"拷贝定值"子菜单，将"当前区号"内的"保护定值"拷贝到"拷贝区号"内，"拷贝区号"可通过"＋"键和"－"键修改。

注：若整定出错，液晶会显示错误信息，需重新整定。另外，"系统频率"、"电流二次额定值"整定后，保护定值必须重新整定，否则装置认为该区定值无效。

整定定值的口令为：按"＋"键、"◀"键、"▲"键、"－"键，输入口令时，每按一次键盘，液晶显示由"."变为"＊"，当显示四个"＊"时，方可按确认。

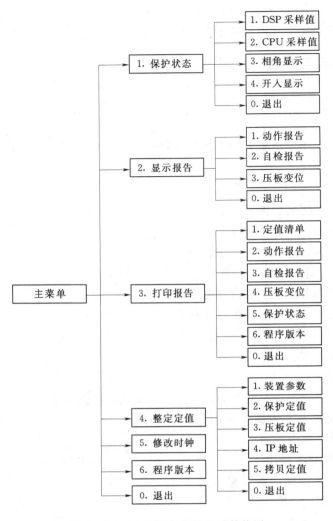

图 2-6-12　菜单的树形目录结构图

（四）其他操作

（1）进入菜单"修改时钟"，显示当前的日期和时间。按"▲"键、"▼"键、"◄"键、"►"键选择，按"＋"键和"－"键修改。按"取消"键为不修改返回，按"确认"键为修改后返回。

（2）进入菜单"程序版本"，查看液晶显示程序版本、校验码以及程序生成时间。

（3）按键盘的"区号"键，液晶显示"当前区号"和"修改区号"，按"＋"键或"－"键修改区号，按"取消"键为不修改返回，按"确认"键完成区号修改后返回。

（4）进入菜单"打印报告"选择"定值清单"，进行定值打印。

六、实验注意事项

（1）实验前请仔细阅读本实验大纲及说明书。

（2）尽量少拔插装置插件，不触摸插件电路，不带电插拔插件。

（3）实验前应检查屏柜及装置是否有明显的损伤或螺丝松动。特别是 TA 回路的螺丝及连片。禁止有丝毫松动的情况。

（4）按键动作要轻，不得重复用力按揿。

七、技术参数

1. 机械及环境参数

（1）机箱结构尺寸：482mm×177mm×291mm，嵌入式安装。

（2）正常工作温度：0～40℃。

（3）极限工作温度：－10～50℃。

（4）储存及运输：－25～70℃。

2. 额定电气参数

（1）直流电源：220V，110V。允许偏差：＋15％，－20％。

（2）交流电压：$100/\sqrt{3}V$（额定电压 U_n）。

（3）交流电流：5A，1A（额定电流 I_n）。

（4）频率：50Hz/60Hz。

（5）过载能力。

1）电流回路：　　2 倍额定电流，连续工作；

　　　　　　　　10 倍额定电流，允许 10s；

　　　　　　　　40 倍额定电流，允许 1s。

2）电压回路：1.5 倍额定电压，连续工作。

（6）功耗。

1）交流电流：$<1VA$/相（$I_n=5A$）；$<0.5VA$/相（$I_n=1A$）。

2）交流电压：$<0.5VA$/相。

3）直流：正常时小于 35W；跳闸时小于 50W。

3. 主要技术指标

（1）整组动作时间。

1）工频变化量距离元件：近处 3～10ms，末端小于 20ms。

2）纵联保护全线路跳闸时间：$<25ms$。

3）距离保护Ⅰ段：$\approx 20ms$。

（2）起动元件。

1）电流变化量起动元件：整定范围（0.1～0.5）I_n。

2）零序过流起动元件：整定范围（0.1～0.5）I_n。

（3）纵联保护。

1）纵联距离元件：整定范围：0.1～25Ω（$I_n=5A$），0.5～125Ω（$I_n=1A$）。

2）零序方向元件：最小动作电压：0.5～1V。

　　　　　　　　　最小动作电流：$<0.1I_n$。

（4）工频变化量距离。

1）动作速度：$<10ms$（$\Delta U_{op}>2U_z$）。

2）整定范围：$0.1\sim7.5\Omega$（$I_n=5A$），$0.5\sim37.5\Omega$（$I_n=1A$）。

（5）距离保护。

1）整定范围：$0.01\sim25\Omega$（$I_n=5A$），$0.05\sim125\Omega$（$I_n=1A$）。

2）距离元件定值误差：$<5\%$。

3）精确工作电压：$<0.25V$。

4）最小精确工作电流：$0.1I_n$。

5）最大精确工作电流：$30I_n$。

Ⅱ、Ⅲ段跳闸时间：$0\sim10s$。

（6）零序过流保护。

1）整定范围：$(0.1\sim20)I_n$。

2）零序过流元件定值误差：$<5\%$。

后备段零序跳闸延迟时间：$0\sim10s$。

（7）暂态超越。

快速保护：$\geqslant2\%$。

（8）测距部分。

1）单端电源多相故障时允许误差：$<\pm2.5\%$。

2）单相故障有较大过渡电阻时测距误差将增大。

（9）自动重合闸。

检同期元件角度误差：$<\pm3°$。

（10）电磁兼容。

1）辐射电磁场干扰实验符合国标：GB/T 14598.9 的规定。

2）快速瞬变干扰实验符合国标：GB/T 14598.10 的规定。

3）静电放电实验符合国标：GB/T 14598.14 的规定。

4）脉冲群干扰实验符合国标：GB/T 14598.13 的规定。

5）射频场感应的传导骚扰抗扰度实验符合国标：GB/T 17626.6 的规定。

6）工频磁场抗扰度实验符合国标：GB/T 17626.8 的规定。

7）脉冲磁场抗扰度实验符合国标：GB/T 17626.9 的规定。

8）浪涌（冲击）抗扰度实验符合国标：GB/T 17626.5 的规定。

（11）绝缘实验。

1）绝缘实验符合国标：GB/T 14598.3—936.0 的规定。

2）冲击电压实验符合国标：GB/T 14598.3—938.0 的规定。

（12）输出接点容量。

1）信号接点容量：允许长期通过电流8A。

切断电流0.3A（DC220V，V/R 1ms）。

2）其他辅助继电器接点容量：允许长期通过电流5A。

切断电流0.2A（DC220V，V/R 1ms）。

3）跳闸出口接点容量：允许长期通过电流8A。

切断电流0.3A（DC220V，V/R 1ms），不带电流保持。

（13）通信接口。两个 RS-485 通信接口（可选光纤或双绞线接口），或光纤以太网接口，通信规约可选择为电力行业标准 DL/T 667—1999（idt IEC60870-5—103）规约或 LFP（V2.0）规约，通信速率可整定。

1）一个用于 GPS 对时的 RS-485 双绞线接口。

2）一个打印接口，可选 RS-485 或 RS-232 方式，通信速率可整定。

3）一个用于调试的 RS-232 接口（前面板）。

第七节　RCS-902 线路保护装置纵联距离与纵联零序方向保护校验

一、实验目的

（1）理解纵联距离与纵联零序方向保护的构成原理。

（2）学会如何进行纵联距离与纵联零序方向保护的校验。

二、实验预习

（1）熟悉 RCS-902 线路保护装置纵联距离与纵联零序方向保护的构成。

（2）熟悉纵联距离与纵联零序方向保护的原理。

（3）列出详细实验步骤。

（4）纵联距离与纵联零序方向保护有何共同点和不同点？

三、实验仪器及设备

实验仪器及设备同表 2-10。

四、实验原理

（一）装置总起动元件原理

起动元件的主体以反应相间工频变化量的过流继电器实现，同时又配以反应全电流的零序过流继电器互相补充。反应工频变化量的起动元件采用浮动门坎，正常运行及系统振荡时变化量的不平衡输出均自动构成自适应式的门坎，浮动门坎始终略高于不平衡输出。在正常运行时由于不平衡分量很小，装置有很高的灵敏度，当系统振荡时，自动抬高浮动门坎而降低灵敏度，不需要设置专门的振荡闭锁回路。因此，起动元件有很高的灵敏度而又不会频繁起动，装置有很高的安全性。

1. 电流变化量起动

$$\Delta I_{\Phi\Phi max} > 1.25\Delta I_t + \Delta I_{zd} \qquad (2-7-1)$$

式中　$\Delta I_{\Phi\Phi max}$——相间电流的半波积分的最大值；

　　　ΔI_{zd}——可整定的固定门坎；

　　　ΔI_t——浮动门坎，随着变化量的变化而自动调整，取 1.25 倍可保证门坎始终略高于不平衡输出。

该元件动作并展宽 7s，去开放出口继电器正电源。

2. 零序过流元件起动

当外接和自产零序电流均大于整定值时，零序起动元件动作并展宽 7s，去开放出口继电器正电源。

3. 位置不对应起动

这一部分的起动由用户选择投入，条件满足总起动元件动作并展宽 15s，去开放出口继电器正电源。

（二）保护起动元件原理

保护起动元件与总起动元件相比，增加了一个电流变化量低定值起动元件，用以起动闭锁式方向保护的发信，其判据为

$$\Delta I_{\Phi\Phi max} > 1.125\Delta I_t + 0.5\Delta I_{zd} \qquad (2-7-2)$$

电流变化量低定值起动元件动作仍进入正常运行程序，当电流变化量高定值起动元件或零序过流元件动作进入故障测量程序。

（三）方向继电器原理

1. 距离方向继电器

RCS-902 保护装置的主保护是由距离方向和零序方向继电器，经通道交换信号构成全线路快速跳闸的方向保护，即纵联距离和纵联零序方向保护。

按超范围整定的距离继电器构成的方向比较元件，其动作特性与距离保护基本一致。主要由低压距离继电器、接地距离继电器、相间距离继电器组成，本节中只做简单介绍，具体分析见第四节。

（1）低压距离继电器。

工作电压：$\qquad U_{op\Phi} = U_\Phi - I_\Phi Z_{zd}$

极化电压：$\qquad U_{p\Phi} = -U_{1\Phi m}$

正方向故障时，动作特性见图 2-4-8，反方向故障时动作特性见图 2-4-10。

（2）接地距离继电器。

工作电压：$\qquad U_{op\Phi} = U_\Phi - (I_\Phi + K \times 3I_0)Z_{zd}$

极化电压：$\qquad U_{p\Phi} = -U_{1\Phi}$

动作特性见图 2-4-12。

（3）相间距离继电器。

工作电压：$\qquad U_{op\Phi\Phi} = U_{\Phi\Phi} - I_{\Phi\Phi}Z_{zd}$

极化电压：$\qquad U_{p\Phi\Phi} = -U_{1\Phi\Phi}$

动作特性见图 2-4-8、图 2-4-10。

（4）反方向距离继电器。该继电器仅在保护投退控制字"弱电侧"=1 时才投入，它由三个接地距离继电器和三个相间距离继电器组成。

在弱电侧，当距离方向和零序正反方向元件均不动作时，若反方向距离继电器动作，则判为反方向故障；若反方向距离继电器不动作，则不认为是反方向故障。

2. 零序方向继电器

零序正反方向元件（F_{0+}、F_{0-}）由零序功率 P_0 决定，P_0 由 $3U_0$ 和 $3I_0Z_d$ 的乘积获

得（$3U_0$、$3I_0$ 为自产零序电压电流，Z_d 是幅值为 1 相角为 78° 的相量），$P_0>0$ 时 F_{0-} 动作；$P_0<-1VA$（$I_n=5A$）或 $P_0<-0.2VA$（$I_n=1A$）时 F_{0+} 动作。纵联零序保护的正方向元件由零序方向比较过流元件和 F_{0+} 的与门输出，而纵联零序保护的反方向元件由零序起动过流元件和 F_{0-} 的与门输出。

（四）纵联保护方框图

纵联保护由整定控制字选择是采用超范围允许式还是闭锁式，两者的逻辑有所不同，但都分为起动元件动作保护进入故障测量程序和起动元件不动作保护在正常运行程序两种情况。

1. 闭锁式纵联保护逻辑

一般与专用收发信机配合构成闭锁式纵联保护，位置停信、其他保护动作停信、通道交换逻辑等都由保护装置实现，这些信号都应接入保护装置而不接至收发信机，即发信或停信只由保护发信接点控制，发信接点动作即发信，不动作则为停信。逻辑框图见图 2-7-1。

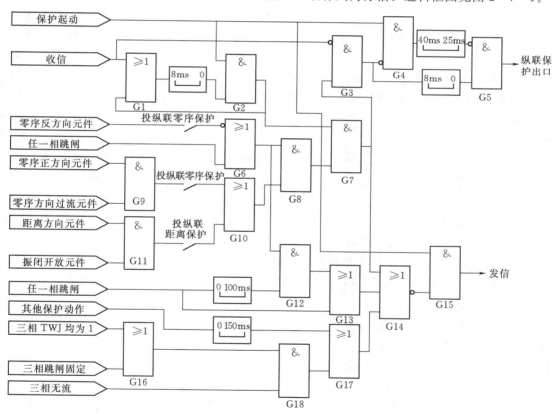

图 2-7-1 闭锁式纵联保护起动后方框图

（1）故障测量程序中闭锁式纵联距离保护逻辑。动作逻辑说明：

1）起动元件动作即进入故障程序，收发信机即被起动发闭锁信号。

2）反方向元件动作时，立即闭锁正方向元件的停信回路，即方向元件中反方向元件动作优先，这样有利于防止故障功率倒方向时误动作。

3）起动元件动作后，收信 8ms 后才允许正方向元件投入工作，反方向元件不动作，

103

纵联距离元件或纵联零序元件任一动作时，停止发信。

4）当本装置保护动作跳闸时，立即停止发信，并在跳闸信号返回后，停信展宽100ms，但在展宽期间若反方向元件动作，立即返回，继续发信；当外部保护（如母线差动保护）动作跳闸时，立即停止发信，并在跳闸输入信号返回后，停信展宽150ms。

5）用于弱电侧时，投入纵联反方向距离元件，当故障电压低于30V，且反方向元件不动作，则判为正方向。

6）三相跳闸固定回路动作或三相跳闸位置继电器均动作且无流时，始终停止发信。

7）区内故障时，正方向元件动作而反方向元件不动作，两侧均停信，经8ms延时纵联保护出口。装置内设有功率倒方向延时回路，该回路是为了防止区外故障后，在断合开关的过程中，故障功率方向出现倒方向，短路时出现一侧正方向元件未返回；另一侧正方向元件已动作而出现瞬时误动而设置的，见图2-7-2，本装置设于1、2两端，若短路点发生故障，1为正方向，2为反方向，M

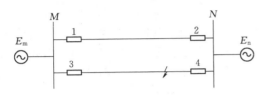

图2-7-2　功率倒方向示意图

侧停信，N侧发信，开关三相跳开时，故障功率倒向可能使1为反方向，2为正方向，如果N侧停信的速度快于M侧发信，则N侧可能瞬间出现正方向元件动作同时无收信信号，这种情况当连续收信40ms以后可以通过，方向比较保护延时25ms动作的方式来躲过。

（2）正常运行程序中闭锁式纵联保护逻辑（见图2-7-3）。通道实验、远方起信逻辑由本装置实现，这样进行通道实验时就把两侧的保护装置、收发信机和通道一起进行检查。与本装置配合时，收发信机内部的远方起信逻辑部分应取消。

动作逻辑说明：

1）远方起动发信。当收到对侧信号后，如TWJ未动作，则立即发信，如TWJ动作，则延时100ms发信；当用于弱电侧，判断任一相电压或相间电压低于30V时，延时100ms发信，这保证在线路轻负荷，起动元件不动作的情况下，由对侧保护快速切除故障。无上述情况时则本侧收信后，立即由远方起信回路发信，10s后停信。

2）通道实验。对闭锁式通道，正常运行时需进行通道信号交换，由人工在保护屏上按下通道实验按钮，本侧发信，收信200ms后停止发信，收对侧信号达5s后本侧再次发信，10s后停止发信。在通道实验过程中，若保护装置起动，则结束本次通道实验。

2．允许式纵联保护逻辑

一般与载波机或光纤数字通道配合构成允许式纵联保护，位置发信、其他保护动作发信等都由保护装置实现，这些信号都应接入保护装置而不接至收发信机。

（1）故障测量程序中允许式纵联保护逻辑，见图2-7-4。

动作逻辑说明：

1）正方向元件动作且反方向元件不动即发允许信号，同时收到对侧允许信号达8ms后纵联保护动作。

2）如在启动40ms内不满足纵联保护动作的条件，则其后纵联保护动作需经25ms延

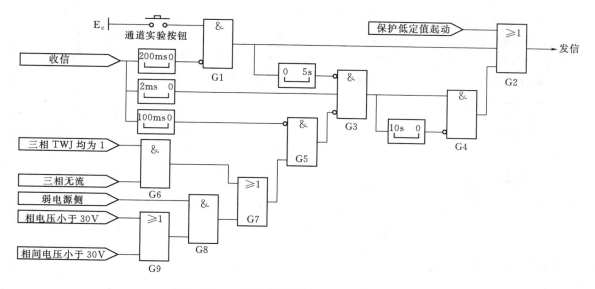

图 2-7-3 闭锁式纵联保护未起动时的方框图

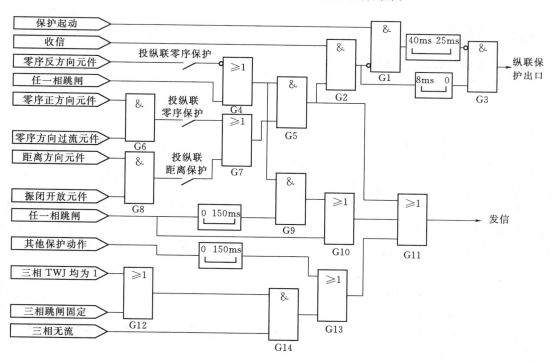

图 2-7-4 允许式纵联保护起动后方框图

时，防止故障功率倒向时保护误动。

3）当本装置其他保护（如工频变化量阻抗、零序延时段、距离保护）动作跳闸，或外部保护（如母线差动保护）动作跳闸时，立即发允许信号，并在跳闸信号返回后，发信展宽 150ms，但在展宽期间若反方向元件动作，则立即返回，停止发信。

4）三相跳闸固定回路动作或三相跳闸位置继电器均动作且无流时，始终发信。

（2）正常运行程序中允许式纵联保护逻辑见图 2-7-5。

当收到对侧信号后，如 TWJ 动作，则给对侧发 100ms 允许信号；当用于弱电侧，判断任一相电压或相间电压低于 30V 时，当收到对侧信号后给对侧发 100ms 允许信号，这保证在线路轻负荷，起动元件不动作的情况下，可由对侧保护快速切除故障。

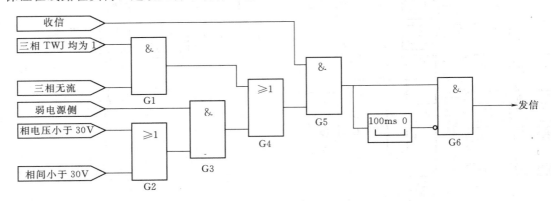

图 2-7-5 允许式纵联保护未起动时的方框图

五、实验项目及步骤

（一）纵联距离保护（闭锁式）校验

（1）投入主保护压板，重合闸把手切在"综重方式"或"单重方式"。

（2）将收发讯机整定在"负载"位置，或将装置的发信输出接至收信输入构成自发自收。

（3）整定保护定值控制字中"投纵联距离保护"置"1"，"允许式通道"置"0"，"投重合闸"置"1"，"投重合闸不检"置"1"。

（4）等保护重合闸充电，直至"充电"灯亮。

（5）加故障电流 $I=5A$，故障电压 $U=0.95IZ_f$（Z_f 为纵联距离阻抗定值），分别模拟单相接地、两相、两相接地和三相正方向瞬时故障。

（6）此时，装置面板上相应跳闸灯亮，液晶上显示"纵联距离保护"，动作时间为 15～30ms。

（7）模拟上述反方向故障，纵联保护不动作。

（二）纵联零序保护

（1）将收发机整定在"负载"位置，或将装置的发信输出接至收信输入构成自发自收。

（2）投入主保护压板及零序压板，重合闸把手切在"综重方式"或"单重方式"。

（3）整定保护定值控制字中"投纵联零序保护"置"1"，"允许式通道"置"0"，"投重合闸"置"1"，"投重合闸不检"置"1"。

（4）等保护重合闸充电，直至"充电"灯亮。

（5）加故障电压 30V，故障电流大于零序方向过流定值，模拟单相接地正方向瞬时故障。

（6）此时，装置面板上相应跳闸灯亮，液晶上显示"纵联零序保护"，动作时间为 15～30ms。

（7）模拟上述反方向故障，纵联保护不动作。

六、实验注意事项

（1）实验前请仔细阅读本实验大纲及保护说明书。

（2）尽量少拔插装置插件，不触摸插件电路，不带电插拔插件。

（3）实验前应检查屏柜及装置是否有明显的损伤或螺丝松动，特别是 TA 回路的螺丝及连片，禁止有丝毫松动的情况。

（4）按键动作要轻，不得重复用力按撤。

（5）实验接线完毕后，要经过第二人检查后方可通电。

（6）保护屏后进行短接实验时，必须两人一组进行。

第八节　RCS - 941A 线路保护装置软、硬件说明及保护校验

一、实验目的

（1）了解 RCS - 941A 线路保护装置的硬件构成原理。

（2）理解 RCS - 941A 线路保护装置的软件工作原理。

（3）学会如何进行 RCS - 941A 线路保护装置的校验。

二、实验预习

（1）熟悉 RCS - 941A 线路保护装置的硬件构成原理。

（2）熟悉 RCS - 941A 线路保护装置的软件工作原理。

（3）熟悉 RCS - 941A 线路保护装置的校验。

（4）列出详细实验步骤。

三、实验仪器及设备

实验仪器及设备见表 2 - 14。

表 2 - 14　　　　　　　　　　　RCS - 941A 实验仪器及设备

序　号	设备型号	仪器/设备名称	数　量
1	PRC41A - 02	110kV 线路保护柜	1
2	RCS - 941A	线路保护装置	1

四、实验原理

（一）保护概述

1．保护配置

RCS - 941 包括完整的三段相间和接地距离保护、四段零序方向过流保护和低周保

护。装置配有三相一次重合闸功能、过负荷告警功能、频率跟踪采样功能。装置还带有跳合闸操作回路以及交流电压切换回路。此外，RCS-941B还包括以纵联距离和零序方向元件为主体的快速主保护。

RCS-941系列保护根据功能有一个或多个后缀，各后缀的含义见表2-15。

表2-15　RCS-941系列保护各后缀含义表

序号	后缀	功　能　含　义
1	A	基本型号
2	B	在A型基础上增加纵联保护
3	D	与A型相比起动快速复归
4	J	在A型基础上增加距离Ⅱ段前加速功能
5	S	适用于中性点经小电阻接地的35kV线路
6	Q	重合闸无压检定定值可整定
7	U	增加低电压解列功能

RCS-941A用于无特殊要求的110kV高压输电线路。

RCS-941B用于要求全线路快速跳闸的110kV高压输电线路。

RCS-941D专为负荷变化特别频繁的110kV高压线路设计，它可以应用于负荷为电气化铁路或大型冶炼电炉的输电线路中。其软件设计上的区别在于RCS-941A的保护程序中，起动元件动作后将展宽7s后返回。而RCS-941D的起动元件动作后不展宽7s，而由距离Ⅲ段或零序起动电流或低周起动元件保持，当上述三者都返回后，再延时200ms返回。其他均同RCS-941A。

RCS-941J专为要求以顺序重合闸方式实现全线速动的110kV高压线路设计。其与RCS-941A的区别在于装置增设了距离Ⅱ段前加速功能，可经控制字"前加速接地Ⅱ段"和"前加速相间Ⅱ段"独立地对接地距离Ⅱ段或相间距离Ⅱ段实现前加速。当上述两个控制字投入，即前加速功能投入，进行前加速逻辑校验时，必须带开关进行实验；当上述两个控制字均不投时，可只带合位进行各项实验。其他均同RCS-941A。

RCS-941S专为中性点经小电阻接地的35kV高压输电线路设计，其定值中"正序灵敏角"和"零序灵敏角"与RCS-941A一样，仍分别为线路的正序灵敏角和零序灵敏角，用于接地距离和相间距离的计算。而用于零序功率方向计算的灵敏角则在程序中固定为3°，无需整定。其他均同RCS-941A。

RCS-941AQ专为负荷带小水电的110kV高压线路设计。其与RCS-941A的区别在于在重合闸时若采用检线路无压或检母线无压方式时，无压检定定值可以由用户整定，即增加了两个定值："检母线无压定值"和"检线路无压定值"。其他均同RCS-941A。

RCS-941AU专为需要进行低压解列的110kV高压线路设计。其在RCS-941A的基础上增加了两段低电压保护，实现低电压解列的功能。

RCS-941DU专为需要进行低压解列且负荷频繁变化的110kV高压线路设计。其在RCS-941D的基础上增加了两段低电压保护，实现低电压解列的功能。

RCS-941系列保护具体配置见表2-16。

2. 性能特征

(1) 动作速度快，纵联保护全线跳闸时间小于30ms。

(2) 主保护采用积分算法，计算速度快；后备保护强调准确性，采用傅氏算法，滤波效果好，计算精度高。

表 2－16　　　　　　　　　　　　RCS－941 系列保护配置表

型　号	配　置		
RCS－941A	三段接地和相间距离保护 四段零序方向过流保护 低周保护 自动重合闸	基本配置	适用于无特殊要求线路
RCS－941B		增加纵联保护	适用于要求全线快速跳闸线路
RCS－941D		起动快速复归	适用于负荷波动频繁的电铁、冶炼炉等线路
RCS－941J		增加距离Ⅱ段前加速功能	适用于要求以顺序重合闸方式实现全线速动的线路
RCS－941S		零序功率方向灵敏角固定为 3°	适用于中性点经小电阻接地的 35kV 线路
RCS－941AQ		重合闸无压检定定值可整定	用于负荷为小水电，重合闸无压检定定值需独立整定的线路
RCS－941AU		增加低电压保护Ⅰ段，Ⅱ段	适用于要求低电压解列的线路
RCS－941DU		起动快速复归，增加低电压解列功能	适用于负荷波动频繁的电铁、冶炼炉等线路，且需要低电压解列的线路

（3）反应工频变化量的起动元件采用了具有自适应能力的浮动门槛，对系统不平衡和干扰具有极强的预防能力，因而起动元件有很高的灵敏度而不会频繁起动。

（4）先进可靠的振荡闭锁功能，保证距离保护在系统振荡加区外故障时能可靠闭锁，而在振荡加区内故障时能可靠切除故障。

（5）装置采用整体面板、全封闭机箱，强弱电严格分开，取消传统背板配线方式，同时在软件设计上也采取相应的抗干扰措施，装置的抗干扰能力大大提高，对外的电磁辐射也满足相关标准。

（6）完善的事件报文处理，可保存最新 128 次动作报告，24 次故障录波报告。

（7）与 COMTRADE 兼容的故障录波。

（8）友好的人机界面、汉字显示、中文报告打印。

（9）灵活的后台通信方式，配有 RS－485 通信接口（可选双绞线、光纤）或以太网。

（10）支持电力行业标准 DL/T 667—1999（IEC60870－5—103 标准）的通信规约。

（11）采用高速数字信号处理芯片（DSP）与微处理器并行工作，保证了高精度的快速运算。高性能的硬件保证了装置在每一个采样间隔对所有继电器进行实时计算。

（12）电路板采用表面贴装技术，减少了电路体积，减少发热，提高了装置可靠性。

（二）硬件原理说明

1. 装置整体结构

装置结构如图 2－8－1 所示。

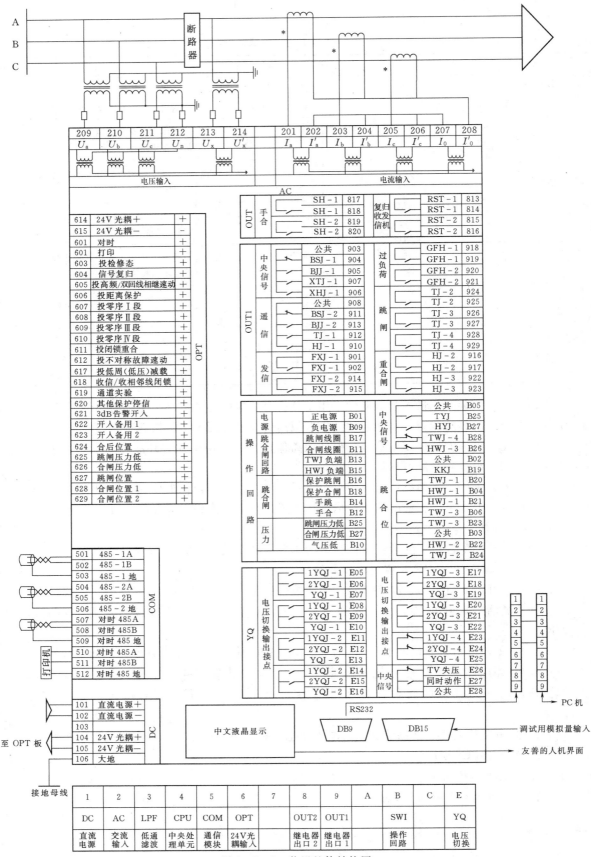

图 2-8-1　装置整体结构图

2. 装置面板布置

图 2-8-2 是装置的正面面板布置图。

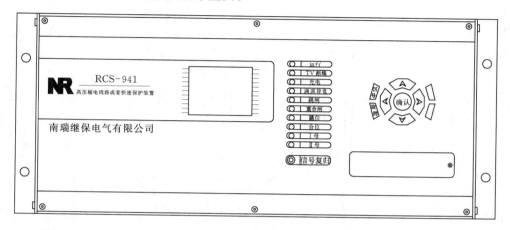

图 2-8-2　面板布置图

图 2-8-3 是装置的背面面板布置图（虚线为可选件）。

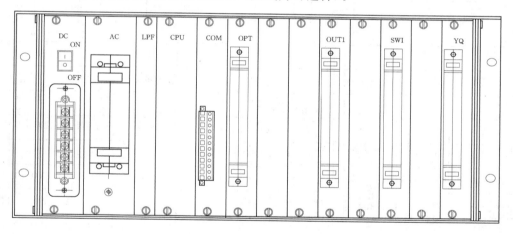

图 2-8-3　端子布置图（背视）

保护装置指示灯定义如下：

（1）"运行"灯为绿色，装置正常运行时点亮，装置闭锁时熄灭。

（2）"TV 断线"灯为黄色，当发生电压回路断线时点亮。

（3）"充电"灯为黄色，当重合充电完成时点亮。

（4）"通道异常"灯为黄色，当通道故障时点亮。

（5）"跳闸"、"重合闸"灯为红色，当保护动作出口点亮，在"信号复归"后熄灭。

（6）"跳位"灯为红色、"合位"灯为绿色，指示当前开关位置；"Ⅰ母"、"Ⅱ母"灯为绿色，指示当前母线位置。

3. 装置接线端子

图 2-8-4 为端子定义图，虚线为可选件。

1 — DC（直流）

名称	端子
直流电源+	101
直流电源-	102
/	103
24V光耦+	104
24V光耦-	105
大地	106

2 — AC（交流）

名称	端子	名称	端子	分类
I_A	201	I_A'	202	电流
I_B	203	I_B'	204	
I_C	205	I_C'	206	
I_0	207	I_0'	208	
U_A	209	U_B'	210	电压
U_C	211	U_N	212	
U_X	213	U_X'	214	
215		大地		

3 — LPF | **4 — CPU**

5 — COM

名称	端子	分类
485-1A	501	串口1
485-1B	502	
485-1地	503	
485-2A	504	串口2
485-2B	505	
485-2地	506	
对时485A	507	时钟同步
对时485B	508	
对时地	509	
打印RXA	510	打印
打印TXB	511	
打印地	512	

6 — OPT(24V)

名称	端子	名称	端子
打印	602	对时	601
信号复归	604	投检修态	603
投距离保护	606	投纵联/双回线相继速动	605
投零序II段	608	投零序I段	607
投零序IV段	610	投零序III段	609
投不对称相继速动	612	投闭锁重合	611
24V光耦+	614	/	613
/	616	24V光耦-	615
收信/收相邻线闭锁	618	投低周(低压)减载	617
其他保护停信	620	通道实验	619
备用	622	3dB告警	621
KKJ	624	备用	623
HYJ	626	TYJ	625
HWJ1	628	TWJ	627
/	630	HWJ2	629

7 — 空

8 — OUT2

名称	端子	名称	端子	分类
备用	802	备用	801	备用
备用	804	备用	803	
备用	806	备用	805	
备用	808	备用	807	
备用	810	备用	809	
备用	812	备用	811	
复归收发信机1	814	复归收发信机1	813	复归收发信机
复归收发信机2	816	复归收发信机2	815	
手合1	818	手合1	817	手合
手合2	820	手合2	819	
备用1-1	822	备用1-1	821	备用
备用1-2	824	备用1-2	823	
备用2-1	826	备用2-1	825	
备用2-2	828	备用2-2	827	
备用3	830	备用3	829	

9 — OUT1

名称	端子	名称	端子	分类
FXJ-1	902	FXJ-1	901	发信
BSJ-1	904	信号公共	903	中央信号
XHJ-1	906	BJJ-1	905	
运动公共	908	XTJ-1	907	
HJ-1	910	运动公共	909	遥信
TJ-1	912	BSJ-2	911	
FXJ-2	914	BJJ-2	913	事件记录
HJ-2	916	FXJ-2	915	合闸备用
GFH-1	918	HJ-2	917	过负荷报警
GFH-2	920	GFH-1	919	
HJ-3	922	GFH-2	921	合闸
TJ-2	924	HJ-3	923	跳闸1
TJ-3	926	TJ-2	925	跳闸2
TJ-4	928	TJ-3	927	跳闸备用
	930	TJ-4	929	

A — 备用 SWI1

双跳圈时 A插件为所有位置继电器 B插件为跳合闸回路

B — SWI

名称	端子	名称	端子	分类
KKJ TWJI公共	B02	正电源	B01	
HWJ1公共	B04	TWJ2、HWJ2公共	B03	公共
TWJ3公共	B06	中央公共	B05	
/	B08	/	B07	
气压低	B10	负电源	B09	
手合	B12	合闸线圈	B11	
手跳	B14	TWJ负	B13	操作回路
保护跳闸	B16	HWJ负	B15	
重合闸	B18	跳闸线圈	B17	
TWJ-1	B20	KKJ	B19	跳合位
HWJ-2	B22	HWJ-1	B21	
TWJ-2	B24	TWJ-3	B23	
HWJ-3	B26	TYJ	B25	中央信号
TWJ-4	B28	HYJ	B27	
跳压低	B30	合压低	B29	操作回路

C — 备用 YQ

或重动继电器插件

E — YQ

名称	端子	名称	端子	分类
I母常闭	E02	I母常开	E01	
II母常闭	E04	II母常开	E03	
2YQJ-1	E06	1YQJ-1	E05	
1YQJ-1	E08	YQJ-1	E07	
YQJ-1	E10	2YQJ-1	E09	
2YQJ-2	E12	1YQJ-2	E11	电压切换
1YQJ-2	E14	YQJ-2	E13	
YQJ-2	E16	2YQJ-2	E15	
2YQJ-3	E18	1YQJ-3	E17	
1YQJ-3	E20	YQJ-3	E19	
YQJ-3	E22	2YQJ-3	E21	
2YQJ-4	E24	1YQJ-4	E23	
失压	E26	YQJ-4	E25	
中央公共	E28	同时动件	E27	中央信号
负电源	E30		E29	

图 2-8-4 端子定义图（背视）

4. 输出接点

输出接点如图 2-8-5 所示。

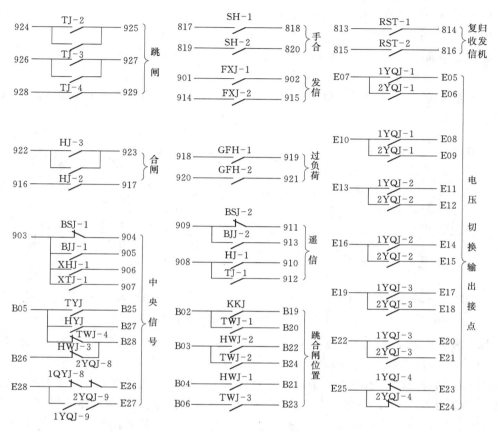

图 2-8-5 输出接点图

5. 各插件原理说明

组成装置的插件有：电源插件（DC）、交流插件（AC）、低通滤波器（LPF），CPU 插件（CPU）、通信插件（COM）、24V 光耦插件（OPT）、跳闸出口插件（OUT）、操作回路插件（SWI）、电压切换插件（YQ）、显示面板（LCD）。具体硬件模块图见图 2-8-6。

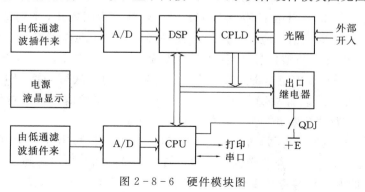

图 2-8-6 硬件模块图

113

（1）电源插件（DC）。详见本章第一节。

（2）交流输入变换插件（AC）。详见本章第二节。

（3）低通滤波插件（LPF）。详见本章第一节。

（4）CPU 插件（CPU）。详见本章第一节。

（5）通信插件（COM）。详见本章第一节。

（6）24V 光耦插件（OPT）。详见本章第二节。

（7）继电器出口插件（OUT1，OUT2）。本插件提供输出空接点，如图 2-8-7
所示。

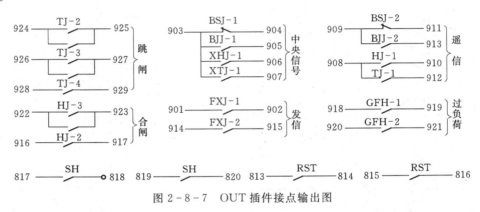

图 2-8-7　OUT 插件接点输出图

BSJ 为装置故障告警继电器，其输出接点 BSJ-1、BSJ-2 均为常闭接点，装置退出运行如装置失电、内部故障时均闭合。

BJJ 为装置异常告警继电器，其输出接点 BJJ-1、BJJ-2 为常开接点，装置异常如 TV 断线、TWJ 异常、TA 断线等，有保护在运行时，发告警信号，BJJ 继电器动作，接点闭合。

XTJ、XHJ 分别为跳闸和重合闸信号磁保持继电器，保护跳闸时 XTJ 继电器动作并保持，重合闸时 XHJ 继电器动作并保持，需按信号复归按钮或由通信口发远方信号复归命令返回。

FXJ 继电器为复用发信继电器，当用于 RCS-941A（D、J、AQ、AU、DU）且双回线相继速动功能投入时，FXJ 为双回线的发相互闭锁信号继电器，其输出接点 FXJ-1、FXJ-2 均为常开接点，当本线路Ⅲ段距离元件动作时接点闭合，当双回线相继速动功能不投时，该接点可不接。当用于 RCS-941B 时，若整定为闭锁式，FXJ 动作则启动收发信机发信，FXJ 返回收发信机应停信。用于允许式时，FXJ 动作则发允许命令。闭锁式、允许式的选择由定值中的整定控制字确定。装置给出两组接点，一组与通道设备连接（901～902 端子）采用干簧继电器，在 FXJ-1 接点上通过跳线可并接 BSJ-3 接点。在用于闭锁式时，当失电或装置故障时，由 BSJ 常闭接点动作发信，闭锁对侧的高频保护。用于允许式时，该跳线应断开。另一组接点可用于记录。

GFH 为过负荷报警继电器，输出接点 GFH-1、GFH-2 均为常开接点。该接点根据现场需要由用户接入外回路告警回路，也可直接接跳闸回路出口跳闸。

TJ、HJ 为跳闸出口接点和重合闸出口接点，均为瞬动接点。用 TJ-2 和 HJ-3 去起动操作回路的跳合线圈，其他供作遥信、故障录波起动、失灵用。如果断路器有两个跳闸

114

线圈，则用 TJ-3 去起动操作回路的第二个跳圈。

为满足手合检同期的要求，本插件提供两副手合允许输出接点，SH 为手合允许继电器，其输出接点为常开接点，手合允许时（同期、线路无压、母线无压三者任一条件满足）接点闭合。

RST 为复归收发信机继电器，它用于复归收发信机的收信、发信、告警等磁保持继电器。该继电器仅用于 RCS-941B。

（8）操作回路插件（SWI）。SWI 插件原理及输出接点如图 2-8-8 所示。

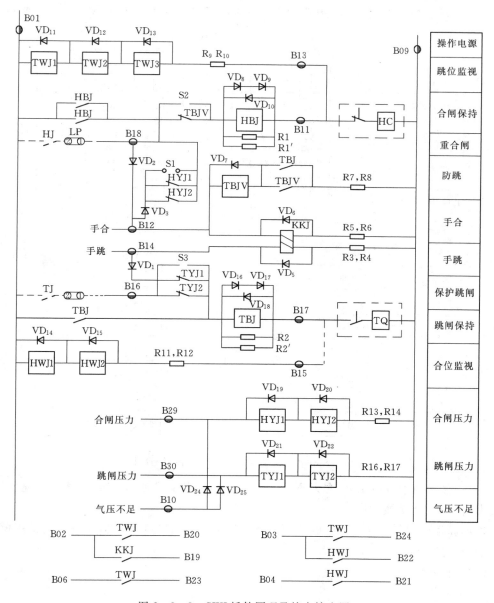

图 2-8-8 SWI 插件原理及接点输出图

115

保护开入部分直接由操作回路引入跳闸位置、合后位置 KK、合闸压力 HYJ 和跳闸压力 TYJ 的弱电信号，其＋5V 电源即为保护的电源。图中 KKJ 为磁保持继电器，合闸时该继电器动作并磁保持，仅手跳该继电器才复归，保护动作或开关偷跳该继电器不复归，因此，其输出接点为合后 KK 位置接点。用本装置的操作回路，就不需要从 KK 把手取合后 KK 位置，也适应了无控制屏的无人值守变电站的要求。

断路器操作回路中跳合闸直流电流保持回路，可根据现场断路器跳合闸电流大小选择相应的并联电阻（R1′，R2′，跳合电流不大于 4A 时可不并）。

（9）电压切换回路（YQ）。电压切换回路的原理及接点输出图见图 2-8-9 所示。

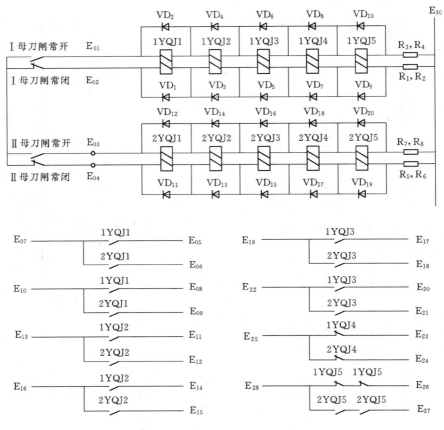

图 2-8-9　电压切换插件原理及接点输出图

（10）显示面板（LCD）。显示面板单设一个单片机，负责汉字液晶显示、键盘处理，通过串口与 CPU 交换数据。

显示面板还提供一个与 PC 机或 HELP-90A 通信的接口（9 芯），一个调试用模拟量输入端子（15 芯）。

（三）使用说明

1. 液晶显示说明

（1）保护运行时液晶显示说明。装置上电后，正常运行时液晶屏幕将显示主画面，格式如图 2-8-10 所示。

图 2-8-10 正常运行时液晶屏幕显示

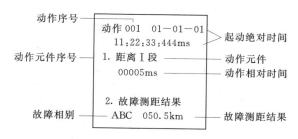

图 2-8-11 保护动作时液晶显示

（2）保护动作时液晶显示说明。本装置能存储 128 次动作报告，24 次故障录波报告，当保护动作时，液晶屏幕自动显示最新一次保护动作报告，当一次动作报告中有多个动作元件时，所有动作元件及测距结果将滚屏显示，格式如图 2-8-11 所示。

（3）装置自检报告。本装置能存储 128 次装置自检报告，保护装置运行中，硬件自检出错或系统运行异常将立即显示自检报告，当一次自检报告中有多个出错信息时，所有自检信息将滚屏显示，格式如图 2-8-12 所示。

图 2-8-12 装置自检报告显示

按装置或屏上复归按钮可切换显示跳闸报告、自检报告和装置正常运行状态。

2. 命令菜单使用说明

在主画面状态下，按"▲"键可进入主菜单，通过"▲"键、"▼"键、"确认"键和"取消"键选择子菜单。命令菜单采用如图 2-8-13 所示的树形目录结构。

（1）保护状态。本菜单的设置主要用来显示保护装置电流电压实时采样值和开入量状态，它全面地反映了该保护运行的环境，只要这些量的显示值与实际运行情况一致，则保护能正常运行，本菜单的设置为现场人员的调试与维护提供了极大的方便。对于开入状态，"1"表示投入或收到接点动作信号，"0"表示未投入或没收到接点动作信号。

（2）显示报告。本菜单显示保护动作报告、自检报告、压板变位报告。由于本保护自带掉电保持，不管断电与否，它能记忆上述报告各 128 次。显示格式见"液晶显示说明"，首先显示的是最新一次报告，按"▲"键显示前一个报告，按"▼"键显示后一个报告，按"取消"键退出至上一级菜单。

（3）打印报告。本菜单选择打印定值清单、动作报告、自检报告、压板变位、保护状态、程序版本。打印动作报告时需选择动作报告序号，动作报告中包括动作元件、动作时间、动作初始状态、开关变位、动作波形、对应保护定值等，其中动作报告记忆最新 128 次，故障录波只记忆最新 24 次。

（4）整定定值。按"▲"键、"▼"键用来滚动选择要修改的定值，按"◄"键、"►"键用来将光标移到要修改的那一位，"＋"键和"－"键用来修改数据，按"取消"键为不修改返回，按"确认"键完成定值整定后返回。

整定定值菜单中的"拷贝定值"子菜单，是将"当前区号"内的"保护定值"拷贝到

117

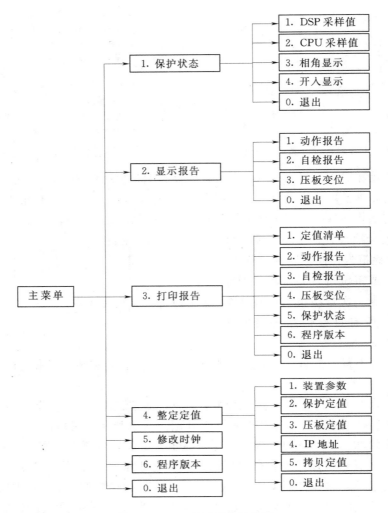

图 2-8-13 树形目录结构图

"拷贝区号"内，"拷贝区号"可通过"＋"键和"－"键修改。

若整定出错，液晶会显示错误信息，需重新整定。另外，"系统频率"、"电流二次额定值"整定后，保护定值必须重新整定，否则装置认为该区定值无效。整定定值的口令为：键盘的"＋"键、"◀"键、"▲"键、"－"键，输入口令时，每按一次键盘，液晶显示由"."变为"＊"，当显示四个"＊"时，方可按确认。

（5）修改时钟。显示当前的日期和时间。按"▲"键、"▼"键、"◀"键、"▶"键用来选择，"＋"键和"－"键用来修改。按"取消"键为不修改返回，按"确认"键为修改后返回。

（6）程序版本。液晶显示程序版本、校验码以及程序生成时间。

（7）修改定值区号。按键盘的"区号"键，液晶显示"当前区号"和"修改区号"，按"＋"键或"－"键来修改区号，按"取消"键为不修改返回，按"确认"键为完成区号修改后返回。

3. 装置的运行说明

（1）装置正常运行状态。装置正常运行时，"运行"灯应亮，所有告警指示灯（黄灯，"充电"灯除外）应不亮。"合位"灯亮，"跳位"灯不亮，若采用本装置的电压切换回路，"Ⅰ母"、"Ⅱ母"两个指示灯应有一个亮，但不可两个同时亮。按下"信号复归"按钮，复归所有跳闸、重合闸指示灯，并使液晶显示处于正常显示主画面。

（2）装置异常信息含义及处理建议见表 2－17。

表 2－17　　　　　　　　　　　　异常信息含义及处理建议表

序号	自检出错信息	含　义	处　理　建　议
1	存储器出错	RAM 芯片损坏，闭锁保护	通知厂家处理
2	程序出错	FLASH 内容被破坏，闭锁保护	通知厂家处理
3	定值出错	定值区内容被破坏，闭锁保护	通知厂家处理
4	采样数据异常	模拟输入通道出错，闭锁保护	通知厂家处理
5	跳合出口异常	出口三极管损坏，闭锁保护	通知厂家处理
6	直流电源异常	直流电源不正常，闭锁保护	通知厂家处理
7	DSP 定值出错	DSP 定值自检出错，闭锁保护	通知厂家处理
8	该区定值无效	装置参数中二次额定电流更改后，保护定值未重新整定	将保护定值重新整定
9	光耦电源异常	24V 或 220V 光耦正电源失去，闭锁保护	检查开入板的隔离电源是否接好
10	零序长期起动	零序起动超过 10s，发告警信号，不闭锁保护	检查电流二次回路接线
11	突变量长起动	突变量起动超过 10s，发告警信号，不闭锁保护	检查电流二次回路接线
12	TV 断线	电压回路断线，发告警信号，闭锁部分保护	检查电压二次回路接线
13	线路 TV 断线	线路电压回路断线，发告警信号	检查线路电压二次回路接线
14	TA 断线	电流回路断线，发告警信号，不闭锁保护	检查电流二次回路接线
15	TWJ 异常	TWJ＝1 且该相有电流或三相长期不一致发告警信号，不闭锁保护	检查开关辅助接点
16	控制回路断线	TWJ 和 HWJ 都为 0，重合闸放电	检查开关辅助接点
17	角差整定异常	母线电压 U_A 与线路电压 U_X 的实际接线与固定角度差定值不符	检查线路电压二次回路接线

（四）定值内容及整定说明

装置定值包括装置参数、保护定值、压板定值和 IP 地址。所有 RCS－941 系列线路保护的装置参数均相同。

1. 装置参数及整定说明

见表 2－18。

表 2 - 18　　　　　　　　　RCS - 941 参 数 及 整 定 表

序　号	定值名称	定值范围	整定值
1	定值区号	0～29	
2	通信地址	0～254	
3	串口 1 波特率	4800，9600，19200，38400	
4	串口 2 波特率	4800，9600，19200，38400	
5	打印波特率	4800，9600，19200，38400	
6	调试波特率	4800，9600	
7	系统频率（Hz）	50，60	
8	电压一次额定值（kV）	10～110	
9	电压二次额定值（V）	57.73	
10	电流一次额定值（A）	100～65535	
11	电流二次额定值（A）	1，5	
12	厂站名称		
13	网络打印	0，1	
14	自动打印	0，1	
15	规约类型	0，1	
16	分脉冲对时	0，1	
17	可远方修改定值	0，1	
18	103 规约有 INF	0，1	

（1）定值区号：保护定值有 30 套可供切换，装置参数不分区，只有一套定值。

（2）通信地址：指后台通信管理机与本装置通信的地址。

（3）串口 1 波特率、串口 2 波特率、打印波特率、调试波特率：只可在所列波特率数值中选其一数值整定。

（4）系统频率：为一次系统频率，请整定为 50Hz。

（5）电压一次额定值：为一次系统中电压互感器原边的额定相电压值。

（6）电压二次额定值：为一次系统中电压互感器副边的额定相电压值。

（7）电流一次额定值：为一次系统中电流互感器原边的额定相电流值。

（8）电流二次额定值：为一次系统中电流互感器副边的额定相电流值。

（9）厂站名称：以汉字区位码（12 位）整定，此定值仅用于报文打印。

（10）自动打印：保护动作后需要自动打印动作报告时置为"1"，否则置为"0"。

（11）网络打印：需要使用共享打印机时置为"1"，否则置为"0"。使用共享打印机指的是多套保护装置共用一台打印机打印输出，这时打印口应设置为 RS - 485 方式，经专用的打印控制器接入打印机；而使用本地打印机时，应设置为 RS - 232 方式，直接接至打印机的串口。

（12）规约类型：当采用 IEC60870 - 5—103 规约置为"0"，采用 LFP 规约置为"1"。

（13）分脉冲对时：当采用分脉冲对时置为"1"，秒脉冲对时置为"0"。

（14）可远方修改定值：允许后台修改装置的定值时置为"1"，否则置为"0"。

（15）103规约有INF：固定置"1"。

2. 保护定值及整定说明

（1）保护定值列表。保护的所有定值均按二次值整定，定值范围中 I_n 为1或5，分别对应于二次额定电流为1A或5A。

各保护型号的定值按各自的序号排列，表格中斜线项表示该保护型号无此项定值。如 RCS-941A 型保护共50个数字定值和28个控制字定值。

数字定值如表2-19所示。

表 2-19　　　　　　　　　　　　　　　　RCS-941A 数 字 定 值 表

保 护 型 号				定 值 名 称	定 值 范 围
A/D/J/S	B	AQ	AU/DU		
1	1	1	1	电流变化量起动值（A）	$(0.1\sim0.5)I_n$
2	2	2	2	零序起动电流（A）	$(0.1\sim0.5)I_n$
3	3	3	3	负序起动电流（A）	$(0.1\sim0.5)I_n$
	4			距离方向阻抗定值（Ω）	$0.5/I_n\sim125/I_n$
	5			距离反方向阻抗（Ω）	$0.5/I_n\sim125/I_n$
	6			零序方向过流定值（A）	$(0.1\sim20)I_n$
	7			通道交换时间定值（s）	$0\sim12$
4	8	4	4	零序补偿系数	$0\sim2.0$
5	9	5	5	振荡闭锁过流（A）	$(0.8\sim2.2)I_n$
6	10	6	6	接地距离Ⅰ段定值（Ω）	$0.05/I_n\sim125/I_n$
7	11	7	7	距离Ⅰ段时间（s）	$0\sim10$
8	12	8	8	接地距离Ⅱ段定值（Ω）	$0.05/I_n\sim125/I_n$
9	13	9	9	接地距离Ⅱ段时间（s）	$0.01\sim10$
10	14	10	10	接地距离Ⅲ段定值（Ω）	$0.05/I_n\sim125/I_n$
11	15	11	11	接地Ⅲ段四边形（Ω）	$0.05/I_n\sim125/I_n$
12	16	12	12	接地距离Ⅲ段时间（s）	$0.01\sim10$
13	17	13	13	相间距离Ⅰ段定值（Ω）	$0.05/I_n\sim125/I_n$
14	18	14	14	相间距离Ⅱ段定值（Ω）	$0.05/I_n\sim125/I_n$
15	19	15	15	相间距离Ⅱ段时间（s）	$0.01\sim10$
16	20	16	16	相间距离Ⅲ段定值（Ω）	$0.05/I_n\sim125/I_n$
17	21	17	17	相间Ⅲ段四边形（Ω）	$0.05/I_n\sim125/I_n$
18	22	18	18	相间距离Ⅲ段时间（s）	$0.01\sim10$
19	23	19	19	正序灵敏角（°）	$45\sim89$
20	24	20	20	零序灵敏角（°）	$45\sim89$
21	25	21	21	接地距离偏移角（°）	0、15、30
22	26	22	22	相间距离偏移角（°）	0、15、30

保 护 型 号				定 值 名 称	定值范围
A/D/J/S	B	AQ	AU/DU		
23	27	23	23	零序过流Ⅰ段定值（A）	$(0.1\sim20)\,I_n$
24	28	24	24	零序过流Ⅰ段时间（s）	$0\sim10$
25	29	25	25	零序过流Ⅱ段定值（A）	$(0.1\sim20)\,I_n$
26	30	26	26	零序过流Ⅱ段时间（s）	$0.01\sim10$
27	31	27	27	零序过流Ⅲ段定值（A）	$(0.1\sim20)\,I_n$
28	32	28	28	零序过流Ⅲ段时间（s）	$0.5\sim10$
29	33	29	29	零序过流Ⅳ段定值（A）	$(0.1\sim20)\,I_n$
30	34	30	30	零序过流Ⅳ段时间（s）	$0.5\sim10$
31	35	31	31	零序过流加速段（A）	$(0.1\sim20)\,I_n$
32	36	32	32	相电流过负荷定值（A）	$(0.1\sim20)\,I_n$
33	37	33	33	相电流过负荷时间（s）	$0\sim10$
34	38	34	34	低周滑差闭锁定值（Hz/s）	$0.5\sim20$
35	39	35	35	低周低压闭锁定值（V）	$60\sim100$
36	40	36	36	低周保护低频定值（Hz）	$45\sim50$
37	41	37	37	低周保护时间定值（s）	$0.01\sim10$
			38	低压保护Ⅰ段定值（V）	$60\sim100$
			39	低压保护Ⅰ段时间（s）	$0.01\sim10$
			40	低压保护Ⅱ段定值（V）	$60\sim100$
			41	低压保护Ⅱ段时间（s）	$0.01\sim10$
			42	du/dt 闭锁低压定值（V/s）	$10\sim80$
38	42	38	43	TV断线过流Ⅰ定值（A）	$(0.1\sim20)\,I_n$
39	43	39	44	TV断线过流Ⅰ时间（s）	$0.1\sim10$
40	44	40	45	TV断线过流Ⅱ定值（A）	$(0.1\sim20)\,I_n$
41	45	41	46	TV断线过流Ⅱ时间（s）	$0.1\sim10$
42	46	42	47	固定角度差定值（°）	$0\sim359$
			43	检母线无压定值（V）	$5\sim60$
			44	检线路无压定值（V）	$5\sim60$
43	47	45	48	重合闸时间（s）	$0.1\sim10$
44	48	46	49	同期合闸角（°）	$0\sim90$
45	49	47	50	线路正序电抗（Ω）	$0.01\sim655.35$
46	50	48	51	线路正序电阻（Ω）	$0.01\sim655.35$
47	51	49	52	线路零序电抗（Ω）	$0.01\sim655.35$
48	52	50	53	线路零序电阻（Ω）	$0.01\sim655.35$
49	53	51	54	线路总长度（km）	$0\sim655.35$
50	54	52	55	线路编号	$0\sim65535$

控制字定值如表 2-20 所示。

表 2-20 **RCS-941A 控制字定值表**

保护型号				运行方式控制字 SW（n）	"1"表示投入，"0"表示退出
A/D/S/AQ	B	J	AU/DU		
	1			投纵联距离保护	0, 1
	2			投纵联零序方向	0, 1
	3			投允许式通道	0, 1
	4			投自动通道交换	0, 1
	5			弱电源侧	0, 1
1	6	1	1	投振荡闭锁	0, 1
2	7	2	2	投 I 段接地距离	0, 1
3	8	3	3	投 II 段接地距离	0, 1
4	9	4	4	投 III 段接地距离	0, 1
5	10	5	5	投 I 段相间距离	0, 1
6	11	6	6	投 II 段相间距离	0, 1
7	12	7	7	投 III 段相间距离	0, 1
8	13	8	8	重合加速 II 段 Z	0, 1
9	14	9	9	重合加速 III 段 Z	0, 1
		10		前加速接地 II 段	0, 1
		11		前加速相间 II 段	0, 1
10	17	17	10	双回线相继速动	0, 1
11	15	18	11	不对称相继速动	0, 1
12	17	12	12	投 I 段零序方向	0, 1
13	18	13	13	投 II 段零序方向	0, 1
14	19	14	14	投 III 段零序方向	0, 1
15	20	15	15	投 IV 段零序方向	0, 1
16	16	16	16	投相电流过负荷	0, 1
17	21	19	17	投低周保护	0, 1
18	22	20	18	投低周滑差闭锁	0, 1
		19	19	投 I 段低压保护	0, 1
		20	20	投 II 段低压保护	0, 1
19	23	21	21	投重合闸	0, 1
20	24	22	22	投检同期方式	0, 1
21	25	23	23	检线无压母有压	0, 1
22	26	24	24	检母无压线有压	0, 1
23	27	25	25	检线无压母无压	0, 1
24	28	26	26	投重合闸不检	0, 1
25	29	27	27	TV 断线留零 I 段	0, 1
26	30	28	28	TV 断线闭锁重合	0, 1
27	31	29	29	III 段及以上闭重	0, 1
28	32	30	30	多相故障闭重	0, 1

（2）RCS-941 保护定值整定说明。电流变化量起动值：按躲过正常负荷电流波动最大值整定，一般整定为 $0.2I_n$。对于负荷变化剧烈的线路（如电气化铁路、轧钢、炼铝等），可以适当提高定值以免装置频繁起动，定值范围为 $(0.1\sim0.5)I_n$。

零序起动电流：按躲过最大零序不平衡电流整定，定值范围为 $(0.1\sim0.5)I_n$。

负序起动电流：按躲过最大负序不平衡电流整定，定值范围为 $(0.1\sim0.5)I_n$。

距离方向阻抗定值：按大于 1.3 倍线路阻抗整定。

距离反方向阻抗：按 $(1.5\sim2)\times$（对侧纵联距离阻抗－本线路阻抗）整定。该定值只有在"弱电源侧"才有效。

零序方向过流定值：纵联零序正方向过流定值，保证线路末端接地故障有足够的灵敏度。

通道交换时间定值：当用于闭锁式通道时，本装置设有自动通道交换功能，当实时时钟（12 小时制）与定值一致时，自动起动通道交换，每天进行两次，通道交换完成后，保护自动复归收发信机的收发信信号继电器。该定值应按 BCD 码整定，例 12：30 应整定为 12.30。还需注意的是：线路两端的"通道交换时间定值"应不一致。

零序补偿系数

$$K=\frac{Z_{01}-Z_{11}}{3Z_{11}}$$

式中 Z_{01}、Z_{11}——线路的零序和正序阻抗，建议采用实测值，如无实测值，则将计算值减去 0.05 作为整定值。

振荡闭锁过流：按躲过线路最大负荷电流整定。

接地距离 I 段定值：按全线路阻抗的 $0.8\sim0.85$ 倍整定，对有互感的线路，应适当减小。

相间距离 I 段定值：按全线路阻抗的 $0.8\sim0.9$ 倍整定。

距离 I 段时间：接地和相间距离 I 段公用一个延时定值。

距离 II 段、III 段的阻抗和时间定值按段间配合的需要整定，对本线末端故障有灵敏度。

接地和相间四边形距离定值：不需要四边形距离继电器时定值与 III 段距离定值相同。

正序灵敏角、零序灵敏角：分别按线路的正序、零序阻抗角整定。

接地距离偏移角：为扩大测量过渡电阻能力，接地距离 I 段、II 段的特性圆可向第一象限偏移，建议线路长度不小于 40km 时取 0°，不小于 10km 时取 15°，小于 10km 时取 30°。

相间距离偏移角：为扩大测量过渡电阻能力，相间距离 I 段、II 段的特性圆可向第一象限偏移，建议线路长度不小于 10km 时取 0°，不小于 2km 时取 15°，小于 2km 时取 30°。

零序过流加速段：应保证线路末端接地故障有足够的灵敏度。

低周滑差闭锁定值：按躲过系统最大滑差整定，并留有一定裕度。滑差闭锁起动后，必须在系统频率恢复到正常水平（$49.8\sim50.2$Hz）200ms 后才能重新开放低周保护。

低周低压闭锁定值：当任一相间电压低于此整定值时，闭锁低周保护，并展宽 200ms。

低周保护低频定值：按系统正常运行允许的最小频率整定。

低压保护Ⅰ段、Ⅱ段定值：按系统正常运行允许的最小相间电压整定，必须相间电压均低于此定值时，且无闭锁情况，低压保护经延时动作。

du/dt 闭锁低压定值：按躲过电压的最大波动电压整定，并留有一定裕度。当相间电压下降，且变化压差（du/dt）大于此定值，闭锁低压保护。闭锁起动后，必须在系统相间电压均恢复到最大电压整定值（如投入Ⅱ段低压保护，此值为低压保护Ⅱ段定值，否则为低压保护Ⅰ段定值）之上后 1s，或检测到相间电压上升的变化压差（du/dt）大于此定值且电压恢复到最大电压整定值的 85% 后重新开放低压保护。

TV 断线相过流定值：仅在 TV 断线时自动投入。

固定角度差定值：用于检无压或同期的方式，线路电压 U_x 可接入相或相间电压，该定值指检同期时线路电压 U_x 相对于母线电压 U_a 的角度，典型的整定值见表 2-21。

表 2-21　　　　　　　　　　固定角度差定值表

线路电压相别	A	B	C	AB	BC	CA
整定值（°）	0	240	120	30	270	150

检母线无压定值：手合或重合闸检母线无压时的无压检定电压定值，建议整定为 30V（RCS-941AQ）。

检线路无压定值：手合或重合闸检线路无压时的无压检定电压定值，建议整定为 30V（RCS-941AQ）。

同期合闸角：检同期合闸方式时母线电压对线路电压的允许角度差。

线路正序电抗、线路正序电阻、线路零序电抗、线路零序电阻：线路全长的参数（二次值），用于测距计算。

线路总长度：按实际线路长度整定，单位为 km，用于测距计算。

线路编号：按实际线路编号整定，打印报告时用。

对于阻抗定值，即使某一元件不投，仍应按整定原则和配合关系整定，如四边形阻抗不小于Ⅲ段阻抗不小于Ⅱ段阻抗不小于Ⅰ段阻抗，Ⅱ段阻抗对本线末端故障有灵敏度；

对于各零序电流定值，均应大于零序起动电流定值，且Ⅰ段零序电流定值≥Ⅱ段零序电流定值≥Ⅲ段零序电流定值≥Ⅳ段零序电流定值；对于起动元件（电流变化量起动和零序电流起动、负序电流起动），线路两侧宜按一次电流定值相同折算至二次整定；

对于低压保护定值，即使某一元件不投，仍应按整定原则和配合关系整定，即Ⅱ段低压保护定值不小于Ⅰ段低压保护定值。

（3）RCS-941 运行方式控制字整定说明。"投纵联距离保护"、"投纵联零序方向"：建议运行时这两个控制字都置"1"，要将纵联保护退出，可通过退出屏上的主保护压板实现。

"投允许式通道"：当采用允许式纵联保护时，将该控制字置"1"，采用闭锁式纵联保护时置"0"。

"投自动通道交换"：该定值置"1"时，装置每天自动进行两次通道交换。

"弱电源侧"：是弱电源侧时该控制字置"1"（RCS－941B）。

"投振荡闭锁"：当所保护的线路不会发生振荡时，该控制字置"0"，否则置"1"。

"投Ⅰ段接地距离"、"投Ⅱ段接地距离"、"投Ⅲ段接地距离"、"投Ⅰ段相间距离"、"投Ⅱ段相间距离"、"投Ⅲ段相间距离"：分别为三段接地距离和三段相间距离保护的投入控制字，置"1"时相应的距离保护投入，置"0"时退出。

"重合加速Ⅱ段Z"、"重合加速Ⅲ段Z"：当重合闸不可能出现系统振荡时投入，则重合时分别加速不受振荡闭锁控制的Ⅱ段或Ⅲ段距离保护。若上述控制字均不投（置"0"）则加速受振荡闭锁控制的Ⅱ段距离。

"前加速接地Ⅱ段"：置"1"为接地距离Ⅱ段前加速功能投入（RCS－941J）。

"前加速相间Ⅱ段"：置"1"为相间距离Ⅱ段前加速功能投入（RCS－941J）。

"双回线相继速动"：置"1"时该功能投入，否则退出，该控制字仅在RCS－941A（D、J、AQ、S）且双回线时投入有效。

"不对称相继速动"：置"1"时该功能投入，否则退出。

"投Ⅰ段零序方向"、"投Ⅱ段零序方向"、"投Ⅲ段零序方向"、"投Ⅳ段零序方向"：分别为四段零序过流元件的方向投入控制字，置"1"时相应段的零序过流保护经方向元件闭锁，置"0"时不经方向元件闭锁。

"投相电流过负荷"：置"1"时该功能投入，否则退出。

"投低周保护"：置"1"时该功能投入，否则退出。

"投低周滑差闭锁"：置"1"时该功能投入，否则退出。

"投Ⅰ段段低压保护"、"投Ⅱ段低压保护"：分别为两段低压保护的投入控制字，置"1"时相应的低压保护投入，置"0"时退出。

"投重合闸"：为本装置重合闸投入控制字，当重合闸长期不投时置"0"，一般应置"1"，参见重合闸逻辑部分。

"投检同期方式"、"检线无压母有压"、"检母无压线有压"、"检线无压母无压"、"投重合闸不检"：为重合闸方式控制字，重合闸不投时，这些控制字无效。

"投检同期方式"：置"1"时投入重合闸检同期方式。当线路电压和三相母线电压均大于40V且线路电压和母线电压间的相位在整定范围内时，检同期条件满足。

"检线无压母有压"：置"1"时投入重合闸检线路无压母线有压方式。当线路电压小于30V且无线路电压断线，同时三相母线电压均大于40V时，检线路无压母线有压条件满足。

"检母无压线有压"：置"1"时投入重合闸检母线无压线路有压方式。当三相母线电压均小于30V且无母线TV断线，同时线路电压大于40V时，检母线无压线路有压条件满足。

"检线无压母无压"：置"1"时投入重合闸检线路无压母线无压方式。当三相母线电压均小于30V且无母线TV断线，同时线路电压小于30V且无线路电压断线时，检线路无压母线无压条件满足。

上述控制字可单独使用，也可组合使用，如"检线无压母有压"、"检线无压母无压"

同时投入即为"检线路无压方式";"检母无压线有压"、"检线无压母无压"同时投入即为"检母线无压方式";三者同时投入即为"检任一无压方式";上述三者使用时可同时投入"投检同期方式"。

当采用手合允许继电器时，手合方式不受重合闸投入与否以及重合闸方式控制字的控制，固定投入检同期方式和检无压方式，即同期、线路无压、母线无压三者满足任一条件即输出手合接点。

"TV断线留零Ⅰ段"：为TV断线时是否保留零序Ⅰ段的控制字，置"1"时在TV断线时仍保留零序Ⅰ段。

"TV断线闭锁重合闸"：为TV断线时是否闭锁重合闸控制字。置"1"在TV断线时重合闸放电。

"Ⅲ段及以上闭锁重合"：为Ⅲ段及大于Ⅲ段的保护动作时闭锁重合闸的控制字，置"1"时，Ⅲ段及大于Ⅲ段的保护动作闭锁重合闸。

"多相故障闭重"：为两相及以上故障跳闸时是否闭锁重合闸控制字。置"1"在多相故障跳闸时重合闸放电。

3. 压板定值及整定说明（见表2-22）

装置设有软压板功能，压板可通过定值投退（远方或就地）。

表2-22 压板定值表

序 号	定 值 名 称	定值范围	整 定 值
1	投高频保护/双回线相继速动压板	0，1	
2	投距离保护压板	0，1	
3	投零序Ⅰ段压板	0，1	
4	投零序Ⅱ段压板	0，1	
5	投零序Ⅲ段压板	0，1	
6	投零序Ⅳ段压板	0，1	
7	不对称速动压板	0，1	
8	投低周保护压板/投低周低压压板	0，1	
9	投闭锁重合压板	0，1	

"投双回线速动压板"（RCS-941B为"投高频保护压板"）、"投距离保护压板"、"投零序Ⅰ段压板"、"投零序Ⅱ段压板"、"投零序Ⅲ段压板"、"投零序Ⅳ段压板"、"不对称速动压板"、"投低周保护压板"（RCS-941AU、RCS-941DU为"投低周低压压板"）这8个控制字和屏上硬压板为"与"的关系，当需要利用软压板功能时，必须投上硬压板，当不需软压板功能时，必须将这八个控制字整定为"1"。

"投闭锁重合压板"和屏上硬压板为"或"的关系，"投闭锁重合压板"置"1"时，任何故障闭锁重合闸，一般应置"0"。

4. IP地址

该定值用于以太网接口，当无以太网接口时，该定值可不整定。

(五) 软件工作原理

1. 装置总起动元件

起动元件的主体由反应相间工频变化量的过流继电器实现，同时又配以反应全电流的零序过流继电器和负序过流继电器互相补充。低周起动元件可经控制字选择投退。反应工频变化量的起动元件采用浮动门坎，正常运行及系统振荡时变化量的不平衡输出均自动构成自适应式的门坎，浮动门坎始终略高于不平衡输出，在正常运行时由于不平衡分量很小，而装置有很高的灵敏度。

(1) 电流变化量起动。当相间电流变化量大于整定值，该元件动作并展宽 7s，去开放出口继电器正电源。

(2) 零序过流元件起动。当外接和自产零序电流均大于整定值，且无交流电流断线时，零序起动元件动作并展宽 7s，去开放出口继电器正电源。

(3) 负序过流元件起动。当负序电流大于整定值时，经 40ms 延时，负序起动元件动作并展宽 7s，去开放出口继电器正电源。

(4) 低周元件起动。当低周保护投入，系统频率低于整定值，且无低电压闭锁和滑差闭锁时，低周起动元件动作并展宽 7s，去开放出口继电器正电源。

(5) 低压元件起动 (RCS-941AU，RCS-941DU)。当低压保护投入，系统电压低于整定值，且无滑压 (du/dt) 闭锁和电压不平衡时，低压起动元件动作并展宽 200ms，去开放出口继电器正电源。

(6) 重合闸起动。当满足重合闸条件则展宽 10min，在此时间内，若有重合闸动作则开放出口继电器正电源 500ms。

2. 高频纵联保护

RCS-941B 型装置配有由距离方向和零序方向继电器，经通道交换信号构成全线路快速跳闸的方向保护，即装置的纵联保护。

(1) 纵联距离继电器。将按超范围整定的距离继电器构成方向比较元件，由低压距离继电器、接地距离继电器、相间距离继电器组成，其动作特性同距离继电器。

装置另配有反方向距离继电器，该继电器仅在控制字"弱电源侧"置"1"时才投入，它由三个接地距离继电器和三个相间距离继电器组成。

在弱电侧，当零序反方向元件不动作时，若反方向距离继电器动作，则判为反方向故障；若反方向距离继电器不动作，且任一相或相间电压小于 30V，即判为正方向故障。

(2) 零序方向继电器。零序正反方向元件 (F_{0+}、F_{0-}) 由零序功率 P_0 决定，P_0 由 $3U_0$ 和 $3I_0Z_d$ 的乘积获得 ($3U_0$、$3I_0$ 为自产零序电压电流)，$P_0 > 0$ 时 F_{0-} 动作；$P_0 < -1VA$ ($I_n = 5A$) 或 $P_0 < -0.2VA$ ($I_n = 1A$) 时 F_{0+} 动作。纵联零序保护的正方向元件由零序方向比较过流元件和 F_{0+} 的与门输出，而纵联零序保护的反方向元件由零序起动过流元件和 F_{0-} 的与门输出。

(3) 纵联保护动作逻辑。纵联保护由整定控制字选择是采用超范围允许式还是闭锁式。

1) 闭锁式纵联保护逻辑。一般与专用收发信机配合构成闭锁式纵联保护，位置停信、其他保护动作停信、通道交换逻辑等都由保护装置实现，这些信号都应接入保护装置而不接至收发信机,即发信或停信只由保护发信接点控制,发信接点动作即发信,不动作则为停信。

a. 故障测量程序中闭锁式纵联距离保护逻辑。保护逻辑如图 2-8-14 所示。

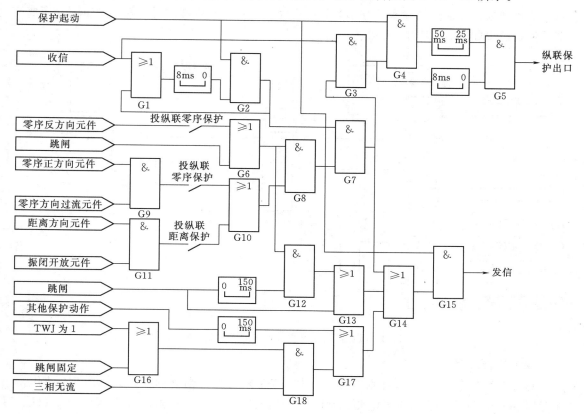

图 2-8-14 闭锁式纵联保护起动后方框图

保护逻辑说明:

低定值起动元件动作后起动收发信机发闭锁信号。

反方向元件动作时,立即闭锁正方向元件的停信回路,即方向元件中反方向元件动作优先,这样有利于防止故障功率倒方向时误动作。

起动元件动作后,收信 8ms 后才允许正方向元件投入工作,反方向元件不动作,纵联距离元件或纵联零序元件任一动作时,停止发信。

当本装置其他保护(如零序延时段、距离保护)动作,或外部保护(如母线差动保护)动作跳闸时,立即停止发信,并在跳闸信号返回后,停信展宽 150ms,但在展宽期间若反方向元件动作,立即返回,继续发信。

用于弱电侧时,投入纵联反方向距离元件,当故障相或相间电压低于 30V,且反方向元件不动作,则判为正方向。

跳闸固定回路动作或跳闸位置继电器动作且无电流时,始终停止发信。

装置设有功率倒方向延时回路,当连续收信 50ms 以后,方向比较保护延时 25ms 动作。用于防止区外故障后,在断合开关的过程中,故障功率方向出现倒方向,短时出现一侧纵联距离元件未返回,另一侧纵联距离元件已动作而出现瞬时误动。

b. 正常运行程序中闭锁式纵联保护逻辑。

通道实验、远方起信逻辑由本装置实现，这样进行通道实验时就把两侧的保护装置、收发信机和通道一起进行检查。与本装置配合时，收发信机内部的远方起信逻辑部分应取消。保护逻辑如图 2-8-15 所示。

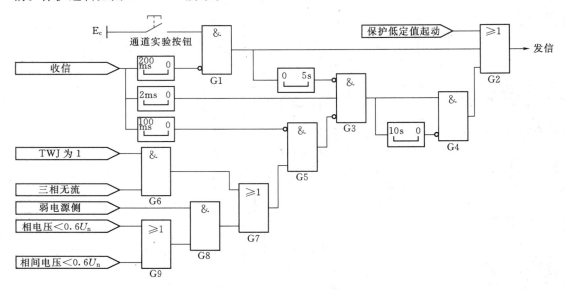

图 2-8-15　闭锁式纵联保护未起动时的方框图

保护逻辑说明：

远方起动发信：当收到对侧信号后，如 TWJ 未动作，则立即发信，如 TWJ 动作，则延时 100ms 发信；当用于弱电侧，判断任一相电压低于 $0.6U_n$ 或相间电压低于 $0.6U_{nn}$ 时，延时 100ms 发信，这保证在线路轻负荷，起动元件不动作的情况下，由对侧保护快速切除故障。无上述情况时则本侧收信后，立即由远方起信回路发信，10s 后停信。

通道实验：对闭锁式通道，正常运行时需进行通道信号交换，由人工在保护屏上按下通道实验按钮，本侧发信，收信 200ms 后停止发信；收对侧信号达 5s 后本侧再次发信，10s 后停止发信。

自动通道交换：对闭锁式通道，正常运行时的通道信号交换，也可通过整定控制字"投自动通道交换"投入自动通道交换功能，当实际时间与整定的时间定值一致时，装置自动起动通道交换实验。每天进行两次自动通道交换实验。

通道实验自检：保护装置可根据每次的通道实验情况（手动或自动）作出通道正常与否的判断。若通道正常，保护将自动复归收发信机信号；若通道异常或有收发信机 3dB 告警开入，将给出通道异常告警信号，该信号可手动复归，也可通过远方复归。

2）允许式纵联保护逻辑。一般与载波机或光纤数字通道配合构成允许式纵联保护，位置发信、其他保护动作发信等都由保护装置实现，这些信号都应接入保护装置而不接至收发信机。

a. 故障测量程序中允许式纵联保护逻辑。

保护逻辑如图 2-8-16 所示。

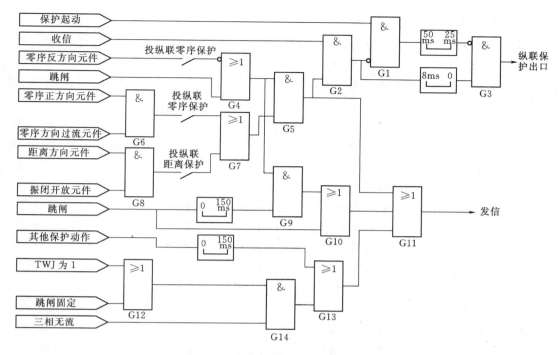

图 2-8-16 允许式纵联保护保护起动后方框图

保护逻辑说明:

正方向元件动作且反方向元件不动即发允许信号,同时收到对侧允许信号达 8ms 后纵联保护动作。

如连续 50ms 未收到对侧允许信号,则其后纵联保护动作需经 25ms 延时,防止故障功率倒向时保护误动。

当本装置其他保护(如零序延时段、距离保护)动作跳闸,或外部保护(如母线差动保护)动作跳闸时,立即发允许信号,并在跳闸信号返回后,发信展宽 150ms,但在展宽期间若反方向元件动作,则立即返回,停止发信。

三相跳闸固定回路动作或三相跳闸位置继电器均动作且无流时,始终发信。

b. 正常运行程序中允许式纵联保护逻辑。保护逻辑如图 2-8-17 所示。

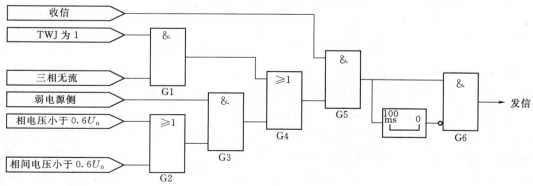

图 2-8-17 允许式纵联保护未起动时的方框图

保护逻辑说明：

当收到对侧信号后，如 TWJ 动作，则给对侧发 100ms 允许信号；当用于弱电侧，判断任一相电压低于 34.6V 或相间电压低于 60V 时；当收到对侧信号后给对侧发 100ms 允许信号，这保证在线路轻负荷，起动元件不动作的情况下，可由对侧保护快速切除故障。

3. 距离继电器

本装置设有三阶段式相间、接地距离继电器和两个作为远后备的四边形相间、接地距离继电器。继电器由正序电压极化，因而有较大的测量故障过渡电阻的能力；当用于短线路时，为了进一步扩大测量过渡电阻的能力，还可将Ⅰ段、Ⅱ段阻抗特性向第Ⅰ象限偏移。接地距离继电器设有零序电抗特性，可防止接地故障时继电器超越。

正序极化电压较高时，由正序电压极化的距离继电器有很好的方向性；当正序电压下降至 $10\%U_n$ 以下时，进入三相低压程序，由正序电压记忆量极化，Ⅰ段、Ⅱ段距离继电器在动作前设置正的门坎，保证母线三相故障时继电器不可能失去方向性。继电器动作后则改为反门坎，保证正方向三相故障继电器动作后一直保持到故障切除。Ⅲ段距离继电器始终采用反门坎，因而三相短路Ⅲ段稳态特性包含原点，不存在电压死区。

（1）低压距离继电器。当正序电压小于 $10\%U_n$ 时，进入低压距离程序。正方向故障时，低压距离继电器暂态动作特性如图 2-8-18 所示。

Z_s 为保护安装处背后等值电源阻抗，测量阻抗 Z_k 在阻抗复数平面上的动作特性是以 Z_{zd} 至 $-Z_s$ 连线为直径的圆，动作特性包含原点表明正向出口经或不经过渡电阻故障时都能正确动作，并不表示反方向故障时会误动作。反方向故障时的动作特性必须以反方向故障为前提导出。

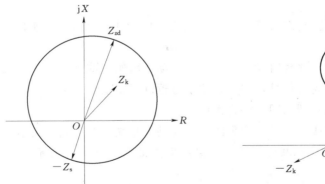 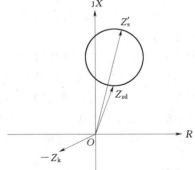

图 2-8-18　正方向故障时动作特性　　图 2-8-19　反方向故障时的动作特性

反方向故障时，测量阻抗 $-Z_k$ 在阻抗复数平面上的动作特性是以 Z_{zd} 与 Z_s' 连线为直径的圆，如图 2-8-19，其中，Z_s' 为保护安装处到对侧系统的总阻抗。当 $-Z_k$ 在圆内时动作，可见，继电器有明确的方向性，不可能误判方向。

以上结论是在记忆电压消失以前，即继电器的暂态特性，当记忆电压消失后，正方向故障时，测量阻抗 Z_k 在阻抗复数平面上的动作特性见图 2-8-20，反方向故障时，$-Z_k$ 动作特性见图 2-8-20。由于动作特性经过原点，因此，母线和出口故障时，继电器处于动作边界。为了保证母线故障，特别是经弧光电阻三相故障时不会误动作，Ⅰ段、Ⅱ段距离继电器在动作前设置正的门坎，其幅值取最大弧光压降，保证母线三相故障时继电器不可能失去方向性。继电器动作后则改为反门坎，相当于将特性圆包含原点，保证正方向出口三相故障继电器动作后一直保持到故障切除。为了保证Ⅲ段距离继电器的后备性能，Ⅲ段距离继电器始终采用反门坎，因而三相短路Ⅲ段稳态特性包含原点，不存在电压死区。

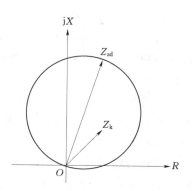

图 2-8-20　三相短路稳态特性

（2）接地距离继电器。

1）Ⅲ段接地距离继电器。Ⅲ段接地距离继电器由阻抗圆接地距离继电器和四边形接地距离继电器相或构成，四边形接地距离继电器可作为长线末端变压器后故障的远后备。

a. 阻抗圆接地距离继电器。继电器的极化电压采用当前正序电压，非记忆量，这是因为接地故障时，正序电压主要由非故障相形成，基本保留了故障前的正序电压相位，因此，Ⅲ段接地距离继电器的特性与低压时的暂态特性完全一致，见图 2-8-18、图 2-8-19，继电器有很好的方向性。

b. 四边形接地距离继电器。四边形接地距离继电器的动作特性如图 2-8-21 中的 ABCD，Z_{zd} 为接地Ⅲ段圆阻抗定值，Z_{rec} 为接地Ⅲ段四边形定值，四边形中 BC 段与 Z_{zd} 平行，且与Ⅲ段圆阻抗相切。AD 段延长线过原点偏移 jX 轴 15°。AB 段与 CD 段分别在 $Z_{zd}/2$ 和 Z_{rec} 处垂直于 Z_{zd}。整定四边形定值时只需整定 Z_{rec} 即可。

2）Ⅰ段、Ⅱ段接地距离继电器。Ⅰ段、Ⅱ段接地距离继电器由方向阻抗继电器和零序电抗继电器相与构成。

Ⅰ段、Ⅱ段方向阻抗继电器的极化电压，较Ⅲ段增加了一个偏移角 θ_1，其作用是在短线路应用时，将方向阻抗特性向第Ⅰ象限偏移，以扩大允许故障过渡电阻的能力。θ_1 的整定可按 0°，15°，30° 三挡选择。方向阻抗与零序电抗继电器两部分结合，增强了在短线上使用时允许过渡电阻的能力，如图 2-8-22 所示。

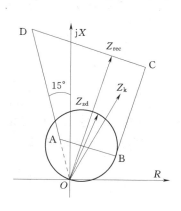

图 2-8-21　四边形相间距离继电器的动作特性

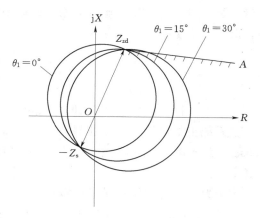

图 2-8-22　正方向故障时继电器特性

133

（3）相间距离继电器。

1）Ⅲ段相间距离继电器。Ⅲ段相间距离继电器由阻抗圆相间距离继电器和四边形相间距离继电器相或构成，四边形相间距离继电器可作为长线末端变压器后故障的远后备。

a. 阻抗圆相间距离继电器。继电器的极化电压采用正序电压，不带记忆。因相间故障其正序电压基本保留了故障前电压的相位。故障相的动作特性见图 2 - 8 - 18、图 2 - 8 - 19，继电器有很好的方向性。

三相短路时，由于极化电压无记忆作用，其动作特性为一过原点的圆，如图 2 - 8 - 20。由于正序电压较低时，由低压距离继电器测量，因此，这里既不存在死区也不存在母线故障失去方向性问题。

b. 四边形相间距离继电器。四边形相间距离继电器动作特性同四边形接地距离继电器，如图 2 - 8 - 21，只是工作电压和极化电压以相间量计算。

2）Ⅰ段、Ⅱ段相间距离继电器。Ⅰ段、Ⅱ段相间距离继电器由方向阻抗继电器和电抗继电器相与构成。

Ⅰ段、Ⅱ段方向阻抗继电器的极化电压与接地距离Ⅰ段、Ⅱ段一样，较Ⅲ段增加了一个偏移角 θ_2，其作用也是为了在短线路使用时增加允许过渡电阻的能力。θ_2 的整定可按 0°，15°，30°三挡选择。方向阻抗与电抗继电器两部分结合，增强了在短线上使用时允许过渡电阻的能力。

（4）振荡闭锁。装置的振荡闭锁分三个部分，任意一个元件动作开放保护。

1）起动开放元件。起动元件开放瞬间，若按躲过最大负荷整定的正序过流元件不动作或动作时间尚不到 10ms，则将振荡闭锁开放 160ms。

该元件在正常运行突然发生故障时立即开放 160ms，当系统振荡时，正序过流元件动作，其后再有故障时，该元件已被闭锁，另外当区外故障或操作后 160 ms 再有故障时也被闭锁。

2）不对称故障开放元件。不对称故障时，振荡闭锁回路还可由对称分量元件开放。

3）对称故障开放元件。在起动元件开放 160ms 以后或系统振荡过程中，如发生三相故障，则上述二项开放措施均不能开放振荡闭锁，本装置中另设置了专门的振荡判别元件，即测量振荡中心电压为

$$U_{os} = U\cos\varphi$$

式中　U——正序电压；

　　　φ——正序电压和电流之间的夹角。

在系统正常运行或系统振荡时，$U\cos\varphi$ 反应振荡中心的正序电压。在三相短路时，$U\cos\varphi$ 为弧光电阻上的压降，三相短路时过渡电阻是弧光电阻，弧光电阻上压降小于 $5\%U_n$。

本装置采用的动作判据分两部分：

（a）$-0.03U_n < U_{os} < 0.08U_n$，延时 150ms 开放。

（b）$-0.1U_n < U_{os} < 0.25U_n$，延时 500ms 开放。

（5）距离保护逻辑。逻辑框图见图 2-8-23。

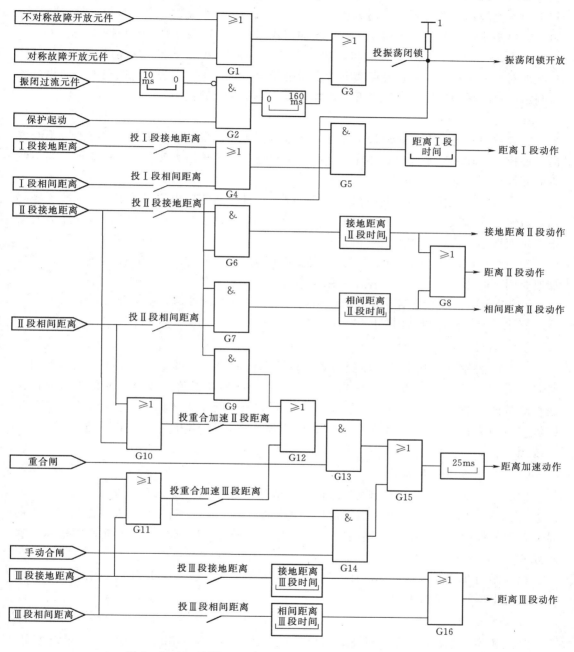

图 2-8-23　RCS-941A（B、D、S、AQ）距离保护方框图

保护起动时，如果按躲过最大负荷电流整定的振荡闭锁过流元件尚未动作或动作不到 10ms，则开放振荡闭锁 160ms，另外不对称故障开放元件、对称故障开放元件任一元件开放则开放振荡闭锁；可选择"投振荡闭锁"去闭锁Ⅰ段、Ⅱ段距离保护，否则距离保护Ⅰ段、Ⅱ段不经振荡闭锁而直接开放。

合闸于故障线路时加速跳闸可由两种方式：①受振闭控制的Ⅱ段距离继电器在合闸过程中加速跳闸；②在合闸时，还可选择"投重合加速Ⅱ段距离"、"投重合加速Ⅲ段距离"、由不经振荡闭锁的Ⅱ段或Ⅲ段距离继电器加速跳闸。手合时总是加速Ⅲ段距离。

对 RCS-941J 型保护，用户可经控制字"投前加速接地Ⅱ段"、"投前加速相间Ⅱ段"独立地对相间距离Ⅱ段或接地距离Ⅱ段实现前加速，其投入标志为重合闸充电。用户可经控制字"投振荡闭锁"选择距离Ⅱ段前加速是否受振荡闭锁控制。

4. 零序过流保护

本装置设置了四个带延时段的零序方向过流保护，各段零序可由用户选择经或不经方向元件控制。在 TV 断线时，零序Ⅰ段可由用户选择是否退出。四段零序过流保护均不经方向元件控制。

所有零序电流保护都受起动过流元件控制，因此，各零序电流保护定值应大于零序起动电流定值。纵联零序反方向的电流定值固定取零序起动过流定值，而纵联零序正方向的电流定值取零序方向比较过流定值。

当最小相电压小于 $0.8U_n$ 时，零序加速延时为 100ms，当最小相电压大于 $0.8U_n$ 时，加速时间延时为 200ms，其过流定值用零序过流加速段定值。

TV 断线时，本装置自动投入两段相过流元件，两个元件延时段可分别整定。

零序过流保护逻辑框图见图 2-8-24。

5. 不对称相继速动保护

不对称故障时，利用近故障侧切除后负荷电流的消失，可以实现不对称故障时相继跳闸。如图 2-8-25 和图 2-8-26 所示，当线路末端不对称故障时，N 侧Ⅰ段动作快速切除故障，由于三相跳闸，非故障相电流同时被切除，M 侧保护测量到任一相负荷电流突然消失，而Ⅱ段距离元件连续动作不返回时，M 侧开关不经Ⅱ段延时即跳闸，将故障切除。

6. 双回线相继速动保护

RCS-941B 由于有纵联保护，所以没有设置该功能，仅 RCS-941A（D、J、S、AQ）具有此功能。双回线相继速动保护原理见图 2-8-27 和图 2-8-28，两条线路中的Ⅲ段距离元件动作或其他保护跳闸时，输出 FXJ 信号分别闭锁另一回线Ⅱ段距离相继速跳元件。

相间距离Ⅱ段继电器动作，且收到邻线来的 FXJ 信号，其后 FXJ 信号消失，Ⅱ段相间距离继电器经短延时跳闸。

7. 低周保护

当三相均有流，系统频率低于整定值，且无低电压闭锁和滑差闭锁时，经整定延时，低周保护动作，低电压以相间电压为判据，见图 2-8-29。

8. 低压保护

当三相均有流，三相相间电压均低于整定值，三相电压平衡，且无低电压闭锁和滑压（du/dt）闭锁时，经整定延时，低压保护动作，低电压以相间电压为判据，见图 2-8-30。

136

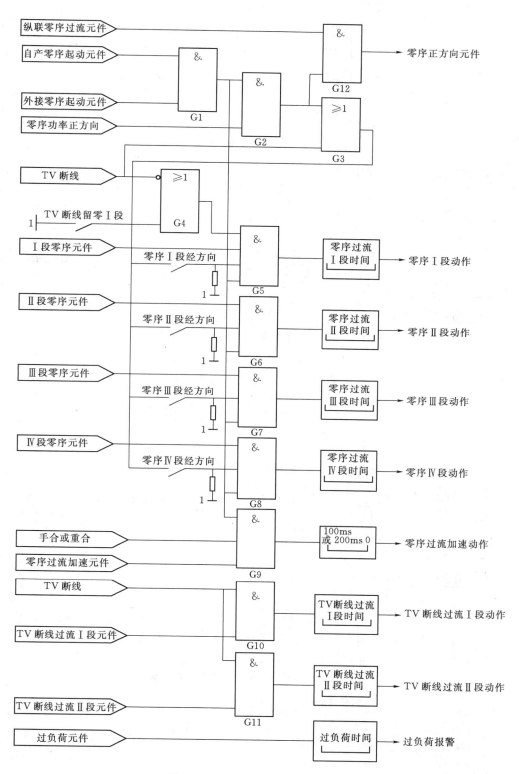

图 2-8-24 零序过流保护方框图

137

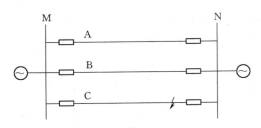

图 2-8-25　不对称故障相继速动保护动作示意图

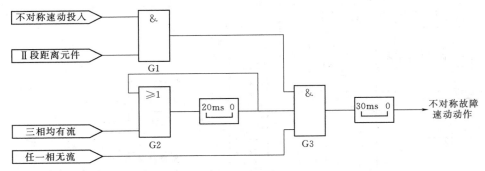

图 2-8-26　不对称故障相继速动保护方框图

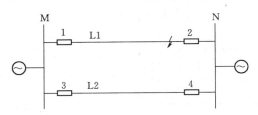

图 2-8-27　双回线相继速动保护动作示意图

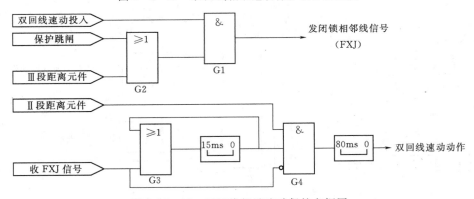

图 2-8-28　双回线相继速动保护方框图

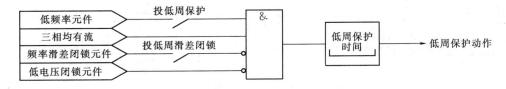

图 2-8-29　低周保护方框图

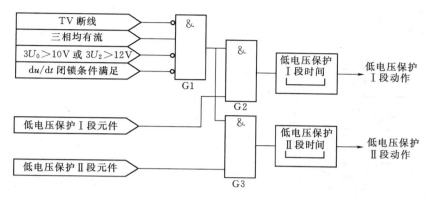

图 2 - 8 - 30　低压保护方框图

9. 跳闸逻辑

如图 2 - 8 - 31 所示，图中虚线框部分，当用于 RCS - 941A（D、J、S、AQ、AU、DU）时为双回线相继速动，当用于 RCS - 941B 时为纵联距离和纵联零序。

采用三相跳闸方式，任何故障跳三相。

严重故障如手合或合闸于故障线路跳闸时闭锁重合闸，低周保护动作时闭锁重合闸。RCS - 941AU 和 RCS - 941DU 低压保护动作是亦闭锁重合闸。RCS - 941J 若前加速功能投入，则距离前加速不闭锁重合闸，而手合或重合闸于故障线路跳闸时（即距离后加速）闭锁重合闸。

TV 断线时跳闸可由用户经控制字"TV 断线闭锁重合闸"选择是否闭锁重合闸。两相及以上故障跳闸时可由用户经控制字"多相故障闭重"选择是否闭锁重合闸；零序Ⅲ段、Ⅳ段跳闸、距离Ⅲ段跳闸可由用户经控制字"Ⅲ段及以上闭锁重合闸"选择是否闭锁重合闸。

10. 重合闸

如图 2 - 8 - 32 所示。本装置重合闸为三相一次重合闸方式，可根据故障的严重程度引入闭锁重合闸的方式。三相电流全部消失时跳闸固定动作。重合闸退出指定值中重合闸投入控制字置"0"。重合闸充电在正常运行时进行，重合闸投入、无 TWJ、无控制回路断线、无 TV 断线或虽有 TV 断线但控制字"TV 断线闭锁重合闸"置"0"，经 10s 后充电完成。

重合闸由独立的重合闸起动元件来起动。当保护跳闸后或开关偷跳均可起动重合闸。重合方式可选用检线路无压母线有压重合闸、检母线无压线路有压重合闸、检线路无压母线无压重合闸、检同期重合闸，也可选用不检而直接重合闸方式。检线路无压母线有压时，检查线路电压小于 30V 且无线路电压断线，同时三相母线电压均大于 40V 时，检线路无压母线有压条件满足，而不管线路电压用的是相电压还是相间电压。检母线无压线路有压时，检查三相母线电压均小于 30V 且无母线 TV 断线，同时线路电压大于 40V 时，检母线无压线路有压条件满足。检线路无压母线无压时，检查三相母线电压均小于 30V 且无母线 TV 断线，同时线路电压小于 30V 且无线路电压断线时，检线路无压母线无压条件满足。检同期时，检查线路电压和三相母线电压均大于 40V 且线路电压和母线电压

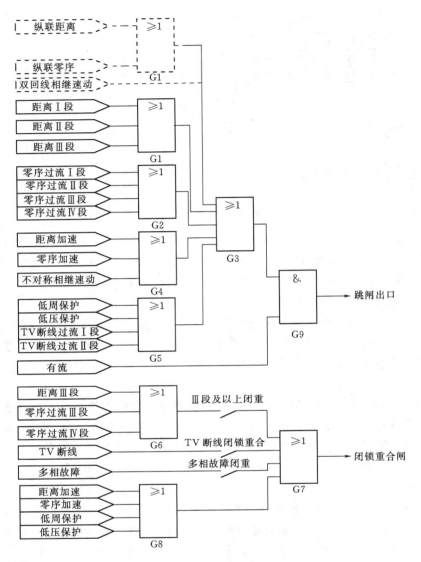

图 2-8-31 跳闸逻辑方框图

间的相位在整定范围内时，检同期条件满足。正常运行时测量 U_x 与 U_a 之间的相位差，与定值中的固定角度差定值比较，若两者的角度差大于 $10°$，则经 500ms 报"角差整定异常"告警。

重合闸条件满足后，经整定的重合闸延时，发重合闸脉冲 150ms。

11. 正常运行程序

(1) 检查开关位置状态。三相无电流，同时 TWJ 动作，则认为线路不在运行，准备手合于故障开放 400ms。线路有电流但 TWJ 动作，经 10s 延时报 TWJ 异常。

(2) 控制回路断线。TWJ 和 HWJ 均不动作，经 500ms 延时报控制回路断线，控制回路断线则重合闸放电。

(3) 交流电流断线（始终计算）。自产零序电流小于 0.75 倍的外接零序电流，或外接

140

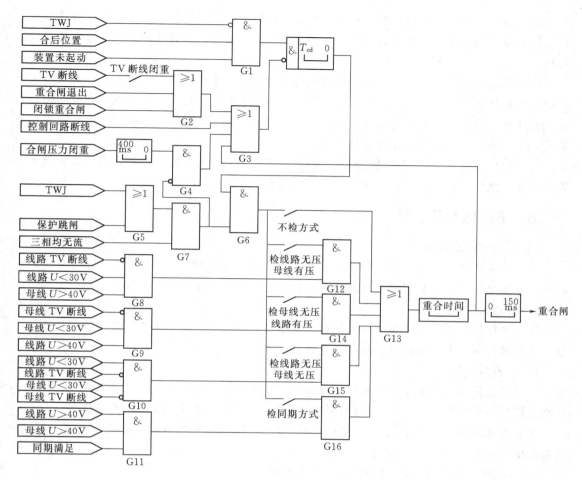

图 2-8-32　重合闸逻辑方框图

零序电流小于 0.75 倍的自产零序电流, 延时 200ms 发 TA 断线异常信号。

有自产零序电流而无零序电压, 则延时 10s 发 TA 断线异常信号。

（4）交流电压断线。三相电压相量和大于 8V, 保护不起动, 延时 1.25s 发 TV 断线异常信号。

正序电压小于 33V, 当任一相有流元件动作或 TWJ 不动作时, 延时 1.25s 发 TV 断线异常信号。

TV 断线信号动作的同时, 退出纵联距离、纵联零序和距离保护, 自动投入两段 TV 断线相过流保护, 零序过流元件退出方向判别, 零序过流 I 段可经控制字选择是否退出。TV 断线时可经控制字选择是否闭锁重合闸, TV 断线相过流保护受距离压板的控制。

三相电压正常后, 经 10s 延时 TV 断线信号复归。

（5）线路电压断线。当重合闸投入且装置整定为重合闸检同期或检线路无压母线有压、检母线无压线路有压重合闸、检线路无压母线无压重合闸方式时, 则要用到线路电压, TWJ 不动作或线路有流时检查输入的线路电压小于 40V, 经 10s 延时报线路 TV 异常。线路电压正常后, 经 10s 延时线路 TV 断线信号复归。

如重合闸不投、或不检同期、或检母线无压线路有压和检线路无压母线无压方式同时投入（即检母线无压方式）时，线路电压可以不接入本装置，装置也不进行线路电压断线判别。

（6）角差整定异常告警。当重合闸投入且装置整定为重合闸检同期方式时，若装置实时监测的线路电压与母线 A 相电压的角度与整定值的差大于 100，TWJ 不动作或线路有流，且线路电压和母线电压均大于 40V，则经 500ms 延时报角差整定异常。角差恢复正常后，经 500ms 延时角差整定异常信号复归。

（7）电压、电流回路零点漂移调整。随着温度变化和环境条件的改变，电压、电流的零点可能会发生漂移，装置将自动跟踪零点的漂移。

五、实验项目及步骤

（一）交流回路校验

进入"保护状态"菜单中"DSP 采样值"子菜单，在保护屏端子上分别加入额定的电压、电流量，在液晶显示屏上显示的采样值应与实际加入量相等，其误差应小于 $\pm 5\%$。

（二）输入接点检查

进入"保护状态"菜单中"开入状态"子菜单，在保护屏上分别进行各接点的模拟导通，在液晶显示屏上显示的开入量状态应有相应改变。

（三）整组实验

实验前整定压板定值中的内部压板控制字"投闭锁重合压板"置"0"，其他内部保护压板投退控制字均置"1"，以保证内部压板有效，实验中仅靠外部硬压板投退保护。

实验时必须接入零序电流，在做反方向故障时，应保证所加故障电流 $I < U/Z_{zd1}$，U_n 为额定电压，Z_{zd1} 为阻抗 I 段定值。

1. 纵联距离保护（RCS-941B 以闭锁式为例）

（1）将收发信机整定在"负载"位置，或将本装置的发信输出接至收信输入构成自发自收；仅投主保护压板。

（2）整定保护定值控制字中"投纵联距离保护"置"1"，"允许式通道"置"0"，"投重合闸"置 1，"投重合闸不检"置"1"。

（3）等保护充电，直至"充电"灯亮。

（4）加故障电流 $I = 5A$，故障电压 $U = 0.95IZ_f$（Z_f 为距离方向阻抗定值）分别模拟单相接地、两相和三相正方向瞬时故障。

（5）装置面板上相应跳闸灯亮，液晶上显示"纵联距离保护"，动作时间为 15~30ms。

（6）模拟上述反方向故障，纵联保护不动作。

2. 纵联零序保护（RCS-941B）

（1）将收发信机整定"负载"位置，或将本装置的发信输出接至收信输入构成自发自收。

（2）投主保护压板及零序压板。

（3）整定保护定值控制字中"投纵联零序方向"置"1"，"允许式通道"置"0"，"投重合闸"置"1"，"投重合闸不检"置"1"。

（4）等保护充电，直至"充电"灯亮。

（5）加故障电压 30V，故障电流大于零序方向过流定值，模拟单相接地正方向瞬时故障。

（6）装置面板上相应跳闸灯亮，液晶上显示"纵联零序保护"，动作时间为 15～30ms。

（7）模拟上述反方向故障，纵联保护不动作。

3. 距离保护

（1）仅投距离保护压板。

（2）整定保护定值控制字中"投Ⅰ段接地距离"置"1"，"投Ⅰ段相间距离"置"1"，"投重合闸"置"1"，"投重合闸不检"置"1"。

（3）等保护充电，直至"充电"灯亮。

（4）加故障电流 $I=5A$，故障电压 $U=0.95IZ_{zd1}$（Z_{zd1} 为距离Ⅰ段阻抗定值），模拟三相正方向瞬时故障，装置面板上相应灯亮，液晶上显示"距离Ⅰ段动作"，动作时间为 10～30ms，动作相为"ABC"。

（5）加故障电流 $I=5A$，故障电压 $U=0.95(1+K)IZ_{zd1}$（K 为零序补偿系数）模拟单相接地正方向瞬时故障，装置面板上相应灯亮，液晶上显示"距离Ⅰ段动作"，动作时间为 10～30ms。

（6）同（1）～（5）条分别校验Ⅱ段、Ⅲ段距离保护，注意加故障量的时间应大于保护定值时间。

（7）加故障电流 20A，故障电压 0，分别模拟单相接地、两相和三相反方向故障，距离保护不动作。

4. 零序过流保护

（1）仅投零序保护Ⅰ段压板。

（2）整定定值控制字中"投Ⅰ段零序方向"置"1"、"投重合闸"置"1"、"投重合闸不检"置"1"。

（3）等保护充电，直至"充电"灯亮。

（4）加故障电压 30V，故障电流 $1.05I_{01zd}$（其中 I_{01zd} 为零序过流Ⅰ段定值），模拟单相正方向故障，装置面板上相应灯亮，液晶上显示"零序过流Ⅰ段"。

（5）加故障电压 30V，故障电流 $0.95I_{01zd}$，模拟单相正方向故障，零序过流Ⅰ段保护不动。

（6）加故障电压 30V，故障电流 $1.2I_{01zd}$，模拟单相反方向故障，零序过流保护不动。

（7）同（1）～（6）条分别校验Ⅱ段、Ⅲ段、Ⅳ段零序过流保护，注意加故障量的时间应大于保护定值时间。

5. 低周保护

（1）仅投低周保护压板（RCS-941AU 和 RCS-941DU 中为"低周低压压板"）。

（2）整定保护定值控制字中"投低周保护"置"1"，"投重合闸"置"1"，"投重合闸不检"置"1"。

（3）加三相对称电压（三个相间电压均应大于低周低压闭锁定值）、三相电流（均应大于 $0.06I_n$）模拟正常系统状态，等保护充电，直至"充电"灯亮。

（4）模拟系统频率平滑降低至低周保护低频定值（误差不超过 0.03Hz），装置面板上相应跳闸灯亮，"充电"灯灭（低周保护动作闭锁重合闸），液晶上显示"低周动作"。

（5）整定保护定值控制字中"低周保护滑差闭锁"置"1"，重复（3）～（4）步，当实验所加滑差小于低周滑差闭锁定值时，保护开放低周保护，当实验所加滑差大于低周滑差闭锁定值时，保护应可靠闭锁低周保护。实验所测滑差精度与所用实验仪的调频步长和算法有关，实际系统中频率为连续平滑变化，精度将更高。

6. 低压保护（RCS-941AU，RCS-941DU）

（1）仅投低周低压保护压板。

（2）整定保护定值控制字中"投Ⅰ段低压保护"置"1"，"投Ⅱ段低压保护"置"1"，"投重合闸"置"1"，"投重合闸不检"置"1"。

（3）加三相对称电压（三个相间电压均应大于 50V）、三相电流（均应大于 $0.06I_n$）模拟正常系统状态，等保护充电，直至"充电"灯亮。

（4）模拟三相系统电压同时平滑降低至低压保护Ⅰ段定值，加故障量时间大于整定时间，加量至装置面板上相应跳闸灯亮，"充电"灯灭（低压保护动作闭锁重合闸），液晶上显示"低压保护Ⅰ段动作"。

（5）同（1）～（4）条校验Ⅱ段低压保护，注意加故障量的时间应大于保护定值时间。

7. 高频通道联调（RCS-941B）

（1）将两侧保护装置及收发信机电源打开，收发信机整定在通道位置，投主保护、距离保护、零序过流保护压板，合上断路器。

（2）通道实验。按保护屏上的"通道实验"按钮，本侧立即发信，连续发 200ms 后停信，对侧收信经远方起信回路向本侧连续发信 10s 后停信，本侧连续收信 5s 后，本侧再次发信 10s 后停信。

（3）故障实验。加故障电压 0，故障电流 10A，模拟各种正方向故障，纵联保护应不动作，关掉对侧收发信机电源，加上述故障量，纵联保护应动作。

（四）输出接点检查

（1）关闭装置电源，闭锁接点（903-904、909-911）闭合，装置处于正常运行状态，闭锁接点断开。

（2）当装置 TV 断线时，所有报警接点（903-905、909-913）应闭合。

（3）断开保护装置的出口跳闸回路，投入主保护（B型）、距离保护、零序过流保护压板，加故障电压 0，故障电流 10A，模拟 ABC 三相故障，此时发信接点（901-902、914-915）、跳闸接点（903-907、908-912、924-925、926-927、928-929）应由断开变为闭合。

（4）断开保护装置的出口跳闸回路，投入主保护（B型）、距离保护、零序过流保护压板，重合闸整定在"不检"方式，等重合闸充电完成后加故障电压 0，故障电流 10A，模拟 ABC 三相故障，当保护重合闸动作时，合闸接点（903-906、908-910、916-917、

922－923）应由断开变为闭合。

（5）断开保护装置的出口跳闸回路，投入相电流过负荷控制字，加负荷电流大于过负荷定值，模拟线路过负荷，过负荷接点（918－919、920－921）应由断开变为闭合。

六、实验注意事项

（1）实验前请仔细阅读本实验大纲及保护说明书。

（2）尽量少拔插装置插件，不触摸插件电路，不带电插拔插件。

（3）实验前应检查屏柜及装置是否有明显的损伤或螺丝松动。特别是 TA 回路的螺丝及连片。禁止有丝毫松动的情况。

（4）按键动作要轻，不得重复用力按揿。

（5）实验接线完毕后，要经过第二人检查后方可通电。

（6）保护屏后进行短接实验时，必须两人一组进行。

（7）使用的电烙铁、示波器必须与屏柜可靠接地。

七、技术参数

1. 机械及环境参数

（1）机箱结构尺寸：$482mm \times 177mm \times 291mm$，嵌入式安装。

（2）正常工作温度：$0 \sim 40℃$。

（3）极限工作温度：$-10 \sim 50℃$。

（4）储存及运输：$-25 \sim 70℃$。

2. 额定电气参数

（1）直流电源：220V，110V。允许偏差：$+15\%$，-20%。

（2）交流电压：$100/\sqrt{3}$（额定电压 U_n）。

（3）交流电流：5A，1A（额定电流 I_n）。

（4）频率：50Hz/60Hz。

（5）过载能力：电流回路，2 倍额定电流，连续工作；10 倍额定电流，允许 10s；40 倍额定电流，允许 1s。电压回路，1.5 倍额定电压，连续工作。

（6）功耗：交流电流，小于 1VA/相（$I_n = 5A$），小于 0.5VA/相（$I_n = 1A$）；交流电压，小于 0.5VA/相。

（7）直流：正常时小于 35W；跳闸时小于 50W。

3. 主要技术指标

（1）整组动作时间。

1）纵联保护全线路跳闸时间：$<30ms$。

2）距离保护Ⅰ段：$<30ms$。

（2）起动元件。

1）电流变化量起动元件：整定范围 $(0.1 \sim 0.5) I_n$。

2）零序过流起动元件：整定范围 $(0.1 \sim 0.5) I_n$。

3）负序过流起动元件：整定范围 $(0.1 \sim 0.5) I_n$。

（3）纵联保护（RCS - 941B）。

1）纵联距离元件。整定范围：$0.1 \sim 25\Omega$（$I_n = 5A$），$0.5 \sim 125\Omega$（$I_n = 1A$）。

2）零序方向元件。最小动作电压，$0.5 \sim 1V$；最小动作电流，小于 $0.1I_n$。

（4）距离保护。

1）整定范围：$0.01 \sim 25\Omega$（$I_n = 5A$），$0.05 \sim 125\Omega$（$I_n = 1A$）。

2）距离元件定值误差：$<5\%$。

3）精确工作电压：$<0.25V$。

4）最小精确工作电流：$0.1I_n$。

5）最大精确工作电流：$30I_n$。

6）Ⅰ段、Ⅱ段、Ⅲ段跳闸时间：$0 \sim 10s$。

（5）零序过流保护。

1）整定范围：$(0.1 \sim 20) I_n$。

2）零序过流元件定值误差：$<5\%$。

Ⅰ段、Ⅱ段、Ⅲ段、Ⅳ段零序跳闸延迟时间：$0 \sim 10s$。

（6）过负荷告警。

1）整定范围：$(0.1 \sim 20) I_n$。

2）过负荷元件定值误差：$<5\%$。

3）过负荷告警出口延迟时间：$0 \sim 10s$。

（7）低周保护。

1）整定范围：$45 \sim 50Hz$。

2）低周保护低频定值误差：$45 \sim 50Hz$ 范围内$< \pm 0.03Hz$。

3）低周保护出口延迟时间：$0 \sim 10s$。

（8）低压保护（RCS - 941AU，RCS - 941DU）。

1）整定范围：$60 \sim 100V$。

2）低压保护定值误差：$< 5V$。

3）低压保护出口延迟时间：$0.01 \sim 10s$。

（9）暂态超越。快速保护均不大于 2%。

（10）测距部分。

1）单端电源多相故障时允许误差：$< \pm 2.5\%$。

2）单相故障有较大过渡电阻时测距误差将增大。

（11）自动重合闸。检同期元件角度误差：$< \pm 3°$。

（12）电磁兼容。

1）辐射电磁场干扰实验符合国标：GB/T 14598.9 的规定。

2）快速瞬变干扰实验符合国标：GB/T 14598.10 的规定。

3）静电放电实验符合国标：GB/T 14598.14 的规定。

4）脉冲群干扰实验符合国标：GB/T 14598.13 的规定。

5）射频场感应的传导骚扰抗扰度实验符合国标：GB/T 17626.6 的规定。

6）工频磁场抗扰度实验符合国标：GB/T 17626.8 的规定。

7）脉冲磁场抗扰度实验符合国标：GB/T 17626.9 的规定。

8）浪涌（冲击）抗扰度实验符合国标：GB/T 17626.5 的规定。

（13）绝缘实验

1）绝缘实验符合国标：GB/T 14598.3—936.0 的规定。

2）冲击电压实验符合国标：GB/T 14598.3—938.0 的规定。

（14）输出接点容量。

1）信号接点容量：允许长期通过电流 8A，切断电流 0.3A（DC220V，V/R 1ms）。

2）其他辅助继电器接点容量：允许长期通过电流 5A，切断电流 0.2A（DC220V，V/R 1ms）。

3）跳闸出口接点容量：允许长期通过电流 8A，切断电流 0.3A（DC220V，V/R 1ms），不带电流保持。

（15）通信接口。两个 RS-485 通信接口（可选光纤或双绞线接口），或光纤以太网接口，通信规约可选择为电力行业标准 DL/T 667—1999（idt IEC60870-5—103）规约或 LFP（V2.0）规约，通信速率可整定。

1）一个用于 GPS 对时的 RS-485 双绞线接口。

2）一个打印接口，可选 RS-485 或 RS-232 方式，通信速率可整定。

3）一个用于调试的 RS-232 接口（前面板）。

第三章 主设备保护调试实习

第一节 RCS-978JS 变压器保护装置硬件原理及操作实验

一、实验目的

（1）了解 RCS-978JS 变压器保护的硬件构成原理。

（2）学会如何进行 RCS-978JS 变压器保护装置的操作。

（3）学会如何进行 RCS-978JS 变压器保护定值输入。

二、实验预习

（1）熟悉 RCS-978JS 变压器保护的硬件构成原理。

（2）了解 RCS-978JS 变压器保护的操作方法。

（3）列出详细实验步骤。

（4）稳态比率差动保护和工频变化量比率差动保护有什么不同？

三、实验仪器及设备

实验仪器及设备见表 3-1。

表 3-1 　　　　　　　　　　RCS-978JS 实验仪器及设备

序　号	设备型号	仪器/设备名称	数量
1	PRC78JS-17A	220kV 主变保护 A 柜	1
2	PRC78JS-17B	220kV 主变保护 B 柜	1
3	RCS-978JS	主变保护装置	2

四、实验原理

（一）硬件原理说明

1. 硬件结构图

整个装置的硬件结构如图 3-1-1 所示。

该装置的工作过程如下：电流、电压首先转换成小电压信号，分别进入 CPU 板和管理板，经过滤波，AD 转换后，进入 DSP。DSP1 进行后备保护的运算，DSP2 进行主保护的运算，结果传给 32 位 CPU。32 位 CPU 进行保护的逻辑运算及出口跳闸，同时完成事件记录、录波、打印、保护部分的后台通信及与人机 CPU 的通信。管理板工作过程类似，只是 32 位 CPU 判断保护起动后，只开放出口继电器正电源。另外，管理板还进行主变故障录波，录波数据可通过通信口输出或打印输出。

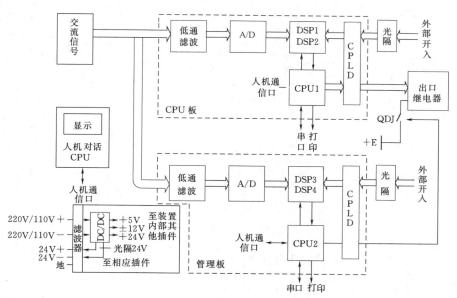

图 3-1-1 硬件结构图

电源部分由一块电源插件构成，功能是将 220V 或 110V 直流变换成装置内部需要的电压，另外，还有开关量输入功能，开关量输入经由 220V/110V 光耦。

模拟量转换部分由 2～3 块 AC 插件构成，功能是将 TV 或 TA 二次侧电气量转换成小电压信号，交流插件中的电流变换器按额定电流可分为 1A、5A 两种。

CPU 板和管理板是完全相同的两块插件，完成滤波、采样、保护的运算或起动功能。

出口和开入部分由 3 块开入开出插件构成，完成跳闸出口、信号出口、开关量输入功能，开关量输入经由 24V 光耦。

2. 装置面板布置

图 3-1-2 是该装置的面板正视图与背视图。

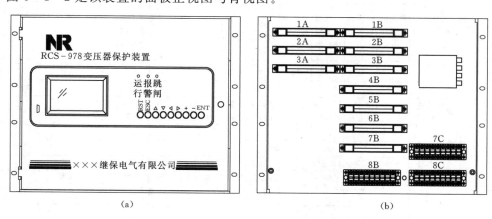

(a)   (b)

图 3-1-2 RCS-978 的面板正视图与背视图

(a) 正视图；(b) 背视图

3. 装置接线端子及接点原理图

接线端子图及接点原理图见图 3-1-3～图 3-1-7。

149

1A 跳闸接点

编号	1	3	5	7	9	11	13	15	17	19	21	23	25	27	29
名称	跳Ⅰ侧开关1		跳Ⅰ侧开关2		跳Ⅰ侧开关3		跳Ⅰ侧开关4		跳Ⅱ侧开关1		跳Ⅱ侧开关2		跳Ⅱ侧开关3		

编号	2	4	6	8	10	12	14	16	18	20	22	24	26	28	30
名称	跳闸备用3-1		跳闸备用3-2		跳闸备用3-3		跳闸备用3-4		跳闸备用4-1		跳闸备用4-2		跳闸备用5-1		

1B 跳闸接点

编号	1	3	5	7	9	11	13	15	17	19	21	23	25	27	29
名称	跳Ⅱ侧开关4		跳Ⅰ侧母联1		跳Ⅰ侧母联2		跳Ⅰ侧母联3		跳Ⅲ侧开关		跳Ⅳ侧开关		跳Ⅲ、Ⅳ侧分段开关		

编号	2	4	6	8	10	12	14	16	18	20	22	24	26	28	30
名称	跳闸备用5-2		跳闸备用5-3		跳闸备用5-4		跳闸备用1-1		跳闸备用1-2		跳闸备用2-1		跳闸备用2-2		跳Ⅱ侧母联

2A 信号接点

编号	1	3	5	7	9	11	13	15	17	19	21	23	25	27	29
作用	中央信号							中央信号					远方信号		
名称	公共端1	差动跳闸	Ⅰ侧后备跳闸	Ⅱ侧后备跳闸	Ⅲ侧后备跳闸	Ⅳ侧后备跳闸	公共绕组后备跳闸	公共端2	跳闸信号备用1	跳闸信号备用2	跳闸信号备用3	跳闸信号备用4	跳闸信号备用1	跳闸信号备用2	跳闸信号备用3

编号	2	4	6	8	10	12	14	16	18	20	22	24	26	28	30
作用	远方信号	事件记录	远方信号	事件记录	远方信号	事件记录	远方信号	事件记录	远方信号	事件记录	远方信号	事件记录	远方信号	事件记录	远方信号
名称	公共端1	公共端1	差动跳闸	差动跳闸	Ⅰ侧后备跳闸	Ⅰ侧后备跳闸	Ⅱ侧后备跳闸	Ⅱ侧后备跳闸	Ⅲ侧后备跳闸	Ⅲ侧后备跳闸	Ⅳ侧后备跳闸	Ⅳ侧后备跳闸	公共绕组后备跳闸	公共绕组后备跳闸	公共端2

2B 弱电开入

编号	1	3	5	7	9	11	13	15	17	19	21	23	25	27	29
作用	远方信号	事件记录		压板及其他开入(弱电)										开入公共端	
名称	跳闸信号备用4	公共端2	跳闸信号备用1	投差动保护	投Ⅱ侧相间后备保护	投公共绕组后备保护	投Ⅰ侧不接地零序保护	退Ⅳ侧电压	投Ⅰ侧相间后备保护	退Ⅲ侧电压	压板备用2	压板备用3	压板备用5		光耦24V

编号	2	4	6	8	10	12	14	16	18	20	22	24	26	28	30
作用	事件记录		压板及其他开入(弱电)												
名称	跳闸信号备用2	跳闸信号备用3	投Ⅲ侧后备保护	投Ⅱ侧接地零序保护	投Ⅳ侧后备保护	投Ⅱ侧不接地零序保护	退Ⅰ侧电压	退Ⅱ侧电压	复归	投Ⅰ侧接地零序保护	压板备用4	投零序差动保护			光耦24V地

3A 信号及异常接点

编号	1	3	5	7	9	11	13	15	17	19	21	23	25	27	29
作用	远方信号														
名称	公共端	装置闭锁	装置报警	TA异常及断线	TV异常及断线	过负荷	Ⅲ侧零序报警	Ⅳ侧零序报警	公共绕组报警	Ⅰ侧报警	Ⅱ侧报警	Ⅲ侧报警	Ⅳ侧报警	起动风冷Ⅰ段1	

编号	2	4	6	8	10	12	14	16	18	20	22	24	26	28	30
作用	中央信号														
名称	公共端	装置闭锁	装置报警	TA异常及断线	TV异常及断线	过负荷	Ⅲ侧零序报警	Ⅳ侧零序报警	公共绕组报警	Ⅰ侧报警	Ⅱ侧报警	Ⅲ侧报警	Ⅳ侧报警	起动风冷Ⅰ段1	

3B 信号及异常接点

编号	1	3	5	7	9	11	13	15	17	19	21	23	25	27	29
名称	起动风冷Ⅱ段1		起动风冷Ⅱ段2		其他输出接点备用1-1		其他输出接点备用1-2		复压起动解除母差失灵电压闭锁1		复压起动解除母差失灵电压闭锁2		闭锁调压2		

编号	2	4	6	8	10	12	14	16	18	20	22	24	26	28	30
作用	事件记录														
名称		公共端	TA异常及断线	TV异常及断线	过负荷	Ⅲ侧零序报警	Ⅳ侧零序报警	公共绕组报警	Ⅰ侧报警	Ⅱ侧报警	Ⅲ侧报警	Ⅳ侧报警	装置闭锁	装置报警	闭锁调压1

图 3-1-3(一)　RCS-978接线端子定义图

4B 强、弱电开入

编号	1	3	5	7	9	11	13	15	17	19	21	23	25	27	29
作用	开关量输入（弱电）									开关量输入（强电）			直流电源输入		地
名称	开关量输入16	开关量输入21	开关量输入20	开关量输入19	开关量输入18	开关量输入17	打印	开关量输入11	光耦24V	开关量输入3	Ⅰ侧开关TWJ输入	开关量输入1	＋	－	⊥
编号	2	4	6	8	10	12	14	16	18	20	22	24	26	28	30
作用	开关量输入（弱电）									开关量输入（强电）					地
名称	开关量输入9	开关量输入15	开关量输入7	开关量输入14	开关量输入5	投检修态	对时	光耦24V地		开关量输入2	Ⅱ侧开关TWJ输入				⊥

5B 6B 通信、打印

编号	1	3	5	7	9	11	13	15	17	19	21	23	25	27	29
作用	485对时口		485通信1口		485通信2口						打印接口				
名称	A	B	A	B	A	B					打印TX	打印RX		通信隔离地	
编号	2	4	6	8	10	12	14	16	18	20	22	24	26	28	30
作用															
名称															机壳地

7B 电压输入

编号	1	3	5	7	9	11	13	15	17	19	21	23	25	27	29
作用						Ⅰ侧零序电压		Ⅱ侧零序电压		Ⅲ侧零序电压		Ⅳ侧零序电压		Ⅴ侧电压	
名称						L	N	L	N	L	N	L	N	A	C
编号	2	4	6	8	10	12	14	16	18	20	22	24	26	28	30
作用	Ⅰ侧电压				Ⅱ侧电压				Ⅲ侧电压					Ⅳ侧电压	
名称	A	B	C	N	A	B	C	N	A	B	C	N		B	N

7C 电流输入

编号	1	3	5	7	9	11	13	15	17
作用	零序电流输入								
名称				Ⅰ侧中性点零序电流	Ⅱ侧中性点零序电流				
编号	2	4	6	8	10	12	14	16	18
作用	零序电流输入（同名端）								
名称				Ⅰ侧中性点零序电流	Ⅱ侧中性点零序电流				

8B 电流输入

编号	1	3	5	7	9	11	13	15	17
作用	Ⅰ侧电流输入			Ⅱ侧电流输入			Ⅲ侧电流输入		
名称	A′	B′	C′	A′	B′	C′	A′	B′	C′
编号	2	4	6	8	10	12	14	16	18
作用	Ⅰ侧电流输入（同名端）			Ⅱ侧电流输入（同名端）			Ⅲ侧电流输入（同名端）		
名称	A	B	C	A	B	C	A	B	C

8C 电流输入

编号	1	3	5	7	9	11	13	15	17
作用	Ⅳ侧电流输入			公共绕组电流输入			零序电流输入		
名称	A′	B′	C′	A′	B′	C′	Ⅰ侧间隙零序电流	Ⅱ侧间隙零序电流	公共绕组零序电流
编号	2	4	6	8	10	12	14	16	18
作用	Ⅳ侧电流输入（同名端）			公共绕组电流输入（同名端）			零序电流输入（同名端）		
名称	A	B	C	A	B	C	Ⅰ侧间隙零序电流	Ⅱ侧间隙零序电流	公共绕组零序电流

图 3-1-3(二) RCS-978 接线端子定义图

图 3-1-4 RCS-978 跳闸接点图

图 3-1-5 RCS-978 跳闸信号接点图

图 3-1-6 RCS-978 异常信号接点图

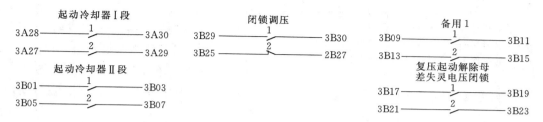

图 3-1-7 RCS-978异常操作接点图

（二）装置操作说明

1. 键盘说明

"▲"、"▼"、"◀"、"▶"为方向键；"＋"、"－"为修改键；"确认"、"取消"为命令键；

2. RCS-978装置液晶显示说明

（1）正常运行时保护液晶显示说明。装置正常运行状态，液晶屏幕将显示见图3-1-8。

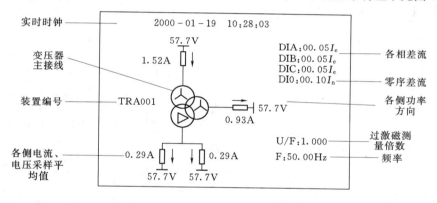

图 3-1-8　液晶屏（正常运行）

（2）动作时保护液晶显示说明。当保护动作时，液晶屏幕自动显示最新一次保护动作报告，格式见图3-1-9。

图 3-1-9　液晶屏（保护）

图 3-1-10　液晶屏（异常）

（3）异常状态时保护液晶显示说明。液晶屏幕在硬件自检出错或系统运行异常时将自动显示最新一次异常报告，格式见图3-1-10。

（4）开关量变位时保护液晶显示说明。液晶屏幕在任一开关量发生变位时将自动显示最新一次开关量变位报告，格式见图3-1-11。

按"ESC"键或长时按复归钮（1s以上）可以从显示报告状态切换到显示变压器主

3. RCS-978 命令菜单使用说明

命令菜单目录结构见图 3-1-12。

（1）命令菜单详解。在主接线图状态下，按"ESC"键可进入主菜单，在自动切

报告序号 —— No.006　开入变位报告

开入变位时间 —— 2000-01-13 22:06:01:0870

元入变位元件 —— 管理板Ⅰ侧后备保护起动　0->1

图 3-1-11　液晶屏（开关量变位）

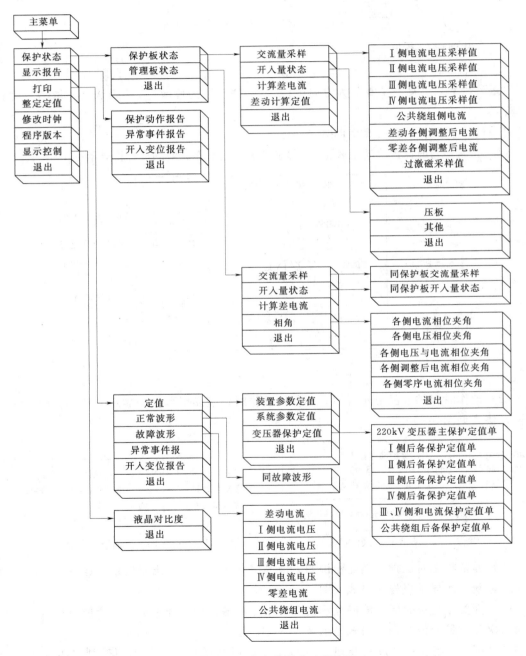

图 3-1-12　命令菜单目录结构图

换至新报告的状态下，按"ESC"键可进入主接线图，再按"ESC"键可进入主菜单。按"↑"键和"↓"键实现上下滚动，按"ESC"键退出至主接线图。光标落在哪一项，按"ENT"键，即选中该项功能。

（2）保护状态。本菜单的设置主要用来显示保护装置电流电压实时采样值和开入量状态，它全面地反映了保护运行的环境，正常情况下这些量的显示值应与实际运行情况一致。

保护状态分为保护板状态和管理板状态两个子菜单。

1）保护板状态。显示保护板采样得到的各种模拟量、开关量的状态。对于开关量状态，"1"表示投入或收到接点动作信号，"0"表示未投入或没收到接点动作信号。

2）管理板状态。显示管理板采样得到的各种模拟量、开关量的状态。对于开关量状态，"1"表示投入或收到接点动作信号，"0"表示未投入或没收到接点动作信号。

（3）显示报告。本菜单显示保护动作报告，异常事件报告及开入变位报告。报告失电不丢失。

按"↑"键和"↓"键上下滚动，选择要显示的报告，按"ENT"键显示所选定的报告。进入菜单首先显示最新的一条报告；按"－"键，显示前一个报告；按"＋"键，显示后一个报告。若一条报告一屏显示不下，则通过"↑"键和"↓"键上下滚动。按"ESC"键退出至上一级菜单。

（4）打印报告。本菜单可选择打印定值，正常波形，故障波形（保护动作报告），异常事件报告及开入变位报告。按"↑"键和"↓"键上下滚动，选择要打印的报告，按"ENT"键打印锁选定的报告。

（5）整定定值。此菜单分为3个子菜单：装置参数定值，系统参数定值，变压器保护定值。变压器保护定值菜单又包括各保护定值菜单。进入该菜单可整定相应的定值。按"↑"键，"↓"键滚动选择要修改的定值，按"←"键，"→"键将光标移到要修改的那一位，"＋"键和"－"键修改数据，按"ESC"键不修改返回，"ENT"键修改整定后返回。若整定定值不合理或整定出错，液晶会显示错误信息，按任意键后重新整定。

（6）修改时钟。液晶显示当前的日期和时间。按"↑"键，"↓"键，"←"键，"→"键选择要修改的那一位，"＋"键和"－"键修改。按"ESC"键为不修改返回，"ENT"键为修改后返回。若日期和时间修改出错，会显示"日期时间值越界"，并要求重新修改。

（7）程序版本。液晶显示保护板、管理板和液晶板的程序版本以及程序生成时间。

（8）显示控制。显示控制菜单包括液晶对比度菜单。液晶对比度菜单用来修改液晶显示对比度，按"＋"键调整对比度，"ESC"键退出。

（9）退出。主菜单的此项命令将退出菜单，显示变压器主接线图或新报告。

五、实验项目及步骤

（1）用万用表在保护屏后，测量各直流电源"＋"、"－"之间无短路现象，即"＋"、"－"之间的电阻大于2000Ω。

（2）依次合上保护屏后的各直流电源。

（3）观察保护面板显示，并根据实验指导书进行菜单项目操作。

（4）根据本书附录，输入保护定值。

六、实验注意事项

（1）实验前请仔细阅读本实验大纲及保护说明书。

（2）尽量少拔插装置插件，不触摸插件电路，不带电插拔插件。

（3）实验前应检查屏柜及装置是否有明显的损伤或螺丝松动。特别是 TA 回路的螺丝及连片。禁止有丝毫松动的情况。

（4）按键动作要轻，不得重复用力按揿。

（5）实验前请检查插件是否插紧。

（6）实验接线完毕后，要经过第二人检查后方可通电。

（7）保护屏后进行短接实验时，必须两人一组进行。

七、技术参数

1. 机械及环境参数

（1）机箱结构尺寸：487mm × 285mm × 353.6mm（8U），487mm × 285mm × 442.0mm（10U）。

（2）环境温度：

1）正常工作温度：0～40℃。

2）极限工作温度：－10～50℃。

3）储存及运输：－25～70℃。

2. 额定电气参数

（1）频率：50Hz/60Hz。

（2）直流电源：220V，110V，允许偏差－20%～＋15%。

（3）交流电压：$100/\sqrt{3}$V，100V。

（4）交流电流：1A，5A。

（5）功耗。

1）交流电流：≤1VA/相（I_n＝5A），≤0.5VA/相（I_n＝1A）。

2）交流电压：≤0.5 VA/相。

（6）直流：

1）正常≤50W，

2）跳闸≤70W。

（7）电流回路过载能力：

1）2 倍额定电流，连续工作。

2）10 倍额定电流，允许 10s。

3）40 倍额定电流，允许 1s。

（8）电压回路过载能力：1.5 倍额定电压，连续工作。

3. 主要技术指标

（1）动作时间。

1）差动速断：≤15ms（1.5 倍整定值）。

2）稳态比率差动：≤30ms（2 倍整定值）。

3）工频变化量比率差动：≤30ms（2 倍整定值）。

4）零序比率差动（或分侧差动）：≤30ms（2 倍整定值）。

（2）起动元件定值整定范围。I_e 指变压器二次侧额定电流，I_n 指 TA 二次侧额定电流。

1）稳态比率差动起动元件：$(0.1 \sim 1.5) I_e$。

2）工频变化量比率差动起动元件：$0.2 I_e$。

3）零序比率差动起动元件：$(0.1 \sim 1.5) I_n$。

4）分侧差动起动元件：$(0.1 \sim 1.5) I_n$。

5）后备保护相电流起动元件：$0.25 \sim 150A$（$I_n = 5A$）。
$0.05 \sim 30A$（$I_n = 1A$）。

6）后备保护零序电流起动元件：$0.25 \sim 150A$（$I_n = 5A$）。
$0.05 \sim 30A$（$I_n = 1A$）。

7）后备保护间隙零序电流起动元件：$0.25 \sim 150A$（$I_n = 5A$）。
$0.05 \sim 30A$（$I_n = 1A$）。

8）后备保护间隙零序过压起动元件：$10 \sim 220V$。

9）后备保护零序电压起动元件：$2 \sim 150V$。

10）后备保护工频变化量相间电流起动元件：$0.2 I_n$。

（3）保护定值整定范围。

1）差动速断：$(2 \sim 14) I_e$。

2）稳态比率制动系数：$0.2 \sim 0.75$。

3）二次谐波制动系数：$0.05 \sim 0.35$。

4）三次谐波制动系数：$0.05 \sim 0.35$。

5）TA 报警差流定值：$(0.1 \sim 1.5) I_e$。

6）零差比率制动系数：$0.2 \sim 0.75$。

7）分侧差动比率制动系数：$0.2 \sim 0.75$。

8）后备保护电流定值：$0.25 \sim 150A$（$I_n = 5A$）。
$0.05 \sim 30A$（$I_n = 1A$）。

9）后备保护阻抗定值：$0 \sim 100\Omega$。

10）后备保护电压定值：$2 \sim 100V$。

11）间隙零序过压电压定值：$10 \sim 220V$。

12）间隙零序电流定值：$0.25 \sim 150A$（$I_n = 5A$）。
$0.05 \sim 30A$（$I_n = 1A$）。

13）后备保护零序电压定值：$2 \sim 150V$。

14）过激磁倍数定值：$1.0 \sim 1.5$。

15）过激磁时间定值：$0 \sim 6000s$。

（4）定值误差。

1) 电流定值误差：不超过 ±5%。

2) 电压定值误差：不超过 ±5%。

3) 阻抗定值误差：不超过 ±5%。

4) 时间定值误差：≤3%整定值+40ms。

5) 过激磁倍数定值误差：不超过 ±1%。

6) 谐波制动系数定值误差：不超过 ±5%。

7) 制动系数定值误差：不超过 ±5%。

8) 工频变化量电流定值误差：不超过 ±15%。

9) 方向元件动作范围边界误差：不超过 ±3°。

（5）记录容量。

1) 故障录波内容和故障事件报告容量。保护起动记录起动前 2 个周波、起动后 6 个周波的所有电流电压波形；保护跳闸记录起动前 2 个周波、起动后 6 个周波，跳闸前 2 个周波、跳闸后 6 个周波，以及中间有扰动的 16 个周波的所有电流电压波形；保护装置可循环记录 32 次故障事件报告、8 次波形数据。

2) 正常波形记录容量。正常时保护可记录 5 个周波所有电流电压波形，以供记录或校验极性。

3) 异常记录容量。可循环记录 32 次异常报警和装置自检报告。

异常事件报告包括各种装置硬件自检出错报警、装置长期起动和不对应起动报警、差动电流异常报警、零差/分相差电流异常报警、各侧 TA 异常报警、各侧 TV 异常报警、各侧 TA 断线报警、各侧过负荷、零序过电压报警、起动风冷和过载闭锁调压等。

4) 开关量变位记录容量。可以循环记录 32 次开关量变位。开关量变位包括各种开入变位和管理板各起动元件变位等。

（6）通信接口。四个与内部其他部分电气隔离的 RS-485 通信接口，一个同步时钟接口，其中有两个通信接口可以复用为光纤接口，另外有一个调试通信接口和独立的打印接口。利用打印接口还可共享网络打印机，通信规约采用电力行业标准 DL/T 667—1999（IEC60870-5-103）或 LFP 规约。

（7）对时方式。外部空接点秒对时或分对时，RS-485 方式的同步时钟秒对时或分对时，监控系统绝对时间的对时报文。

（8）输出接点容量。

1) 信号接点容量：允许长期通过电流 8A，断电流 0.3A（DC220V，$L/R<40ms$）。

2) 其他辅助继电器接点容量：允许长期通过电流 5A，切断电流 0.2A（DC220V，$L/R<40ms$）。

3) 跳闸出口接点容量：允许长期通过电流 8A，切断电流 0.3A（DC220V，$L/R<40ms$），不带电流保持。

（9）电磁兼容。

1) 辐射电磁场干扰实验符合国标：GB/T 14598.9 的规定。

2) 快速瞬变干扰实验符合国标：GB/T 14598.10 的规定。

3) 静电放电实验符合国标：GB/T 14598.14 的规定。

4) 脉冲群干扰实验符合国标：GB/T 14598.13 的规定。

5) 射频场感应的传导骚扰抗扰度实验符合国标：GB/T 17626.6 的规定。

6) 工频磁场抗扰度实验符合国标：GB/T 17626.8 的规定。

7) 脉冲磁场抗扰度实验符合国标：GB/T 17626.9 的规定。

8) 浪涌（冲击）抗扰度实验符合国标：GB/T 17626.5 的规定。

第二节　RCS-978JS 变压器保护装置主保护校验

一、实验目的

（1）了解比率差动保护、零序比率差动保护的构成原理。

（2）了解差动速断保护、工频变化量差动保护的构成原理。

（3）学会如何进行比率差动保护、零序比率差动保护校验。

（4）学会如何进行差动速断保护、工频变化量差动保护的校验。

二、实验预习

（1）熟悉比率差动保护、零序比率差动保护的原理。

（2）了解差动速断保护、工频变化量差动保护的原理。

（3）列出详细实验步骤。

（4）稳态比率差动保护和工频变化量比率差动保护有什么不同？

三、实验仪器及设备

实验仪器及设备同本章第一节。

四、实验原理

（一）保护配置

RCS-978 装置中可提供一台变压器所需要的全部电量保护，主保护和后备保护可共用同一个 TA，这些保护包括：

主保护：稳态比率差动保护、差动速断保护、工频变化量比率差动保护、零序比率差动。

后备保护：复合电压闭锁方向过流保护、零序方向过流保护、零序过压保护、间隙零序过流保护。

另外，还包括以下异常告警功能：过负荷报警、起动冷却器、过载闭锁有载调压、零序电压报警、公共绕组零序电流报警、差流异常报警、零序差流异常报警、差动回路 TA 断线、TA 异常报警和 TV 异常报警。

（二）装置起动元件原理

装置管理板设有不同的起动元件，起动后开放出口正电源，同时开放 CPU 板相应的保护元件。只有在管理板相应的起动元件动作，同时 CPU 板对应的保护元件动作后才能跳闸出口，否则无法跳闸。管理板的起动元件未动作，而CPU板对应的保护元件动作，装置会报警，不会出口跳闸。各起动元件的原理如下。

1. 稳态差流起动

$$|I_{d\phi max}| > I_{cdqd} \qquad (3-2-1)$$

三相差动电流最大值$|I_{d\phi max}|$大于差动电流起动整定值I_{cdqd}动作。定值整定参见附录A。此起动元件用来开放稳态比率差动保护和差动速断保护。

2. 工频变化量差流起动

$$\Delta I_d > 1.25\Delta I_{dt} + I_{dth} \qquad (3-2-2)$$

$$\Delta I_d = |\Delta \dot{I}_1 + \Delta \dot{I}_2 + \cdots + \Delta \dot{I}_m| \qquad (3-2-3)$$

式中　　　　　　ΔI_{dt}——浮动门坎，随着变化量输出增大而逐步自动提高，取1.25倍可保证门槛电压始终略高于不平衡输出；

$\Delta \dot{I}_1$、$\Delta \dot{I}_2$、$\cdots$、$\Delta \dot{I}_m$——变压器各侧电流的工频变化量；

ΔI_d——差流的半周积分值；

I_{dth}——固定门坎。

工频变化量差流起动元件不受负荷电流影响，灵敏度很高，起动定值由装置内部设定，无需用户整定。此起动元件用来开放工频变化量比率差动保护。

3. 零序比率差动起动

零序差电流大于零差电流起动整定值时动作或分侧差动三相差流的最大值大于分侧差动电流起动整定值时动作。定值整定参见附录A。此起动元件用来开放零序比率差动保护。

4. 相电流起动

当三相电流最大值大于整定值时动作。此起动元件用来开放相应侧的过流保护。

5. 零序电流起动

当零序电流大于整定值时动作。此起动元件用来开放相应侧的零序过流保护。

6. 零序电压起动

当开口三角零序电压大于整定值动作。此起动元件用来开放相应侧的零序过压保护。

7. 工频变化量相间电流起动

$$\Delta I > 1.25\Delta I_t + I_{th} \qquad (3-2-4)$$

式中　ΔI_t——浮动门坎，随着变化量输出增大而逐步自动提高，取1.25倍可保证门槛电压始终略高于不平衡输出；

ΔI——相间电流的半周积分值；

I_{th}——固定门坎。

起动定值为$0.2I_n$，无需用户整定。此起动元件用来开放相应侧的阻抗保护。

8. 负序电流起动

当负序电流大于$0.2I_n$时动作。此起动元件用来开放相应侧的阻抗保护。

注意：

（1）由于零序电流起动又分为自产零序电流起动和外接零序电流起动，故装置的零序电流起动定值分为外接零序电流起动定值和自产零序电流起动定值，详见附录 C 定值单。

（2）上述各起动元件的整定定值应小于相应各保护跳闸段的整定值，但同时又要考虑躲过负荷电流等正常运行方式。

（三）稳态比率差动保护

1. 保护原理

由于变比和连接组的不同，电力变压器在运行时，各侧电流大小及相位也不同。在构成继电器前必须消除这些影响。现在的数字式变压器保护装置，都利用数字的方法对变比与相移进行补偿。以下说明的前提均为已消除了变压器各侧幅值和相位的差异，消除幅值和相位差异的方法具体方法参见附录 A。

稳态比例差动保护用来区分差流是由于内部故障还是不平衡输出（特别是外部故障时）引起。RCS-978 采用了如下的稳态比率差动动作方程

$$
\begin{cases}
I_d > 0.2I_r + I_{cdqd} & I_r \leqslant 0.5I_e \\
I_d > K_{bl}(I_r - 0.5I_e) + 0.1I_e + I_{cdqd} & 0.5I_e \leqslant I_r \leqslant 6I_e \\
I_d > 0.75(I_r - 6I_e) + K_{bl}(5.5I_e) + 0.1I_e + I_{cdqd} & I_r > 6I_e \\
I_r = \dfrac{1}{2}\sum_{i=1}^{m}|I_i| \\
I_d = \left|\sum_{i=1}^{m}I_i\right|
\end{cases}
\tag{3-2-5}
$$

$$
\begin{cases}
I_d > 0.6(I_r - 0.8I_e) + 1.2I_e \\
I_r > 0.8I_e
\end{cases}
\tag{3-2-6}
$$

式中　I_e——变压器额定电流；

I_{cdqd}——稳态比率差动起动定值；

I_d——差动电流；

I_r——制动电流；

K_{bl}——比率制动系数整定值（$0.2 \leqslant k_{bl} \leqslant 0.75$），推荐整定为 $k_{bl} = 0.5$。

稳态比率差动保护按相判别，满足以上条件时动作，其特性图见图 3-2-1。式（3-2-5）所描述的比率差动保护经过 TA 饱和判别，TA 断线判别（可选择），励磁涌流判别后出口。它可以保证灵敏度，同时由于 TA 饱和判据的引入，区外故障引起的 TA 饱和不会造成误动。式（3-2-6）所描述的比率差动保护只经过 TA 断线判别（可选择），励磁涌流判别即可出口。它利用其比率制动特性抗区外故障时 TA 的暂态和稳态饱和，而在区内故障 TA 饱和时能可靠正确动作。

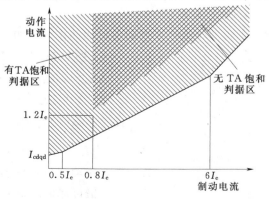

图 3-2-1　稳态比率差动保护的动作特性

2. 保护动作逻辑

逻辑图见图 3 - 2 - 2。

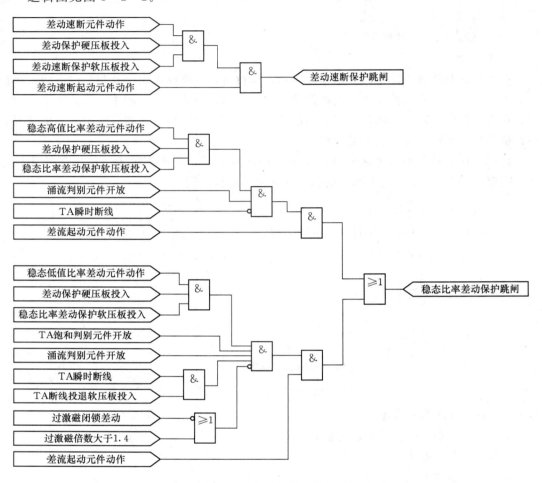

图 3 - 2 - 2　稳态比率差动的逻辑框图

（四）工频变化量比率差动

1. 保护原理

工频变化量比率差动保护的动作方程如下

$$\begin{cases} \Delta I_d > 1.25\Delta I_{dt} + I_{dth} \\ \Delta I_d > 0.6\Delta I_r & \Delta I_r < 2I_e \\ \Delta I_d > 0.75\Delta I_r - 0.3I_e & \Delta I_r > 2I_e \end{cases} \quad (3-2-7)$$

$$\Delta I_r = \max(|\Delta I_{1\varphi}| + |\Delta I_{2\varphi}| + \cdots + |\Delta I_{m\varphi}|)$$

$$\Delta I_d = |\Delta \dot I_1 + \Delta \dot I_2 + \cdots + \Delta \dot I_m| \quad (3-2-8)$$

式中　　　　　　ΔI_{dt}——浮动门坎，随着变化量输出增大而逐步自动提高。取 1.25
　　　　　　　　　　倍可保证门槛电压始终略高于不平衡输出，保证在系统振荡
　　　　　　　　　　或频率偏移情况下，保护不误动；

162

$\Delta \dot{I}_{1\varphi}$, $\Delta \dot{I}_{2\varphi}$, ..., $\Delta \dot{I}_{m\varphi}$——变压器各侧电流的工频变化量；

$\Delta \dot{I}_1$, $\Delta \dot{I}_2$, ..., $\Delta \dot{I}_m$——差动电流的工频变化量；

I_{dth}——固定门坎；

ΔI_r——制动电流的工频变化量，取最大相制动。

注意：工频变化量比率差动保护的制动电流计算方法与稳态比率差动保护不同。

装置中依次按相判别，当满足以上条件时，工频变化量比率差动动作。工频变化量比率差动保护经过涌流判别元件、过激磁闭锁元件闭锁后出口。由于工频变化量比率差动的制动系数可取较高的数值，其本身的特性抗区外故障时 TA 的暂态和稳态饱和能力较强。工频变化量比率差动保护特性见图 3-2-3。工频变化量比率差动元件提高了装置在变压器正常运行时内部发生轻微匝间故障的灵敏度。

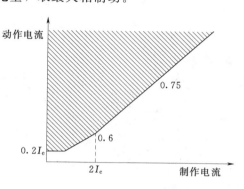

图 3-2-3　工频变化量比率差动保护特性

2. 保护动作逻辑

工频变化量比率差动逻辑框图见图 3-2-4。

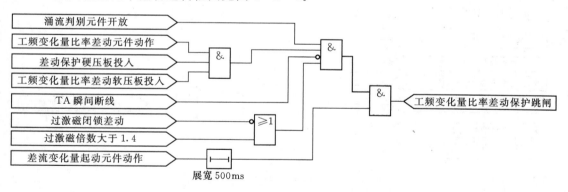

图 3-2-4　工频变化量比率差动的逻辑框图

（五）零序比率差动保护

1. 保护原理

零序比率差动保护主要应用于自耦变压器，其动作方程为

$$\begin{cases} I_{0d} > I_{0cdqd} & I_{0r} \leqslant 0.5 I_n \\ I_{0d} > K_{0b1}(I_{0r} - 0.5 I_n) + I_{0cdqd} \\ I_{0r} = \max(|I_{01}|, |I_{02}|, |I_{0cw}|) \\ I_{0d} = |\dot{I}_{01} + \dot{I}_{02} + \dot{I}_{0cw}| \end{cases} \qquad (3-2-9)$$

163

式中　I_{01}、I_{02}、I_{0cw}——Ⅰ侧、Ⅱ侧和公共绕组侧零序电流；

$\qquad I_{0cdqd}$——零序比率差动起动定值；

$\qquad I_{0d}$——零序差动电流；

$\qquad I_{0r}$——零序差动制动电流；

$\qquad K_{0bl}$——零序差动比率制动系数整定值；

$\qquad I_n$——TA 二次额定电流。推荐 K_{0bl} 整定为 0.5。

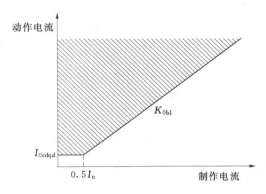

图 3-2-5　零序比率差动保护的动作特性

当满足以上条件时，零序比率差动动作。零差各侧零序电流通过装置自产得到，这样可避免各侧零序 TA 极性校验问题，其动作特性见图 3-2-5。

若零序比率差动起动定值 $I_{0cdqd} > 0.5I_n$，则拐点电流自动设定为 I_n，即动作方程为

$$\begin{cases} I_{0d} > I_{0cdqd} & I_{0r} \leqslant I_n \\ I_{0d} > K_{0bl}(I_{0r} - I_n) + I_{0cdqd} \\ I_{0r} = \max(|I_{01}|, |I_{02}|, |I_{0cw}|) \\ \dot I_{0d} = |\dot I_{01} + \dot I_{02} + \dot I_{0cw}| \end{cases}$$

$$(3-2-10)$$

2. 保护动作逻辑

保护动作见图 3-2-6。

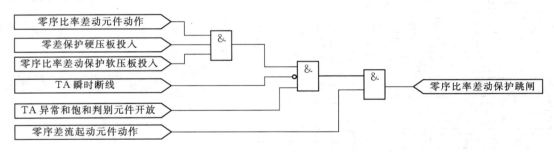

图 3-2-6　零序比率差动的逻辑框图

五、实验项目及步骤

（一）电流、电压采样精度校验

（1）进行实验仪器接线。

（2）参照本章第一节，在高压侧分别加入电流、电压输入线到相应的 A、B、C、N 端子。

（3）加入三相电流。I_a：1A；I_b：2A；I_c：3A；角度正序。

（4）加入三相电压。U_a：10V；U_b：20V；U_c：30V；角度正序。

（5）进入保护菜单，检查电流、电压采样值的幅值及相位的正确性。误差应在要求范围之内。

(二) 差动保护校验

1. 校验前准备

（1）按照定值单输入保护定值。（具体操作参照 RCS-978JS 变压器保护装置硬件原理及装置操作）

（2）根据本书附录 A 进行变压器各侧额定电流值及平衡系数的计算。

（3）对于 Y_n，d_{11} 的变压器当高压侧单相接地时，高压侧会有零序电流，而低压侧没有，此时零序电流达到差动值时保护会误动。RCS-978 为解决这个问题，高压侧电流采用 (I_a-I_0)，(I_b-I_0)，(I_c-I_0)，因为 $I_0=1/3I_a$，若在高压侧 A 相加入 1A 的电流，实际入保护装置的只是 $(1-1/3)$ A 的电流，为解决这一问题，本实验接线采用高压侧 A 相进 B 相出，这样 A 相与 B 相的角度相差 $180°$，这样高压侧就没有 I_0，低压侧只接 A 相。具体接线图见图 3-2-7。

2. 差动保护门槛值校验

（1）按照图 3-2-7 的接线示意图进行实验接线。

（2）高压侧的门槛值校验。

1）在高压侧的 A 相和低压侧的 A 相加入电流，幅值为 $0.3I_e$（变压器各侧额定电流值定值中都已算出），角度相差 $180°$。

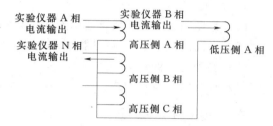

图 3-2-7　差动保护校验接线示意图

2）以较小的步长，缓慢升高高压侧的 A 相电流，直至差动保护起动为止，记录此时的电流值即为门槛值。

（3）中压侧的门槛值校验。

中压侧的门槛同高压侧，只是将电流加入中压侧的电流端子即可。

（4）低压侧的门槛值校验。

1）在低压侧的 A 相加入单相电流 I_a，幅值为 $0.3I_e\sqrt{3}$、（用三相电流做时加 $0.3I_e$）

2）以较小的步长，缓慢升高 A 相电流，直至差动保护起动为止，记录此时的电流值即为门槛值。

注：实际操作时起动门槛会大于 $0.3I_e$，因为拐点之前也是一条斜线，只要加电流就会有 I_{zd}，相应的 I_{cd} 值上升。

3. 差动保护比率制动系数校验（$K=0.5$）

（1）以高中侧进行校验。

1）计算的各侧额定电流如下：I_{he}、I_{me}、I_{le}。

2）在高压侧 A 相加入电流 I_{h1}，幅值为高压侧额定电流。

3）在中压侧 A 相加入电流 I_{m1}，幅值为中压侧额定电流。

4）此时电流平衡，保护不动。

5）以固定的步长缓慢降低中压侧电流，直至动作，记录电流为 I。

6）动作电流 I_{d1} 和制动电流 I_{r1}（均为标幺值）为

$$I_h=I_{h1}/I_{he}$$

$$I_m=I/I_{me}$$

$$I_{d1}=I_h-I_m$$
$$I_{r1}=(I_h+I_m)/2$$

7）重复2）～5），但是高压侧加 2 倍高压侧额定电流，中压侧加 2 倍中压额定电流。

8）动作电流 I_{d2} 和制动电流 I_{r2}（均为标幺值）为

$$I_h=I_{h1}/I_{he}$$
$$I_m=I/I_{me}$$
$$I_{d2}=I_h-I_m$$
$$I_{r2}=(I_h+I_m)/2$$

9）按照下式计算 K 值

$$K=(I_{d2}-I_{d1})/(I_{r2}-I_{r1})$$

（2）以高低侧进行校验。校验步骤同高中侧的校验，但是接线为高压侧用 A 进 B 出，低压侧用 AN，注意 $I_1=I/(\sqrt{3}I_{le})$。

4．差动速断保护校验

（1）按照图 3－2－7 的接线示意图进行实验接线。

（2）在高压侧的 A 相和 B 相加入电流，幅值为 1.05 倍的差动速断定值。

（3）差动速断保护应动作。

（4）查看保护装置的报告。

六、实验注意事项

（1）实验前请仔细阅读本实验大纲及保护说明书。

（2）尽量少拔插装置插件，不触摸插件电路，不带电插拔插件。

（3）实验前应检查屏柜及装置是否有明显的损伤或螺丝松动。特别是 TA 回路的螺丝及连片。禁止有丝毫松动的情况。

（4）按键动作要轻，不得重复用力按揿。

（5）实验前请检查插件是否插紧。

（6）实验接线完毕后，要经过第二人检查后方可通电。

（7）保护屏后进行短接实验时，必须两人一组进行。

第三节　RCS－978JS 变压器保护装置后备保护校验

一、实验目的

（1）理解高中低压三侧复合电压闭锁方向过流保护的构成原理。

（2）理解高中低压三侧零序方向过流保护的构成原理。

（3）理解高中压两侧零序过压和间隙零序过流保护的构成原理。

（4）学会如何进行复合电压闭锁方向过流保护校验。

（5）学会如何进行零序方向过流保护的校验。

二、实验预习

（1）了解复合电压闭锁方向过流保护的原理。

（2）了解零序方向过流保护的原理。

（3）列出详细实验步骤。

（4）零序过流保护和间隙过流保护有什么区别？

三、实验仪器及设备

实验仪器及设备同本章第一节。

四、实验原理

（一）复合电压闭锁方向过流保护

过流保护主要作为变压器相间故障的后备保护。通过整定控制字可选择各段过流是否经过复合电压闭锁，是否经过方向闭锁，是否投入，跳哪几侧开关。

1. 方向元件

方向元件采用正序电压，并带有记忆，近处三相短路时方向元件无死区。接线方式为零度接线方式。接入装置的 TA 极性正极性端应在母线侧。装置后备保护分别设有控制字"过流方向指向"来控制过流保护各段的方向指向。当"过流方向指向"控制字为"1"时，表示方向指向变压器，灵敏角为 $45°$；当"过流方向指向"控制字为"0"时，方向指向系统，灵敏角为 $225°$。方向元件的动作特性如图 3-3-1 所示，阴影区为动作区。同时装置分别设有控制字"过流经方向闭锁"来控制过流保护各段是否经方向闭锁。当"过流经方向闭锁"控制字为"1"时，表示本段过流保护经过方向闭锁。

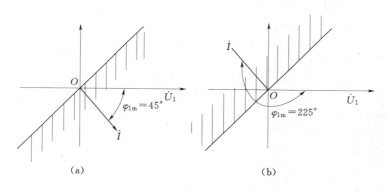

图 3-3-1　相间方向元件动作特性

（a）方向指向变压器；（b）方向指向系统

2. 复合电压元件

复合电压指相间低电压或负序高电压。对于变压器某侧复合电压元件可通过整定控制字选择是否引入其他侧的电压作为闭锁电压，例如对于Ⅰ侧后备保护，装置分别设有控制字，如"过流保护经Ⅱ侧复压闭锁"等，来控制过流保护是否经其Ⅱ侧复合电压闭锁；当"过流保护经Ⅱ侧复压闭锁"控制字整定为"1"时，表示Ⅰ侧复压闭锁过流可经过Ⅱ侧复合电压起动；当"过流保护经Ⅱ侧复压闭锁"控制字整定为"0"时，表示Ⅰ侧复压闭锁过流不经过Ⅱ侧复合电压起动。各段过流保护均有"过流经复压闭锁"控制字，当"过流经复压闭锁"控制字为"1"时，表示本段过流保护经复合电压闭锁。

3. TV 异常对复合电压元件、方向元件的影响

装置设有整定控制字"TV 断线保护投退原则"来控制 TV 断线时方向元件和复合电压元件的动作行为。若"TV 断线保护投退原则"控制字为"1",当判断出本侧 TV 异常时,方向元件和本侧复合电压元件不满足条件,但本侧过流保护可经其他侧复合电压闭锁(过流保护经过其他侧复合电压闭锁投入情况);若"TV 断线保护投退原则"控制字为"0",当判断出本侧 TV 异常时,方向元件和复合电压元件都满足条件,这样复合电压闭锁方向过流保护就变为纯过流保护;不论"TV 断线保护投退原则"控制字为"0"或"1",都不会使本侧复合电压元件起动其他侧复压过流。

4. 本侧电压退出对复合电压元件、方向元件的影响

当本侧 TV 检修或旁路代路未切换 TV 时,为保证本侧复合电压闭锁方向过流的正确动作,需投入"本侧电压退出"压板或整定控制字,此时它对复合电压元件、方向元件有如下影响。

(1) 本侧复合电压元件不起动,但可由其他侧复合电压元件起动(过流保护经过其他侧复合电压闭锁投入情况)。

(2) 本侧方向元件输出为正方向即满足条件。

(3) 不会使本侧复合电压元件起动其他侧过流元件(其他侧过流保护经过本侧复合电压闭锁投入情况)。

5. 复合电压闭锁方向过流动作逻辑

保护动作逻辑图见图 3 - 3 - 2。

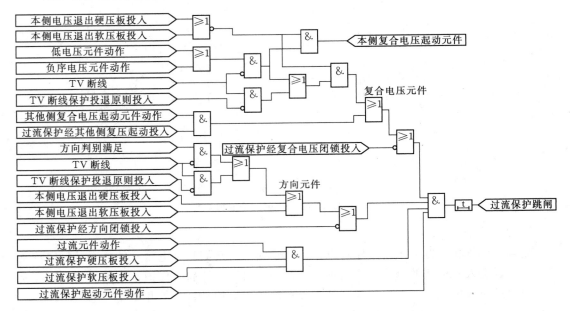

图 3 - 3 - 2 复合电压闭锁方向过流逻辑框图

(二) 零序方向过流保护

零序过流保护,主要作为变压器中性点接地运行时接地故障后备保护。通过整定控制

168

字可控制各段零序过流是否经方向闭锁，是否经零序电压闭锁，是否经谐波闭锁，是否投入，跳哪几侧开关。

1. 方向元件所采用的零序电流

装置设有"零序方向判别用自产零序电流"控制字来选择方向元件所采用的零序电流。若"零序方向判别用自产零序电流"控制字为"1"，方向元件所采用的零序电流是自产零序电流；若"零序方向判别用自产零序电流"控制字为"0"，方向元件所采用的零序电流为外接零序电流。

2. 方向元件

装置分别设有"零序方向指向"控制字来控制零序过流各段的方向指向。当"零序方向指向"控制字为"1"时，方向指向变压器，方向灵敏角为255°；当"零序方向指向"控制字为"0"时，表示方向指向系统，方向灵敏角为75°。方向元件的动作特性如图3-3-3所示。同时装置分别设有"零序过流经方向闭锁"控制字来控制零序过流各段是否经方向闭锁。当"零序过流经方向闭锁"控制字为"1"时，本段零序过流保护经过方向闭锁。

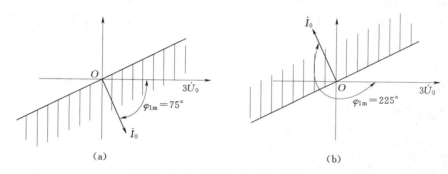

图3-3-3 零序方向元件动作特性

(a) 方向指向系统；(b) 方向指向变压器

方向元件所用零序电压固定为自产零序电压。以上所指的方向均是指零序电流外接套管 TA 或自产零序电流 TA 的正极性端在母线侧（变压器中性点的零序电流 TA 的正极性端在变压器侧）。

3. 零序过流 I 段和 II 段所采用的零序电流

装置分别设有"零序过流用自产零序电流"控制字来选择零序过流各段所采用的零序电流。若"零序过流用自产零序电流"控制字为"1"时，本段零序过流所采用的零序电流为自产零序电流；若"零序过流用自产零序电流"控制字为"0"时，本段零序过流所采用的零序电流是外接零序电流。零序过流 III 段固定为外接零序电流。

4. 零序电压闭锁元件

装置设有"零序过流经零序电压闭锁"控制字来控制零序过流各段是否经零序电压闭锁。当"零序过流经零序电压闭锁"控制字为"1"时，表示本段零序过流保护经过零序电压闭锁。零序电压闭锁所用零序电压固定为自产零序电压。

5. TV 异常对零序电压闭锁元件、零序方向元件的影响

装置设有"TV 断线保护投退原则"控制字来控制 TV 断线时零序方向元件和零序电

压闭锁元件的动作行为。若"TV 断线保护投退原则"控制字为"1"，当装置判断出本侧 TV 异常时，方向元件和零序电压闭锁元件不满足条件；若"TV 断线保护投退原则"控制字为"0"，当装置判断出本侧 TV 异常时，方向元件和零序电压闭锁元件都满足条件，零序电压闭锁零序方向过流保护就变为纯零序过流保护。

6. 本侧电压退出对零序电压闭锁零序方向过流的影响

当本侧 TV 检修或旁路代路未切换 TV 时，为保证本侧零序电压闭锁零序方向过流的正确动作，需投入"本侧电压退出"压板或整定控制字，此时它对零序电压闭锁零序方向过流有如下影响：

（1）零序电压闭锁元件开放。

（2）方向元件输出为正方向即满足条件。

7. 零序过流各段经谐波制动闭锁

为防止变压器和应涌流对零序过流保护的影响，装置设有谐波制动闭锁措施。当谐波含量超过一定比例时，闭锁零序过流保护。装置分别设有"零序过流经谐波制动闭锁"控制字来控制零序过流各段是否经谐波制动闭锁。当"零序过流经谐波制动闭锁"控制字为"1"时，表示本段零序过流经谐波制动闭锁。零序谐波闭锁所用电流固定为外接零序电流。

8. 零序过流保护动作逻辑

保护动作逻辑图见图 3-3-4。

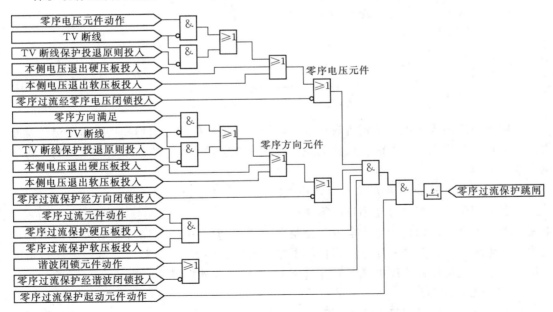

图 3-3-4　零序过流保护逻辑框图

（三）间隙零序过流过压保护

装置设有一段两时限间隙零序过流保护和一段两时限零序过压保护，来作为变压器中性点经间隙接地运行时的接地故障后备保护。间隙零序过流保护、零序过压保护动作并展宽一定时间后计时。考虑到在间隙击穿过程中，零序过流和零序过压可能交替出现，装置设有"间隙保护方式"控制字。当"间隙保护方式"控制字为"1"时，零序过压和零序过流元件动作后相互保持，此时间隙保护的动作时间整定值和跳闸控制字的整定值均以间隙零序过流保护的整定值为准。一般"间隙保护方式"控制字整定为"0"。

（四）零序过压保护

由于 220kV 及以上的变压器低压侧常为不接地系统，装置设有一段零序过压保护作为变压器低压侧接地故障保护。

五、实验项目及步骤

（一）复合电压闭锁方向过流保护校验

1. 校验前准备

（1）过流经方向闭锁控制字置"1"。

（2）投"高压侧复压相间后备保护"、投"退中压侧电压"、投"退低压侧电压"压板，"退高压侧电压"压板不投，此时复压元件取高压侧电压。

（3）若高压侧经其他侧复压闭锁控制字投入，投"退高压侧电压""退低压侧电压"压板，"退中压侧电压"压板不投，此时复压元件取中压侧电压，取低压侧电压时，"退低压侧电压"不投，其他两侧退电压压板投入。

（4）保护灵敏角。

1）过流方向指向控制字置"1"表示指向变压器，灵敏角 45°。

2）过流方向指向控制字置"0"表示指向系统，灵敏角 225°。

（5）所谓的方向取的是相电压与相电流的夹角，如 U_a 与 I_a，U_b 与 I_b，U_c 与 I_c。

（6）在做后备保护校验时，先加入正常电压电流，保持 9s 以上，直到报警灯消失为止。

2. 复压元件校验

（1）低电压元件校验。

1）参照 RCS-978JS 变压器保护装置硬件原理及装置操作，在高压侧分别加入电流、电压输入线到相应的 A、B、C、N 端子。

2）通入三相电压，幅值为额定值 57.74V，角度为正序角度。

3）通入单相电流，幅值达到复合电压闭锁方向过流保护的定值，角度为保护灵敏角。

4）此时，保护处于电压闭锁状态，所以保护不会动作。

5）将三相电压从 57.74V 开始缓慢下降，直至保护动作。

6）此时的电压值就是低电压元件动作值。

（2）负序电压元件校验。

1）参照 RCS-978JS 变压器保护装置硬件原理及装置操作，在高压侧分别加入电流、电压输入线到相应的 A、B、C、N 端子。

2）通入三相电压，幅值为额定值 57.74V，角度为正序角度。

3）通入单相电流，幅值达到复合电压闭锁方向过流保护的定值，角度为保护灵敏角。

4）此时，保护处于电压闭锁状态，所以保护不会动作。

5）保持 BC 相电压 57.74V 不变，将 U_a 缓慢下降，直至保护动作。

6）此时的 U_a 电压值就是负序电压元件动作值。

3. 过流元件校验

（1）参照 RCS-978JS 变压器保护装置硬件原理及装置操作，在高压侧分别加入电流、电压输入线到相应的 A、B、C、N 端子。

（2）通入三相电压，幅值为额定值 57.74V，角度为正序角度。

（3）通入单相电流，幅值小于复合电压闭锁方向过流保护的定值，角度为保护灵敏角。

（4）此时，保护处于电压闭锁状态且电流值也未到动作值，所以保护不会动作。

（5）保持 BC 相电压 57.74V 不变，将 U_a 缓慢下降至负序电压元件动作值。

（6）此时电压闭锁已经开放，但电流值未到动作值，保护仍然不动作。

（7）缓慢升高电流的幅值，直至达到复合电压闭锁方向过流保护定值的 1.05 倍。

（8）此时，复合电压闭锁方向过流保护动作。

4. 动作边界校验

（1）参照 RCS-978JS 变压器保护装置硬件原理及装置操作，在高压侧分别加入电流、电压输入线到相应的 A、B、C、N 端子。

（2）通入三相电压，幅值为额定值 57.74V，角度为正序角度。

（3）通入单相电流，幅值达到复合电压闭锁方向过流保护定值的 1.05 倍，角度为保护灵敏角的反向 180°。

（4）此时，保护处于电压闭锁状态且电流值的角度不在动作区，所以保护不会动作。

（5）保持 BC 相电压 57.74V 不变，将 U_a 缓慢下降至负序电压元件动作值。

（6）此时电压闭锁已经开放，但电流值的角度不在动作区，保护仍然不动作。

（7）改变电流值的角度，直至保护动作。

（8）此时的角度就是动作区的一个边界，重复上面的步骤，但角度向另外一边改变，得到动作区的另一个边界。

（二）零序方向过流保护校验

1. 校验前准备

（1）I 段经零序电压（20V）闭锁，II 段不经电压闭锁。

（2）电流 $3I_0$ 与电压 $3U_0$ 采用自产零序电压、电流。

（3）保护灵敏角。

1）当"零序方向指向"控制字为"1"时，方向指向变压器，方向灵敏角为 225°；

2）当"零序方向指向"控制字为"0"时，方向指向系统，方向灵敏角为 75°。

2. 电流元件校验

（1）参照 RCS-978JS 变压器保护装置硬件原理及装置操作，在高压侧分别加入电流、电压输入线到相应的 A、B、C、N 端子。

（2）通入三相电压，幅值为额定值 57.74V，角度为正序角度。

（3）改为通入 A 相单相电压，幅值为 25～30V，角度为 0。

（4）通入电流 I_a，角度为灵敏角。

（5）缓慢升高电流值，直至保护动作。

3. 动作边界校验

（1）参照 RCS-978JS 变压器保护装置硬件原理及装置操作，在高压侧分别加入电流、电压输入线到相应的 A、B、C、N 端子。

（2）通入三相电压，幅值为额定值 57.74V，角度为正序角度。

（3）改为通入 A 相单相电压，幅值为 25～30V，角度为 0。

（4）通入电流 I_a，幅值达到零序方向过流保护定值的 1.05 倍，角度为灵敏角的反向 180°。

（5）改变电流值的角度，直至保护动作。

（6）此时的角度就是动作区的一个边界，重复上面的步骤，但角度向另外一边改变，得到动作区的另一个边界。

六、实验注意事项

（1）实验前请仔细阅读本实验大纲及保护说明书。

（2）尽量少拔插装置插件，不触摸插件电路，不带电插拔插件。

（3）实验前应检查屏柜及装置是否有明显的损伤或螺丝松动。特别是 TA 回路的螺丝及连片。禁止有丝毫松动的情况。

（4）按键动作要轻，不得重复用力按撤。

（5）实验前请检查插件是否插紧。

（6）实验接线完毕后，要经过第二人检查后方可通电。

（7）保护屏后进行短接实验时，必须两人一组进行。

第四节　RCS-915AB 母线保护装置硬件原理及操作实验

一、实验目的

（1）了解 RCS-915AB 母线保护的硬件构成原理。

（2）学会如何进行 RCS-915AB 母线保护装置的操作。

（3）学会如何进行 RCS-915AB 母线保护定值输入。

二、实验预习

（1）熟悉 RCS-915AB 母线保护的硬件构成原理。

（2）了解 RCS-915AB 母线保护的操作方法。

（3）列出详细实验步骤。

三、实验仪器及设备

实验仪器及设备见表 3-2。

表 3 - 2　　　　　　　　　　**RCS - 915AB 母线保护实验仪器及设备表**

序　号	设备型号	仪器/设备名称	数量
1	PRC15AB - 415A	220kV 母线保护柜	1
2	PRC15AB - 221A	110kV 母线保护柜	1
3	RCS - 915AB	母线保护装置	2

四、实验原理

(一) 装置硬件介绍

1. 硬件概述

BP - 2B 母线保护由保护元件、闭锁元件和管理元件三大系统构成。保护元件主要完成各间隔模拟量、开关量的采集，各保护功能的逻辑判别并出口至跳闸继电器；闭锁元件主要完成各电压量的采集，各段母线的闭锁逻辑并出口至闭锁继电器；管理元件的工作是实现人机交互、记录管理和后台通信。各系统独立工作，相互配合。保护元件和闭锁元件的主机模件、光耦模件完全相同，可互换使用。由于是按母线间隔进行插件设计，因此，维护扩展极为方便。其强弱电分离的走线连接和独立的电源分配，再加上滤波、屏蔽等环节，使各模件工作于稳定的环境中，充分保证了装置的电磁兼容性能。

2. 面板布置

机箱正面面板居中，是 320×240 点阵的大屏幕液晶和 6 键键盘——"上"键、"下"键、"左"键、"右"键、"确认"键、"取消"键。液晶通过汉字窗口显示丰富的装置信息。

键盘左侧的三列绿色指示灯，分别表示保护元件、闭锁元件和管理机的电源、运行、通信状态，指示灯闪亮表示相应回路正常。每列指示灯下方的隐藏按钮，是各自的复位按钮（参见表 3 - 3）。

表 3 - 3　　　　　　　　　　　　　　　　**装置状态指示灯与按钮**

保护电源	保护元件使用的 +5V、±15V 电平正常
保护运行	保护主机正常上电、开始运行保护软件
保护通信	保护主机正与管理机进行通信
保护复位	内藏按钮、正直按下使保护主机复位
闭锁电源	闭锁元件使用的 +5V、±15V 电平正常
闭锁运行	闭锁主机正常上电、开始运行保护软件
闭锁通信	闭锁主机正与管理机进行通信
闭锁复位	内藏按钮、正直按下使闭锁主机复位
管理电源	管理机与液晶显示使用的 +5V 电平正常
操作电源	操作回路使用的 +24V 电平正常
对比度	内藏旋钮，平口起左右旋转可调节液晶显示对比度
管理复位	内藏按钮、正直按下使管理机复位

液晶左侧的两列红色指示灯，分别受保护主机和闭锁主机控制。最左边这一列为差动

保护、失灵保护的分段动作信号；右边这一列为差动保护、失灵保护的复合电压闭锁分段开放信号。装置一般考虑三个母线段，即有：差动动作Ⅰ、差动动作Ⅱ、差动动作Ⅲ、失灵动作Ⅰ、失灵动作Ⅱ、失灵动作Ⅲ，差动开放Ⅰ、差动开放Ⅱ、差动开放Ⅲ、失灵开放Ⅰ、失灵开放Ⅱ、失灵开放Ⅲ共12个指示灯。后6个指示灯不带自保持。

液晶右侧的两列红色指示灯，分别为装置的出口信号灯和告警信号灯。出口信号包括有：差动动作、失灵动作、充电保护、母联过流和备用信号等。每一信号灯点亮分别对应一种保护功能出口动作，同时装置相应的中央信号接点（自保持）、远动接点和起动录波接点一起闭合。告警信号的名称、含义如表3-4所列，每一告警信号也可引出相应的自保持（1对）和不带自保持（2对）接点。信号灯为自保持，由屏侧的"复归按钮"复归。

表 3 - 4 　　　　　　　　　　　装 置 告 警 信 号 灯

告警信号	可能原因		导致后果	处 理 方 法
TA断线	流互的变比设置错误		闭锁差动保护	（1）查看各间隔电流幅值、相位关系 （2）确认变比设置正确 （3）确认电流回路接线正确 （4）如仍无法排除，则建议退出装置，尽快安排检修
	流互的极性接反			
	接入母差装置的流互断线			
	其他持续使差电流大于TA断线门坎定值的情况			
TV断线	电压相序接错		保护元件中该段母线失去电压闭锁	（1）查看各段母线电压幅值、相位 （2）确认电压回路接线正确 （3）确认电压空气开关处于合位 （4）操作电压切换把手 （5）尽快安排检修
	压互断线或检修			
	母线停运			
	保护元件电压回路异常			
互联	母线互联	母线处于经刀闸互联状态	保护进入非选择状态，大差比率动作则切除互联母线	确认是否符合当时的运行方式，是则不用干预，否则进入参数-运行方式设置，使用强制功能恢复保护与系统的对应关系
		保护控制字中，强制母线互联设为"投"		确认是否需要强制母线互联，否则解除设置
		母联TA断线		尽快安排检修
开入异常	刀闸辅助接点与一次系统不对应		能自动修正则修正否则告警	（1）进入参数——运行方式设置，使用强制功能恢复保护与系统的对应关系 （2）复归信号 （3）检查出错的刀闸辅接点输入回路
	失灵接点误起动		闭锁失灵出口	（1）断开与错误接点相对应的失灵起动压板 （2）复归信号 （3）检查相应的失灵起动回路
	联络开关常开与常闭接点不对应		默认联络开关处于合位	检查开关接点输入回路
	误投"母线分列运行"压板		母线分列运行	检查"母线分列运行"压板投入是否正确
开入变位	刀闸辅助接点变位 联络开关接点变位 失灵起动接点变位		装置响应外部开入量的变化	确认接点状态显示是否符合当时的运行方式，是则复归信号，否则检查开入回路

告警信号	可能原因	导致后果	处理方法
出口退出	保护控制字中出口接点被设为退出状态	保护只投信号，不跳出口	装置需要投出口时设置保护控制字
保护异常	保护元件硬件故障	退出保护元件	(1) 退出保护装置 (2) 查看装置自检菜单，确定故障原因 (3) 交检修人员处理
闭锁异常	闭锁元件硬件故障	退出闭锁元件	(1) 退出保护装置 (2) 查看装置自检菜单，确定故障原因 (3) 交检修人员处理

3. 机箱背面布置和插件功能简介

图 3-4-1 为机箱正面视图，图 3-4-2 为保护满配置时的机箱背视图，标明了各模块插件名称、编号、位置及其外端子名称、编号。

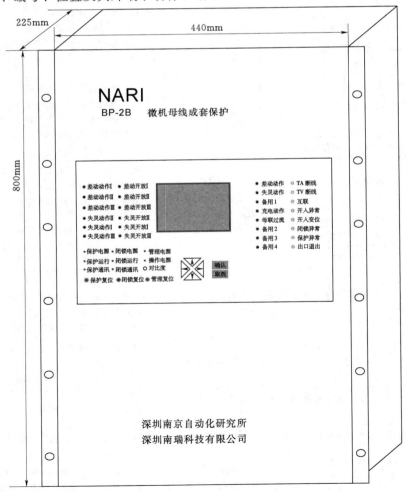

图 3-4-1　机箱尺寸和面板布置图

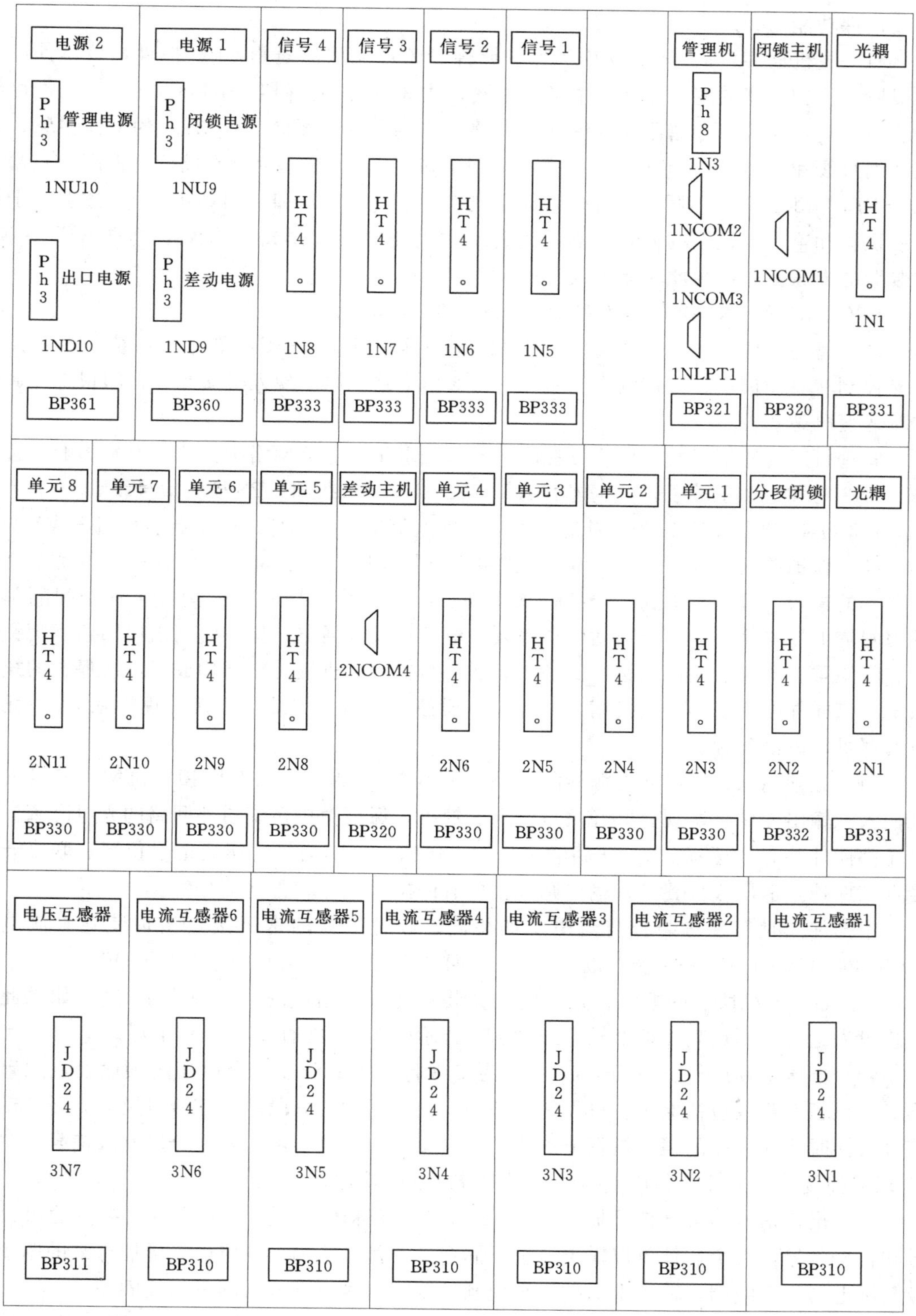

电源 2	电源 1	信号 4	信号 3	信号 2	信号 1		管理机	闭锁主机	光耦
Ph3 管理电源	Ph3 闭锁电源						Ph8		
1NU10	1NU9						1N3		
		HT4	HT4	HT4	HT4		1NCOM2	1NCOM1	HT4
Ph3 出口电源	Ph3 差动电源						1NCOM3		
									1N1
1ND10	1ND9	1N8	1N7	1N6	1N5		1NLPT1		
BP361	BP360	BP333	BP333	BP333	BP333		BP321	BP320	BP331

单元 8	单元 7	单元 6	单元 5	差动主机	单元 4	单元 3	单元 2	单元 1	分段闭锁	光耦
HT4	HT4	HT4	HT4	2NCOM4	HT4	HT4	HT4	HT4	HT4	HT4
2N11	2N10	2N9	2N8		2N6	2N5	2N4	2N3	2N2	2N1
BP330	BP330	BP330	BP330	BP320	BP330	BP330	BP330	BP330	BP332	BP331

电压互感器	电流互感器6	电流互感器5	电流互感器4	电流互感器3	电流互感器2	电流互感器1
JD24	JD24	JD24	JD24	JD24	JD24	JD24
3N7	3N6	3N5	3N4	3N3	3N2	3N1
BP311	BP310	BP310	BP310	BP310	BP310	BP310

图 3-4-2 机箱背视图

插件功能简介。

（1）主机插件——BP320。作为保护元件和闭锁元件的通用 CPU 插件，该模件可以完成所有保护功能的逻辑处理。主机是由嵌入式 32 位微处理器 Intel386EX，大规模可编程逻辑阵列，大容量存储器和各种外围电路构成的单片机系统。25MHz 的工作主频、32 位数据总线和 64M 的寻址空间，都使它的处理能力比 16 位单片机有成倍的提高。根据固化于 EPROM 的程序不同而分为"差动主机"（保护主机）和"闭锁主机"，分别位于第二层机箱和第一层机箱的固定位置。另外，主机插件还可完成 9 路模拟量的 A/D 转换，本装置的电压量最终由此转化为数字量。

1NCOM1 和 2NCOM4 为 9 针简约 RS-232 调试通信口。

（2）管理机插件——BP321。管理机的核心也是 Intel386EX 单片机系统，由它控制液晶控制和驱动模块、键盘输入电路和串口通信电路，以实现人机交互、打印报告并通过它接入变电站监控系统。

管理机后的船形开关可以将其在电气上从变电站的通信网络中分离，而不影响装置本身。1N3 为 8 针凤凰端子，分别连有 RS-422/485 通信线和 GPS 校时信号线。

1NCOM2 和 1NCOM3 为 9 针简约 RS-232 通信口，1NLPT1 为 25 针打印机电缆端口。

（3）保护单元插件——BP330。保护单元插件是以母线各间隔为划分对象，将三个间隔单元的输入、输出集中到一个插件来实现。即：一块 BP330 插件集成了三个间隔单元的刀闸辅助接点输入、失灵起动接点输入、电流量输入回路，保护跳闸出口回路、闭锁高频、闭锁重合闸接点输出回路。保护单元插件与保护主机插件一起构成了母线保护的核心系统。该插件配置于第二层机箱，共有 8 个插件扩展口，因此，主接线规模在 24 单元以下的都可以灵活配置。

（4）光耦输入、输出和电源检测插件——BP331。保护主机和闭锁主机配有各自的光耦输入、输出插件，实现公共开关量输入、输出，保证微机系统与外回路的光电隔离。每个光耦插件共有 24 路输入、24 路输出。输入包括：复归信号、切换把手位置、联络开关接点和保护投退压板位置等；输出则包括所有的出口信号和告警信号等。

本插件同时实现对装置直流电源的检测。以继电器的常闭接点实现装置直流电源 220V（或 110V）消失告警。以电压比较回路检测微机系统所用的 +5V、+15V 和 -15V。如果系统所有的电源正常，则点亮装置面板上相应的"电源指示灯"。如果此时系统投入运行，则点亮面板上相应的"运行指示灯"，并接通 24V 操作电源。

（5）电压闭锁插件——BP332。它为实现各保护的分段复合电压闭锁而设，配置于第二层机箱。输入包括保护主机发出的差动、失灵保护的分段动作信号以及联络开关动作信号；同时输入包括闭锁主机发出的差动、失灵保护的复合电压闭锁分段开放信号；并输出 24V 控制信号去控制各单元插件上闭锁继电器的接点。

（6）出口信号、告警信号插件——BP333。以继电器接点的方式输出装置的出口信号和告警信号，每个插件可以输出 6 个不同定义的信号。输入 6 路由光耦插件来的驱动信号至继电器动作线圈，输入由保护主机控制的复归信号至继电器的复归线圈。

1 路光耦信号控制 2 个 DSP 继电器，输出 2 对磁保持常开接点（第 3 路除外）、2 对不保持常开接点，分别对应屏面点灯信号、中央信号接点、远动接点、起动录波接点。

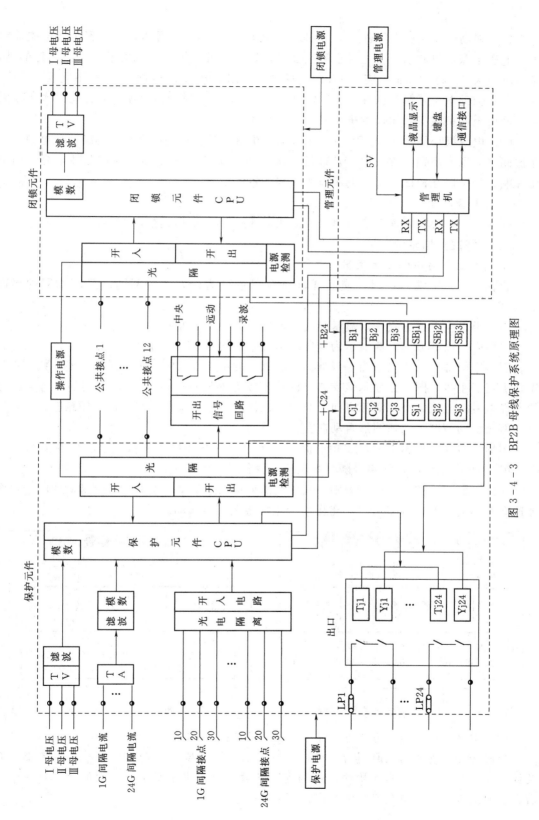

图 3 - 4 - 3 BP2B 母线保护系统原理图

（7）辅助电流互感器插件 —— BP310。可输入 3×4 路交流电流量，经采样电阻输出采样电压至保护单元插件。配置于第三层机箱，最大可容纳 6 个同类插件。需注意的是，额定电流为 5A 时与额定电流为 1A 时，插件中选用的电流互感器匝数比是不同的。

（8）辅助电压互感器插件 —— BP311。可输入 3×4 路交流电压量，独立的次级线圈分别输出至保护主机和闭锁主机。

（9）电源模块插件 —— BP360、BP361。电源插件搭载有 4 个独立的模块化电源——保护元件电源、闭锁元件电源、管理机电源和 24V 操作电源。其中保护元件电源与闭锁元件电源是可以互换的。每一电源模块都有一船形小开关。

4. 装置原理图

图 3-4-3 为本装置系统原理图，体现了各插件的功能和之间的配合关系。

（二）装置液晶显示说明

1. 保护运行时液晶显示说明

装置上电、正常运行后，液晶屏幕将根据系统运行方式的不同而显示不同的界面信息。

（1）单母主接线方式下，显示界面大致如图 3-4-4 所示。

图形中上面部分的左侧显示为程序版本号，中间为 CPU 实时时钟。

图形中间部分为主接线图，根据保护装置中的系统参数中各个支路的调整系数是否为零，决定了主接线图是否显示该支路（调整系数为零的不再显示）。图中还显示各条支路的元件编号、电流大小及潮流方向。其中，元件编号由 4 位数字组成，可任意整定。在没有任何按键的情况下，该图形自动向左缓缓移动。

图形下面部分显示了大差三相电流和该单母线的三相电压（从左至右依次为 A、B、C 三相），其中电压的母线编号随系统定值的变化而变化。

在该界面下：按左"←"键则中间接线图加速向左移动，按右"→"键则中间接线图加速向右移动，按确认"ENT"键则中间主接线图不再移动。

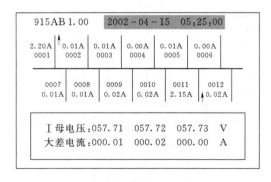

图 3-4-4 单母主接线方式下显示界面图

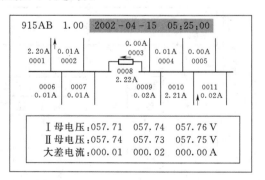

图 3-4-5 单母分段主接线方式下显示界面图

（2）单母分段主接线方式下，显示界面大致如图 3-4-5 所示。

分段开关位置的指示原则为：实心方框表示开关跳位（TWJ＝1），空心方框表示开关处合位（TWJ＝0）。且主接线显示的支路条数不仅取决于系统参数定值的支路调整系数，还要决定于该支路在刀闸位置控制字中是否投入。

180

图形的下面部分将显示两条母线的三相电压、大差三相电及两条母线小差三相电流，其中电压及小差电流的母线编号随系统定值的变化而变化。在没有任何按键的情况下，该部分向上循环滚动（每次滚动一行）。

在按确认"ENT"键的情况下，除了中间主接线图不再滚动外，图形下面的数据也不再滚动，此时数据继续保持更新。

（3）双母主接线方式，显示界面见图3-4-6。

（4）双母线单母运行方式，显示界面见图3-4-7。

在双母主接线方式投单母运行的情况下，同双母线运行方式相比，图形的上面右侧出现"单母"的汉字指示，同时，在图形中部的主接线图中的两条母线被连接在了一起；其余的各内容同双母线。

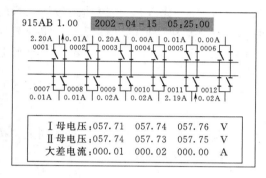

图3-4-6 双母主接线方式显示界面图

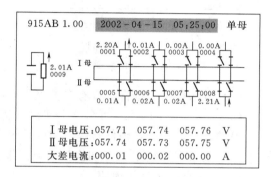

图3-4-7 单母运行方式显示界面图

（5）投母联兼旁路，以单母分段为例，见图3-4-8。

此时图形中间的分段开关则变为代路显示形式，且图形上面右侧出现汉字"代路"指示。上图则是指明了当前分段开关是通过右侧母线代路。

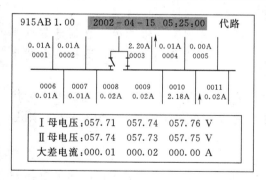

图3-4-8 投母联兼旁路显示界面图

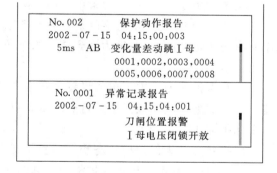

图3-4-9 保护动作报告和自检报告
同时存在时的界面图

2. 保护动作时液晶显示说明

当保护动作时，液晶屏幕自动显示最新一次保护动作报告，再根据当前是否有自检报告，液晶屏幕将可能显示以下两种界面。

（1）保护动作报告和自检报告同时存在，界面见图3-4-9。

图 3-4-9 上半部分为保护动作报告，下半部分为自检报告。对于上半部分，第一行的左侧显示为保护动作报告的记录号，第一行的中间为报告名称；第二行为保护动作报告的时间（格式为：年-月-日，时：分：秒：毫秒）；第三至第五行为动作元件及跳闸元件，如果是动作元件，则动作元件前还会有动作的相对时间及动作相别；同时如果动作元件及跳闸元件的总行数大于3，其右侧会显示出一滚动条，滚动条黑色部分的高度基本指示动作元件及跳闸元件的总行数，而其位置则表明当前正在显示行在总行中的位置；且动作元件及跳闸元件和右侧的滚动条将以每次一行速度向上滚动，当滚动到最后三行的时候，则重新从最早的动作元件及跳闸元件开始滚动。下半部分的格式可参考上半部分的说明。

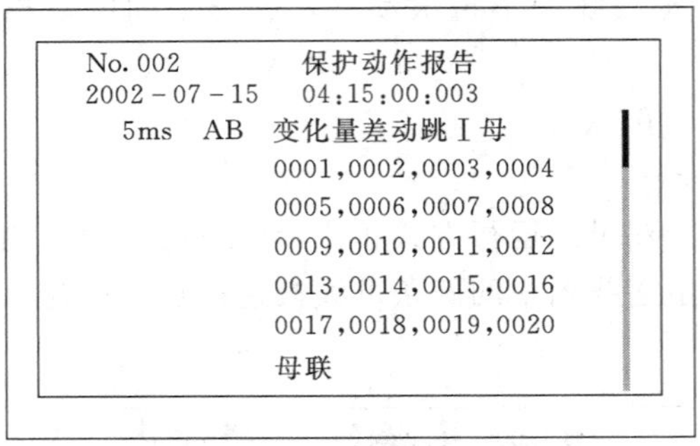

```
No. 002        保护动作报告
2002-07-15     04:15:00:003
5ms  AB  变化量差动跳 I 母
         0001,0002,0003,0004
         0005,0006,0007,0008
         0009,0010,0011,0012
         0013,0014,0015,0016
         0017,0018,0019,0020
         母联
```

图 3-4-10　有保护动作报告没有
自检报告时的界面图

（2）有保护动作报告，没有自检报告，此时界面见图 3-4-10。

图 3-4-10 中的内容可参考上文保护动作报告的说明。

保护装置运行中，硬件自检出错或系统运行异常将立即显示异常报告，格式同上。按屏上复归按钮（持续 1s）可切换显示跳闸报告、自检报告和主接线图。

（三）命令菜单使用说明

1. 命令菜单采用如下的树形目录结构

见图 3-4-11。

2. 命令菜单详解

在主接线图或保护动作报告或自检报告状态下，按"ESC"键即可进入菜单。

菜单为仿 Windows 开始菜单界面，图形如图 3-4-12。

图 3-4-12 中反显的菜单条目为激活条目。右键为弹出下一级菜单（必须是菜单项中标有箭头指向的），左键为回到前一级菜单，上键、下键为移动菜单项，该移动为循环移动。

（1）保护状态。本菜单的设置主要用来显示保护装置电流电压实时采样值和开入量状态，它全面地反映了该保护运行的环境，只要这些量的显示值与实际运行情况一致，则基本上保护能正常运行了。

保护状态分为保护板状态和管理板状态两个子菜单：

1）保护板状态。显示保护板采样到的实时交流量、实时刀闸位置、其他开入量状态（包括压板位置）和实时差流大小及电压电流之间的相角。对于开入量状态，"1"表示投入或收到接点动作信号，"0"表示未投入或没收到接点动作信号。

2）管理板状态。显示管理板采样到的同保护板相同的各种信息。

（2）显示报告。本菜单显示保护动作报告，异常记录报告，及开入变位报告。由于本保护自带掉电保持，不管断电与否，它能记忆保护动作报告、异常记录报告及开入变位报告各 32 次。

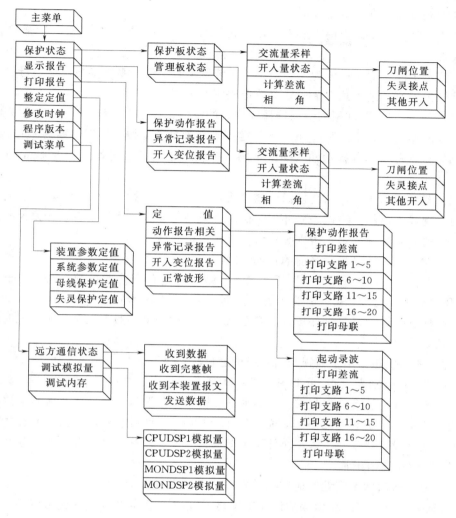

图 3-4-11 命令菜单树形图

按 "↑" 键和 "↓" 键用来上下滚动，选择要显示的报告。按 "ENT" 键显示选择的报告。首先显示最新的一条报告，按 "－" 键，显示前一个报告，按 "＋" 键，显示后一个报告。若一条报告一屏显示不下，则通过 "↑" 键和 "↓" 键上下滚动。按 "ESC" 键退出至上一级菜单。

（3）打印报告。本菜单选择打印定值，保护动作报告，异常记录报告，及开入变位报告。

本保护能记忆 8 次波形报告，其中差流波形报告中包括大差电流波形、各母线小差电流波形和电压波形以及各保护元件动作时序图，支路电流打印功能中可以选择打印各

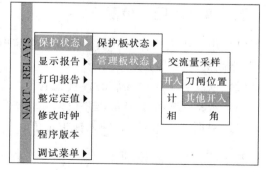

图 3-4-12 界面图

183

连接元件的故障前后支路电流波形。

按"↑"键和"↓"键用来上下滚动，选择要打印的报告，按"ENT"键确认打印选择的报告。

(4) 整定定值。此菜单分为 4 个子菜单：装置参数定值、系统参数定值、母线保护定值和失灵保护定值，进入某一个子菜单整定相应的定值。

按"↑"键，"↓"键用来滚动选择要修改的定值，按"←"键，"→"键用来将光标移到要修改的那一位，"＋"键和"－"键用来修改数据，按"ESC"键为不修改返回，按"ENT"键液晶显示屏提示输入确认密码，按次序键入"＋←↑－"，完成定值整定后返回。

注意：若整定出错，液晶会显示出错位置，且显示 3s 后自动跳转到第一个出错的位置，以便于现场人员纠正错误。另外，定值区号或系统参数定值整定后，母差保护定值和失灵保护定值必须重新整定，否则装置认为该区定值无效。

(5) 修改时钟。液晶显示当前的日期和时间。

按"↑"键，"↓"键，"←"键，"→"键用来选择要修改的那一位，"＋"键和"－"键用来修改。按"ESC"键为不修改返回，"ENT"键为修改后返回。

(6) 程序版本。液晶显示保护板、管理板和液晶板的程序版本以及程序生成时间。

(7) 调试菜单。

1) 远方通信状态。用于监视与后台机的通信状态情况。

485A、485B 分别表示 485A 口和 485B 口的通信状态。"收到数据"状态常为"N"时表示线路断或线上没有任何报文；"收到完整帧"状态常为"N"时表示通信波特率或通信规约设置错误，也有可能是 485 通信线正负接错；"收到本装置报文"状态常为"N"时表示通信地址设置错误；"发送数据"状态常为"N"时表示报文有问题。各状态均闪烁出现"Y"表示通信正常。

另外，分析通信状态问题时应按菜单次序从上到下进行检查。

2) 调试模拟量。实时显示保护计算出的母线零序、负序电压，各支路零序、负序电流，大差差动和制动电流，各母线差动和制动电流等，以方便装置调试工作。

3) 调试内存。实时显示 68332 和 DSP1、DSP2 的内存数值，主要供开发人员调试程序使用。

五、实验项目及步骤

(1) 用万用表在保护屏后，测量各直流电源"＋"、"－"之间无短路现象，即"＋"、"－"之间的电阻大于 2000Ω。

(2) 依次合上保护屏后的各直流电源。

(3) 观察保护面板显示，并根据实验指导书进行菜单操作。

(4) 根据本书附录 J，输入保护定值。

六、实验注意事项

(1) 实验前请仔细阅读本实验大纲及保护说明书。

（2）尽量少拔插装置插件，不触摸插件电路，不带电插拔插件。

（3）实验前应检查屏柜及装置是否有明显的损伤或螺丝松动。特别是 TA 回路的螺丝及连片。禁止有丝毫松动的情况。

（4）按键动作要轻，不得重复用力按撤。

（5）实验前请检查插件是否插紧。

（6）实验接线完毕后，要经过第二人检查后方可通电。

（7）保护屏后进行短接实验时，必须两人一组进行。

七、技术参数

1. 额定参数

（1）直流电压：220V，110V。允许偏差：-20%～+15%

（2）交流电压：$100/\sqrt{3}$V。

（3）交流电流：5A，1A。

（4）频率：50Hz。

（5）打印机工作电压：交流 220V。

2. 功耗

（1）直流电源回路：＜50W（常态）；＜75W（保护动作瞬间）。

（2）交流电压回路：＜0.5VA/相。

（3）交流电流回路：＜1VA/相，（$I_n=5A$）；＜0.5VA/相（$I_n=1A$）。

3. 交流回路过载能力

（1）交流电压：$2U_n$——持续工作。

（2）交流电流：$2I_n$——持续工作，$30I_n$——10s，$40I_n$——1s。

4. 输出接点容量

（1）允许长期通过电流：5A。

（2）允许短时通过电流：10A，1s。

5. 装置内电源

（1）工作电源：+5V（±3%），±15V（±3%）。

（2）出口电源：+24V（±5%）。

6. 主要技术指标

（1）母差保护整组动作时间：＜12ms（差流 $I_d \geqslant 2$ 倍差流定值）。

（2）出口保持时间：$\geqslant 200ms$；$\geqslant 80ms$（用于 $1\frac{1}{2}$ 接线时）。

（3）返回时间：＜40ms。

（4）定值误差：＜±5%。

7. 环境条件

（1）正常工作温度：0～40℃。

（2）极限工作温度：-10～50℃。

（3）储存与运输温度：-25～70℃。

8. 电磁兼容，绝缘与耐压

见表 3 - 5。

表 3 - 5　　　　　　　　　　　　电磁兼容，绝缘与耐压实验表

实验项目	耐受值	参照标准
辐射电磁场干扰实验	10V/m，（25～1000）MHz	GB14598.9，Ⅲ级，IEC255 - 22 - 3
快速瞬变干扰实验	4kV	GB14598.10，Ⅳ级，IEC255 - 22 - 4
1MHz 和 100KHZ 脉冲群干扰实验	2.5kV	GB14598.13，Ⅲ级，IEC255 - 22 - 1
静电放电实验	8kV	GB14598.14，Ⅲ级，IEC255 - 22 - 2
介质强度实验	2kV（有效值）交流，1min	GB14598.11，Ⅲ级，IEC255 - 22 - 1
冲击电压实验	5kV，1.2/50μs，0.5J，标准雷电波	GB14598.12，Ⅲ级，IEC255 - 22 - 2

9. 通信

两个 RS - 232/422/485 串行通信接口。通信规约：电力行业标准 DL/T667—1999（IEC60870 - 5 - 103）。

10. 机械性能

（1）工作条件：振动响应、冲击响应严酷等级为Ⅰ级。

（2）运输条件：振动耐久、冲击耐久及碰撞检验严酷等级为Ⅰ级。

第五节　RCS - 915AB 母线保护装置保护校验

一、实验目的

（1）了解 RCS - 915AB 母线保护的母线差动保护原理。

（2）了解 RCS - 915AB 母线保护的充电保护、死区保护原理。

（3）了解 RCS - 915AB 母线保护的非全相保护、过流保护原理。

（4）学会如何进行 RCS - 915AB 母线保护装置的校验。

二、实验预习

（1）熟悉 RCS - 915AB 母线保护的母线差动保护原理。

（2）了解 RCS - 915AB 母线保护的充电保护、死区保护原理。

（3）了解 RCS - 915AB 母线保护的非全相保护、过流保护原理。

（4）列出详细实验步骤。

（5）大差比率差动元件和小差比率差动元件有何区别？

三、实验仪器及设备

实验仪器及设备同本章第四节。

四、实验原理

（一）母线差动保护

各种类型的母线保护就其对母线接线方式、电网运行方式、故障类型以及故障点过渡

电阻等方面的适应性来说，仍以按电流差动原理构成的母线保护为最佳。带制动特性的差动继电器（亦即比率差动继电器），采用一次的穿越电流作为制动电流，以克服区外故障时由于电流互感器（TA）误差而产生的差动不平衡电流，在高压电网中得到了较为广泛的应用。BP 系列母差保护以此为基础，结合微机数字处理的特点，发展出以分相瞬时值复式比率差动元件为主的一整套电流差动保护方案。下述各元件判据除非特别说明，都是分相计算，分相判别。

1. 起动元件

母线差动保护的起动元件由"和电流突变量"和"差电流越限"两个判据组成。"和电流"是指母线上所有连接元件电流的绝对值之和 $I_r = \sum_{j=1}^{m} |I_j|$，"差电流"是指所有连接元件电流和的绝对值 $I_d = \left| \sum_{j=1}^{m} I_j \right|$，$I_j$ 为母线上第 j 个连接元件的电流。与传统差动保护不同，微机保护的"差电流"与"和电流"不是从模拟电流回路中直接获得，而是通过电流采样值的数值计算求得。起动元件分相起动，分相返回。

（1）和电流突变量判据。当任一相的和电流突变量大于突变量门坎时，该相起动元件动作。其表达式为

$$\Delta i_r > \Delta I_{dset} \qquad\qquad (3-5-1)$$

式中　Δi_r——和电流瞬时值比前一周波的突变量；

　　　ΔI_{dset}——突变量门坎定值。

（2）差电流越限判据。当任一相的差电流大于差电流门坎定值时，该相起动元件动作。其表达式为

$$I_d > I_{dset} \qquad\qquad (3-5-2)$$

式中　I_d——分相大差动电流；

　　　I_{dset}——差电流门坎定值。

（3）起动元件返回判据。起动元件一旦动作后自动展宽 40ms，再根据起动元件返回判据决定该元件何时返回。当任一相差电流小于差电流门坎定值的 75% 时，该相起动元件返回。其表达式为

$$I_d < 0.75 I_{dset} \qquad\qquad (3-5-3)$$

2. 差动元件

母线保护差动元件由分相复式比率差动判据和分相突变量复式比率差动判据构成。

（1）复式比率差动判据，其动作表达式为

$$\begin{cases} I_d > I_{dset} \\ I_d > K_r (I_r - I_d) \end{cases} \qquad\qquad (3-5-4)$$

式中　I_{dset}——差电流门坎定值；

　　　K_r——复式比率系数（制动系数）。

复式比率差动判据相对于传统的比率制动判据，由于在制动量的计算中引入了差电流，使其在母线区外故障时有极强的制动特性，在母线区内故障时无制动，因此，能更明

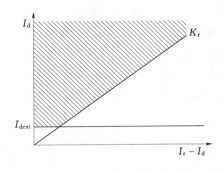

图 3-5-1 复式比率差动元件动作特性

确地区分区外故障和区内故障,图 3-5-1 为复式比率差动元件的动作特性。

可以参考表 3-6,确定复式比率系数 K_r 的取值,表中 Ext 为母线区内故障时流出母线的电流占总故障电流的百分比;δ 为母线区外故障时故障支路电流互感器的误差(其余支路电流互感器的误差忽略不计)。注意,该表数据是仅就复式比率判据的推导所得。

表 3-6 K_r 取 值 表

K_r	Ext(%)	δ(%)	K_r	Ext(%)	δ(%)
1	40	67	3	15	85
2	20	80	4	12	88

(2) 故障分量复式比率差动判据。根据叠加原理,故障分量电流有以下特点:

1) 母线内部故障时,母线各支路同名相故障分量电流在相位上接近相等(即使故障前系统电源功角摆开)。

2) 理论上,只要故障点过渡电阻不是∞,母线内部故障时故障分量电流的相位关系不会改变。

为有效减少负荷电流对差动保护灵敏度的影响,为进一步减少故障前系统电源功角关系对保护动作特性的影响,提高保护切除经过渡电阻接地故障的能力,本装置采用电流故障分量分相差动构成复式比率差动判据。

故障分量的提取有多种方案,本保护采用的数字算法为

$$\Delta i(k) = i(k) - i(k-N)$$

式中 $i(k)$——当前电流采样值;

$i(k-N)$——一个周波前的采样值。

故障发生后的一个周波内,其输出能较准确地反映包括各种谐波分量在内的故障分量。

"故障分量差电流"为

$$\Delta I_d = \left| \sum_{j=1}^{m} \Delta I_j \right|$$

"故障分量和电流"为

$$\Delta I_r = \sum_{j=1}^{m} \left| \Delta I_j \right|$$

动作表达式为

$$\begin{cases} \Delta I_d > \Delta I_{dset} \\ \Delta I_d > K_r(\Delta I_r - \Delta I_d) \\ I_d > I_{dset} \\ I_d > 0.5 \times (I_r - I_d) \end{cases} \tag{3-5-5}$$

式中　　ΔI_j——第 j 个连接元件的电流故障分量；

　　　　ΔI_{dset}——故障分量差电流门坎，由 I_{dset} 推得；

　　　　K_r——复式比率系数（制动系数）。

由于电流故障分量的暂态特性，故障分量复式比率差动判据仅在和电流突变起动后的第一个周波投入，并受使用低制动系数（0.5）的复式比率差动判据闭锁。

保护将母线上所有连接元件的电流采样值输入上述两个差动判据，即构成大差（总差）比率差动元件；对于分段母线，将每一段母线所连接元件的电流采样值输入上述差动判据，即构成小差（分差）比率差动元件。各元件连接在哪一段母线上，是根据各连接元件的刀闸（隔离开关）位置来决定。

3. TA（电流互感器）饱和检测元件

为防止母线差动保护在母线近端发生区外故障时，由于 TA 严重饱和出现差电流的情况下误动作，本装置根据 TA 饱和发生的机理以及 TA 饱和后二次电流波形的特点设置了 TA 饱和检测元件，用来判别差电流的产生是否由区外故障 TA 饱和引起。

该饱和检测元件可以称为自适应全波暂态监视器。该监视器判别出区内故障情况及区外故障发生 TA 饱和情况下 ΔI_d 元件与 ΔI_r 元件的动作时序不同，并利用了 TA 饱和时差电流波形畸变和每周波都存在线形传变区等特点，可以准确检测出饱和发生的时刻，具有极强的抗 TA 饱和能力。

4. 电压闭锁元件

以电流判据为主的差动元件，可以用电压闭锁元件来配合，提高保护整体的可靠性。电压闭锁元件的动作表达式为

$$\begin{cases} U_{ab} \leqslant U_{set} \\ 3U_0 \geqslant U_{0set} \\ U_2 \geqslant U_{2set} \end{cases} \tag{3-5-6}$$

式中　　　　U_{ab}——母线线电压（相间电压）；

　　　　　　$3U_0$——母线三倍零序电压；

　　　　　　U_2——母线负序电压；

U_{set}、U_{0set}、U_{2set}——各序电压闭锁定值。

因为判据中用到了低电压、零序和负序电压，所以称之为复合电压闭锁。三个判据中的任何一个被满足，该段母线的电压闭锁元件就会动作，称为复合电压元件动作。如母线电压正常，则闭锁元件返回。本元件瞬时动作，动作后自动展宽 40ms 再返回。差动元件动作出口，必须相应母线段的母线差动复合电压元件动作（与失灵复合电压元件相区分）。

5. 故障母线选择逻辑

大差比率差动元件与小差比率差动元件各有特点。大差比率差动元件的差动保护范围涵盖各段母线，大多数情况下不受运行方式的控制；小差比率差动元件受当时的运行方式控制，但差动保护范围只是相应的一段母线，具有选择性。

对于固定连接式分段母线，如单母分段、$1\frac{1}{2}$ 断路器等主接线，由于各个元件固定连接在一段母线上，不在母线段之间切换，因此，大差电流只作为起动条件之一，各段母线

的小差比率差动元件既是区内故障判别元件，也是故障母线选择元件。

对于存在倒闸操作的双母线、双母分段等主接线，差动保护使用大差比率差动元件作为区内故障判别元件，使用小差比率差动元件作为故障母线选择元件，即由大差比率元件是否动作，区分母线区外故障与母线区内故障。当大差比率元件动作时，由小差比率元件是否动作决定故障发生在哪一段母线。这样可以最大限度的减少由于刀闸辅助接点位置不对应造成的母差保护误动作。

考虑到分段母线的联络开关断开的情况下发生区内故障，非故障母线段有电流流出母线，影响大差比率元件的灵敏度，大差比率差动元件的比率制动系数可以自动调整。联络开关处于合位时（母线并列运行），大差比率制动系数与小差比率制动系数相同（可整定）。当联络开关处于分位时（母线分列运行），大差比率差动元件自动转用比率制动系数低值（也可整定）。

母线上的连接元件倒闸过程中，两条母线经刀闸相连时（母线互联），装置自动转入"母线互联方式"（"非选择方式"）——不进行故障母线的选择，一旦发生故障同时切除两段母线。当运行方式需要时，如母联操作回路失电，也可以设定保护控制字中的"强制母线互联"软压板，强制保护进入互联方式。

综上所述，以双母线其中的Ⅰ段为例，差动保护的整个逻辑关系见图 3-5-2。

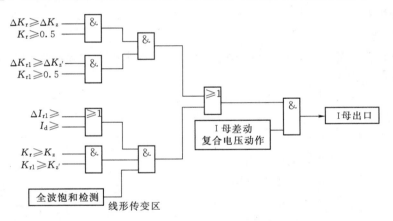

图 3-5-2　母差保护逻辑框图

ΔI_{r1}—和电流突变量；ΔI_d—差电流突变量；$I_d \geqslant$—差电流起动元件；$\Delta I_{r1} \geqslant$—和电流突变起动元件；

$K_r \geqslant$—大差突变量比率差动元件；$K_{r1} \geqslant$—大差复式比率差动元件；$\Delta K_{r1} \geqslant$—Ⅰ母突变量比率差动元件；

$K_{r1} \geqslant$—Ⅰ母复式比率差动元件；K_z—大差比率制动系数；K_z'—小差比率制动系数

6. 差动回路和出口回路的切换

前面阐述了本装置的母线差动保护方案，包括起动、差动判据、饱和检测、电压闭锁、故障母线选择在内的各个环节及相互之间逻辑关系。下面将举例详细说明差动回路和出口回路的形成。其实这里所说的"差动回路"和"出口回路"只是借用传统保护的概念，微机母线差动保护装置中并不存在这样的硬件回路，各连接元件三相电流和刀闸位置全部都已转换成为数字量，由程序流程来实现切换。因此装置的差动回路和出口回路可以说是实时地无触点地（非继电器）切换。

（1）双母线接线。

190

以 I_1，I_2，$\cdots$，I_n 表示各元件电流数字量。

以 I_{lk} 表示母联电流数字量。

以 S_{11}，S_{12}，$\cdots$，S_{1n} 表示各元件Ⅰ母刀闸位置，"0"表示刀闸分，"1"表示刀闸合。

以 S_{21}，S_{22}，$\cdots$，S_{2n} 表示各元件Ⅱ母刀闸位置。

以 S_{lk} 表示母线并列运行状态，"0"表示分列运行，"1"表示并列运行。

各元件 TA 的极性端必须一致；一般母联只有一侧有 TA，装置默认母联 TA 的极性与Ⅱ母上的元件一致。则差流计算公式为

大差电流

$$I_d = I_1 + I_2 + \cdots + I_n$$

Ⅰ母小差电流

$$I_{d1} = I_1 S_{11} + I_2 S_{12} + \cdots + I_n S_{1n} - I_{lk} S_{lk}$$

Ⅱ母小差电流

$$I_{d2} = I_1 S_{21} + I_2 S_{22} + \cdots + I_n S_{2n} + I_{lk} S_{lk}$$

以 T_1，T_2，$\cdots$，T_n 表示差动动作于各元件逻辑，"0"表示不动作，"1"表示动作；

以 T_{lk} 表示差动动作于母联逻辑；

以 F_1，F_2 分别表示Ⅰ母、Ⅱ母故障，"0"表示无故障，"1"表示故障。

则出口逻辑计算公式为

$$T_1 = F_1 S_{11} + F_2 S_{21}$$
$$T_2 = F_1 S_{12} + F_2 S_{22}$$
$$\vdots$$
$$T_n = F_1 S_{1n} + F_2 S_{2n}$$
$$T_{lk} = F_1 + F_2$$

(2) 母联兼旁路形式的双母线接线。此时装置需引入母联到旁母的刀闸位置，以 S_{pl} 表示。该刀闸断开时（$S_{pl} = 0$），断路器作母联用，回路切换同双母线接线。

若以Ⅱ母带旁路，要求母联 TA 装于Ⅰ母侧。断路器无论作母联用还是作旁路用，TA 的极性与Ⅱ母上的元件都是一致的。母联的旁母刀闸和Ⅱ母刀闸处于合位时，该元件作旁路用，回路切换成

$$I_d = I_1 + I_2 + \cdots + I_n + I_{lk}$$
$$I_{d1} = I_1 S_{11} + I_2 S_{12} + \cdots + I_n S_{1n}$$
$$I_{d2} = I_1 S_{21} + I_2 S_{22} + \cdots + I_n S_{2n} + I_{lk}$$
$$T_{lk} = F_2$$

若以Ⅰ母带旁路，要求母联 TA 装于Ⅱ母侧。由于已经定义断路器作母联用时，TA 的极性与Ⅱ母上的元件一致；那么断路器作旁路用时，TA 的极性与Ⅰ母上的元件相反。母联的旁母刀闸和Ⅰ母刀闸处于合位时，该元件作旁路用，回路切换成

$$I_d = I_1 + I_2 + \cdots + I_n - I_{lk}$$
$$I_{d1} = I_1 S_{11} + I_2 S_{12} + \cdots + I_n S_{1n} - I_{lk}$$
$$I_{d2} = I_1 S_{21} + I_2 S_{22} + \cdots + I_n S_{2n}$$
$$T_{lk} = F_1$$

若Ⅰ、Ⅱ母都可能带旁路，建议母联断路器两侧都要装设 TA。

（3）旁路代母联形式的双母线接线。定义第 4 单元为旁路单元，旁母到Ⅰ母（或Ⅱ母）有跨条，装置引入跨条刀闸位置，以 S_{kt} 表示。

若跨条接于Ⅰ母，当跨条刀闸和旁路单元的Ⅱ母刀闸处于合位时，即 $S_{kt}=1$ 且 $S_{2m}=1$，旁路单元作为母联用，回路切换成

$$I_d = I_1 + I_2 + \cdots + I_4 + \cdots + I_n - I_4$$
$$I_{d1} = I_1 S_{11} + I_2 S_{12} + \cdots - I_4 + \cdots + I_n S_{1n}$$
$$I_{d2} = I_1 S_{21} + I_2 S_{22} + \cdots + I_4 + \cdots + I_n S_{2n}$$
$$T_m = F_1 + F_2$$

若跨条接于Ⅱ母，当跨条刀闸和旁路单元的Ⅰ母刀闸处于合位时，即 $S_{kt}=1$ 且 $S_{1m}=1$，旁路单元作为母联用，回路切换成

$$I_d = I_1 + I_2 + \cdots + I_4 + \cdots + I_n - I_4$$
$$I_{d1} = I_1 S_{11} + I_2 S_{12} + \cdots + I_4 + \cdots + I_n S_{1n}$$
$$I_{d2} = I_1 S_{21} + I_2 S_{22} + \cdots - I_4 + \cdots + I_n S_{2n}$$
$$T_m = F_1 + F_2$$

（4）母线兼旁母形式的双母线接线。回路切换与母联兼旁路时相类似。当然不再有旁母，没有母联到旁母刀闸，而是取决于出线到母线的跨条刀闸 S_{k1}、S_{k2}，见图 3-5-3。

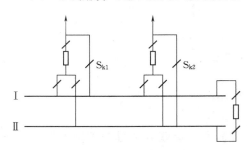

图 3-5-3　母线兼旁母接线示意图

若母线的跨条刀闸（S_{k2}）合，则装置将Ⅱ母做为旁母，将母联做为旁路。此时，母差保护范围为Ⅰ母（延伸至旁路的 TA）。Ⅱ母不在母差保护的范围内。

（5）其他形式的主接线。以上是以双母线接线为例，其他主接线方式的回路切换类推可知。

1）单母分段，除分段单元外的元件都是固定连接，分段单元的处理同母联单元。

2）双母单分段，三段母线分别形成小差回路，装置默认母联 LK1 的 TA 极性同Ⅱ母上的元件，母联 LK2 的 TA 极性同Ⅲ母上的元件，分段 LN 的 TA 极性同Ⅱ母上的元件。接线示意图见图 3-5-4。

3）双母线双分段，一般考虑用两套 BP-2B 装置配合实现各段母线的保护。一套装置保护分段开关"左"侧的两段母线；另一套装置

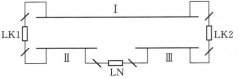

图 3-5-4　双母分段接线示意图

保护分段开关"右"侧的两段母线；两套装置的保护范围在分段开关处交叠。在差动逻辑中，将分段做为该段母线上的一个元件。

（二）母联（分段）失灵和死区保护

母线并列运行，当保护向母联（分段）开关发出跳令后，经整定延时若大差电流元件不返回，母联（分段）电流互感器中仍然有电流，则母联（分段）失灵保护应经母线差动

复合电压闭锁后切除相关母线各元件。只有母联（分段）开关作为联络开关时，才起动母联（分段）失灵保护，因此，母差保护和母联（分段）充电保护起动母联（分段）失灵保护。

母线并列运行，当故障发生在母联（分段）开关与母联（分段）电流互感器之间时，断路器侧母线段跳闸出口无法切除该故障，而 TA 侧母线段的小差元件不会动作，这种情况称之为死区故障。此时，母差保护已动作于一段母线，大差电流元件不返回，母联（分段）开关已跳开而母联（分段）电流互感器仍有电流，死区保护应经母线差动复合电压闭锁后切除相关母线。

上述两个保护有共同之处，即故障点在母线上，跳母联开关经延时后，大差元件不返回且母线电流互感器仍有电流，跳两段母线。因此，可以共用一个保护逻辑，见图 3-5-5。

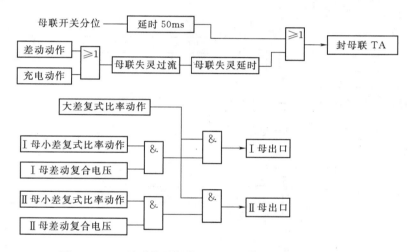

图 3-5-5 母联失灵保护、死区故障保护实现逻辑框图

由于故障点在母线上，装置根据母联断路器的状态封母联 TA 后——即母联电流不计入小差比率元件，差动元件即可动作隔离故障点。对母联开关失灵而言，需经过长于母联断路器灭弧时间并留有适当裕度的延时（母联失灵延时，可整定）才能封母联 TA；对于母线并列运行（联络开关合位）发生死区故障而言，母联开关接点一旦处于分位（可以通过开关辅助接点 DL，或 TWJ、HWJ 接点读入），再考虑主接点与辅助接点之间的先后时序（50ms），即可封母联 TA，这样可以提高切除死区故障的动作速度。

母线分列运行时，死区点如发生故障，由于母联 TA 已被封闭，所以保护可以直接跳故障母线，避免了故障切除范围的扩大。

由于母联开关状态的正确读入对本保护的重要性，所以建议将 DL 的常开接点（或 HWJ）和常闭接点（TWJ）同时引入装置，以便相互校验。对分相断路器，要求将三相常开接点并联，将三相常闭接点串联。

（三）母联（分段）充电保护

保护逻辑框图见图 3-5-6。

分段母线其中一段母线停电检修后，可以通过母联（分段）开关对检修母线充电以恢复双母运行。此时投入母联（分段）充电保护，当检修母线有故障时，跳开母联（分段）开关，切除故障。

母联（分段）充电保护的起动需同时满足三个条件：① 母联（分段）充电保护压板投入；② 其中一段母线已失压，且母联（分段）开关已断开；③ 母联电流从无到有。

充电保护一旦投入自动展宽200ms后退出。充电保护投入后，当母联任一相电流大于充电电流定值，经可整定延时跳开母联开关，不经复合电压闭锁。充电保护投入期间是否闭锁差动保护可设置保护控制字相关项进行选择。

图 $3-5-6$ 中有流门坎为 $0.04I_n$。

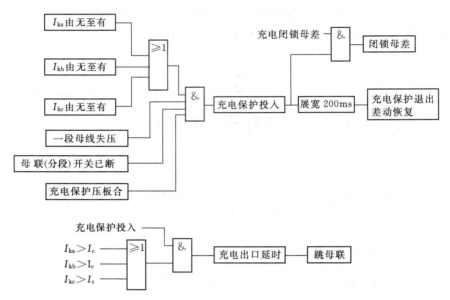

图 $3-5-6$ 充电保护逻辑框图

I_{ka}—母联 A 相电流；I_{kb}—母联 B 相电流；I_{kc}—母联 C 相电流；I_c—充电保护电流定值

（四）母联（分段）过流保护

保护逻辑框图见图 $3-5-7$。

图 $3-5-7$ 中有流门坎为 $0.04I_n$。

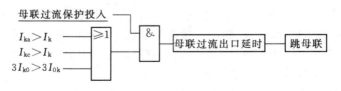

图 $3-5-7$ 母联过流保护逻辑框图

I_{ka}—母联 A 相电流；I_{kc}—母联 C 相电流；I_k—母联过流定值；

$3I_{k0}$—母联零序电流；$3I_{0k}$—母联零序过流定值

母联（分段）过流保护可以作为母线解列保护，也可以作为线路（变压器）的临时应急保护。母联（分段）过流保护压板投入后，当母联任一相电流大于母联过流定值，

194

或母联零序电流大于母联零序过流定值时，经可整定延时跳开母联开关，不经复合电压闭锁。

（五）电流回路断线闭锁

差电流大于 TA 断线定值，延时 9s 发 TA 断线告警信号，同时闭锁母差保护。电流回路正常后，0.9s 自动恢复正常运行，见图 3-5-8 和图 3-5-9。

母联（分段）电流回路断线，并不会影响保护对区内、区外故障的判别，只是会失去对故障母线的选择性。因此，联络开关电流回路断线不需闭锁差动保护，只需转入母线互联（单母方式）即可。母联（分段）电流回路正常后，需手动复归恢复正常运行。由于联络开关的电流不计入大差，母联（分段）电流回路断线时上一判据并不会满足。而此时与该联络开关相连的两段母线小差电流都会越限，且大小相等、方向相反。

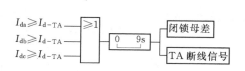

图 3-5-8　TA 断线逻辑框图

I_{da}—A 相大差电流；I_{db}—B 相大差电流；
I_{dc}—C 相大差电流；I_{d-TA}—TA 断线定值

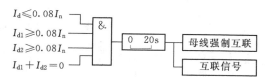

图 3-5-9　联络断路器 TA 断线逻辑框图

（六）电压回路断线告警

某一段非空母线失去电压，延时 9s 发 TV 断线告警信号。除了该段母线的复合电压元件将一直动作外，对保护没有其他影响。

（七）母线运行方式的电流校验

双母线运行时，各连接元件经常在两段母线之间切换。母差保护需要正确跟随母线运行方式的变化，才能保证母线保护的正确动作。

本装置引入隔离刀闸的辅助接点实现对母线运行方式的自适应。同时用各支路电流和电流分布来校验刀闸辅助接点的正确性。当发现刀闸辅助接点状态与实际不符，即发出"开入异常"告警信号，在状态确定的情况下自动修正错误的刀闸接点，包括两段母线经两把刀闸双跨（母线互联）。刀闸辅助接点恢复正确后需复归信号才能解除修正。如有多个刀闸辅助接点同时出错，则装置可能无法全部修正，需要运行人员操作"运行方式设置"菜单进行强制设定，直到刀闸辅助接点检修完毕取消强制。

由于大差电流与刀闸辅助接点无关，以及装置具有运行方式电流校验功能，因此双母线倒排操作期间，装置不需运行人员手动干预，可以正确切除故障；刀闸辅助接点出错检修期间不需退出保护；带电拉刀闸，保护可以正确快速动作。

（八）断路器失灵保护出口

断路器失灵保护可以与母线保护公用跳闸出口，本装置有两种方式供选择。

1. 与失灵起动装置配合方式

逻辑框图见图 3-5-10。

当母线所连的某断路器失灵时，由该线路或元件的失灵起动装置提供一个失灵起动接点给本装置。当装置检测到某一失灵起动接点闭合后，起动该断路器所连的母线段失灵出口逻辑，经失灵复合电压闭锁，按可整定的"失灵出口延时1"跳开联络开关，"失灵出口延时2"跳开该母线连接的所有断路器。

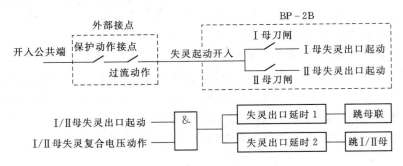

图 3-5-10　失灵起动逻辑框图

2. 自带电流检测元件方式

逻辑框图见 3-5-11。

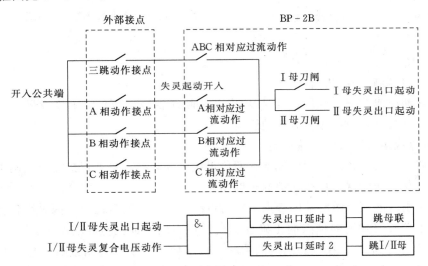

图 3-5-11　失灵过流逻辑框图

若没有失灵起动装置，本装置本身可以实现检测断路器失灵的过流元件。将元件保护的保护跳闸接点引入装置。分相跳闸接点则分相检测电流，三相跳闸接点则检测三相电流。对于 220kV 系统，母差装置需引入线路保护的三跳接点和单跳接点，变压器保护的三跳接点。

3. 失灵电压闭锁元件

失灵的电压闭锁元件，与差动的电压闭锁类似，也是以低电压（线电压）、负序电压和 3 倍零序电压构成的复合电压元件。只是使用的定值与差动保护不同，需要满足线路末端故障时的灵敏度。同样失灵出口动作，需要相应母线段的失灵复合电压元件动作。

196

4．母线分列运行的说明

对于分段母线（双母线或单母分段），当联络开关断开，母线分列运行时，需要考虑以下两种情况。

（1）如图 3-5-12 所示，母线分列运行时，Ⅱ母故障，Ⅰ母上的负荷电流仍然可能流出母线。特别是在Ⅰ母线、Ⅱ母线分别接大、小电源或者母线上有近距离双回线时，电流流出母线的现象特别严重。此时，大差灵敏度下降。因此，装置的大差比率元件采用 2 个定值，母线并列运行时，用比率系数高值；母线分列运行时，用比率系数低值。装置根据母线运行状态自动切换定值。

（2）如图 3-5-13 所示，母线分列运行时，死区故障，故障点位于母联的开关和 TA 之间。此时，按差电流回路，Ⅰ母差动动作，然后起动母联失灵跳Ⅱ母，如果两母线的复合电压闭锁均开放，则造成母线完全退出运行。如果故障时Ⅰ母复合电压闭锁不开放（故障点在Ⅱ母），Ⅱ母复合电压闭锁开放，会造成保护拒动。因此，在母线分列运行时，装置封母联 TA，若发生图 3-5-13 所示故障时，差动保护直接出口跳Ⅱ母。

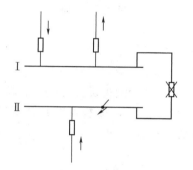

图 3-5-12　母线分列运行Ⅱ母故障

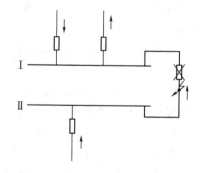

图 3-5-13　母线分列运行死区故障

装置通过自动和手动两种方式判别母线是并列运行还是分列运行。自动方式是将母联（分断）开关的常开和常闭辅助接点引入装置的端子，若开关的常开和常闭接点不对应，装置默认为开关合，同时发开入异常告警信号；手动方式是运行人员在母联（分段）开关断开后，投"母线分列压板"，在合母联（分段）开关前，退出该压板。以上两种方式中，手动方式优先级最高。即，若投"母线分列压板"，装置认为母线分列运行；若退"母线分列压板"，装置根据自动方式判别母线运行状态。

五、实验项目及步骤

（一）交流量调试

（1）在预设一相位基准中设置以 0，1 单元的相位为基准。

（2）在第 1 单元加三相电流，幅值为 5A，相角依此为 0°，240°，120°。

（3）校验查看——间隔单元菜单显示的交流量并记录。

（4）依次进行其他各单元的交流测试。（除在本单元加三相电流外，A 相电流与第 1 单元 A 相串接。以校验各单元的相角。）

（5）在 TV 端子加三相电压，幅值为 57.74V，相角依此为 0°，240°，120°。

（6）进入"查看——间隔单元"菜单，查看显示的交流量并记录。

（二）开出量调试

（1）将母联和分段的刀闸强制合。

（2）将 L1，L3，L5，L7，L9，…，奇数单元强制合Ⅰ母，Ⅱ母自适应。

（3）将 L2，L4，L6，L8，L10，…，偶数单元强制合Ⅱ母，Ⅰ母自适应。

（4）检查刀闸位置显示是否正确。

（5）在 L1 单元加电流（$2I_n$），使Ⅰ母动作。检测跳闸接点并记录。

（6）将 L1，L3，L5，L7，L9，…，奇数单元强制合Ⅱ母，Ⅰ母自适应。

（7）将 L2，L4，L6，L8，L10，…，偶数单元强制合Ⅰ母，Ⅱ母自适应。

（8）检查刀闸位置显示是否正确。

（9）在 L1 单元加电流（$2I_n$），使Ⅱ母动作。检测跳闸接点并记录。

（10）将运行电源空开断开，此时，"运行电源消失，操作电源消失"信号端子导通。

（11）将操作电源空开断开，此时，"操作电源消失"信号端子导通。

（三）开入量调试

（1）将所有的刀闸均改为自适应状态。

（2）依此在屏后的刀闸开入端子和失灵开入端子加开入量。

（3）在主界面检测刀闸是否正确，在间隔单元菜单中检测失灵接点是否正确。

（4）将保护投退切换把手切至"差动退，失灵投"位置，查看主界面显示是否正确；切至"差动投，失灵退"位置，查看主界面显示是否正确；切至"差动投，失灵投"位置，查看主界面显示是否正确。

（5）进入装置"运行记录——保护投退"菜单，查看记录是否正确。

（6）检验信号复归是否正常。

（7）投充电保护压板、过流保护压板，查看主界面显示是否正确。

（8）投分列运行压板，查看母联开关是否断开，检查母联常开，常闭接点，旁母跨条接点等是否正确。

（四）保护功能调试

1. 实验前准备

（1）在"预设——间隔设置"中设置母联间隔 A 相电流为基准。

（2）将 L1，L3，L5，L7，L9，…，奇数单元强制合Ⅰ母，Ⅱ母自适应。

（3）将 L2，L4，L6，L8，L10，…，偶数单元强制合Ⅱ母，Ⅰ母自适应。

（4）合上母联开关。

（5）Lk 为母联单元。

2. 母线区外故障

（1）将母联（分段）的刀闸强制合。

（2）将 Lk，L1，L2 三个单元 A 相电流串联，通入电流。

电流幅值：$I = 3A$。

电流方向：Lk，L1 为正方向，L2 为反方向。

（3）此时，大差电流和两段小差电流均为 0，母差保护不应动作。

3. 差动保护门槛定值校验（差动门槛定值为 2A）

（1）将母联（分段）的刀闸强制分。

（2）在 L1 间隔中通入 A 相电流，电流幅值：$I = 2.1A$。

（3）此时，Ⅰ母差动保护动作。

（4）在 L2 间隔中通入 A 相电流，电流幅值：$I = 2.1A$。

（5）此时，Ⅱ母差动保护动作。

4. 大差比率系数高值校验（$K_r = 2$）

（1）将母联开关合上。

（2）在 L1 单元、L2 单元的 A 相加入电流 I_{A1}、I_{A2}，电流幅值为 2A，电流方向相反。

（3）在 L3 单元的 A 相加入电流电流幅值从 7A 开始逐渐升高。

（4）直至Ⅰ母差动保护动作，记录此时的电流幅值 I_d。

（5）按照下式进行 K_r 的校验，即

$$I_r = I_{A1} + I_{A2} + I_d$$

$$K_r = \frac{I_d}{(I_r - I_d)}$$

（6）察看录波的信息，波形和报告是否正确。

注：实验步骤（3）、（4）中，通入 L3 单元的电流幅值变化至差动动作的时间不要超过 9s，否则，装置会报 TA 断线，并闭锁差动。

5. 大差比率系数低值校验（$K_r = 0.5$）

（1）将母联开关分开（母联分列运行时自动转为低值）。

（2）在 L1 单元、L2 单元的 A 相加入电流 I_{A1}、I_{A2}，电流幅值为 2A，电流方向相反。

（3）在 L3 单元的 A 相加入电流电流幅值从 1.8A 开始逐渐升高。

（4）直至Ⅰ母差动保护动作，记录此时的电流幅值 I_d。

（5）按照下式进行 K_r 的校验，即

$$I_r = I_{A1} + I_{A2} + I_d$$

$$K_r = \frac{I_d}{(I_r - I_d)}$$

（6）察看录波的信息，波形和报告是否正确。

注：实验步骤（3）、（4）中，通入 L3 单元的电流幅值变化至差动动作的时间不要超过 9s，否则，装置会报 TA 断线，并闭锁差动。

6. 小差比率系数校验（$K_r = 2$）

（1）在 L1 单元的 A 相加入电流 I_{A1}，电流幅值为 2A。

（2）在 L2 单元的 A 相加入电流 I_{A2}，电流幅值为 9A，方向和 I_{A1} 相反。

（3）逐渐升高 I_{A2} 的电流幅值，直至Ⅰ母差动动作，记录此时的电流幅值 I_d。

（4）按照下式进行 K_r 的校验，即

$$K_r = \frac{I_d - I_{A1}}{2I_{A1}}$$

（5）察看录波的信息，波形和报告是否正确。

注：实验步骤（2）、（3）中，通入 L2 单元的电流幅值变化至差动动作的时间不要超过 9s，否则，装置会报 TA 断线，并闭锁差动。

7. 倒闸过程中母线区内故障的校验

（1）将 L2 单元的Ⅰ，Ⅱ母刀闸均强制合上，此时互联信号灯亮。

（2）在 L3 单元中加入 A 相电流，电流幅值大于差动门槛定值。

（3）此时，Ⅰ、Ⅱ母线差动保护同时动作。

（4）将 L2 单元的刀闸恢复，并将信号复归。

（5）在保护控制字中将强制母线互联设置为"投"，此时，互联信号灯亮。

（6）在 L3 单元中加入 A 相电流，电流幅值大于差动门槛定值。

（7）此时，Ⅰ、Ⅱ母线差动保护同时动作。

（8）将保护控制字设置恢复，并将信号复归。

（9）察看录波的信息，波形和打印报告是否正确。

8. 线路失灵保护校验

（1）投入 L1 单元的失灵起动压板、跳闸压板。

（2）投入母联跳闸压板。

（3）用一组开出量加到 L1 单元的失灵启动接点和开入回路公共端。

（4）将母联 Lk 单元和 L1 单元的跳闸接点分别接到实验装置的 T_a、T_b 动作接点。

（5）加入三相电压。

（6）不需加电流，只用状态"1"缺一相电压使保护开放（低电压闭锁元件开放）。

（7）保护动作结果：Ⅰ母失灵保护动作，先跳开母联开关随后跳开 L1 单元开关。

（8）将信号复归。查看事件记录内容是否正确。

（9）Ⅱ母失灵保护的校验，只需要将 L1 单元换成 L2 单元即可。

9. 母联失灵（死区）故障

（1）母联开关为合。

1）将 Lk，L1，L2 三个单元同时串接单相电流，方向相同。

2）加入电流幅值为 $0.8I_n$（大于差动门槛，小于母联失灵定值），Ⅱ母差动作。跳开母联断路器及Ⅱ段母线上的所有断路器。

3）加入电流幅值为 $1.2I_n$（大于差动门槛，大于母联失灵定值），Ⅱ母差动作。母联失灵起动经母联失灵延时后，封母联 TA，Ⅰ母差动作。此时，动作过程为：先跳开母联断路器，再跳开Ⅱ段母线上的所有断路器，最后跳开Ⅰ段母线上的所有断路器。

4）用实验仪检验Ⅰ母出口延时（母联失灵延时）是否正确。

5）将 Lk 通入与 L1，L2 反相的电流，即可做出Ⅰ母差动动作后，封母联 TA，Ⅱ母差动动作。

6）将信号复归。查看事件记录内容是否正确。

（2）母联开关为断。

1）将母线分列压板投入（此时封掉母联 TA）。

2）将 Lk，L1 两个单元同时串接单相电流，方向相同。

3）加入电流幅值为 $0.8I_n$（大于差动门槛，小于母联失灵定值），Ⅰ 母差动动作。

4）察看录波的信息，波形和打印报告是否正确。

10. 母线充电保护

（1）投充电保护压板。

（2）母联断路器由分位到合位，此时开放充电保护，实际中就是在母联开关合的瞬间开放 200ms，之后充电保护将退出。

（3）在母联加 A 相电流（大于充电定值），母线充电动作。

（4）用实验仪检验母联出口延时（母线充电延时）是否正确。

（5）查看事件记录内容是否正确。在菜单装置运行记录——保护投退记录中检验保护投退记录是否正确。

11. 母联过流保护

（1）投过流保护压板。

（2）在母联加 A 相电流（大于母联过流定值），母联过流动作。

（3）在母联加零序电流（大于母联零序过流定值），母联过流动作。

（4）查看事件记录内容是否正确。

六、实验注意事项

（1）实验前请仔细阅读本实验大纲及保护说明书。

（2）尽量少拔插装置插件，不触摸插件电路，不带电插拔插件。

（3）实验前应检查屏柜及装置是否有明显的损伤或螺丝松动。特别是 TA 回路的螺丝及连片。禁止有丝毫松动的情况。

（4）按键动作要轻，不得重复用力按揿。

（5）实验前请检查插件是否插紧。

（6）实验接线完毕后，要经过第二人检查后方可通电。

（7）保护屏后进行短接实验时，必须两人一组进行。

（8）实验中，禁止长时间加载 2 倍以上的额定电流。

第六节　RCS‑985A 发变组保护装置
硬件原理及操作实验

一、实验目的

（1）了解 RCS‑985A 发变组保护的硬件构成原理。

（2）学会如何进行 RCS‑985A 发变组保护装置的操作。

（3）学会如何进行 RCS‑985A 发变组保护定值输入。

二、实验预习

(1) 熟悉 RCS-985A 发变组保护的硬件构成原理。

(2) 了解 RCS-985A 发变组保护的操作方法。

(3) 列出详细实验步骤。

(4) 发电机纵差保护和横差保护的区别是什么？

三、实验仪器及设备

实验仪器及设备见表 3-7。

表 3-7　　　　　　　　　　　　　　**RCS-985A 实验仪器及设备**

序　号	设备型号	仪器/设备名称	数量
1	PRC85A-31A	220kV 发变组保护 A 柜	1
2	PRC85A-31B	220kV 发变组保护 B 柜	1
3	RCS-985A	发变组保护装置	2

四、实验原理

（一）硬件原理说明

1. 硬件特点

(1) DSP 硬件平台。RCS-985 保护装置采用高性能数字信号处理器 DSP 芯片作为保护装置的硬件平台，为真正的数字式保护。

(2) 双 CPU 系统结构。RCS-985 保护装置包含两个独立的 CPU 系统：低通、AD 采样、保护计算、逻辑输出完全独立，CPU2 系统作用于起动继电器，CPU1 系统作用于跳闸矩阵。任一 CPU 板故障，装置闭锁并报警，杜绝硬件故障引起的误动。

(3) 独立的起动元件。管理板中设置了独立的总起动元件，动作后开放保护装置的出口继电器正电源，同时针对不同的保护采用不同的起动元件。CPU 板各保护动作元件只有在其相应的起动元件动作后同时管理板对应的起动元件动作后才能跳闸出口，正常情况下保护装置任一元件损坏均不会引起装置误出口。

(4) 高速采样及并行计算。装置采样率为每周 24 点，且在每个采样间隔内对所有继电器（包括主保护、后备保护、异常运行保护）进行并行实时计算，使得装置具有很高的可靠性及动作速度。

(5) 主后一体化方案。TA、TV 只接入一次，不需串接或并接，大大减少 TA 断线、TV 断线的可能性，保护装置信息共享，对于任何故障，装置可录下一个发变组单元的全部波形量。

2. 装置起动元件

RCS-985 管理板针对不同的保护用不同的起动元件来起动，并且只有该种保护投入时，相应的起动元件才能起动。当各起动元件动作后展宽 500ms，开放出口正电源。CPU 板各保护动作元件只有在其相应的起动元件动作后，同时管理板对应的起动元件动作后才能跳闸出口，否则会有不对应起动报警。

（1）发电机变压器差动保护、主变差动保护起动。

1）发电机变压器差动起动：当发变组差动电流大于差动电流起动整定值时，起动元件动作。

2）主变差动起动：当主变差动电流大于差动电流起动整定值时，起动元件动作。主变差动差流工频变化量起动时，起动元件动作。

（2）变压器后备保护起动。

1）相电流起动：当主变三相电流最大值大于相电流整定值时，起动元件动作。

2）工频变化量相电流起动：当相电流的工频变化量大于 $0.2I_n$ 时，起动元件动作。

3）零序电流起动：当主变零序电流大于零序电流整定值时，起动元件动作。

4）间隙零序电流起动：当主变间隙零序电流大于间隙零序电流整定值时，起动元件动作。

5）间隙零序电压起动：当间隙零序电压大于间隙零序电压整定值时，起动元件动作。

（3）高厂变差动保护起动。

高厂变差动起动：高厂变差动电流大于差动电流起动整定值时，起动元件动作。

（4）高厂变后备保护起动。

1）电流起动：当高厂变高压侧三相电流最大值大于相电流整定值时，起动元件动作。

2）分支电流起动：当 A、B 分支三相电流最大值大于相电流整定值时，起动元件动作。

3）分支零序电流起动：当 A、B 分支零序电流大于零序电流整定值时，起动元件动作。

（5）发电机纵差、裂相横差保护起动。

1）发电机纵差起动：当三相差动电流大于差动电流起动整定值时，起动元件动作；当差流工频变化量起动时，起动元件动作。

2）裂相横差起动：当三相差动电流最大值大于差动电流起动整定值时，起动元件动作。

（6）发电机匝间保护起动。

1）单元件横差起动：当横差电流大于横差保护整定值时，起动元件动作。

2）零序电压匝间保护起动：当纵向零序电压大于纵向零序电压整定值时，起动元件动作。

（7）发电机定子接地保护起动。

1）零序电压起动：当发电机机端、中性点零序电压大于零序电压整定值时，起动元件动作。

2）三次谐波电压比率起动：当三次谐波电压比率大于整定值时，起动元件动作。

3）三次谐波电压差动起动：当三次谐波电压差值大于整定值时，起动元件动作。

（8）发电机转子接地保护起动。

1）发电机转子一点接地起动：当转子接地电阻小于整定值时，起动元件动作。

2）发电机转子两点接地起动：当转子接地位置变化大于整定值时，起动元件动作。

（9）发电机定子过负荷保护起动。

1）定时限过负荷起动：当发电机三相电流最大值大于定时限整定值时，起动元件动作。

2）反时限过负荷起动：当反时限累计值大于反时限整定值时，起动元件动作。

（10）发电机负序过负荷保护起动。

1）定时限负序过负荷起动：当发电机负序电流大于定时限整定值时，起动元件动作。

2）反时限负序过负荷起动：当反时限累计值大于反时限整定值时，起动元件动作。

（11）发电机失磁保护起动。当阻抗轨迹进入阻抗圆时，起动元件动作。

（12）发电机失步保护起动。当阻抗轨迹离开阻抗边界时，起动元件动作。

（13）发电机过电压保护起动。当发电机三相相间电压最大值大于整定值时，起动元件动作。

（14）发电机过励磁保护起动。

1）定时限过励磁起动：当测量值 U/F 大于定时限整定值时，起动元件动作。

2）反时限过励磁起动：当过励磁反时限累计值大于反时限整定值时，起动元件动作。

（15）发电机逆功率保护起动。

当发电机反向功率大于逆功率整定值时，起动元件动作。

（16）发电机频率保护起动。

1）低频保护起动：当发电机低频运行时间大于整定值时，起动元件动作。

2）频率保护起动：当发电机频率高于定值运行时间大于整定值时，起动元件动作。

（17）发电机误上电保护起动。

1）误合闸保护起动：当发电机三相电流最大值大于误合闸保护整定值时，起动元件动作。

2）断路器闪络保护起动：当发电机负序电流大于闪络保护定值时，起动元件动作。

（18）启停机保护起动。

1）主变、发电机、厂变、励磁变差流大于整定值时，起动元件动作。

2）当发电机零序电压大于整定值时，起动元件动作。

（19）励磁变（励磁机）差动、过流保护起动。

1）励磁差动起动：当三相差动电流最大值大于差动电流起动整定值时，起动元件动作。

2）励磁变（机）过流起动：当三相电流最大值大于整定值时，起动元件动作。

（20）励磁绕组过负荷保护起动。

1）励磁绕组定时限过负荷起动：当励磁绕组三相电流最大值大于定时限整定值时，起动元件动作。

2）励磁绕组反时限过负荷起动：当反时限积累值大于反时限整定值时，起动元件动作。

（21）非电量保护起动。当非电量保护延时时间大于整定值时，起动元件动作。

（二）装置使用说明

1. 装置液晶显示说明

（1）保护运行时液晶显示说明。装置上电后，装置正常运行，根据主接线整定，显示不同主接线。

当主接线整定为 500kV 出线两绕组主变的发变组单元时，液晶屏幕显示见图 3-6-1。

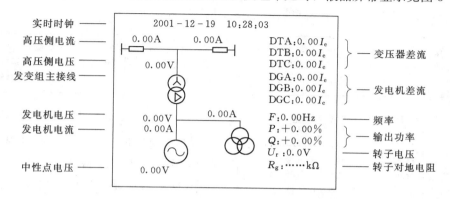

图 3-6-1　保护运行液晶显示图（500kV）

当主接线整定为 220kV 出线两绕组主变的发变组单元时，液晶屏幕显示见图 3-6-2。

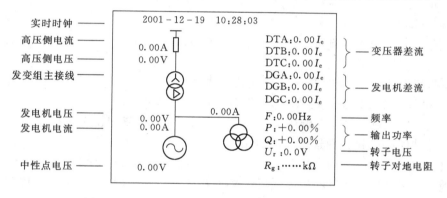

图 3-6-2　保护运行液晶屏显示图（220kV 两绕组）

当主接线整定为 220kV 出线三绕组主变的发变组单元时，液晶屏幕显示见图 3-6-3。

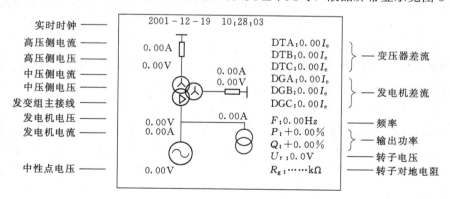

图 3-6-3　保护运行液晶屏显示图（220kV 三绕组）

（2）保护动作时液晶显示说明。当保护动作时，液晶屏幕自动显示最新一次保护动作

205

报告，格式见图3-6-4。

（3）保护异常时液晶显示说明。保护装置运行中，液晶屏幕在硬件自检出错或系统运行异常时将自动显示最新一次异常报告，格式见图3-6-5。

图3-6-4 保护动作液晶屏显示图　　　　　　图3-6-5 保护异常液晶屏显示图

图3-6-6 保护开关量变位液晶屏显示图

（4）保护开关量变位时液晶显示说明。保护装置运行中，液晶屏幕在任一开关量发生变位时将自动显示最新一次开关量变位报告，格式见图3-6-6。

注：从显示任何报告切换转为显示变压器主接线图按"ESC"键。

2. 命令菜单使用说明

（1）命令菜单采用如图3-6-7的树形目录结构（RCS-985A）。

（2）命令菜单详解。

在主接线图状态下，按"ESC"键可进入主菜单，在自动切换至新报告的状态下，按"ESC"键可进入主接线图，再按"ESC"键可进入主菜单。

注：按"↑"键和"↓"键用来上下滚动，按"ESC"键退出至主接线图。光标落在哪一项，按"ENT"键，即选中该项功能。

1）保护状态。本菜单的主要用来显示保护装置电流电压实时采样值和开入量状态，它全面地反映了该保护运行的环境，只要这些量的显示值与实际运行情况一致，则基本上保护能正常运行。

保护状态分为保护板状态和管理板状态两个子菜单：

a. 保护板状态。显示保护板采样到的实时交流量、实时差动调整后各侧电流、实时压板位置、其他开入量状态和实时差流大小。对于开入量状态，"1"表示投入或收到接点动作信号，"0"表示未投入或没收到接点动作信号。

b. 管理板状态。显示管理板采样到的实时交流量、实时差动和零差调整后各侧电流、实时压板位置、其他开入量状态、实时差流大小和电压电流之间的相角。对于开入量状态，"1"表示投入或收到接点动作信号，"0"表示未投入或没收到接点动作信号。

2）显示报告。本菜单显示保护动作报告、异常事件报告及开入变位报告。由于本保护自带掉电保持，不管断电与否，它能记忆保护动作报告、异常记录报告及开入变位报告各32次。

主接线显示方式下：

a. 保护跳闸后，屏幕显示跳闸时间、保护动作元件。

b. 装置发报警信号时，屏幕显示报警发出时间、报警内容。报警返回后，显示自动回到主接线方式。

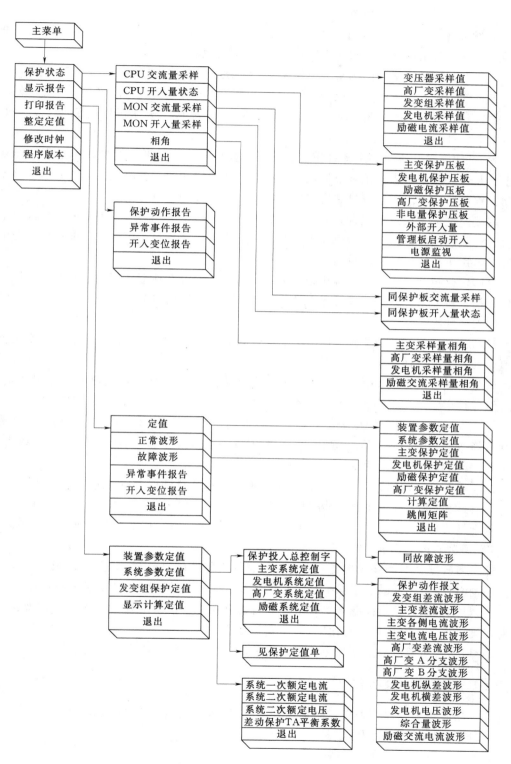

图 3-6-7 命令菜单结构图

c. 发报警信号后、装置再跳闸，保护优先显示跳闸报文。此时如报警未消失，可以按屏上复归按钮循环显示跳闸报文、异常报文、主接线方式。

按"↑"键和"↓"键用来上下滚动，选择要显示的报告，按"ENT"键显示选择的报告。首先显示最新的一条报告；按"－"键，显示前一个报告；按"＋"键，显示后一个报告。若一条报告一屏显示不下，则通过"↑"键和"↓"键上下滚动。按"ESC"键退至上一级菜单。

3）打印报告。本菜单选择打印定值，正常波形，故障波形，保护动作报告，异常事件报告及开入变位报告。正常波形记录保护当前8个周波的各侧电流、电压波形、差流及差动调整前后波形。用于校核装置接入的电流电压极性和相位。

装置能记忆8次波形报告，其中差流波形报告中包括三相差流、差动调整后各侧电流以及各开关跳闸时序图，各侧电流电压打印功能中可以选择打印各侧故障前后的电流电压波形。可用于故障后的事故分析。

打印定值包括一套当前整定定值，差动计算定值以及各侧后备保护跳闸矩阵。以方便校核存档。按"↑"键和"↓"键用来上下滚动，选择要打印的报告，按"ENT"键确认打印选择的报告。

4）整定定值。此菜单分为4个子菜单：装置参数定值，系统参数定值，发变组保护定值，计算定值。而系统参数定值单包括5个子菜单：保护投入总控制字、主变压器系统参数定值、发电机系统参数定值、厂用变系统参数定值、励磁变或励磁机系统参数定值，发变组保护定值菜单包括29个子菜单。进入某一个子菜单可整定相应的定值。

按"↑"键，"↓"键用来滚动选择要修改的定值，按"←"键，"→"键用来将光标移到要修改的那一位，"＋"键和"－"键用来修改数据，按"ESC"键为不修改返回，"ENT"键为修改整定后返回。

注：若整定定值出错，液晶会显示错误信息，按任意键后重新整定。

5）修改时钟。液晶显示当前的日期和时间。按"↑"键，"↓"键，"←"键，"→"键用来选择要修改的那一位，"＋"键和"－"键用来修改。按"ESC"键为不修改返回，"ENT"键为修改后返回。

注：若日期和时间修改出错，会显示"日期时间值越界"，并要求重新修改。

6）程序版本。液晶显示保护板、管理板和液晶板的程序版本以及程序生成时间。

7）显示控制。显示控制菜单包括液晶对比度菜单。液晶对比度菜单用来修改液晶显示对比度，按"＋"键调整对比度，"ESC"键退出。

8）退出。主菜单的此项命令将退出菜单，显示发变组主接线图或新报告。

五、实验项目及步骤

（1）用万用表在保护屏后，测量各直流电源"＋"、"－"之间无短路现象，即"＋"、"－"之间的电阻大于2000Ω。

（2）依次合上保护屏后的各直流电源。

（3）观察保护面板显示，并根据实验指导书进行菜单操作。

（4）根据本书附录H，输入保护定值。

六、实验注意事项

（1）实验前请仔细阅读本实验大纲及保护说明书。

（2）尽量少拔插装置插件，不触摸插件电路，不带电插拔插件。

（3）实验前应检查屏柜及装置是否有明显的损伤或螺丝松动。特别是 TA 回路的螺丝及连片。禁止有丝毫松动的情况。

（4）按键动作要轻，不得重复用力按揿。

（5）实验前请检查插件是否插紧。

（6）实验接线完毕后，要经过第二人检查后方可通电。

（7）保护屏后进行短接实验时，必须两人一组进行。

七、技术参数

1. 机械及环境参数

（1）985A/B/C 机箱结构尺寸：487mm（长）×285mm（深）×530.4mm（高）。

（2）985G 机箱结构尺寸：487mm（长）×285mm（深）×353.6mm（高）。

（3）环境温度：正常工作温度，0～40℃；极限工作温度，－10～50℃。

（4）储存及运输温度：－25～70℃。

2. 额定电气参数

（1）频率：50Hz。

（2）直流电源：220V，110V；允许偏差：＋15％，－20％；

（3）交流电压：57.7V，100V，300V。

（4）交流电流：1A，5A。

（5）转子电压：≤600V。

（6）过载能力：2 倍额定电流，连续工作；40 倍额定电流，允许 1s。

（7）功耗：交流电流小于 1VA/相（$I_n=5A$），小于 0.5VA/相（$I_n=1A$）；交流电压小于 0.5VA/相

（8）直流：正常小于 50W，跳闸小于 70W。

3. 主要技术指标

（1）发电机变压器差动保护、主变压器差动保护。

1）比率差动起动定值：（0.10～1.50）I_e（I_e 为额定电流）。

2）差动速断定值：（2～14）I_e（I_e 为额定电流）。

3）比率差动起始斜率：0.10～0.50。

4）比率差动最大斜率：0.50～0.80。

5）二次谐波制动系数：0.10～0.35。

6）比率差动动作时间：≤30ms（2 倍定值）。

7）差动速断动作时间：≤20ms（1.5 倍整定值）。

8）比率差动定值误差：±5％或±0.01I_n。

9）差动速断定值误差：±2.5％。

（2）发电机差动保护、裂相横差保护、励磁机差动保护。

1）比率差动起动定值：$(0.10 \sim 1.50) I_e$（I_e 为额定电流）。

2）差动速断定值：$(2 \sim 10) I_e$（I_e 为额定电流）。

3）比率差动起始斜率：$0.05 \sim 0.50$。

4）比率差动最大斜率：$0.50 \sim 0.80$。

5）比率差动动作时间：$\leqslant 25\text{ms}$（2倍定值）。

6）差动速断动作时间：$\leqslant 20\text{ms}$（1.5倍整定值）。

7）比率差动定值误差：$\pm 5\%$ 或 $\pm 0.01 I_n$。

8）差动速断定值误差：$\pm 2.5\%$。

（3）高厂变差动、励磁变差动保护。

1）比率差动起动定值：$(0.1 \sim 1.5) I_e$（I_e 为额定电流）。

2）差动速断定值：$(2 \sim 14) I_e$（I_e 为额定电流）。

3）比率差动起始斜率：$0.10 \sim 0.50$。

4）比率差动最大斜率：$0.50 \sim 0.80$。

5）二次谐波制动系数：$0.1 \sim 0.35$。

6）比率差动动作时间：$\leqslant 35\text{ms}$（2倍定值）。

7）差动速断动作时间：$\leqslant 25\text{ms}$（1.5倍整定值）。

8）比率差动定值误差：$\pm 5\%$ 或 $\pm 0.01 I_n$。

9）差动速断定值误差：$\pm 2.5\%$。

（4）发电机高灵敏横差保护。

1）横差保护电流定值：$0.5 \sim 50\text{A}$。

2）横差保护电流高定值：$0.5 \sim 50\text{A}$。

3）相电流制动系数：$0.5 \sim 2$。

4）横差保护延时（转子一点接地后）：$0.10 \sim 1\text{s}$。

5）横差保护动作时间：$\leqslant 35\text{ms}$（1.5倍定值）。

6）横差电流定值误差：$\pm 2.5\%$ 或 $\pm 0.01 I_n$。

（5）发电机纵向零序电压匝间保护。

1）匝间保护零序电压定值：$1 \sim 20\text{V}$。

2）匝间保护零序电压高定值：$2 \sim 20\text{V}$。

3）相电流制动系数：$0.5 \sim 2.0$。

4）延时定值：$0.1 \sim 10\text{s}$。

5）纵向零序电压保护动作时间：$\leqslant 40\text{ms}$（1.5倍定值）。

6）工频变化量匝间保护动作时间：$\leqslant 40\text{ms}$。

7）零序电压定值误差：$\pm 2.5\%$ 或 $\pm 0.05\text{V}$。

8）延时定值误差：$\pm 1\%$ 定值，$\pm 40\text{ms}$。

（6）发电机定子接地保护。

1）零序电压定值：$1 \sim 20\text{V}$。

2）零序电压高定值：$1 \sim 30\text{V}$。

3）三次谐波比率定值：0.5～10。

4）三次谐波差动比率定值：0.1～2.0。

5）延时定值：0.1～10s。

6）零序电压定值误差：±2.5%或0.05V。

7）三次谐波定值误差：±5%。

8）延时定值误差：±1%定值，±40ms。

（7）20Hz电源发电机定子接地保护。

1）电阻定值：10～1000Ω。

2）零序电流定值：0.02～1.50A。

3）延时定值：0.1～10s。

4）电阻定值误差：±5%。

5）零序电流定值误差：±5%或0.001A。

6）延时定值误差：±1%定值，±40ms。

（8）发电机转子接地保护。

1）一点接地电阻定值：0.1～100kΩ。

2）两点接地位置定值：1%～10%。

3）两次谐波电压定值：0.1～10V。

4）延时定值：0.1～10s。

5）转子接地电阻测量误差：±10%或±0.5kΩ。

6）延时定值误差：±1%定值，+1s。

（9）发电机定子过负荷保护。

1）定时限电流定值：0.1～100A。

2）定时限延时定值：0.1～10s。

3）反时限起动电流定值：0.1～10A。

4）定子绕组热容量：1～100。

5）散热效应系数：0.1～2.0。

6）定时限电流定值误差：±2.5%或±0.01I_n。

7）反时限电流定值误差：±2.5%或±0.01I_n。

8）定时限延时定值误差：±1%定值，±40ms。

（10）发电机负序过负荷保护。

1）定时限负序电流定值：0.1～100A。

2）定时限延时定值：0.1～10s。

3）反时限起动负序电流定值：0.05～10A。

4）转子发热常数：1～100。

5）发电机长期允许负序电流：0.05～10A。

6）定时限负序电流定值误差：±2.5%或±0.01I_n。

7）反时限负序电流定值误差：±2.5%或±0.01I_n。

8）定时限延时定值误差：±1%定值，±40ms。

（11）励磁绕组过负荷保护（交流量）。

1）定时限电流定值：0.1～100A。

2）定时限延时定值：0.1～10s。

3）反时限起动电流定值：0.1～10A。

4）热容量系数：1～100。

5）基准电流：0.1～10 A。

6）定时限电流定值误差：±2.5％或±0.01I_n。

7）反时限电流定值误差：±2.5％或±0.01I_n。

8）定时限延时定值误差：±1％定值，±40ms。

（12）励磁绕组过负荷保护（直流量）。

1）定时限电流定值：0.1～30.0kA。

2）定时限延时定值：0.1～10s。

3）反时限起动电流定值：0.1～10kA。

4）热容量系数：1～100。

5）基准电流：0.1～10kA。

6）定时限电流定值误差：±2.5％。

7）反时限电流定值误差：±2.5％。

8）定时限延时定值误差：±1％定值，±40ms。

（13）发电机失磁保护。

1）阻抗定值 Z_1：0.1～100Ω。

2）阻抗定值 Z_2：0.1～100Ω。

3）无功功率反向定值：0～50.00％（P_n，有功额定）。

4）转子低电压定值：1～500V。

5）转子空载电压定值：1～500V。

6）转子低电压系数定值：0.1～10 标幺值。

7）母线或机端低电压定值：10～100V。

8）减出力有功功率定值：10～50％（P_n，有功额定）。

9）Ⅰ、Ⅱ、Ⅲ段延时定值：0.1～10s。

10）Ⅳ段延时定值：0.1～60min。

11）阻抗定值误差：±2.5％或±0.1Ω。

12）转子电压定值误差：±5％或±0.1U_n。

13）功率定值误差：±1％或±0.002P_n。

14）低电压定值误差：±2.5％或±0.05V。

15）延时定值误差：±1％定值，±40ms。

（14）发电机失步保护。

1）阻抗定值 Z_A：0.1～100Ω。

2）阻抗定值 Z_B：0.1～100Ω。

3）电抗线阻抗定值 Z_C：0.1～100Ω。

4）灵敏角定值：60°～90°。

5）透镜内角定值：60°～150°。

6）滑极数定值：1～1000。

7）跳闸允许电流定值：0.1～100A。

8）阻抗定值误差：±2.5%或±0.1Ω。

9）电流定值误差：±2.5%或±0.01I_n。

10）角度定值误差：±3°。

（15）发电机电压保护。

1）过电压定值：100～170V。

2）低电压定值：10～100V。

3）相序保护负序电压定值：1～60V。

4）延时定值：0.1～10s。

5）电压定值误差：±2.5%或±0.05V。

6）延时定值误差：±1%定值，±40ms。

（16）过励磁保护。

1）定时限 V/F 定值：0.5～2.0 标幺值。

2）定时限延时定值：0.1～600s。

3）反时限 V/F 定值：0.5～2.0 标幺值。

4）反时限延时定值：0.1～3000.0s。

5）V/F 测量误差：±2.5%或±0.01。

6）定时限延时定值误差：±1%定值，±40ms。

（17）发电机功率保护。

1）逆功率定值：0.5～10%（P_n，有功额定）。

2）低功率定值：1～100%（P_n，有功额定）。

3）程序逆功率定值：0.5～10%（P_n，有功额定）。

4）逆功率保护延时定值：0.1～600s。

5）低功率保护延时定值：0.1～600min。

6）程序逆功率延时定值：0.1～10s。

7）逆功率定值误差：±10%或±0.002P_n。

8）延时定值误差：±1%定值，±40ms。

（18）发电机频率保护。

1）低频Ⅰ～Ⅳ段定值：45～50Hz。

2）过频Ⅰ、Ⅱ段定值：50～55Hz。

3）频率保护延时 1：0.1～300min。

4）频率保护延时 2：0.1～300s。

5）频率定值误差：±0.02Hz。

6）延时定值误差：±1%定值，±40ms。

（19）发电机误上电保护。

1）电流定值：0.1～100A。

2）频率闭锁定值：40～50Hz。

3）误合闸延时定值：0.01～10s。

4）负序电流定值：0.1～20A。

5）断路器闪络延时定值：0.01～1s。

6）电流定值误差：±2.5％或±0.01I_n。

7）延时定值误差：±1％定值，±40ms。

（20）发电机起停机保护。

1）频率闭锁定值：40～50Hz。

2）差流定值：（0.2～10）I_e。

3）低频过电流定值：0.1～100A。

4）零序电压定值：5～25V。

5）差流定值误差：±5％或±0.02I_n。

6）过电流定值误差：±5％或±0.02I_n。

7）零序电压定值误差：±5％或±0.02U_n。

8）延时定值误差：±1％定值，±40ms。

9）工作频率范围：15～65Hz。

（21）发电机轴电流保护。

1）轴电流一次定值：0.1～10A。

2）轴电流二次定值：1～100mA。

3）延时定值：0.1～10s。

4）轴电流定值误差：±5％。

5）延时定值误差：±1％定值，±40ms。

（22）低阻抗保护。

1）正向阻抗定值：0.1～100Ω。

2）反向阻抗定值：0.1～100Ω。

3）延时定值：0.1～10s。

4）阻抗定值误差：±2.5％或±0.1Ω。

5）延时定值误差：±1％定值，±40ms。

（23）复合电压过电流保护。

1）负序电压定值：1～20V。

2）低电压定值：10～100V。

3）电流定值：0.1～100A。

4）延时定值：0.1～10s。

5）电压定值误差：±2.5％或±0.05V。

6）电流定值误差：±2.5％或±0.01I_n。

7）延时定值误差：±1％定值，±40ms。

（24）复合电压方向过电流保护。

1）负序电压定值：1～20V。

2）低电压定值：10～100V。

3）电流定值：0.1～100A。

4）延时定值：0.1～10s。

5）方向定义：0——指向变压器，1——指向系统。

6）电压定值误差：±2.5％或±0.05V。

7）电流定值误差：±2.5％或±0.01I_n。

8）延时定值误差：±1％定值，±40ms。

（25）零序电流保护。

1）零序电流定值：0.1～100A。

2）零序电压定值：1～100V。

3）延时定值：0.1～10s。

4）零序电流定值误差：±2.5％或±0.01I_n。

5）零序电压定值误差：±2.5％或±0.05V。

6）延时定值误差：±1％定值，±40ms。

（26）零序方向电流保护。

1）零序电流定值：0.1～100A。

2）零序电压定值：1～100V。

3）方向定义：0——指向系统，1——指向变压器。

4）延时定值：0.1～10s。

5）零序电流定值误差：±2.5％或±0.01I_n。

6）零序电压定值误差：±2.5％或±0.05V。

7）延时定值误差：±1％定值，±40ms。

（27）间隙零序保护。

1）间隙零序电流定值：0.1～100A。

2）间隙零序电压定值：10～220V。

3）延时定值：0.1～10s。

4）零序电流定值误差：±2.5％或±0.01I_n。

5）零序电压定值误差：±2.5％或±0.05V。

6）延时定值误差：±1％定值，±40ms。

（28）厂变分支电缆差动保护。

1）差动电流定值：0.1～20A。

2）比率制动系数：0.05～0.1。

3）比率差动动作时间：≤50ms（2倍定值）。

4）比率差动定值误差：±5％或±0.01I_n。

（29）非电量保护。

1）延时定值：0～6000s。

2）延时定值误差：±1％定值，±40ms。

4．通信接口

四个与内部其他部分电气隔离的 RS－485 通信接口，其中有两个可以复用为光纤接口；另外有一个调试通信接口和独立的打印接口。利用通信接口还可共享网络打印机，通信规约使用部颁 870－5－103 标准。

5．输出接点容量

出口继电器接点最大导通电流为 5A。

6．电磁兼容

（1）辐射电磁场干扰实验符合国标 GB14598.9 的规定。

（2）快速瞬变干扰实验符合国标 GB14598.10 的规定。

（3）静电放电实验符合国标 GB14598.12 的规定。

第四章 低压线路保护及辅助保护调试实习

第一节 RCS‐9611C 线路保护测控装置硬件介绍及保护校验

一、实验目的

（1）了解 RCS‐9611C 线路保护测控装置的硬件构成。

（2）理解 RCS‐9611C 线路保护测控装置的保护构成原理。

（3）学会如何进行 RCS‐9611C 线路保护测控装置的校验。

二、实验预习

（1）熟悉 RCS‐9611C 线路保护测控装置的构成。

（2）熟悉进行 RCS‐9611C 线路保护测控装置校验的方法。

（3）列出详细实验步骤。

（4）保护测控装置和传统的保护装置有什么区别？

三、实验仪器及设备

实验仪器及设备见表 4‐1。

表 4‐1　　　　　　　　　　RCS‐9611C 实验仪器及设备

序　号	设备型号	仪器、设备名称	数量
1	PRCK96‐123	线路电容器保护测控柜	1
2	RCS‐9611C	线路保护测控装置	1

四、实验原理

（一）硬件原理说明

1. 装置整体结构

RCS‐9611C 线路保护测控装置的整体结构图见图 4‐1‐1。

2. 装置面板布置

装置的正面面板布置图见图 4‐1‐2。装置的背面面板布置图（标准配置）见图4‐1‐3。

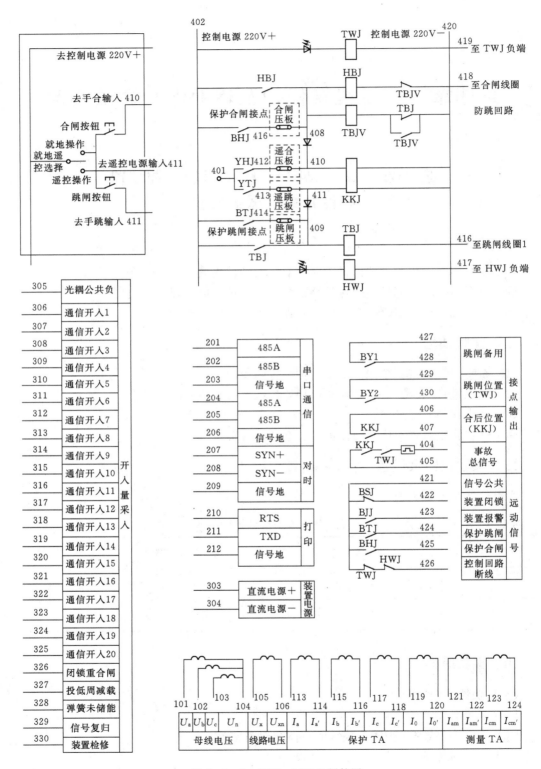

图 4 - 1 - 1　RCS - 9611C 硬件图

218

图 4-1-2　正面面板布置图　　　　　　　图 4-1-3　背面面板布置图

3. 装置接线端子与说明

RCS-9611C 背板端子图见图 4-1-4。

（1）模拟量输入。外部电流及电压输入经隔离互感器隔离变换后，由低通滤波器输入至模数变换器，CPU 经采样数字处理后，构成各种保护继电器。

I_a、I_b、I_c 为保护用三相电流输入，I_0 为零序电流输入。I_0 既可作零序过流保护（报警或跳闸）用，也可作小电流接地选线用。当零序电流作小电流接地选线用时要求从专用零序电流互感器输入。I_{am}、I_{cm} 为测量用电流，从专用测量 TA 输入，以保证遥测量有足够的精度。

U_a、U_b、U_c 为母线电压，在本装置中作为保护和测量共用，其与 I_{am}、I_{cm} 一起计算形成本线路的 P、Q、$\cos\varphi$、kW·h、kvarh。若无相应的母线 TV 或者本装置所使用的功能不涉及电压，则 U_a、U_b、U_c 可不接。为防止装置发 TV 断线信号，只需将保护定值中"TV 断线检测投入"控制字退出。U_x 为线路电压，在重合闸检线路无压和检同期时使用，可以是 100V 或者 57.7V，只需要和系统定值中的"线路 TV 额定二次值"一致。若不投重合闸或者重合闸采用不检方式，U_x 可以不接。本装置自产 $3U_0$，用于零序电压报警判断和零序电压测量。

（2）背板接线说明。端子 401 为遥控正电源输入端子，只有在其接入正电源时装置才将遥跳、遥合和选线功能、远方修改软压板功能投入，同时其亦是遥控跳闸出口（413）和遥控合闸出口（412）的公共端。

端子 402 为控制正电源输入端子，同时其亦是保护跳闸出口（414）和保护合闸出口

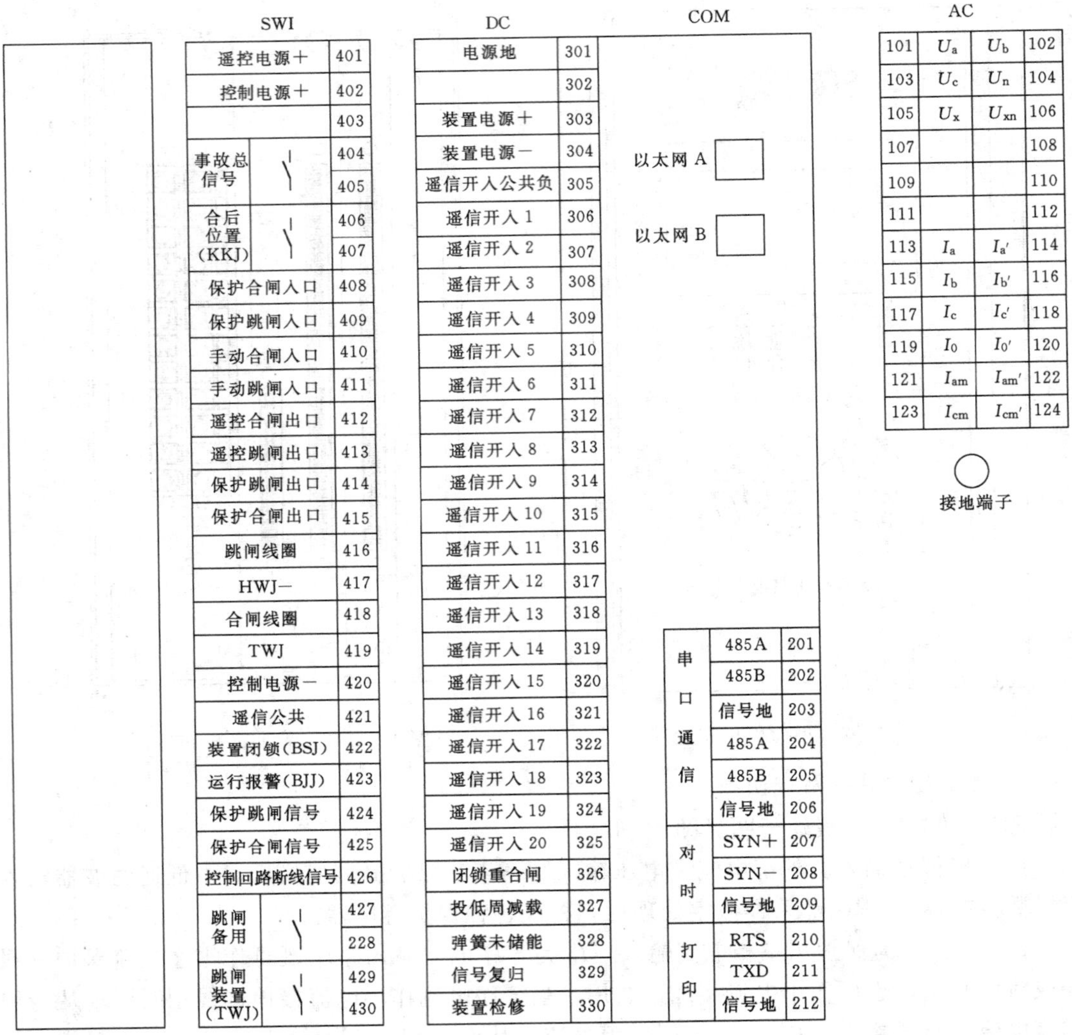

SWI

端子名称	编号
遥控电源＋	401
控制电源＋	402
	403
事故总信号	404
	405
合后位置（KKJ）	406
	407
保护合闸入口	408
保护跳闸入口	409
手动合闸入口	410
手动跳闸入口	411
遥控合闸出口	412
遥控跳闸出口	413
保护跳闸出口	414
保护合闸出口	415
跳闸线圈	416
HWJ－	417
合闸线圈	418
TWJ	419
控制电源－	420
遥信公共	421
装置闭锁（BSJ）	422
运行报警（BJJ）	423
保护跳闸信号	424
保护合闸信号	425
控制回路断线信号	426
跳闸备用	427
	228
跳闸装置（TWJ）	429
	430

DC

端子名称	编号
电源地	301
	302
装置电源＋	303
装置电源－	304
遥信开入公共负	305
遥信开入1	306
遥信开入2	307
遥信开入3	308
遥信开入4	309
遥信开入5	310
遥信开入6	311
遥信开入7	312
遥信开入8	313
遥信开入9	314
遥信开入10	315
遥信开入11	316
遥信开入12	317
遥信开入13	318
遥信开入14	319
遥信开入15	320
遥信开入16	321
遥信开入17	322
遥信开入18	323
遥信开入19	324
遥信开入20	325
闭锁重合闸	326
投低周减载	327
弹簧未储能	328
信号复归	329
装置检修	330

COM

以太网A

以太网B

	端子名称	编号
串口通信	485A	201
	485B	202
	信号地	203
	485A	204
	485B	205
	信号地	206
对时	SYN＋	207
	SYN－	208
	信号地	209
打印	RTS	210
	TXD	211
	信号地	212

AC

编号			编号
101	U_a	U_b	102
103	U_c	U_n	104
105	U_x	U_{xn}	106
107			108
109			110
111			112
113	I_a	$I_{a'}$	114
115	I_b	$I_{b'}$	116
117	I_c	$I_{c'}$	118
119	I_0	$I_{0'}$	120
121	I_{am}	$I_{am'}$	122
123	I_{cm}	$I_{cm'}$	124

接地端子

图 4-1-4　背板端子图

（415）的公共端。

端子 404～405 为事故总输出空接点。

端子 406～407 为 KKJ（合后位置）输出空接点。

端子 408 为保护合闸入口。

端子 409 为保护跳闸入口。

端子 410 为手动合闸入口。

端子 411 为手动跳闸入口。

端子 412 为遥控合闸出口（YHJ），可经压板或直接接至端子 410。

端子 413 为遥控跳闸出口（YTJ），可经压板或直接接至端子 411。

端子 414 为保护跳闸出口（BTJ），可经压板接至端子 409。

端子 415 为保护合闸出口（BHJ），可经压板接至端子 408。

端子 416 接断路器跳闸线圈。

端子 417 为合位监视继电器负端。

端子 418 接断路器合闸线圈。

端子 419 为跳位监视继电器负端。

端子 420 为控制负电源输入端子。

端子 421～端子 426 为信号输出空接点，其中 421 为公共端。

端子 422 对应装置闭锁信号输出。

端子 423 对应装置报警信号输出。

端子 424 对应保护跳闸信号输出，可经跳线选择是否保持（出厂默认是非保持）。

端子 425 对应保护合闸信号输出，可经跳线选择是否保持（出厂默认是非保持）。

端子 426 对应控制回路断线输出。

端子 427～端子 428 定义成跳闸接点（TJ），所有跳闸元件均经此接点出口。

端子 429～端子 430 定义成跳闸位置（TWJ）接点。

端子 301 为保护电源地。该端子和装置背面右下的接地端子相连后再与变电站地网可靠联结。

端子 303 分别为装置电源正输入端。

端子 304 分别为装置电源负输入端。

端子 305 分别为遥信开入公共负输入端。

端子 306～端子 330 为遥信开入输入端，其中端子 306～端子 309 可以是普通遥信亦可整定成断路器位置信号或遥控投入信号的输入端，端子 310～端子 325 为普通遥信。

端子 326 为闭锁重合闸开入。

端子 327 为投低周减载开入。

端子 328 为弹簧未储能开入，弹簧未储能延时 400ms 闭锁重合闸。

端子 329 为信号复归开入。

端子 330 为装置检修开入。当该开入投入时，装置将屏蔽所有的远动功能。

端子 201～端子 206 为两组 485 通信口。

端子 207～端子 209 为硬接点对时输入端口，接 485 差分电平。

端子 210～端子 212 为打印口。

端子 101～端子 104 为母线电压输入。

端子 105～端子 106 为线路电压输入，可以是 100V 或者 57.7V，需要和系统定值中的"线路 TV 额定二次值"一致。

端子 113～端子 114 为保护用 A 相电流输入。

端子 115～端子 116 为保护用 B 相电流输入。

端子 117～端子 118 为保护用 C 相电流输入。

端子 119～端子 120 为零序电流输入。

端子 121～端子 122 为 A 相测量电流输入。

端子 123～端子 124 为 C 相测量电流输入。

在装置内部已经通过位置监视回路、KKJ 回路、遥控回路（涉及端子 401、420）采集到 TWJ、HWJ、KKJ 以及遥控投入信号（YK）。这些信号参与相关的保护功能和远动功能，并就地记录和上传。

有时现场操作机构不需跳合闸保持回路或者现场使用的是外部操作回路的跳合闸保持回路，只需本装置提供跳合闸出口和遥控出口。此时位置监视回路、跳合闸保持回路、KKJ 回路和遥控回路均不接。相应的，位置信号和遥控投入信号也无法在内部采集。为了引入这些信号，装置设置了辅助参数。通过辅助参数的整定可以将端子 306～端子 309 定义成位置信号（TWJ、HWJ、KKJ）及遥控投入信号（YK）入口。

（二）软件工作原理

1. 过流保护

本装置设三段过流保护，各段有独立的电流定值和时间定值以及控制字。各段可独立选择是否经复压（负序电压和低电压）闭锁、是否经方向闭锁。方向元件的灵敏角为 45°，采用 90°接线方式。方向元件和电流元件接成按相起动方式。方向元件带有记忆功能，可消除近处三相短路时方向元件的死区。

在母线 TV 断线时可通过控制字"TV 断线退电流保护"选择此时是退出该段电流保护的复压闭锁和方向闭锁以变成纯过流保护，还是将该电流保护直接退出。此处所指的"电流保护"是指那些投了复压闭锁或者方向闭锁的电流保护段，既没有投复压闭锁也没有投方向闭锁的电流保护段不受此控制字影响。

过流 I 段和过流 II 段固定为定时限保护，过流 III 段可以经控制字选择是定时限还是反时限，反时限特性沿用国际电工委员会（IEC255—4）和英国标准规范（BS142.1996）的规定，采用下列三个标准特性方程以供选择。

一般反时限

$$t = \frac{0.14}{(I/I_p)^{0.02} - 1} t_p$$

非常反时限

$$t = \frac{13.5}{(I/I_p) - 1} t_p$$

极端反时限

$$t = \frac{80}{(I/I_p)^2 - 1} t_p$$

2. 零序保护（接地保护）

当装置用于不接地或小电流接地系统，接地故障时的零序电流很小时，可以用接地试跳的功能来隔离故障。这种情况要求零序电流由外部专用的零序 TA 引入，不能够用软件自产。当装置用于小电阻接地系统，接地零序电流相对较大时，可以用直接跳闸方法来隔离故障。相应的，本装置提供了三段零序过流保护，其中零序 I 段和零序 II 段固定为定时限保护，零序 III 段可经控制字选择是定时限还是反时限，反时限特性的选择同上述过流 III 段。

零序 III 段可经控制字选择是跳闸还是报警。当零序电流作跳闸和报警用时，其既可以由外部专用的零序 TA 引入，也可用软件自产（系统定值中有"零序电流自产"控制字）。

3. 过负荷保护

装置设一段独立的过负荷保护，过负荷保护可以经控制字选择是报警还是跳闸。过负荷出口跳闸后闭锁重合闸。

4. 加速保护

装置设一段过流加速保护和一段零序加速保护。重合闸加速可选择是重合闸前加速还是重合闸后加速。若选择前加速则在重合闸动作之前投入，若选择后加速则在重合闸动作后投入 3s。手合加速在手合时固定投入 3s。

5. 低周保护

装置设一段经低电压闭锁及频率滑差闭锁的低周保护。通过控制字（"DF/DT 闭锁投入"）可选择在频率下降超过滑差闭锁定值时是否闭锁低周保护。低电压闭锁功能固定投入，装置提供"投低周减载"硬压板来投退低周保护，低周保护动作后闭锁重合闸。

6. 重合闸

装置提供三相一次重合闸功能，其起动方式有不对应起动和保护起动两种。

重合闸方式包括不检、检线路无压、检同期三种。

重合闸在充电完成后投入。线路在正常状态（KKJ＝1，TWJ＝0）且无闭锁信号时运行 15s 后充电。下列信号闭锁重合闸：手跳或者遥跳；闭锁重合闸开入；控制回路断线；低周保护动作；过负荷跳闸；弹簧未储能开入；线路 TV 断线（检线路无压或者检同期投入时）。

7. 装置自检

当装置检测到本身硬件故障，发出装置闭锁信号，同时闭锁装置（BSJ 继电器返回）。硬件故障包括：定值出错、RAM 故障、ROM 故障、电源故障、出口回路故障、CPU 故障。

8. 装置运行告警

当装置检测到下列状况时，发运行异常信号（BJJ 继电器动作）：TWJ 异常、线路电压报警、频率异常、TV 断线、控制回路断线、接地报警、过负荷报警、零序Ⅲ段报警、弹簧未储能、TA 断线。

9. 遥控、遥测、遥信功能

遥控功能主要有三种：正常遥控跳闸，正常遥控合闸，接地选线遥控跳合闸。标准配置仅提供一组遥控输出接点（固定对应本开关），选配方式可额外再提供两组遥控。

遥测量包括 I_{am}、I_{cm}、I_0、U_a、U_b、U_c、U_{ab}、U_{bc}、U_{ca}、U_0、F、P、Q、$\cos\varphi$ 共 14 个模拟量。通过积分计算得出有功电度、无功电度，所有这些量都在当地实时计算，实时累加。电流、电压精度达到 0.2 级，其余精度达到 0.5 级。

遥信量主要有：20 路自定义遥信开入，并有事件顺序记录（SOE）。遥信分辨率小于 1ms。

10. 对时功能

装置具备软件对时和硬件对时功能。硬件对时为秒脉冲对时或者 IRIG－B 码对时，装置自动识别。对时接口电平均采用 485 差分电平，对应端子 207～端子 209。当装置检测到硬件对时信号时，在液晶主界面的右上角显示"·"。

图 4－1－5 为保护的逻辑框图。

五、实验项目及步骤

（一）装置操作实验

（1）用万用表在保护屏后，测量各直流电源"＋"、"－"之间无短路现象，即"＋"、"－"之间的电阻大于 2000Ω。

（2）合上保护屏后的直流电源。

（3）观察保护面板显示，并根据实验指导书进行菜单操作。

（4）根据本书附录 D、E，输入保护定值，并进行各项装置操作。

（二）保护校验

1．交流回路检查

（1）在保护屏端子上（或者装置背板）分别加入额定的 ABC 三相电压（幅值 57.7V，相角为正序）、ABC 三相电流量（幅值 5A，相角为正序）。

（2）进入"状态显示"菜单中"采样值显示"子菜单，在液晶显示屏上显示的采样值应与实际加入量的误差应小于±2.5%额定值，相角误差小于 2°。

（3）在保护屏端子上（或者装置背板）分别加入额定的 ABC 三相电压（幅值 57.7V，相角为正序）、AC 两相测量电流量（幅值 5A）。

（4）进入"状态显示"菜单中的"遥测量显示"子菜单，在液晶显示屏上显示的采样值应与实际加入量相等，其误差应小于±2‰，功率的误差应小于±5‰。

2．输入接点检查

（1）在保护屏上（或装置背板端子）分别进行各接点的模拟导通。

（2）进入"状态显示"菜单中"开关量状态"子菜单，在液晶显示屏上显示的开入量状态应有相应改变。

3．整组实验

进行装置整组实验前，请将对应元件的控制字、软压板、硬压板设置正确，装置整组实验后，请检查装置记录的跳闸报告、SOE 事件记录是否正确，对于有通信条件的实验现场可检查后台监控软件记录的事件是否正确。

（1）过流 I 段保护。

1）整定定值控制字中"过流 I 段投入"置"1"，"过流 I 段经复压闭锁"置"1"，"过流 I 段经方向闭锁"置"1"，软压板中"过流 I 段投入"置"1"。

2）模拟正方向相间故障，使得电压满足复压定值，电流满足电流定值，电压超前电流的夹角在－45°～＋135°。此时过流 I 段即经整定延时跳闸。

（2）过流 II、III 段保护。同过流 I 段保护类似。

（3）零序 I 段保护

1）整定定值控制字中"零序 I 段投入"置"1"，软压板中"零序 I 段投入"置"1"。

2）若零序电流选择外加则在端子 119～端子 120 加入电流，若零序电流选择自产则

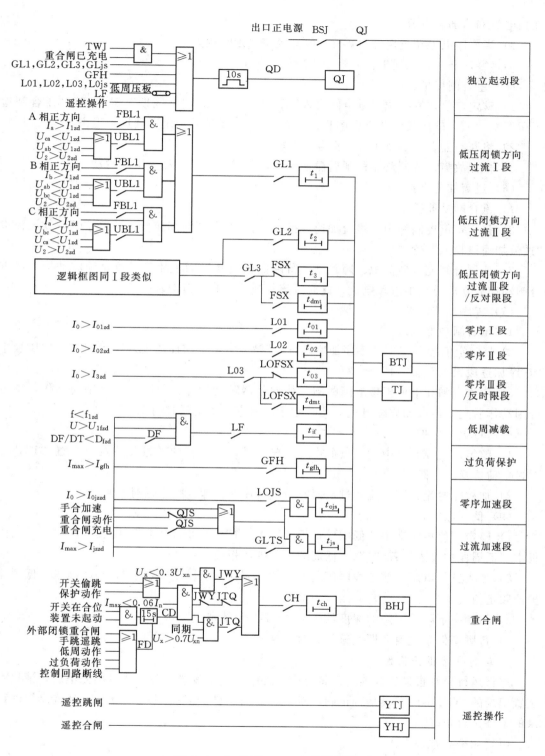

图 4-1-5 RCS-9611C 逻辑框图

在相电流回路加入电流。

3）当零序电流超过定值时零序Ⅰ段即经整定延时跳闸。

（4）零序Ⅱ、Ⅲ段保护。同零序Ⅰ段保护类似。

（5）重合闸保护。

1）整定定值控制字中"重合闸投入"置"1"，"重合闸检同期"置"0"，"重合闸检无压"置"0"，软压板中"重合闸投入"置"1"，"闭锁重合闸"硬压板退出。

2）将断路器合上，待15s后重合闸充电。

3）模拟故障，待断路器跳闸后撤去故障，此时重合闸应经整定延时动作。

（6）过流加速保护。

1）重合闸功能投入。

2）整定定值控制字中"过流加速段投入"置"1"，"前加速投入"置"0"，软压板中"过流加速段投入"置"1"。

3）待重合闸充电后模拟故障跳闸，待断路器跳闸后撤去故障，重合闸应动作，待重合闸动作后立即再次加故障电流，此时过流加速应经整定延时动作。

（7）零序加速保护。

1）重合闸功能投入。

2）整定定值控制字中"零序加速段投入"置"1"，"前加速投入"置"0"，软压板中"零序加速段投入"置"1"。

3）待重合闸充电后模拟故障跳闸，待断路器跳闸后撤去故障，重合闸应动作，待重合闸动作后立即再次加故障电流，此时零序加速应经整定延时动作。

（8）过负荷保护。

1）整定定值控制字中"过负荷投入"置"1"，软压板中"过负荷投入"置"1"，此时过负荷选择的是跳闸。

2）加故障电流，当电流超过定值时，过负荷保护即经整定延时跳闸。

（9）低周保护。

1）整定定值控制字中"低周保护投入"置"1"，"DF/DT闭锁投入"置"1"，软压板中"低周保护投入"置"1"，"低周减载"硬压板投入。

2）加入三相电压，使各线电压均大于"低周保护低压闭锁定值"，频率高于"低周保护低频定值"。

3）将频率下降，下降的速度低于"DF/DT闭锁定值"。

4）待频率低于定值后即经整定延时跳闸。

4．运行异常报警实验

进行运行异常报警实验前，请将对应元件的控制字设置正确，实验项完毕后，请检查装置记录的SOE事件记录是否正确，对于有通信条件的实验现场可检查后台监控软件记录的事件是否正确。

（1）频率异常报警。

1）加入三相电压，使得三个线电压均大于40V。

2）将频率调至小于49.5Hz。

226

3）延时 10s 报警灯亮，液晶界面显示频率异常报警。

（2）接地报警。

1）在 A 相加入电压，幅值大于 75V。

2）延时 15s 后，报警灯亮，液晶界面显示接地报警。

（3）TV 断线报警。

1）将保护定值中"TV 断线检测"控制字投入。

2）仅加单相电压 57.7V。

3）延时 10s 报警灯亮，液晶界面显示 TV 断线报警。

（4）控制回路断线报警。

1）将"辅助参数"中的控制字"检测控制回路断线"置"1"。

2）检查装置 TWJ 与 HWJ 状态均为零（在"开关量状态"菜单或者后台压板信息显示中可以查看）。

3）延时 3s 报警灯亮，液晶界面显示控制回路断线报警。

（5）TWJ 异常报警。

1）输入三相电流，幅值大于 0.06 倍额定电流。

2）检查装置 TWJ 状态为 1（在"开关量状态"菜单或者后台压板信息显示中可以查看）。

3）延时 10s 报警灯亮，液晶界面显示 TWJ 异常报警。

（6）TA 断线报警。

1）仅在 A 相加入 0.5 倍额定电流。

2）延时 10s 报警灯亮，液晶界面显示 TA 断线报警。

（7）弹簧未储能报警。

1）在辅助参数中整定"弹簧未储能报警延时"定值。

2）检查装置"弹簧未储能开入"由分到合（在"开关量状态"菜单或者后台压板信息显示中可以查看）。

3）经整定延时报警灯亮，液晶界面显示弹簧未储能报警。

5. 装置闭锁实验（定值出错闭锁保护）

（1）进入装置"保护定值"菜单，任意修改一个定值的内容后按"确认"键。

（2）此时运行灯熄灭。

（3）退出菜单到主界面，液晶显示装置闭锁、定值出错。

6. 输出接点检查

（1）发生保护跳闸或者开关偷跳时，事故总信号接点（404－405）闭合 3s。

（2）手动分合或者遥控分合断路器，KKJ 接点（406－407）相应的断开和闭合。

（3）进行遥控合闸操作，遥合接点（401－412）应闭合。

（4）进行遥控分闸操作，遥跳接点（401－413）应闭合。

（5）断开保护装置的出口跳闸回路，模拟跳闸，相应跳闸接点（402－414、427－428、421－424）应闭合。

（6）断开保护装置的出口合闸回路，模拟重合闸，相应合闸接点（402－415、421－

425）应闭合。

（7）关闭装置电源，闭锁接点（421－422）闭合；装置处于正常运行状态（运行灯亮），闭锁接点断开。

（8）发生报警时报警接点（421－423）应闭合；报警事件返回时该接点断开。

（9）操作回路的控制回路断线时，接点（421－426）应闭合。

（10）开关在跳位时，TWJ输出接点（429－430）应闭合。

注：输出接点检查可以借助"装置测试"菜单中的"出口传动实验"完成。

六、实验注意事项

（1）实验前请仔细阅读本实验大纲及保护说明书。

（2）尽量少拔插装置插件，不触摸插件电路，不带电插拔插件。

（3）实验前应检查屏柜及装置是否有明显的损伤或螺丝松动。特别是TA回路的螺丝及连片。禁止有丝毫松动的情况。

（4）按键动作要轻，不得重复用力按撖。

（5）实验接线完毕后，要经过第二人检查后方可通电。

（6）保护屏后进行短接实验时，必须两人一组进行。

七、技术参数

1. 机械及环境参数

（1）机箱结构尺寸。

1）在开关柜安装可以参考保护厂家说明书"4－4－1开关柜安装参考尺寸"（注意：在开关柜安装时，必须考虑装置使用的安装附件的尺寸）。

2）组屏安装可以参考保护厂家说明书"4－4－2组屏安装参考尺寸"。

（2）工作环境。

1）温度：－25～＋60℃ 保证正常工作。

2）湿度、压力：符合DL478的规定。

（3）机械性能。能承受严酷等级为Ⅰ级的振动响应，冲击响应。

2. 额定电气参数

（1）额定数据。

1）直流电压：220V，110V 允许偏差＋15％，－20％。

2）交流电压：57.7V（相电压），100V（线电压）。

3）交流电流：5A，1A。

4）频率：50Hz。

（2）功耗。

1）交流电压：＜0.5VA/相。

2）交流电流：＜1VA/相（$I_n=5A$），＜0.5VA/相（$I_n=1A$）。

3）直流：正常 ＜15W，跳闸＜25W。

3. 主要技术指标

（1）过流保护。

1）电流定值范围：$(0.1 \sim 20) I_n$。

2）电流定值误差：$< \pm 2.5\%$ 或 $\pm 0.01 I_n$。

3）时间定值范围：$0 \sim 100s$。

4）时间误差：时间定值 $\times 1\% + 35ms$。

（2）零序保护。

1）电流定值范围：$0.02 \sim 12A$（外接时）。

2）电流定值误差：$< \pm 2.5\%$ 或 $\pm 0.01A$。

3）时间定值范围：$0 \sim 100s$。

4）时间误差：时间定值 $\times 1\% + 35ms$。

（3）低周保护。

1）频率定值范围：$45 \sim 50Hz$。

2）频率定值误差：$0.01Hz$。

3）DF/DT 闭锁定值范围：$0.3 \sim 10Hz/s$。

4）时间定值范围：$0 \sim 100s$。

5）时间误差：时间定值 $\times 1\% + 35ms$。

（4）重合闸保护。

1）时间定值范围：$0.1 \sim 9.9s$。

2）时间误差：时间定值 $\times 1\% + 35ms$。

（5）遥信开入。

1）分辨率：$< 1ms$。

2）信号输入方式：无源接点。

（6）遥测量计量等级。

1）电流/电压：0.2级。

2）功率/电度：0.5级。

（7）电磁兼容。

1）辐射电磁场干扰实验符合国标 GB/T 14598.9 的规定。

2）快速瞬变干扰实验符合国标 GB/T 14598.10 的规定。

3）静电放电实验符合国标 GB/T 14598.14 的规定。

4）脉冲群干扰实验符合国标 GB/T 14598.13 的规定。

5）射频场感应的传导骚扰抗扰度实验符合国标 GB/T 17626.6 的规定。

6）工频磁场抗扰度实验符合国标 GB/T 17626.8 的规定。

7）脉冲磁场抗扰度实验符合国标 GB/T 17626.9 的规定。

（8）绝缘实验。

1）绝缘实验符合国标 GB/T14598.3—93 6.0 的规定。

2）冲击电压实验符合国标 GB/T14598.3—93 8.0 的规定。

（9）输出接点容量。

1）信号接点容量：允许长期通过电流 5A，切断电流 0.3A（DC220V，V/R 1ms）。

2）其他辅助继电器接点容量：允许长期通过电流 5A，切断电流 0.2A（DC220V，V/R 1ms）。

3）跳闸出口接点容量：允许长期通过电流 5A，切断电流 0.3A（DC220V，V/R 1ms）。

第二节　RCS－923A 断路器失灵及辅助保护装置校验

一、实验目的

（1）熟悉 RCS－923A 断路器失灵及辅助保护装置的硬件构成。

（2）熟悉 RCS－923A 断路器失灵及辅助保护装置的保护构成原理。

（3）学会如何进行 RCS－923A 断路器失灵及辅助保护装置的校验。

二、实验预习

（1）熟悉 RCS－923A 断路器失灵及辅助保护装置的保护构成。

（2）熟悉进行 RCS－923A 断路器失灵及辅助保护装置的校验方法。

（3）列出详细实验步骤。

（4）线路失灵保护和母线失灵保护有什么区别？

三、实验仪器及设备

实验仪器及设备见表 4－2。

表 4－2　　　　　　　　　　RCS－923A 实验仪器及设备

序　号	设备型号	仪器/设备名称	数量
1	PRC02－23	220kV 线路光纤距离保护柜	1
2	RCS－923A	线路失灵启动及辅助保护装置	1

四、实验原理

（一）保护配置

RCS－923A 是由微机实现的数字式断路器失灵起动及辅助保护装置，也可作为母联或分段开关的电流保护。装置功能包括失灵起动、三相不一致保护、两段相过流保护和两段零序过流保护、充电保护等功能，可经压板和软件控制字分别选择投退。

（二）硬件原理

1. 装置面板布置

图 4－2－1 是装置的正面面板布置图，图 4－2－2 是装置的背面面板布置图。

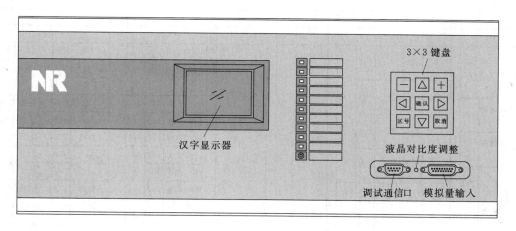

图 4-2-1　面板布置图（正视）

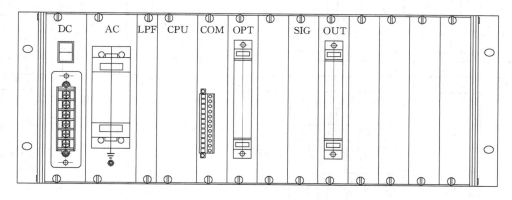

图 4-2-2　面板布置图（背视）

2. 装置接线端子

图 4-2-3 为端子定义图。

3. 输出接点

输出接点如图 4-2-4 所示。

（三）保护原理

1. 起动元件

装置总起动元件与保护起动元件一样，均为电流变化量起动、零序过流元件起动、三相位置不一致起动和相过流起动四种。

（1）电流变化量起动，即

$$\Delta I_{\Phi\Phi.max} > 1.25\Delta I_t + \Delta I_{zd} \qquad (4-2-1)$$

式中　　$\Delta I_{\Phi\Phi.max}$——相间电流的半波积分的最大值；

　　　　ΔI_{zd}——可整定的固定门坎；

　　　　ΔI_t——浮动门坎，随着变化量的变化而自动调整，取 1.25 倍可保证门坎始终略高于不平衡输出。

该起动元件动作并展宽 7s，去开放出口继电器正电源。

231

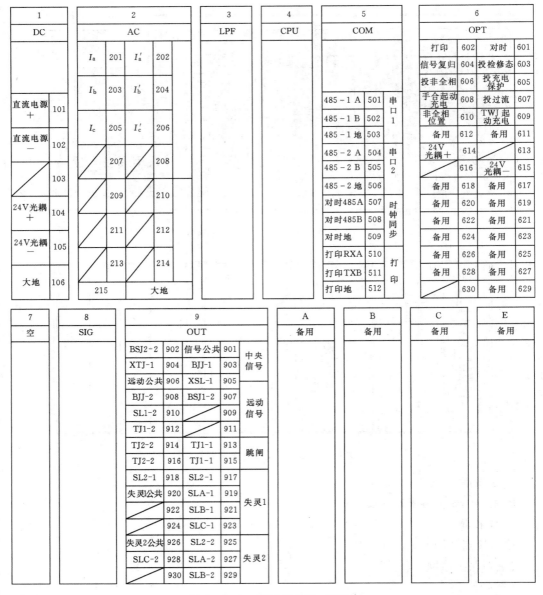

图 4-2-3 端子定义图（背视）

（2）零序过流元件起动。零序过流门坎值可以整定，零序过流继电器满足条件，起动元件动作并展宽 7s，去开放出口继电器正电源。

（3）三相位置不一致起动。当三相位置不一致保护投入时，如果有三相位置不一致接点输入，总起动元件动作并展宽 7s，去开放出口继电器正电源。

（4）过流起动。当过流保护投入且Ⅰ段、Ⅱ段相电流过流元件动作则总起动元件动作并展宽 7s，去开放出口继电器正电源。

2. 失灵起动逻辑

当保护起动且相电流 $I_p > I_{slqd}$（失灵起动定值）时，瞬时接通该相失灵起动接点，该

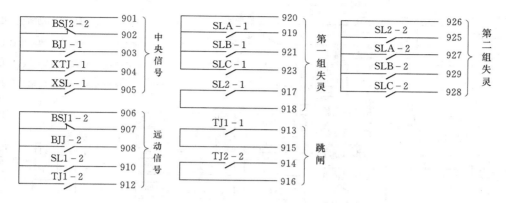

图 4 - 2 - 4　输出接点图

接点与外部保护该相跳闸接点串联后起动失灵。

失灵起动接点分为分相失灵起动接点与三相失灵起动接点（任一相失灵起动动作即动作）。失灵起动电流元件返回系数为 0.95。失灵起动工作逻辑见图 4 - 2 - 5。

3. 过流保护逻辑

过流保护包括两段相电流过流保护与两段零序过流保护。当最大相电流大于相电流过流 Ⅰ、Ⅱ 段定值或者零序电流大于零序过流 Ⅰ、Ⅱ 段定值，并分别经各自延时定值，保护发跳闸命令。过流保护电流元件返回系数为 0.95。过流保护工作逻辑见图 4 - 2 - 5。

4. 三相不一致保护逻辑

三相不一致保护由不一致接点起动，不一致接点的接线方式见图 4 - 2 - 6。

三相不一致保护可采用零序电流或负序电流作为动作的辅助判据，可分别由控制字选择投退。三相不一致保护辅助判据电流元件返回系数为 0.95。三相不一致保护工作逻辑见图 4 - 2 - 5。

5. 充电保护逻辑

在充电保护投入情况下，在正常程序中有以下条件时形成手合加速标志：

任意跳闸位置接点开入，置"手合标志"，在三相跳闸位置接点均返回或线路有流后再经 400ms，将"手合标置"清"0"；当有手合接点开入时，在其开入上升沿置"手合标志"，经 400ms 将"手合标置"清"0"，即手合后 400ms 内发生的故障，均可启动充电保护。

充电保护采用相电流过流，经 20ms 延时跳闸的方式。充电保护电流元件返回系数为 0.95。充电保护工作逻辑见图 4 - 2 - 5。跳闸位置与手合接点只接一个开入即可起动充电保护。

6. 跳闸逻辑

当三个辅助保护中有元件动作时，即发跳闸命令；跳闸令发出 40ms 后判是否有电流，若无电流则跳闸命令返回。

7. 工作逻辑方框图

RCS - 923A 工作逻辑见方框图 4 - 2 - 5 所示。图中不一致接点、手合接点与跳闸位置接点的接线方式见图 4 - 2 - 6。

233

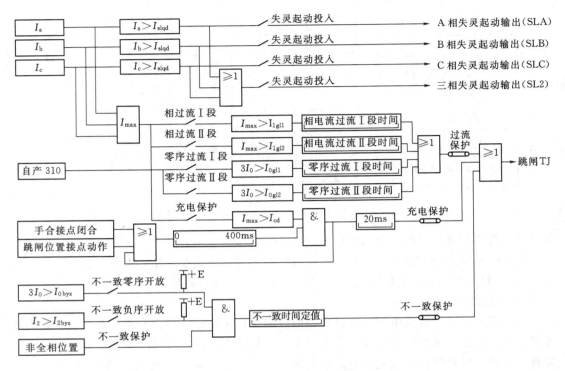

图 4 - 2 - 5　RCS - 923A 工作逻辑图

I_{cd}—充电保护过流定值；I_{max}—最大相电流值；I_{1gl1}—相电流过流 Ⅰ 段定值；I_{1gl2}—相电流过流 Ⅱ 段定值；
I_{0gl1}—零序过流 Ⅰ 段定值；I_{0gl2}—零序过流 Ⅱ 段定值；I_{0byz}—不一致零序过流定值；
I_{2byz}—不一致负序过流定值；I_{slqd}—失灵起动定值

　　注：框图中手合接点上升沿指的是手合接点开入由"0"至"1"的跳变。

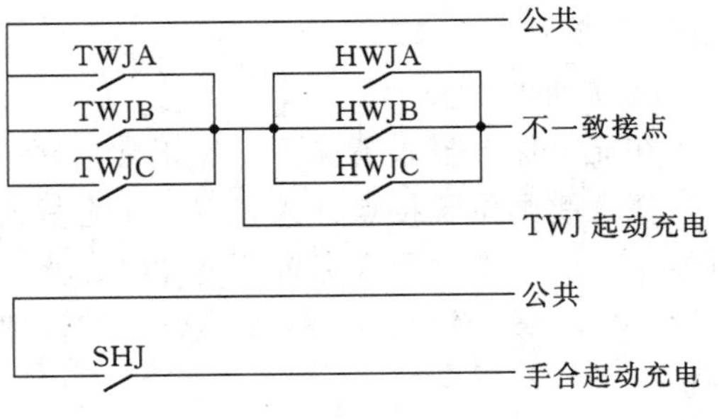

五、实验项目及步骤

（一）失灵起动实验

（1）将"投入失灵起动"控制字置"1"。

（2）通入单相电流，幅值大于失灵起动定值。

（3）测量失灵起动输出接点，应闭合。

图 4 - 2 - 6　不一致接点及起动充电保护开入接线图

（二）相过流及零序过流保护校验

（1）将"相过流Ⅰ/Ⅱ段投入"控制字置"1"，投入过流保护出口压板。

（2）加入单相电流，幅值大于相过流定值。

（3）相过流时限到后，保护出口跳闸。

（4）加入单相电流，使得装置自产零序电流幅值大于零序过流定值。

（5）零序过流时限到后，保护出口跳闸。

（三）充电保护校验

（1）将"充电保护投入"控制字置"1"；投入充电保护出口压板。

（2）手合断路器或短接跳闸位置接点。

（3）400ms 之内，加入单相电流，幅值大于充电保护定值。

（4）20ms 后，保护出口跳闸。

六、实验注意事项

（1）实验前请仔细阅读本实验大纲及保护说明书。

（2）尽量少拔插装置插件，不触摸插件电路，不带电插拔插件。

（3）实验前应检查屏柜及装置是否有明显的损伤或螺丝松动。特别是 TA 回路的螺丝及连片。禁止有丝毫松动的情况。

（4）按键动作要轻，不得重复用力按揿。

（5）实验接线完毕后，要经过第二人检查后方可通电。

（6）保护屏后进行短接实验时，必须两人一组进行。

七、技术参数

1. 机械及环境参数

（1）机箱结构尺寸：482mm×177mm×291mm，嵌入式安装。

（2）正常工作温度：0～40℃。

（3）极限工作温度：−10～50℃。

（4）储存及运输温度：−25～70℃。

2. 额定电气参数

（1）直流电源：220V，110V；允许偏差：+15%，−20%。

（2）交流电流：5A，1A（额定电流 I_n）。

（3）频率：50Hz/60Hz。

（4）过载能力：电流回路，2 倍额定电流，连续工作；10 倍额定电流，允许 10s；40 倍额定电流，允许 1s。

（5）功耗：交流电流，<1VA/相（I_n=5A），<0.5VA/相（I_n=1A）。

（6）直流：正常时<35W，跳闸时<50W。

3. 主要技术指标

（1）起动元件

1）电流变化量起动元件，整定范围（0.1～0.5）I_n。

2）零序过流起动元件，整定范围（0.1～0.5）I_n。

（2）过流元件

1）整定范围：（0.1～20）I_n。

2）定值误差：<5%。

（3）保护动作时间。

时间范围：0.01～10s。

（4）电磁兼容。

1）辐射电磁场干扰实验符合国标 GB/T 14598.9 的规定。

2）快速瞬变干扰实验符合国标 GB/T 14598.10 的规定。

3）静电放电实验符合国标 GB/T 14598.14 的规定。

4）脉冲群干扰实验符合国标 GB/T 14598.13 的规定。

5）射频场感应的传导骚扰抗扰度实验符合国标 GB/T 17626.6 的规定。

6）工频磁场抗扰度实验符合国标 GB/T 17626.8 的规定。

7）脉冲磁场抗扰度实验符合国标 GB/T 17626.9 的规定。

8）浪涌（冲击）抗扰度实验符合国标 GB/T 17626.5 的规定。

（5）绝缘实验。

1）绝缘实验符合国标 GB/T14598.3 - 93 6.0 的规定。

2）冲击电压实验符合国标 GB/T14598.3 - 93 8.0 的规定。

（6）输出接点容量。

1）信号接点容量：允许长期通过电流 8A，切断电流 0.3A（DC220V，V/R 1ms）。

2）其他辅助继电器接点容量：允许长期通过电流 5A，切断电流 0.2A（DC220V，V/R 1ms）。

3）跳闸出口接点容量：允许长期通过电流 8A，切断电流 0.3A（DC220V，V/R 1ms），不带电流保持。

（7）通信接口。两个 RS - 485 通信接口（可选光纤或双绞线接口），或光纤以太网接口，通信规约可选择为电力行业标准 DL/T667 - 1999（idt IEC60870 - 5 - 103）规约或 LFP（V2.0）规约，通信速率可整定。

1）一个用于 GPS 对时的 RS - 485 双绞线接口。

2）一个打印接口，可选 RS - 485 或 RS - 232 方式，通信速率可整定。

3）一个用于调试的 RS - 232 接口（前面板）。

附录 A RCS-978JS 主变保护装置差动保护整定计算

一、比率差动

1. 装置中的平衡系数的计算

（1）计算变压器各侧一次额定电流，即

$$I_{1n} = \frac{S_n}{\sqrt{3}U_{1n}}$$

式中 S_n——变压器最大额定容量；

U_{1n}——变压器计算侧额定电压。

（2）计算变压器各侧二次额定电流，即

$$I_{2n} = \frac{I_{1n}}{n_{LH}}$$

式中 I_{1n}——变压器计算侧一次额定电流；

n_{LH}——变压器计算侧 TA 变比。

（3）计算变压器各侧平衡系数，即

$$K_{ph} = \frac{I_{2n-min}}{I_{2n}}K_b$$

其中

$$K_b = \min\left(\frac{I_{2n-max}}{I_{2n-min}}, 4\right)$$

式中 I_{2n}——变压器计算侧二次额定电流；

I_{2n-min}——变压器各侧二次额定电流值中最小值；

I_{2n-max}——变压器各侧二次额定电流值中最大值。

平衡系数的计算方法即以变压器各侧中二次额定电流为最小的一侧为基准，其他侧依次放大。若最大二次额定电流与最小二次额定电流的比值大于 4，则取放大倍数最大的一侧倍数为 4，其他侧依次减小；若最大二次额定电流与最小二次额定电流的比值小于 4，则取放大倍数最小的一侧倍数为 1，其他侧依次放大。装置为了保证精度，所能接受的最小系数 K_{ph} 为 0.25，因此，差动保护各侧电流平衡系数调整范围最大可达 16 倍。

2. 差动各侧电流相位差的补偿

变压器各侧电流互感器采用星形接线，二次电流直接接入本装置。电流互感器各侧的极性都以母线侧为极性端。

变压器各侧 TA 二次电流相位由软件调整，装置采用 d→Y 变化调整差流平衡，这样可明确区分涌流和故障的特征，大大加快保护的动作速度。对于 YN, d11 的接线，其校正方法如下

YN 侧

$$\dot{I}'_A = (\dot{I}_A - \dot{I}_0)$$

$$\dot{I}'_B = (\dot{I}_B - \dot{I}_0)$$

$$\dot{I}'_C = (\dot{I}_C - \dot{I}_0)$$

d 侧

$$\dot{I}'_a = (\dot{I}_a - \dot{I}_c)/\sqrt{3}$$

$$\dot{I}'_b = (\dot{I}_b - \dot{I}_a)/\sqrt{3}$$

$$\dot{I}'_c = (\dot{I}_c - \dot{I}_b)/\sqrt{3}$$

式中　$\dot{I}_a$、$\dot{I}_b$、$\dot{I}_c$——TA 二次电流;

$\dot{I}'_a$、$\dot{I}'_b$、$\dot{I}'_c$——校正后的各相电流;

$\dot{I}_A$、$\dot{I}_B$、$\dot{I}_C$——YN 侧 TA 二次电流;

$\dot{I}'_A$、$\dot{I}'_B$、$\dot{I}'_C$——YN 侧校正后的各相电流。

其他接线方式可以类推。装置中可通过变压器接线方式整定控制字（参见附录 C 定值说明）选择接线方式。

3. 差动电流起动定值

I_{cdqd} 为差动保护最小动作电流值，应按躲过正常变压器额定负载时的最大不平衡电流整定，即

$$I_{cdqd} = K_{rel}(K_{er} + \Delta U + \Delta m)I_e$$

式中　I_e——变压器二次额定电流;

K_{rel}——可靠系数（一般取 1.3～1.5）;

K_{er}——电流互感器的比误差（10P 型取 0.03×2，5P 型和 TP 型取 0.01×2）;

ΔU——变压器调压引起的误差，取调压范围中偏离额定值的最大值（百分值）;

Δm——由于电流互感器变比未完全匹配产生的误差，可取为 0.05。

在工程实用整定计算中可选取 $I_{cdqd} = (0.2 \sim 0.5)I_e$，并应实测最大负载时差回路中的不平衡电流。

注意：装置的差动电流起动值的整定计算是以变压器的二次额定电流为基准。若在实际的整定计算中差动起动电流整定值是归算到变压器某一侧的电流有名值，则将这一有名值除以变压器这一侧的变压器二次额定电流，即为保护装置的整定值（标幺值）。

4. 拐点电流的选取

对于稳态比率差动的两个拐点电流，装置分别取为 $0.5I_e$ 和 $6I_e$。

5. 斜率的整定

差动保护的制动电流应大于外部短路时流过差动回路的不平衡电流。变压器种类不同，不平衡电流计算也有较大差别，下面给出普通两绕组和三绕组电力变压器差动回路最大不平衡电流 $I_{unb.max}$（二次值）的计算公式。

（1）两绕组变压器 $I_{unb.max}$ 为

$$I_{unb.max} = (K_{ap}K_{cc}K_{er} + \Delta U + \Delta m)I_{k.max}$$

238

式中　K_{cc}——电流互感器的同型系数（取1.0）；

　　　$I_{k.max}$——外部短路时最大穿越短路电流周期分量（二次值）；

　　　K_{ap}——非周期分量系数，两侧同为TP级电流互感器取1.0，两侧同为P级电流互感器取1.5～2.0。

（2）三绕组变压器（以低压侧外部短路为例）$I_{unb.max}$为

$$I_{unb.max}=K_{ap}K_{cc}K_{er}I_{k.max}+\Delta U_{h}I_{k.h.max}+\Delta U_{m}I_{k.m.max}+\Delta m_{I}\,I_{k.I.max}+\Delta m_{II}I_{k.II.max}$$

式中　ΔU_{h}、ΔU_{m}——变压器高、中压侧调压引起的相对误差（对U_{n}而言），取调压范围中偏离额定值的最大值（百分值）；

　　　$I_{k.max}$——低压侧外部短路时，流过靠近故障侧电流互感器的最大短路电流周期分量（二次值）；

　　　$I_{k.h.max}$、$I_{k.m.max}$——在计算低压侧外部短路时，流过调压侧电流互感器电流的周期分量（二次值）；

　　　$I_{k.I.max}$、$I_{k.II.max}$——在计算低压侧外部短路时，相应地流过非靠近故障点两侧电流互感器电流的周期分量（二次值）；

　　　Δm_{I}、Δm_{II}——由于电流互感器（包括中间变流器）的变比未完全匹配而产生的误差。

差动保护的动作门槛电流（二次值）

$$I_{op.max}\geqslant K_{rel}I_{unb.max}$$

式中　K_{rel}——可靠系数（一般取1.3～1.5）。

因此，最大制动系数：　　　$K_{res.max}=I_{op.max}/I_{res.max}$

式中　$I_{res.max}$——最大制动电流（二次值），应根据各侧短路时的不同制动电流而定。

根据差动起动值I_{cdqd}、第一拐点电流$I_{res.01}$、$I_{res.max}$、$K_{res.max}$可按下式计算出比率差动保护动作特性曲线中折线1的斜率K_{bl1}，其特性曲线图见图A-1。

$$K_{bl1}=\frac{K_{res}-I_{cdqd}/I_{res}}{1-I_{res.01}/I_{res}}$$

当$I_{res.max}=I_{k.max}$时，有

$$K_{bl1}=\frac{I_{op.max}-I_{cdqd}}{I_{k.max}-I_{res.01}}$$

因此，对于稳态比率差动，$I_{res.01}=0.5I_{e}$时，有

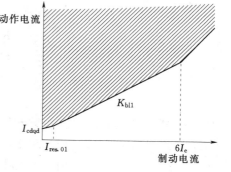

图A-1　特性曲线图

$$K_{bl1}=\frac{I_{op.max}-I_{cdqd}}{I_{k.max}-0.5I_{e}}$$

6. 比率差动保护灵敏度的校核

灵敏系数应按最小运行方式下差动保护区内变压器引出线上两相金属性短路计算。根据计算最小短路电流$I_{k.min}$和相应的制动电流I_{res}，在动作特性曲线上查得对应的动作电流I_{op}，则灵敏系数为

$$K_{sen}=I_{k.min}/I_{op},\quad K_{sen}\geqslant 2$$

7. 差动速断保护

差动速断保护可以快速切除内部严重故障，防止由于电流互感器饱和引起的纵差保护延时动作。其整定值应按躲过变压器励磁涌流整定，一般可取

$$I_{cdsd} = KI_e$$

式中　K——倍数，视变压器容量和系统阻抗的大小。$40 \sim 120 \text{MVA}$ 的变压器 K 值可取 $3.0 \sim 6.0$；120MVA 及以上的变压器 K 值可取 $2.0 \sim 5.0$。即变压器容量越大，或系统电抗越大，K 的取值越小。

差动速断保护灵敏系数应按正常运行方式下保护安装处两相金属性短路计算，要求：$K_{sen} \geqslant 1.2$。

注意：装置的差动速断电流值的整定计算是以变压器的二次额定电流为基准。若在实际的整定计算中差动速断电流整定值是归算到变压器某一侧的电流有名值，则将这一有名值除以变压器这一侧的变压器二次额定电流，即为保护装置的整定值（标幺值）。

8. 谐波制动比的整定

在利用二次谐波和三次谐波制动来防止励磁涌流误动的差动保护中，二次谐波制动比和三次谐波制动比分别表示差电流中的二次谐波分量、三次谐波分量与基波分量的比值。一般二次谐波制动比可整定为 $10\% \sim 20\%$，三次谐波制动比可整定为 $10\% \sim 20\%$。

二、零序比率差动

零差保护的整定计算方法参见稳态比率差动保护，取 $\Delta U = 0$。零序差动所用电流互感器各侧的极性参见实验指导部分，即高、中压侧都以母线侧为极性端，公共绕组侧以中性点为极性端。

1. 装置中零差平衡系数的计算

计算公式为

$$K_{lph} = \frac{K_{TA}}{K_{TA.max}} K_{lb}$$

其中

$$K_{lb} = \frac{K_{TA.max}}{K_{TA.min}}$$

式中　K_{TA}——需要计算平衡系数侧的 TA 变比；

$K_{TA.max}$——变压器零差用 TA 变比的最大值；

$K_{TA.min}$——变压器零差用 TA 变比的最小值。

即计算方法为以各侧中 TA 变比为最小的一侧为基准，其平衡系数为 1，其他侧放大，最大的平衡系数为 4。补偿时分别将各侧零序电流与其对应的平衡系数相乘。

2. 零差电流起动定值的计算

零差电流起动定值应按躲过正常变压器额定负载时的最大不平衡电流整定，即

$$I_{0cdqd} = K_{rel}(K_{er} + \Delta m) I_e$$

式中　I_e——变压器二次额定电流；

K_{rel}——可靠系数（一般取 $1.3 \sim 1.5$）；

K_{er}——电流互感器的比误差（10P 型取 0.03×2，5P 型和 TP 型取 0.01×2）；

Δm——由于电流互感器变比未完全匹配产生的误差，可取为 0.05。

在工程实用整定计算中可选取起动值为 $(0.2\sim0.5)\ I_e$，并应实测最大负载时零差回路中的不平衡电流。

注意：装置的零差电流起动值是以 TA 的二次额定电流 I_n（1A 或 5A）为单位，其整定计算以零差各侧中平衡系数最小的一侧为基准。若在实际的整定计算中是归算到上述的基准侧后的电流有名值，则将这一有名值除以 TA 的二次额定电流（1A 或 5A），即为保护装置的整定值。

3. 零序比率差动保护灵敏度的校核

按零序差动保护区内发生金属性接地短路校验灵敏系数；要求 $K_{sen}\geqslant2$。大电流接地系统的单相接地短路电流中的零序电流分配完全取决于系统零序网的分布，而单相故障电流的大小，不但与系统零序阻抗有关，而且与系统的正、负序阻抗有关，即与系统运行方式有关。在系统检修等方式时为了保持系统零序网基本不变，提高接地保护灵敏度，220kV 系统通常运用适当调整变压器中性点接地来弥补。目前 500kV 系统中变压器中性点均直接接地或经小电抗接地。因此，在 220kV 系统校验零序差动保护灵敏度时应选用正常小方式，500kV 系统选用最小运行方式或检修小方式。

附录 B　RCS-978JS 主变保护装置后备保护整定计算

一、复合电压闭锁方向过流

1. 电流继电器的整定计算

电流继电器的动作电流应躲过变压器的额定电流，即

$$I_{op} = \frac{K_{rel}}{K_r} I_n$$

式中　K_{rel}——可靠系数，可取 1.2；

K_r——返回系数，可取 0.95；

I_n——变压器的额定电流（二次值）。

2. 低电压继电器的整定计算

低电压继电器应躲过电动机起动，计算为

（1）当低电压继电器由变压器低压侧电压互感器供电时，有

$$U_{op} = \frac{U_{min}}{K_{rel} K_r}$$

式中　K_{rel}——可靠系数，可取 1.1～1.2；

K_r——返回系数，可取 1.05；

U_{min}——变压器正常运行可能出现的最低电压，一般取 $0.9U_n$（额定线电压二次值）。

（2）当低电压继电器由变压器高压侧电压互感器供电时，有

$$U_{op} = 0.7U_n$$

式中　U_n——额定线电压二次值。

（3）对发电厂的升压变压器，当低电压继电器由发电机侧电压互感器供电时，还应考虑躲过发电机失磁运行时出现的低电压，可取

$$U_{op} = (0.5\sim0.6)U_n$$

式中　U_n——额定线电压二次值。

3. 负序电压继电器的整定计算

负序电压继电器应躲过正常运行时出现的不平衡电压，不平衡电压值可实测确定。一般可取

$$U_{op.2} = (0.06\sim0.08)U_{\Phi n}$$

式中　$U_{\Phi n}$——额定相电压二次值。

4. 灵敏度校验

（1）电流继电器的灵敏度校验，为

$$K_{sen} = \frac{I_{k.min}^{(2)}}{I_{op}}$$

242

式中 $I_{k.min}^{(2)}$——后备保护区末端两相金属性短路时流过保护的最小短路电流（二次值）。

要求 $K_{sen} \geqslant 1.3$（近后备）或 $K_{sen} \geqslant 1.2$（远后备）。

（2）低电压继电器的灵敏度校验，为

$$K_{sen} = \frac{U_{op}}{U_{c.max}}$$

式中 $U_{c.max}$——计算运行方式下，灵敏系数校验点发生金属性相间短路时，保护安装处的最高残压（二次值）。

要求 $K_{sen} \geqslant 2.0$（近后备）或 $K_{sen} \geqslant 1.5$（远后备）。

注：在校验电流继电器和电压继电器的灵敏系数时，应分别采用各自的不利正常系统运行方式和不利的短路类型。

（3）负序电压继电器的灵敏度校验，有

$$K_{sen} = \frac{U_{k.2.min}}{U_{op.2}}$$

式中 $U_{k.2.min}$——后备保护区末端两相金属性短路时，保护安装处的最小负序电压（二次值）。

要求 $K_{sen} \geqslant 2.0$（近后备）或 $K_{sen} \geqslant 1.5$（远后备）。

5. 相间故障后备保护方向元件的整定

（1）三侧有电源的三绕组升压变压器，相间故障后备保护为了满足选择性的要求，在高压侧或中压侧要加功率方向元件，其方向一般指向该侧母线。

（2）高压及中压侧有电源或三侧均有电源的三绕组降压变压器和联络变压器，相间故障后备保护为了满足选择性的要求，在高压侧或中压侧要加功率方向元件，其方向一般指向变压器，也可指向本侧母线。

二、零序过流

1. 零序电流继电器的整定

对于高压及中压侧均直接接地的三绕组普通变压器，高中压侧均应装设零序方向过电流保护，方向指向本侧母线。

（1）Ⅰ段零序过电流继电器的动作电流应与相邻线路零序过电流保护第Ⅰ段或Ⅱ段或快速主保护相配合，即

$$I_{op.o.I} = K_{rel} K_{brI} I_{op.o.1I}$$

式中 $I_{op.o.I}$——Ⅰ段零序过电流保护动作电流（二次值）；

K_{brI}——零序电流分支系数，其值等于线路零序过电流保护Ⅰ段保护区末端发生接地短路时，流过本保护的零序电流与流过该线路的零序电流之比，取各种运行方式的最大值；

K_{rel}——可靠系数，取 1.1；

$I_{op.o.1I}$——与之相配合的线路保护相关段动作电流（二次值）。

（2）Ⅱ段零序过电流继电器的动作电流应与相邻线路零序过电流保护的后备段相配合，即

$$I_{op.o.II} = K_{rel} K_{brII} I_{op.o.1II}$$

式中 $I_{op.o.II}$——Ⅱ段零序过电流保护动作电流（二次值）；

$\quad\quad K_{brII}$——零序电流分支系数，其值等于线路零序过电流保护后备段保护区末端发生接地短路时，流过本保护的零序电流与流过该线路的零序电流之比，取各种运行方式的最大值；

$\quad\quad K_{reI}$——可靠系数，取 1.1；

$\quad\quad I_{op.o.1II}$——与之相配合的线路零序过电流保护后备段的动作电流（二次值）。

2. 零序电流继电器的灵敏度的校验

灵敏度应按下式校验

$$K_{sen}=\frac{3I_{k.o.min}}{I_{op.o}}$$

式中 $3I_{k.o.min}$——Ⅰ段（或Ⅱ段）保护区末端接地短路时流过保护安装处的最小零序电流（二次值）。

$\quad\quad I_{op.o}$——Ⅰ段（或Ⅱ段）零序过电流保护的动作电流；

要求：$K_{sen}\geqslant 1.5$。

三、变压器不接地运行时的后备保护

对于中性点经放电间隙接地的变压器，应增设反应零序电压和间隙放电电流的零序电压电流保护。

1. 零序过电压继电器的整定

过电压保护动作值按下式整定

$$U_{o.max}<U_{op.o}\leqslant U_{sat}$$

式中 $U_{op.o}$——零序过电压保护动作值（二次值）；

$\quad\quad U_{o.max}$——在部分中性点接地的电网中发生单相接地时或中性点不接地变压器两相运行时，保护安装处可能出现的最大零序电压（二次值）；

$\quad\quad U_{sat}$——用于中性点直接接地系统的电压互感器，在失去接地中性点时发生单相接地，开口三角绕组可能出现的最低电压。

考虑到中性点直接接地系统 $\frac{X_{0\Sigma}}{X_{1\Sigma}}\leqslant 3$，一般取

$$U_{op.o}=180V$$

注：高压系统电压互感器开口绕组每相额定电压为 100V。

2. 间隙零序过电流继电器的整定

装在放电间隙回路的零序过电流保护的动作电流与变压器的零序阻抗、间隙放电的电弧电阻等因素有关，一般保护的一次动作电流可取为 100A。

四、自耦变压器的中接点零序电流保护

自耦变压器中性点回路装设的一段式零序过电流保护，只在高压侧或中压侧断开、内部发生单相接地故障、未断开侧零序过电流保护的灵敏度不够时才用。

1. 自耦变压器中接点零序过电流保护整定计算

当低压侧为三角形接线的自耦变压器高压侧或中压侧断开时，其变为一台高压侧（或中压侧）中性点直接接地的 Y/△ 接线的普通双绕组变压器。考虑到在未断开侧的出线端

装有零序过电流保护，已完成线路及母线接地故障的后备保护。故此时中性点过电流保护的作用只是作为变压器内部接地故障的后备。保护的动作电流 I_{op}（二次值）按下式整定

$$I_{op} = K_{rel} I_{unb.o}$$

式中　$I_{unb.o}$——正常运行情况（包括最大负荷时）可能在零序回路出现的最大不平衡电流（二次值）；

　　　K_{rel}——可靠系数，取 $1.5 \sim 2$。

2. 零序电流继电器的灵敏度的校验

灵敏度应按下式校验

$$K_{sen} = \frac{3 I_{k.o.min}}{I_{op.o}}$$

式中　$3 I_{k.o.min}$——自耦变压器断开侧出线端单相接地短路，流过变压器中性点的最小零序电流（二次值）；

　　　$I_{op.o}$——零序过电流保护的动作电流（二次值）。

要求：$K_{sen} \geqslant 1.5$。

五、阻抗保护

当电流、电压保护不能满足灵敏度要求或根据网络保护间配合的要求，变压器的相间故障后备保护可采用阻抗保护。阻抗保护通常用于 $330 \sim 500 \text{kV}$ 大型升压变压器、联络变压器及降压变压器，作为变压器引线、母线、相邻线路相间故障后备保护。根据阻抗保护的配置及阻抗继电器特性的不同，可分别按以下几种情况进行整定计算。

1. 升压变压器低压侧全阻抗继电器的整定计算

（1）按高压母线短路满足灵敏度要求的条件计算，即

$$Z_{op} = K_{sen} Z_t$$

式中　K_{sen}——阻抗保护的灵敏系数，取 1.3；

　　　Z_t——变压器阻抗（二次值）。

（2）按与之配合的高压侧引出线路距离保护段配合，即

$$Z_{op} = 0.7 Z_t + 0.8 K_{inf} Z$$

式中　K_{inf}——助增系数，取各种运行方式下的最小值；

　　　Z——与之配合的高压侧引出线路距离保护段动作阻抗（二次值）。

（3）灵敏系数高压母线三相短路，即按下式校验

$$K_{sen} = \frac{Z_{op}}{Z_t}$$

要求：$K_{sen} \geqslant 1.3$。

2. 升压变压器 $220 \sim 500 \text{kV}$ 侧全阻抗继电器的整定计算

（1）阻抗继电器的动作阻抗计算。在 $220 \sim 500 \text{kV}$ 变压器高压侧装设全阻抗继电器时，阻抗继电器的动作值与母线上与之配合的引出线阻抗保护段相配合，即

$$Z_{op} = K_{rel} K_{inf} Z$$

式中　K_{rel}——可靠系数，取 0.8。

（2）灵敏系数按指定的保护区末端相间短路，即按下式校验

$$K_{sen} = \frac{Z_{op}}{Z}$$

式中 Z——指定保护区内对应的阻抗值（二次值）。

要求：$K_{sen} \geqslant 1.3$。

附录C RCS-978JS主变保护装置保护定值说明

装置定值包括装置参数和保护定值，所有保护的装置参数都一样，只是保护定值有差异。保护的所有定值均按二次值整定，定值范围中 I_n 为 1A 或 5A，分别对应于二次额定电流为 1A 或 5A。

一、装置参数定值单

装置参数定值单见表 C-1。

表 C-1   RCS-978JS 装置参数定值单

序号	定 值 名 称	定 值 范 围	整定值
1	定值区号	0～2	
2	装置编号	最多 6 个字符	
3	本机通信地址	0～254	
4	波特率 1（bit/s）	1200，2400，4800，9600，14400	
5	波特率 2（bit/s）	1200，2400，4800，9600，14400	
6	自动打印	0，1	
7	网络打印机	0，1	
8	通信规约	0，1	
9	远方修改定值投入	0，1	
10	投检修态	0，1	
11	打印机波特率	0，1	

定值说明：

（1）定值区号：保护定值有 3 套可供切换，装置参数和系统参数不分区，只有一套定值。

（2）装置编号：ASCII 码，此定值仅用于报文打印。

（3）本机通信地址：指后台通信管理机与本装置通信的地址。

（4）串口 1 波特率、串口 2 波特率：只可在所列波特率数值中选择。

（5）自动打印：保护动作后需要自动打印动作报告时置为"1"，否则置为"0"。

（6）网络打印：需要使用共享打印机时置为"1"，否则置为"0"。使用共享打印机指的是多套保护装置共用一台打印机打印输出，这时打印口应设置为 RS-485 方式，经专用的打印控制器接入打印机；而使用本地打印机时，打印口应设置为 RS-232 方式，直接接至打印机的串口。

（7）通信规约："0"设定装置通信规约为 DL/T667-1999（IEC60870-5-103）规约，"1"设定装置通信规约为 LFP 规约。

（8）远方修改定值投入：需要远方修改定值时置为"1"，否则置为"0"。

（9）投检修态：若装置处于检修调试状态，不需要向后台传送报文信息时置为"1"，否则置为"0"。

（10）打印机波特率：若打印机波特率为9600时置为"0"，若打印机波特率为4800时置为"1"。

二、RCS-978 定值单

（一）系统参数定值单

系统参数定值单见表C-2。

表 C-2　　　　　　　　　　　RCS-978JS 系统参数定值单

序号	定　值　名　称	定　值　范　围	整定步长
1	变压器容量整数部分（MVA）	0～999	1
2	变压器容量小数部分（×0.01）（MVA）	0～99	0.01
3	额定频率（Hz）	50 或 60	
4	TA 二次额定电流（A）	1 或 5	
5	Ⅰ侧零序 TA6 副边（A）	0～10	0.01
6	Ⅰ侧间隙零序 TA7 副边（A）	0～10	0.01
7	Ⅱ侧零序 TA8 副边（A）	0～10	0.01
8	Ⅱ侧间隙零序 TA9 副边（A）	0～10	0.01
9	公共绕组零序 TA10 副边（A）	0～10	0.01
10	Ⅰ侧零序 TA6 原边（A）	0～65535	1
11	Ⅰ侧间隙零序 TA7 原边（A）	0～65535	1
12	Ⅱ侧零序 TA8 原边（A）	0～65535	1
13	Ⅱ侧间隙零序 TA9 原边（A）	0～65535	1
14	公共绕组零序 TA10 原边（A）	0～65535	1
15	TV 二次额定电压（V/相）	57.7	
16	Ⅰ侧 TV1 零序副边（V）	100 或 33.33	
17	Ⅱ侧 TV2 零序副边（V）	100 或 33.33	
18	Ⅲ侧 TV3 零序副边（V）	100 或 33.33	
19	Ⅳ侧 TV4 零序副边（V）	100 或 33.33	
20	Ⅰ侧 TV1 原边（kV）	0～655	0.01
21	Ⅱ侧 TV2 原边（kV）	0～655	0.01
22	Ⅲ侧 TV3 原边（kV）	0～655	0.01
23	Ⅳ侧 TV4 原边（kV）	0～655	0.01
24	Ⅰ侧一次电压（kV）	0～655	0.01
25	Ⅱ侧一次电压（kV）	0～655	0.01
26	Ⅲ侧一次电压（kV）	0～655	0.01
27	Ⅳ侧一次电压（kV）	0～655	0.01
28	变压器接线方式	0～7，不含4。	
以下是运行方式控制字整定"1"表示投入，"0"表示退出			
29	主保护投入	0，1	
30	Ⅰ侧后备保护投入	0，1	
31	Ⅱ侧后备保护投入	0，1	

序号	定值名称	定值范围	整定步长
32	Ⅲ侧后备保护投入	0，1	
33	Ⅳ侧后备保护投入	0，1	
34	Ⅲ、Ⅳ侧和电流保护投入	0，1	
35	公共绕组后备保护投入	0，1	

定值说明：

（1）变压器容量＝整数部分数值＋小数部分数值×0.01MVA，最大为750MVA。

（2）"TA 二次额定电流"指用于差动各侧 TA 二次额定电流，即用于差动的各侧 TA 二次额定电流必须一致。各侧零序 TA 二次额定电流可以不一致。本项菜单中的控制字可以控制变压器主保护和各侧后备保护的总投退，以方便使用。

（3）"Ⅰ侧 TV1 原边"指Ⅰ侧 TV1 原边额定电压，如 TV1 为 220kV/100V，则"Ⅰ侧 TV1 原边"应为相电压，即 $220kV/\sqrt{3}$。"Ⅰ侧 TV1 零序副边"指Ⅰ侧 TV1 副边开口三角额定电压。要求输入各侧 TV 变比是为了满足变电站综合自动化的需要，即上送后台故障波形时可以将保护二次电流电压值转换为一次电流电压值。

（4）各侧一次电压的整定原则：取变压器铭牌参数中的变压器各侧额定电压值。对于有载调压的变压器，取分接头在中间档位置时的电压；其他情况以实际运行电压（线电压）为准，否则平衡系数会有误差。如对于 220kV 侧，有载调压的变压器，分接头在中间档位置时的电压为 230 kV，"Ⅰ侧一次电压"应为 230kV。

（5）"Ⅰ侧零序 TA6 副边"为Ⅰ侧外接零序过流保护所用 TA 的二次额定电流，"Ⅰ侧零序 TA6 原边"为Ⅰ侧外接零序过流保护所用 TA 的一次额定电流，通过这两个参数可以得到 TA 变比。其他含义相同。注意对于不用的各侧零序 TA 副边请整定为"1A"或"5A"。

（6）第Ⅰ侧、Ⅱ侧后备适用于 220kV/110kV 侧，第Ⅲ、Ⅳ侧后备适用于 35kV 侧。若只有 220kV，110kV，35kV 三侧，则取前三侧；若只有 220kV，35kV 两侧，则取Ⅰ侧和 Ⅲ侧，若哪一侧不用，则将该侧一次电压整定为"0"。

各控制字含义见表 C-3。

表 C-3　　　　　　装置中的变压器接线方式控制字含意（顺序Ⅰ～Ⅳ）

序　号	接　线　方　式	接线方式代码
1	Y0，y0，y0，y0	0
2	Y0，y0，y0，d11	1
3	Y0，y0，d11，d11	2
4	Y0，d11，d11，d11	3
5	Y0，y0，y0，d1	5
6	Y0，y0，d1，d1	6
7	Y0，d1，d1，d1	7

注　1. 装置中的变压器接线方式控制字含意定义与按装置的变压器差动回路实际接入的支路有关。

　　2. 若哪一侧的后备保护不用，则只需要将系统参数定值单中的该侧后备保护投入控制字整定为"0"，这样，该侧的后备保护定值单中的内容可以不整定。例如"Ⅳ侧后备保护"不用，则将"Ⅳ侧后备保护投入"控制字整定为"0"，这样，Ⅳ侧后备保护定值单中的内容可以不整定，以方便用户。

（二）主保护定值单

主保护定值单见表 C-4。

表 C-4   RCS-978JS 主保护定值单

序号	定 值 名 称	定 值 范 围	整定步长
1	Ⅰ侧 TA1 原边（A）	$0 \sim 65535$	1
2	Ⅱ侧 TA2 原边（A）	$0 \sim 65535$	1
3	Ⅲ侧 TA3 原边（A）	$0 \sim 65535$	1
4	Ⅳ侧 TA4 原边（A）	$0 \sim 65535$	1
5	公共绕组 TA5 原边（A）	$0 \sim 65535$	1
6	差动起动电流	$(0.1 \sim 1.5) I_e$	$0.01 I_e$
7	比率差动制动系数	$0.2 \sim 0.75$	0.01
8	二次谐波制动系数	$0.05 \sim 0.35$	0.01
9	三次谐波制动系数	$0.05 \sim 0.35$	0.01
10	差动速断电流	$(2 \sim 14) I_e$	$0.01 I_e$
11	TA 报警差流定值	$(0.1 \sim 1.5) I_e$	$0.01 I_e$
12	零差（或分侧差动）起动电流	$(0.1 \sim 1.5) I_n$	$0.01 I_n$
13	零差（或分侧差动）比率制动系数	$0.2 \sim 0.75$	0.01
14	TA 断线闭锁差动控制字	$0 \sim 2$	
15	TA 断线闭锁零差/分侧差动控制字	$0 \sim 2$	
16	涌流闭锁方式控制字	0/1	
17	主保护跳闸控制字	$0000 \sim FFFFH$	

以下是运行方式控制字整定"1"表示投入，"0"表示退出

序号	定 值 名 称	定 值 范 围	
18	差动速断投入	0，1	
19	比率差动投入	0，1	
20	零序比率差动（或分侧差动）投入	0，1	
21	工频变化量差动保护投入	0，1	
22	过激磁倍数计算侧	0，1	
23	三次谐波闭锁投入	0，1	

定值说明：

（1）"Ⅰ侧 TA1 原边"为差动保护所用 TA 的一次额定电流。

（2）装置中的"TA 断线闭锁差动控制字"含意如下：

0—TA 断线或短路不闭锁差动保护；

1—TA 断线或短路且差流小于 $1.2 I_e$ 时闭锁差动保护，大于 $1.2 I_e$ 时不闭锁差动

保护；

2—TA 断线或短路始终闭锁差动保护。

（3）装置中提供两种差动保护涌流闭锁原理，"涌流闭锁方式控制字"来选择。当"涌流闭锁方式控制字"为"0"时，采用谐波闭锁原理；当"涌流闭锁方式控制字"为"1"时，采用波形判别闭锁原理。

（4）在输入变压器主保护整定值后，若装置计算的各侧中最大的 I_e 与差动回路 TA 二次额定电流值的比值小于 0.4，认为变压器参数整定不合理，装置报整定值出错。

（5）若零差保护投入时，与零差电流有关的各侧 TA 变比之间的比值大于 4，认为变压器参数整定不合理，装置报整定值出错。注意：对于不是自耦变压器，由于零序比率差动不用，请将"公共绕组 TA5 原边"整定同"Ⅰ侧 TA1 原边"或"Ⅱ侧 TA2 原边"一样。

（6）"差动起动电流"、"差动速断电流"其整定计算是以变压器的二次额定电流为基准。若在实际的整定计算中是归算到变压器某一侧的电流有名值，则将这一有名值除以变压器这一侧的变压器二次额定电流，即为保护装置的整定值（标幺值）。

（7）"零差（或分侧差动）起动电流"其整定计算以零差各侧中 TA 变比为最小的一侧为基准。若在实际的整定计算中是归算到上述的基准侧后的电流有名值，则将这一有名值除以 TA 的二次额定电流（1A 或 5A），即为保护装置的整定值。

（8）"TA 报警差流定值"即差流报警定值，应避开有载调压变压器分接头不在中间时产生的最大差流，或其他原因运行时可能产生的最大差流。

（9）装置提供测量频率和过激磁倍数的功能，其所用电压可通过"过激磁倍数计算侧"控制字来选择。当"过激磁倍数计算侧"控制字为"0"时，使用Ⅰ侧电压；当"过激磁倍数计算侧"控制字为"1"时，使用Ⅱ侧电压。由于 220kV 的电压等级的变压器差动保护一般不需要具有过激磁闭锁差动保护功能，故此项整定值一般只作为计算显示功能用。

（10）"主保护跳闸控制字"的定义和解释与后备保护的跳闸控制字的定义和解释一样。请参见后备保护。

注意：建议在整定计算中将"工频变化量差动保护投入"控制字和"三次谐波闭锁投入"控制字整定为"1"即工频变化量差动保护和三次谐波闭锁功能投入。

（三）后备保护定值单

1. RCS-978JS Ⅰ侧和Ⅱ侧后备保护定值单

后备保护定值单见表 C-5。

表 C-5 　　　　　　　　RCS-978JS Ⅰ侧和Ⅱ侧后备保护定值单

序号	定值名称	定值范围	整定步长
1	相电流起动（A）	$(0.05\sim30) I_n$	0.01
2	自产零序起动电流（A）	$(0.05\sim30) I_n$	0.01
3	外接零序起动电流（A）	$(0.05\sim30) I_n$	0.01
4	间隙零序起动电流（A）	$(0.05\sim30) I_n$	0.01
5	零序电压起动（V）	$10\sim220$	0.01

序号	定 值 名 称	定 值 范 围	整定步长
6	复压闭锁负序相电压（V）	2～100	0.01
7	复压闭锁相间低电压（V）	2～100	0.01
8	过流Ⅰ段定值（A）	(0.05～30) I_n	0.01
9	过流Ⅰ段第一时限（s）	0～20	0.01
10	过流Ⅰ段第一时限控制字	0000～FFFFH	
11	过流Ⅰ段第二时限（s）	0～20	0.01
12	过流Ⅰ段第二时限控制字	0000～FFFFH	
13	过流Ⅱ段定值（A）	(0.05～30) I_n	0.01
14	过流Ⅱ段第一时限（s）	0～20	0.01
15	过流Ⅱ段第一时限控制字	0000～FFFFH	
16	过流Ⅱ段第二时限（s）	0～20	0.01
17	过流Ⅱ段第二时限控制字	0000～FFFFH	
18	过流Ⅲ段定值（A）	(0.05～30) I_n	0.01
19	过流Ⅲ段第一时限（s）	0～20	0.01
20	过流Ⅲ段第一时限控制字	0000～FFFFH	
21	过流Ⅲ段第二时限（s）	0～20	0.01
22	过流Ⅲ段第二时限控制字	0000～FFFFH	
23	零序电压闭锁定值（V）	2～100	0.01
24	零序Ⅰ段定值（A）	(0.05～30) I_n	0.01
25	零序Ⅰ段第一时限（s）	0～20	0.01
26	零序Ⅰ段第一时限控制字	0000～FFFFH	
27	零序Ⅰ段第二时限（s）	0～20	0.01
28	零序Ⅰ段第二时限控制字	0000～FFFFH	
29	零序Ⅱ段定值（A）	(0.05～30) I_n	0.01
30	零序Ⅱ段第一时限（s）	0～20	0.01
31	零序Ⅱ段第一时限控制字	0000～FFFFH	
32	零序Ⅱ段第二时限（s）	(0～20)	0.01
33	零序Ⅱ段第二时限控制字	0000～FFFFH	
34	零序Ⅱ段第三时限（s）	0～20	0.01
35	零序Ⅱ段第三时限控制字	0000～FFFFH	
36	零序Ⅲ段定值（A）	(0.05～30) I_n	0.01
37	零序Ⅲ段第一时限（s）	0～20	0.01
38	零序Ⅲ段第一时限控制字	0000～FFFFH	
39	零序Ⅲ段第二时限（s）	0～20	0.01
40	零序Ⅲ段第二时限控制字	0000～FFFFH	

序号	定 值 名 称	定 值 范 围	整定步长
41	零序过压定值（V）	10～220	0.01
42	零序过压第一时限（s）	0～10	0.01
43	零序过压第一时限控制字	0000～FFFFH	
44	零序过压第二时限（s）	0～20	0.01
45	零序过压第二时限控制字	0000～FFFFH	
46	间隙过流定值（A）	$(0.05～30) I_n$	0.01
47	间隙零序第一时限（s）	0～20	0.01
48	间隙零序第一时限控制字	0000～FFFFH	
49	间隙零序第二时限（s）	0～20	0.01
50	间隙零序第二时限控制字	0000～FFFFH	
51	过负荷Ⅰ段定值（A）	$(0.05～30) I_n$	0.01
52	过负荷Ⅰ段延时（s）	0～20	0.01
53	过负荷Ⅱ段定值（A）	$(0.05～30) I_n$	0.01
54	过负荷Ⅱ段延时（s）	0～20	0.01
55	起动风冷Ⅰ段（A）	$(0.05～30) I_n$	0.01
56	风冷Ⅰ段延时（s）	0～20	0.01
57	起动风冷Ⅱ段（A）	$(0.05～30) I_n$	0.01
58	风冷Ⅱ段延时（s）	0～20	0.01
59	闭锁调压定值（A）	$(0.05～30) I_n$	0.01
60	闭锁调压延时（s）	0～20	0.01

以下是运行方式控制字整定"1"表示投入，"0"表示退出

序号	定 值 名 称	定 值 范 围	
61	过流Ⅰ段经复压闭锁	0，1	
62	过流Ⅱ段经复压闭锁	0，1	
63	过流Ⅲ段经复压闭锁	0，1	
64	过流Ⅰ段经方向闭锁	0，1	
65	过流Ⅱ段经方向闭锁	0，1	
66	过流Ⅰ段的方向指向	0，1	
67	过流Ⅱ段的方向指向	0，1	
68	零序过流Ⅰ段经零序电压闭锁	0，1	
69	零序过流Ⅱ段经零序电压闭锁	0，1	
70	零序过流Ⅰ段经方向闭锁	0，1	
71	零序过流Ⅱ段经方向闭锁	0，1	
72	零序过流Ⅰ段的方向指向	0，1	
73	零序过流Ⅱ段的方向指向	0，1	
74	零序方向判别用自产零序电流	0，1	

序号	定 值 名 称	定 值 范 围	整定步长
75	零序Ⅰ段经谐波制动闭锁	0, 1	
76	零序Ⅱ段经谐波制动闭锁	0, 1	
77	零序Ⅰ段用自产零序电流	0, 1	
78	零序Ⅱ段用自产零序电流	0, 1	
79	间隙保护方式	0, 1	
80	过负荷Ⅰ段投入	0, 1	
81	过负荷Ⅱ段投入	0, 1	
82	起动风冷Ⅰ段投入	0, 1	
83	起动风冷Ⅱ段投入	0, 1	
84	过载闭锁调压投入	0, 1	
85	TV断线保护投退原则	0, 1	
86	本侧电压退出	0, 1	
87	过流保护经Ⅱ侧复压闭锁	0, 1	
88	过流保护经Ⅲ侧复压闭锁	0, 1	
89	过流保护经Ⅳ侧复压闭锁	0, 1	

定值说明:

(1) 零序电流整定值和显示的自产零序电流电压值皆为 $3I_0$ 和 $3U_0$。负序电压整定值和显示的负序电压值为 U_2。

(2) "电流起动定值"为过流保护的起动元件,其整定原则为取所用过流保护整定值中的最小值乘以一个小于 1 的系数(如 0.95),以保证保护跳闸元件动作时,出口继电器的正电源开放。"自产零序起动电流定值"为零序过流的大小用自产零序电流的零序保护的起动元件。"外接零序起动电流定值"为零序过流的大小用外接零序电流的零序保护的起动元件,由于两者的 TA 变比可能不一致,故设两个零序起动电流(注意:零序过流Ⅲ段固定用外接零序电流);"间隙零序起动电流定值"为间隙零序过流保护的起动元件。"零序电压起动定值"为间隙零序过压保护的起动元件。这些起动元件的整定原则同过流保护的起动元件整定原则类似。

(3) 各元件控制字(如"过流Ⅰ段第一时限控制字")的定义见表 C-6。其他侧的跳闸控制字相同。

表 C-6   元 件 控 制 字

位	15	14	13	12	11	10	9	8	7	6	5	4	3	2	1	0
功能	未定义	未定义	未定义	跳闸备用5	跳闸备用4	跳闸备用3	跳闸备用2	跳闸备用1	跳Ⅲ、Ⅳ侧分段	跳Ⅱ侧母联	跳Ⅰ侧母联	跳Ⅳ侧开关	跳Ⅲ侧开关	跳Ⅱ侧开关	跳Ⅰ侧开关	本保护投入

整定方法:在保护元件投入位和其所跳开关位填"1",其他位填"0",则可得到该元件的跳闸方式。

例如：若Ⅰ侧后备保护过流Ⅰ段第一时限整定为跳Ⅰ侧母联开关，则在其控制字的第0位和第5位填"1"，其他位填"0"。这样得到该元件的一个十六进制跳闸控制字为：0021H。

注意：用户在使用"跳闸控制字"时一定要结合具体工程图纸中的跳闸输出定义。而"跳闸备用X"可作为跳闸出口备用，若某一跳闸出口接点不够用，可将"跳闸备用X"定义为其跳闸出口。

（4）"本侧电压退出"：一般情况"本侧电压退出"整定为"0"。

（5）"零序Ⅰ段经谐波制动闭锁"和"零序Ⅱ段经谐波制动闭锁"的使用方法参见第三章第三节。注意谐波的电流判别固定用外接零序电流。

（6）装置Ⅰ侧后备保护和Ⅱ侧后备保护配置相同，Ⅰ侧后备保护定值单与Ⅱ侧后备保护定值单不同之处在表C-5的第87项，即"过流保护经Ⅱ侧复压闭锁"控制字。

2. RCS-978JS Ⅲ侧和Ⅳ侧后备保护及和电流后备保护定值单

定值单分别见表C-7和表C-8。

表C-7   RCS-978JS Ⅲ侧和Ⅳ侧后备保护定值单

序号	定 值 名 称	定 值 范 围	整定步长
1	相电流起动（A）	（0.05～30）I_n	0.01
2	零序电压起动（V）	2～150	0.01
3	复压闭锁负序相电压（V）	2～100	0.01
4	复压闭锁相间低电压（V）	2～100	0.01
5	过流Ⅰ段定值（A）	（0.05～30）I_n	0.01
6	过流Ⅰ段时限（s）	0～20	0.01
7	过流Ⅰ段跳闸控制字	0000～FFFFH	
8	过流Ⅱ段定值（A）	（0.05～30）I_n	0.01
9	过流Ⅱ段时限（s）	0～20	0.01
10	过流Ⅱ段跳闸控制字	0000～FFFFH	
11	过流Ⅲ段定值（A）	（0.05～30）I_n	0.01
12	过流Ⅲ段时限（s）	0～20	0.01
13	过流Ⅲ段跳闸控制字	0000～FFFFH	
14	过流Ⅳ段定值（A）	（0.05～30）I_n	0.01
15	过流Ⅳ段时限（s）	0～20	0.01
16	过流Ⅳ段跳闸控制字	0000～FFFFH	
17	过流Ⅴ段定值（A）	（0.05～30）I_n	0.01
18	过流Ⅴ段时限（s）	0～20	0.01
19	过流Ⅴ段跳闸控制字	0000～FFFFH	
20	零序过压定值（V）	2～150	0.01
21	零序过压时限（s）	0～20	0.01
22	零序过压跳闸控制字	0000～FFFFH	
23	过负荷定值（A）	（0.05～30）I_n	0.01
24	过负荷延时（s）	0～20	0.01

序号	定 值 名 称	定 值 范 围	整定步长
25	零序电压报警定值（V）	2～150	0.01
26	零序电压报警延时（s）	0～20	0.01
以下是运行方式控制字整定"1"表示投入，"0"表示退出			
27	过流Ⅰ段经复压闭锁	0，1	
28	过流Ⅱ段经复压闭锁	0，1	
29	过流Ⅲ段经复压闭锁	0，1	
30	过流Ⅳ段经复压闭锁	0，1	
31	过流Ⅴ段经复压闭锁	0，1	
32	过流Ⅰ段经方向闭锁	0，1	
33	过流Ⅱ段经方向闭锁	0，1	
34	过流Ⅲ段经方向闭锁	0，1	
35	过流Ⅰ段方向指向	0，1	
36	过流Ⅱ段方向指向	0，1	
37	过流Ⅲ段方向指向	0，1	
38	过负荷投入	0，1	
39	零序电压报警投入	0，1	
40	TV断线保护投退原则	0，1	
41	本侧电压退出	0，1	
42	过流保护经Ⅳ侧复压闭锁	0，1	
43	过流保护经Ⅰ侧复压闭锁	0，1	
44	过流保护经Ⅱ侧复压闭锁	0，1	

表 C - 8　　　　RCS - 978JS Ⅲ、Ⅳ侧和电流后备保护定值单

序号	定值名称	定值范围	整定步长
1	相电流起动（A）	(0.05～30) I_n	0.01
2	过流定值（A）	(0.05～30) I_n	0.01
3	过流第一时限（s）	0～20	0.01
4	过流第一时限控制字	0000—FFFFH	
5	过流第二时限（s）	0～20	0.01
6	过流第二时限控制字	0000—FFFFH	
7	过负荷定值（A）	(0.05～30) I_n	0.01
8	过负荷延时（s）	0～20	0.01
以下是运行方式控制字整定"1"表示投入，"0"表示退出			
9	过流经复压闭锁	0，1	
10	过负荷投入	0，1	
11	过流保护经Ⅲ侧复压闭锁	0，1	
12	过流保护经Ⅳ侧复压闭锁	0，1	

定值说明：

（1）Ⅲ侧后备保护和Ⅳ侧后备保护配置相同，Ⅳ侧后备保护定值单与Ⅲ侧后备保护定

值单不同之处在表 C-7 的第 42 项，即"过流保护经Ⅳ侧复压闭锁"控制字。

（2）Ⅲ侧、Ⅳ侧和电流用Ⅲ侧和Ⅳ侧的电流和，若Ⅲ侧、Ⅳ侧和电流保护投入，则Ⅲ侧 TA 和Ⅳ侧 TA 变比必须一致，否则装置报整定值出错。Ⅲ侧、Ⅳ侧和电流保护投入硬压板为"Ⅲ侧后备保护"或"Ⅳ侧后备保护"投入硬压板。

3. 公共绕组后备保护定值单

定值单见表 C-9。

表 C-9　　　　　　　　　　RCS-978JS 公共绕组后备保护定值单

序号	定值名称	定值范围	整定步长
1	相电流起动（A）	$(0.05\sim30)\,I_n$	0.01
2	零序起动电流（A）	$(0.05\sim30)\,I_n$	0.01
3	零序过流定值（A）	$(0.05\sim30)\,I_n$	0.01
4	零序过流时限（s）	$0\sim20$	0.01
5	零序过流跳闸控制字	0000～FFFFH	
6	过流定值（A）	$(0.05\sim30)\,I_n$	0.01
7	过流时限（s）	$0\sim20$	0.01
8	过流跳闸控制字	0000～FFFFH	
9	过负荷电流定值（A）	$(0.05\sim30)\,I_n$	0.01
10	过负荷延时（s）	$0\sim20$	0.01
11	起动风冷定值（A）	$(0.05\sim30)\,I_n$	0.01
12	起动风冷延时（s）	$0\sim20$	0.01
13	零序电流报警定值（A）	$(0.05\sim30)\,I_n$	0.01
14	零序电流报警延时（s）	$0\sim20$	0.01
以下是运行方式控制字整定"1"表示投入，"0"表示退出			
15	过负荷投入	0，1	
16	起动风冷投入	0，1	
17	零序过流报警投入	0，1	
18	零序过流经谐波制动闭锁	0，1	
19	公共绕组三相电流接入	0，1	

定值说明：

（1）"公共绕组三相电流接入"控制字整定为"0"，表明公共绕组只接入单相电流，装置可解除此 TA 异常判别，否则整定为"1"。

（2）"零序过流经谐波制动闭锁"，注意谐波的电流判别固定用外接零序电流。公共绕组的零序过流保护固定用自耦变压器中性点零序 TA10。

附录 D　RCS－9611C 线路保护测控装置定值内容及整定说明

一、系统定值

系统定值见表 D－1。

表 D－1　　　　　　　　系 统 定 值 表

序号	名　　称	整定范围	备　　注
1	保护定值区号	0～15	
2	保护 TA 额定一次值（A）	0～8000	
3	保护 TA 额定二次值（A）	1/5	
4	测量 TA 额定一次值（A）	0～8000	不用测量时可以不整定
5	测量 TA 额定二次值（A）	1/5	
6	零序 TA 额定一次值（A）	0～4000	不用零序保护时可以不整定
7	零序 TA 额定二次值（A）	1/5	
8	母线 TV 额定一次值（kV）	0～110.0	不接母线电压时可以不整定
9	母线 TV 额定二次值（V）	100	
10	线路 TV 额定一次值（kV）	0～110.0	不接线路电压时可以不整定
11	线路 TV 额定二次值（V）	57.7/100	
12	零序电流自产	0/1	0：外加；1：自产不用零序保护时可不整
13	主画面显示一次值	0/1	
14	电度显示一次值	0/1	

相关说明：

（1）系统定值和保护行为相关，请务必根据实际情况整定。

（2）定值区号：本装置提供 16 个可使用的保护定值区，整定值范围为 0～15。运行定值区可以是其中任意一个，如果要改变运行定值区，有两种方式：

1）进入系统定值整定菜单，改变定值区号，将其值整定为所要切换的定值区号，按"确认"键，而后再装置复位即可。

2）通过远方修改定值区号，将所要切换的定值区号下装到装置，装置自动复位后即可。

（3）零序电流自产：自产的零序电流仅用于跳闸和报警功能，不能用于小电流接地选线。该控制字设定为"1"，表示零序电流自产；设定为"0"，表示零序电流外加（由端子 119～端子 120 引入）。出厂默认值为"0"。

二、保护定值

保护定值见表 D－2。

保 护 定 值 表

序号	定值名称	定值	整定范围	整定步长	备注
1	过流负序电压闭锁定值（V）	U_{2zd}	2～57	0.01	按相电压整定
2	过流低电压闭锁定值（V）	U_{1zd}	2～100	0.01	按线电压整定
3	过流Ⅰ段定值（A）	I_{1zd}	(0.1～20) I_n	0.01	
4	过流Ⅱ段定值（A）	I_{2zd}	(0.1～20) I_n	0.01	
5	过流Ⅲ段定值（A）	I_{3zd}	(0.1～20) I_n	0.01	
6	过流加速段定值（A）	I_{jszd}	(0.1～20) I_n	0.01	
7	过负荷保护定值（A）	I_{gfh}	(0.1～3) I_n	0.01	
8	零序过流Ⅰ段定值（A）	I_{01zd}	0.02～12	0.01	零序自产时整定范围为 (0.1～20) I_n
9	零序过流Ⅱ段定值（A）	I_{02zd}	0.02～12	0.01	
10	零序过流Ⅲ段定值（A）	I_{03zd}	0.02～12	0.01	
11	零序过流加速段定值（A）	I_{0jszd}	0.02～12	0.01	
12	低周保护低频定值（Hz）	F_{1zd}	45～50	0.01	
13	低周保护低压闭锁定值（V）	U_{1fzd}	10～90	0.01	按线电压整定
14	DF/DT闭锁定值（Hz/S）	D_{Fzd}	0.3～10	0.01	
15	重合闸同期角（°）	D_{Gch}	0～90	1	
16	过流Ⅰ段时间（s）	T_1	0～100	0.01	
17	过流Ⅱ段时间（s）	T_2	0～100	0.01	
18	过流Ⅲ段时间（s）	T_3	0～100	0.01	
19	过流加速时间（s）	T_{js}	0～100	0.01	
20	过负荷时间（s）	T_{gfh}	0～100	0.01	
21	零序过流Ⅰ段时间（s）	T_{01}	0～100	0.01	
22	零序过流Ⅱ段时间（s）	T_{02}	0～100	0.01	
23	零序过流Ⅲ段时间（s）	T_{03}	0～100	0.01	
24	零序过流加速时间（s）	T_{0js}	0～100	0.01	
25	低频保护时间（s）	T_{if}	0～100	0.01	
26	重合闸时间（s）	T_{ch}	0～9.9	0.01	
27	过流Ⅲ段反时限特性	FSXTX	1～3	1	
28	零序Ⅲ段反时限特性	L0FSXTX	1～3	1	

以下整定控制字如无特殊说明，则置"1"表示相应功能投入，置"0"表示相应功能退出

*	1	过流Ⅰ段投入	GL1	0，1	
*	2	过流Ⅱ段投入	GL2	0，1	
*	3	过流Ⅲ段投入	GL3	0，1	
	4	过流Ⅲ段投反时限	FSX	0，1	1：GL3 为反时限；0：GL3 为定时
	5	过流Ⅰ段经复压闭锁	UBL1	0，1	

	序号	定值名称	定值	整定范围	整定步长	备注
	6	过流Ⅱ段经复压闭锁	UBL2	0，1		
	7	过流Ⅲ段经复压闭锁	UBL3	0，1		
	8	过流Ⅰ段经方向闭锁	FBL1	0，1		
	9	过流Ⅱ段经方向闭锁	FBL2	0，1		
	10	过流Ⅲ段经方向闭锁	FBL3	0，1		
	11	PT断线检测投入	PTDX	．0，1		
	12	PT断线退电流保护	TUL	0，1		仅仅退出与电压相关的电流保护
*	13	过流加速段投入	GLJS	0，1		
*	14	零序加速段投入	L0JS	0，1		
	15	前加速投入	QJS	0，1		1：前加速投入；0：后加速投入
*	16	过负荷投入	GFH	0，1		1：跳闸；0：报警
*	17	零序过流Ⅰ段投入	L01	0，1		
*	18	零序过流Ⅱ段投入	L02	0，1		
*	19	零序过流Ⅲ段投入	L03	0，1		1：跳闸；0：报警
	20	零序过流Ⅲ段投反时	L0FSX	0，1		1：L03为反时限；0：L03为定时限
*	21	低周保护投入	LF	0，1		
	22	DF/DT闭锁投入	DF	0，1		
*	23	重合闸投入	CH	0，1		
	24	重合闸检同期	JTQ	"0"，"1"		两者均不投入时则重合闸不检
	25	重合闸检无压	JWY	"0"，"1"		

相关说明：

（1）在整定定值前必须先整定保护定值区号。

（2）当某项定值不用时，如果是过量继电器（比如过流保护、零序电流保护）则整定为上限值；如是欠量继电器（比如低周保护低频定值、低电压保护低压定值）则整定为下限值。时间整定为100s，功能控制字退出，硬压板打开。

（3）速断保护、加速保护时间一般需整定几十到一百毫秒的延时。由于微机保护没有过去常规保护中一百毫秒的继电器动作延时，所以整定成0.00秒时可能躲不过合闸时的冲击电流，对于零序速断、零序加速保护还存在断路器三相不同期合闸产生的零序电流的冲击。

（4）保护定值中控制字标"＊"表示该控制字有对应的软压板。软压板可以通过后台投退；亦可在就地通过"软压板修改"菜单逐项投退。

·（5）只有控制字、软压板状态（若未设置则不判）、硬压板状态（若未设置则不判）均有效时才投入相应保护元件，否则退出该保护元件。

三、通信参数

通信参数见表 D-3。

相关说明：

（1）通信参数可以由调试人员根据现场情况整定。

（2）装置地址：全站的装置地址必须惟一。

（3）装置标准配置是两网口，至多可以三个。请根据实际的网口配置情况整定相应的子网地址，未曾使用的可不整。

（4）遥测上送周期：指装置主动上送遥测数据的时间间隔。当整定为"0"表示遥测不需要定时主动上送（此时仍旧响应监控的查询）。本项定值可根据现场情况整定，不用通信功能时可整定为"0"，出厂默认值为"0"。

（5）遥信确认时间1：开入1和开入2的顺序事件记录的确认时间，出厂默认值为"20ms"。

（6）遥信确认时间2：除开入1和开入2的其他开入的顺序事件记录的确认时间，出厂默认值为"20ms"。

表 D-3　　　　　　　　　　　　通 信 参 数 表

序号	名　　　称	整定范围	备注
1	口令	00～99	出厂时设为"01"
2	装置地址	0～65535	
3	IP1 子网高位地址	0～254	
4	IP1 子网低位地址	0～254	
5	IP2 子网高位地址	0～254	
6	IP2 子网低位地址	0～254	
7	IP3 子网高位地址	0～254	
8	IP3 子网低位地址	0～254	
9	掩码地址 3 位	0～255	
10	掩码地址 2 位	0～255	
11	掩码地址 1 位	0～255	
12	掩码地址 0 位	0～255	
13	以太网通信规约	1	1：通用 103 规约
14	串口 1 通信规约	1	1：专用 103 规约
15	串口 2 通信规约	1	
16	串口 1 波特率（bit/s）	0～3	0：4800；1：9600；2：19200；3：38400
17	串口 2 波特率（bit/s）	0～3	
18	打印波特率（bit/s）	0～3	
19	遥测上送周期（s）	00～99	步长 1
20	遥信确认时间 1（ms）	0～50000	出厂时设为 20
21	遥信确认时间 2（ms）	0～50000	出厂时设为 20

四、辅助参数

相关说明：

（1）本装置配有操作回路（SWI 插件）。若现场只需提供保护跳闸出口 402～出口 414、保护合闸出口 402～出口 415、遥控合闸出口 401～出口 412、遥控跳闸出口 401～出口 413，而不将本操作回路的 416 端子、417 端子、418 端子、419 端子与操作机构的端子箱连接，420 端子亦悬空，这种情况装置无法由内部采集到位置信号和遥控投入信号。

（2）若装置无法由内部采集到位置信号或遥控投入信号，则需根据需要将端子 306～端子 309 定义成这些信号的引入端（端子 306～端子 309 若未被定义成断路器位置或者遥控投入信号，即相应控制字为"0"，其作普通遥信用）。这些信号的引入原则见表 D-4。

表 D-4　　　　　　　　　　信 号 引 入 原 则 表

序号	名　　　称	整定范围	出厂设定值	备　　　注
1	弹簧未储能报警延时（s）	0～30.0	15.0	
2	第二组遥控跳闸脉宽（s）	0～99.0	0.4	
3	第二组遥控合闸脉宽（s）	0～99.0	0.4	
4	第三组遥控跳闸脉宽（s）	0～99.0	0.4	
5	第三组遥控合闸脉宽（s）	0～99.0	0.4	
6	检测控制回路断线	0，1	1	
7	306 定义为 TWJ	0，1	0	
8	307 定义为 HWJ	0，1	0	参见说明
9	308 定义为 KKJ	0，1	0	
10	309 定义为 YK	0，1	0	

1）KKJ 引入原则。先将"端子 308 定义为 KKJ"整定为"1"。若装置使用重合闸功能或者希望装置提供事故总信号（就地显示、通信上送、SWI 插件的出口 404～出口 405 输出），需将外部 KKJ 信号引至端子 308。

2）TWJ 引入原则。若装置使用重合闸功能、过流加速功能、零序加速功能、接地选线功能或者希望装置提供事故总信号，则需将外部 TWJ 引至端子 306，同时将"端子 306 定义为 TWJ"整定为"1"。

若现场使用第一组遥控（对应本开关），宜将外部 TWJ 引至端子 306，同时将"端子 306 定义为 TWJ"整定为"1"。

其他情况不需外引 TWJ，可将"端子 306 定义为 TWJ"整定为"0"。

3）HWJ 引入原则。若现场使用第一组遥控（对应本开关），宜将外部 HWJ 引至端子 307，同时将"端子 307 定义为 HWJ"整定为"1"。

其他情况不需外引 HWJ，可将"端子 307 定义为 HWJ"整定为"0"。

4）YK 引入原则。若现场使用接地选线功能、遥控功能或者需要通过后台修改软压板，务必从端子 309 引入 YK 信号，同时将"端子 309 定义为 YK"整定为"1"。

其他情况不需外引 YK，可将"端子 309 定义为 YK"整定为"0"。

（3）若装置不能采集到 TWJ 或者 HWJ 信号（包括内部采集和外引），应将"检测控制回路断线"控制字整定为"0",以避免程序发"控制回路断线"信号。其他情况下整定为"1"。

（4）若现场使用选配插件（SWG 或者 OUT），亦需考虑是否要由外部引入断路器位置信号或者遥控投入信号。

（5）第一组遥控固定对应本开关。标准配置仅提供一组遥控，第二组和第三组遥控仅当选用 OUT 选配插件时才提供。

附录 E RCS-9611C 线路保护测控装置操作说明

一、指示灯说明

（1）"运行"灯为绿色，装置正常运行时点亮。

（2）"报警"灯为黄色，当发生报警时点亮。

（3）"跳闸"灯为红色，当保护跳闸时点亮，在信号复归后熄灭。

（4）"合闸"灯为红色，当保护合闸时点亮，在信号复归后熄灭。

（5）"跳位"灯为绿色，当开关在分位时点亮。

（6）"合位"灯为红色，当开关在合位时点亮。

二、液晶显示说明

1. 主画面液晶显示说明

装置上电后，正常运行时液晶屏幕将显示主画面，格式见图 E-1。

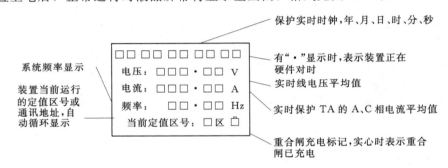

图 E-1 主画面图

2. 保护动作时液晶显示说明

本装置能存储 64 次动作报告，当保护动作时，液晶屏幕自动显示最新一次保护动作报告，当一次动作报告中有多个动作元件时，所有动作元件将滚屏显示，格式见图 E-2。

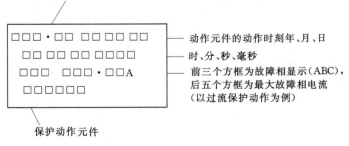

图 E-2 保护动作图

264

3. 运行异常时液晶显示说明

本装置能存储 64 次运行报告，保护装置运行中检测到系统运行异常则立即显示运行报告，当一次运行报告中有多个异常信息时，所有异常信息将滚屏显示，格式见图 E-3。

4. 自检出错时液晶显示说明

本装置能存储 64 次装置自检报告，保护装置运行中，硬件自检出错将立即显示自检报告，当一次自检报告中有多个出错信息时，所有自检信息将滚屏显示，格式见图 E-4。

图 E-3　运行异常图　　　　　　　　图 E-4　自检出错图

三、命令菜单使用说明

本装置不提供单独的复归键，在主画面按"确认"键可实现复归功能。在主画面状态下，按"▲"键可进入主菜单，通过"▲"键、"▼"键、"确认"键和"取消"键选择子菜单。命令菜单采用如图 E-5 所示的树形目录结构。

1. 装置整定

按"▲"键、"▼"键用来滚动选择要修改的定值，按"◀"键、"▶"键用来将光标移到要修改的位置，"＋"键和"－"键用来修改数据，按'取消'键为放弃修改返回，按'确认'键完成定值整定而后返回。

注：查看定值无需密码，修改定值需要密码。

2. 状态显示

本菜单主要用来显示保护装置电流电压实时采样值和开关量状态，它全面地反映了该装置运行状态。只有这些量的显示值与实际运行情况一致，保护才能正确工作。建议投运时对这些量进行检查。

3. 报告显示

本菜单显示跳闸报告、运行报告、遥信报告、操作报告、自检报告。本装置具备掉电保持功能，不管断电与否，它均能记忆上述报告最新的各 64 次（遥信报告 256 次）。显示格式同图 E-1～图 E-4。首先显示的是最新一次报告，按"▲"键显示前一个报告，按"▼"键显示后一个报告，按"取消"键退出至上一级菜单。

4. 报告打印

本菜单主要用来选择打印内容，其中包括参数、定值、跳闸报告、运行报告、自检报告、遥信报告、状态、波形的打印。报告打印功能可以方便用户进行定值核对、装置状态查看与事故分析。在发生事故时，建议用户妥善保存现场原始信息，将装置的定值、参数和所有报告打印保存以便于进行事后分析与责任界定。

5. 现场设置

现场设置包括时间设置、报告清除、电度清零三个子菜单。报告清除和电度清零需要密码。

注意：请勿随意使用报告清除功能。在装置投运前，可使用本功能清除传动实验产生的报告。如果装置投运后，系统发生故障，装置动作出口，或者装置发生异常情况，建议先将装置的报告信息妥善保存（可以将装置内保持的信息和监控后台的信息打印或者抄录），而后再予以清除。

电能清零用以清除当地计算电能的累加值。

6. 装置测试

辅助调试功能用于厂家生产调试或现场检验通信、出口回路，可减少调试的工作量、缩短调试工作时间。测试内容包括遥信对点、遥测置数、出口传动，所有测试均带密码保护，同时装置对这些操作进行记录以便于事后分析。

本功能可以产生出口、遥信变位报文、遥测数据，需慎重使用。

（1）遥信对点功能。本功能主要用于就地产生虚遥信，无需保护实验就可以进行通信联跳。遥信对点实验有两种方式："遥信顺序实验菜单"和"遥信选点实验菜单"。前者采用自动方式依次选点，后者采用手动选点方式。两者均可产生动作元件、报警信息、保护压板、遥信开入等所有遥信点的变位报告，产生的报告既就地保留亦上送。具体的操作方法如下。

1）进入"遥信顺序实验菜单"后，装置遥信状态自动的按液晶界面显示的遥信量条目顺序由上而下变位，同时会形成对应的遥信变位报告，遥信自动对点功能执行完成后，自动退出遥信实验菜单。

2）进入"遥信选点实验菜单"后，用户按"▲"键、或者"▼"键进行浏览查看，光标停在需要测试的遥信点所在行，按"确定"键，进行遥信选点实验，实验完成后用户可以按"取消"键退出菜单或者继续选择其他遥信点进行实验。

（2）遥测置数功能。用于远方遥测数据数值校核，进入"遥测信号实验"菜单，对遥测量进行人工置数，查看远方遥测数据与就地显示是否一致。

进入"遥测信号实验"菜单，用户按"▲"键、或者"▼"键进行浏览查看，光标停在需要测试的遥测量所在行，按"确定"键，进行遥测信号实验，实验完成后用户可以按"取消"退出菜单或者继续浏览遥测量项目并进行实验。

（3）出口传动实验。本功能可用于现场回路检查，无需保护实验即可触发出口接点。装置所有的出口接点均可通过"出口传动实验"菜单进行传动。

特别说明：使用出口传动实验功能时，装置的检修压板（端子330）必须投入、装置需处于无压无流的状态。

进入"出口传动实验"菜单，用户按"▲"键、或者"▼"键进行浏览查看，光标停在需要测试的出口项目所在行，按"确定"键，进行对应的出口传动实验，实验完成后用户可以按"取消"键退出菜单或者继续浏览出口项目并进行实验。

（4）起动录波功能。本功能可以在装置运行时触发录波，该录波可以打印、上送。

7. 版本信息

装置液晶界面可以显示程序名称、版本、校验码以及程序生成时间。具体版本信息显示见图 E-6 和图 E-7。

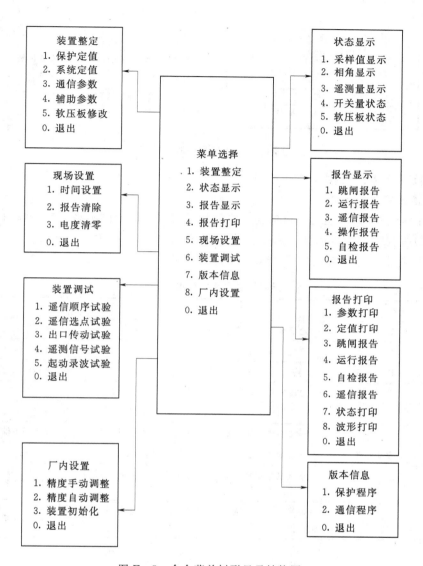

图 E-5　命令菜单树形目录结构图

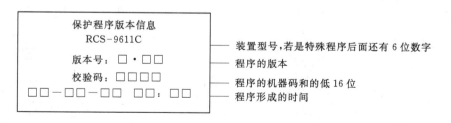

图 E-6　保护程序版本信息

版本信息内容是程序管理识别的标志。

8. 厂内设置

厂内设置菜单供制造厂商在装置出厂前生产调试用，现场请勿随意使用。

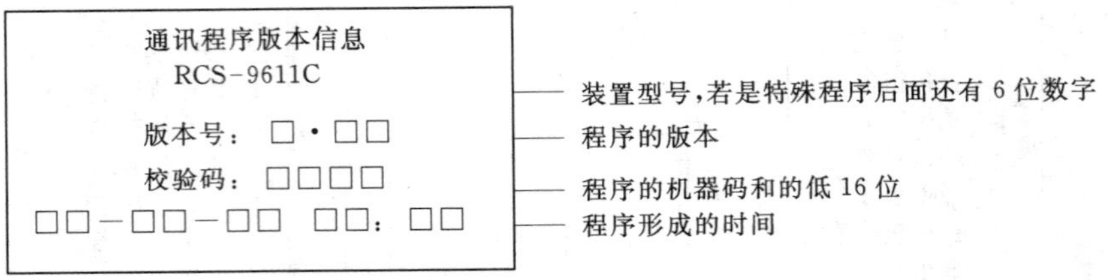

```
┌─────────────────────────────────┐
│      通讯程序版本信息            │
│         RCS-9611C               │────── 装置型号,若是特殊程序后面还有6位数字
│                                 │
│   版本号: □·□□                  │────── 程序的版本
│                                 │
│   校验码: □□□□                  │────── 程序的机器码和的低16位
│   □□-□□-□□  □□:□□               │────── 程序形成的时间
└─────────────────────────────────┘
```

图 E-7　通信程序版本信息

四、装置的运行说明

1. 装置正常运行状态

装置正常运行时,"运行"灯应亮,告警指示灯(黄灯)应不亮。在主画面按"确认"按钮,复归所有跳合闸指示灯,并使液晶显示处于正常显示画面。

2. 装置异常信息含义及处理建议(见表 E-1)

表 E-1　　　　　　　　　　　异常信息含义及处理建议表

序号	异常/自检信息	含　义	处理建议
1	定值出错	定值区内容被破坏,闭锁保护	通知厂家处理
2	电源故障	直流电源不正常,闭锁保护	通知厂家处理
3	CPLD故障	CPLD芯片损坏,闭锁保护	通知厂家处理
4	TV断线	电压回路断线,发告警信号,闭锁部分保护	检查电压二次回路接线
5	TA断线	电流回路断线,发告警信号,不闭锁保护	检查电流二次回路接线
6	TWJ异常	开关在跳位却有流,发告警信号,不闭锁保护	检查开关辅助接点
7	频率异常	系统频率低于49.5Hz发报警,不闭锁保护	检查一次系统
8	接地报警	系统发生单相接地零序电压超过门槛值发报警信号,不闭锁保护	检查一次系统
9	弹簧未储能	弹簧操作机构储能不足超过延时发报警信号,不闭锁保护	检查操作机构

附录 F RCS-923A 线路失灵起动及辅助保护装置定值内容及整定说明

一、装置参数及整定说明（见表 F-1）

表 F-1　　　　　　　　　　RCS-923A 装置参数定值表

序号	定 值 名 称	定 值 范 围	整 定 值
1	定值区号	0～29	
2	通信地址	0～254	
3	串口 1 波特率（bit/s）	4800，9600，19200，38400	
4	串口 2 波特率（bit/s）	4800，9600，19200，38400	
5	打印波特率（bit/s）	4800，9600，19200，38400	
6	调试波特率（bit/s）	4800，9600	
7	系统频率（Hz）	50，60	
8	电压一次额定值（kV）	127～655	
9	电压二次额定值（V）	57.73	
10	电流一次额定值（A）	100～65535	
11	电流二次额定值（A）	1，5	
12	厂站名称		
13	网络打印	0，1	
14	自动打印	0，1	
15	规约类型	0，1	
16	分脉冲对时	0，1	
17	可远方修改定值	0，1	

整定说明：

（1）定值区号：保护定值有 30 套可供切换，装置参数不分区，只有一套定值。

（2）通信地址：指后台通信管理机与本装置通信的地址。

（3）串口 1 波特率、串口 2 波特率、打印波特率、调试波特率：只可在所列波特率数值中选其一数值整定。

（4）系统频率：为一次系统频率，请整定为 50Hz。

（5）电压一次额定值：为一次系统中电压互感器原边的额定电压值。

（6）电压二次额定值：为一次系统中电压互感器副边的额定电压值。

（7）电流一次额定值：为一次系统中电流互感器原边的额定电流值。

（8）电流二次额定值：为一次系统中电流互感器副边的额定电流值。

（9）厂站名称：可整定汉字区位码（12 位），或 ASCII 码（后 6 位），装置将自动识别，此定值仅用于报文打印。

（10）自动打印：保护动作后需要自动打印动作报告时置为"1"，否则置为"0"。

（11）网络打印：需要使用共享打印机时置为"1"，否则置为"0"。使用共享打印机指的是多套保护装置共用一台打印机打印输出，这时打印口应设置为 RS－485 方式，经专用的打印控制器接入打印机；而使用本地打印机时，应设置为 RS－232 方式，直接接至打印机的串口。

（12）规约类型：当采用 IEC60870－5－103 规约置为"0"，采用 LFP 规约置为"1"。

（13）分脉冲对时：当采用分脉冲对时置为"1"，秒脉冲对时置为"0"。

（14）可远方修改定值：允许后台修改装置的定值时置为"1"，否则置为"0"。

二、保护定值及整定说明

1. RCS－923A 保护定值（见表 F－2）

保护的所有定值均按二次值整定，定值范围中 I_n 为 1 或 5，分别对应于二次额定电流为 1A 或 5A。

表 F－2　　　　　　　　　　　保护定值表

序号	定值名称	定值范围	整定值
1	电流变化量起动值（A）	$(0.1\sim0.5)\,I_n$	
2	零序起动电流（A）	$(0.1\sim0.5)\,I_n$	
3	失灵起动电流（A）	$(0.1\sim20)\,I_n$	
4	过流Ⅰ段（A）	$(0.1\sim20)\,I_n$	
5	过流Ⅰ段时间（s）	$0\sim10$	
6	过流Ⅱ段（A）	$(0.1\sim20)\,I_n$	
7	过流Ⅱ段时间（s）	$0.01\sim10$	
8	零序过流Ⅰ段（A）	$(0.1\sim20)\,I_n$	
9	零序Ⅰ段时间（s）	$0\sim10$	
10	零序过流Ⅱ段（A）	$(0.1\sim20)\,I_n$	
11	零序Ⅱ段时间（s）	$0.01\sim10$	
12	不一致零序电流（A）	$(0.1\sim20)\,I_n$	
13	不一致负序电流（A）	$(0.1\sim20)\,I_n$	
14	不一致动作时间（s）	$0.01\sim10$	
15	充电过流定值（A）	$(0.1\sim20)\,I_n$	
16	线路编号	$0\sim65535$	

RCS－923A 运行方式控制字 SW（n）整定"1"表示投入，"0"表示退出

1	投失灵起动	0，1	
2	投过流Ⅰ段	0，1	
3	投过流Ⅱ段	0，1	
4	投零序过流Ⅰ段	0，1	
5	投零序过流Ⅱ段	0，1	
6	投不一致保护	0，1	
7	不一致经零序	0，1	
8	不一致经负序	0，1	
9	投充电保护	0，1	

2. RCS-923A 保护定值及运行方式控制字整定说明

（1）电流变化量起动值：按躲过正常负荷电流波动最大值整定，一般整定为 $0.2I_n$，定值范围为 $0.1I_n \sim 0.5I_n$。

（2）零序起动电流：按躲过最大零序不平衡电流整定，定值范围为 $0.1I_n \sim 0.5I_n$。

（3）线路编号：按实际线路编号整定，打印报告时用。

3. 压板定值（见表 F-3）

装置设有软压板功能，压板可通过定值投退（远方或就地）。

表 F-3   压 板 定 值 表

序号	定 值 名 称	定 值 范 围	整 定 值
1	投充电保护	0，1	
2	投不一致保护	0，1	
3	投过流保护	0，1	

整定说明：

"投充电保护"、"投不一致保护"和"投过流保护"这三个控制字和屏上硬压板为"与"的关系，当需要利用软压板功能时，必须投上硬压板，当不需软压板功能时，必须将这三个控制字整定为"1"。

4. IP 地址

该定值用于以太网接口，当无以太网接口时，该定值可不整定。

附录G RCS-923A 线路失灵起动及辅助保护装置 跳合闸保持电流的整定方法

一、整定方法

为了方便生产和运行，本装置跳合闸保护电流整定采用了跳线方式，其原理见图 G.1 和图 G.2。

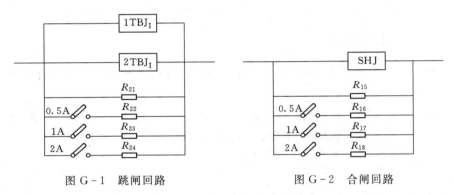

图 G-1 跳闸回路   图 G-2 合闸回路

二、整定公式

跳合闸保持电流的整定公式为

$$I_b = 0.5A + \sum I$$

式中　I_b——保持电流整定值；

　　　I——分流电阻上的电流值。

即任何跳线都不连接时，保持电流为 0.5A，连一个跳线时，即该电阻的分流与 0.5A 相加，当所有连线均连上时，保持电流定值为 4A，这样可很方便地实现由 0.5～4A 的保持电流的整定（级差为 0.5A）。

值得说明的是在配分流电阻时已考虑了 2 倍的动作裕度，整定电流值时，只要按断路器实际跳/合闸电流整定即可，不要再考虑裕度。

注：(1) CZX-11R 跳闸保持电流整定在 4 号，5 号，6 号插件；合闸保持电流整定在 8 号，9 号，10 号插件。

(2) CZX-12R1，CZX-22R1 跳闸保持电流整定在 4 号，5 号，6 号，11 号，12 号，13 号插件；合闸保持电流整定在 8 号，9 号，10 号插件。

附录 H RCS－985A 发变组保护装置定值内容及整定说明

一、整定注意事项

1. 装置参数整定

定值区号一般整定为"0"，如需两套定值切换，可以分别在 0，1 区号下整定，根据运行方式人工切换。

装置编号可以按发变组编号整定。

本机通信地址根据监控系统要求统一编号整定，如不接入监控系统，不需整定。

波特率 1 和波特率 2 分别为装置与后台通信机接口 1 与 2 的通信速率，可供选择范围为：1200，2400，4800，9600，14400，19200，38400 共七种，根据需要整定。

对于通信规约整定，985A 程序 3.00、985C 程序 3.00、985B 程序 3.02 及以上版本，通信规约定值 A 口可以有三种规约可选：103，LFP，MODBUS；B 口可以有两种规约可选：LFP，MODBUS。RCS－985G 还增加 B 口 103 规约选择。

自动打印、网络打印一般整定为"0"。

定值修改一般整定为"本地修改"。

对时选择根据外部对时信号，选择分对时或秒对时（RCS－985 装置 GPS 对时方式有接点对时、485 差分对时）。

2. 系统参数整定

发电机（有功、功率因数）、主变、厂变、励磁变容量按相应的铭牌参数整定。电压等级按实际工作电压整定，如主变高压侧按实际工作时抽头位置整定。

（1）对于发电机机端 TV 变比如 $\dfrac{20\mathrm{kV}}{\sqrt{3}}\Big/\dfrac{100\mathrm{V}}{\sqrt{3}}\Big/\dfrac{100\mathrm{V}}{3}$，可以整定：机端 TV 原边为 11.55kV，机端 TV 副边为 57.74V，机端 TV 零序副边为 33.33V；也可整定：机端 TV 原边为 20kV，机端 TV 副边为 100V，机端 TV 零序副边为 57.74V。发电机中性点 TV 按实际原、副边值整定，对于主变、厂变 TV 变比整定方法相同。

（2）对于 TA 变比，一般装置内部配置的小电流互感器与 TA 二次额定值相同，均为 1A 或 5A。如对于主变高压侧 TA 变比为 1200/1，则系统定值 TA 原边整定 1200A，副边整定 1A。

（3）针对部分工程，厂变高压侧只有大变比 TA，如 12000/5，主变差动和厂变差动合用一组 TA，正常运行时二次额定电流很小，为了提高精度，改善厂变差动性能，保护装置内部配置 1A 的小电流互感器，TA 变比按 2400/1 整定。

（4）对于发电机转子电流额定值和分流器二次值，可以直接输入分流器一次、二次额定参数。

（5）对于装置内部配置定值的整定，一般出厂时按工程需要设置，也可由现场服务人员调试时根据工程需要设置。

（6）保护计算定值不需人工计算整定，只需将系统参数全部输入装置，保护装置自动计算出各侧二次额定电压、二次额定电流，自动形成差动各侧平衡系数。

3. 保护定值整定

计算保护定值时，仔细阅读保护原理说明、保护整定计算说明，并对照保护定值单以及相关注意事项。

二、RCS－985A 发变组保护定值单

1. 发变组保护装置参数定值单

见表 H－1。

表 H－1 　　　　　　　　　　　RCS－985A 发变组保护装置参数定值

序号	定 值 名 称	定 值 范 围	整定值
1	定值区号	0～1	
2	装置编号	最多6个字符	
3	本机通信地址	0～255	
4	485－1 波特率（bit/s）	1200～38400	
5	485－2 波特率（bit/s）	1200～38400	
6	打印机波特率（bit/s）	4800，9600	
7	通信规约	A 口：103，LFP，MODBUS B 口：LFP，MODBUS	
8	自动打印	0，1	
9	网络打印机	0（本地打印机），1	
10	远方定值修改	本地修改，远方修改	
11	对时选择	分对时，秒对时	

2. 发变组保护系统参数定值单

（1）保护功能总控制字（见表 H－2）。保护功能总控制字包括各个保护功能的投入控制字、装置额定电流的选择、保护调试状态的选择。对于某一种保护功能，若保护投入控制字置"1"，相应保护定值、控制字才有效。

表 H－2 　　　　　　　　　　　　RCS－985A 保护功能总控制字

序号	定 值 名 称	定 值 范 围	备 注
1	发变组差动保护投入	0，1	
2	主变差动保护投入	0，1	
3	主变相间后备保护投入	0，1	
4	主变接地后备保护投入	0，1	
5	主变过励磁保护投入	0，1	
6	发电机差动保护投入	0，1	
7	发电机裂相横差保护投入	0，1	
8	发电机匝间保护投入	0，1	

序号	定 值 名 称	定 值 范 围	备 注
9	发电机相间后备保护投入	0，1	
10	发电机定子接地保护投入	0，1	
11	发电机转子接地保护投入	0，1	
12	发电机定子过负荷保护投入	0，1	
13	发电机负序过负荷保护投入	0，1	
14	发电机失磁保护投入	0，1	
15	发电机失步保护投入	0，1	
16	发电机电压保护投入	0，1	
17	发电机过励磁保护投入	0，1	
18	发电机功率保护投入	0，1	
19	发电机频率保护投入	0，1	
20	发电机启停机保护投入	0，1	
21	发电机误上电保护投入	0，1	
22	发电机轴电流保护投入	0，1	
23	励磁差动保护投入	0，1	
24	励磁后备保护投入	0，1	
25	励磁绕组过负荷保护投入	0，1	
26	高厂变差动保护投入	0，1	
27	高厂变高压侧后备保护投入	0，1	
28	高厂变 A 分支后备保护投入	0，1	
29	高厂变 B 分支后备保护投入	0，1	
30	非电量保护投入	0，1	

（2）主变压器系统参数（见表 H-3）。变压器系统参数包括主变容量、电压等级、TV 及 TA 变比、主接线控制字。

表 H-3　　　　　　　　　RCS-985A 变压器系统参数定值

序号	定 值 名 称	定 值 范 围	整定步长
1	主变容量（MVA）	0～1000	0.1
2	高压侧一次额定电压（kV）	0～600	0.01
3	低压侧一次额定电压（kV）	0～100	0.01
4	高压侧 TV 原边（V）	0～600	0.01
5	高压侧 TV 副边（V）	0～100	0.01

序号	定 值 名 称	定 值 范 围	整 定 步 长
6	高压侧 TV 零序副边（V）	0～300	0.01
7	高压侧一支路 TA 原边（A）	0～60000	1
8	高压侧一支路 TA 副边（A）	1，5	
9	高压侧二支路 TA 原边（A）	0～60000	1
10	高压侧二支路 TA 副边（A）	1，5	
11	高压侧 TA 原边（A）	0～60000	1
12	高压侧 TA 副边（A）	1，5	
13	低压侧 TA 原边（A）	0～60000	1
14	低压侧 TA 副边（A）	1，5	
15	零序 TA 原边（A）	0～60000	1
16	零序 TA 副边（A）	1，5	
17	间隙零序 TA 原边（A）	0～60000	1
18	间隙零序 TA 副边（A）	1，5	
以下是运行方式控制字整定"1"表示投入，"0"表示退出			
1	主变压器联结方式：Y，d11	0，1	主变高压一侧输入
2	主变压器联结方式：Y，y，d11	0，1	主变高压两侧输入

对于接入 3/2 母线的主变，分别输入一、二支路的 TA 变比，高压侧套管 TA 变比。对于接入双母线、单母线的主变，一支路 TA 变比、高压侧 TA 变比均按主变高压侧 TA 变比整定，二支路 TA 变比原边整定为"0"。TA 副边按 TA 二次额定电流（装置内配置相同额定电流的小电流互感器，以下同）整定。

输入各侧一次电压和各侧 TA 变比是为计算变压器二次额定电流，以实现软件自动调整差动二次电流相位。输入各侧 TV 变比是为了满足电站综合自动化的需要。

（3）发电机系统参数（见表 H-4）。发电机系统参数包括发电机额定频率、容量、电压等级、TV 及 TA 变比。

表 H-4　　　　　　　　　　　　RCS-985A 发电机系统参数定值

序号	定 值 名 称	定 值 范 围	整 定 步 长
1	额定频率（Hz）	50，60	
2	发电机容量（MW）	0～1000	0.1
3	发电机功率因数	0～1	0.01
4	一次额定电压（kV）	0～100	0.01
5	机端 TV 原边（kV）	0～100	0.01
6	机端 TV 副边（V）	0～100	0.01
7	机端 TV 零序副边（V）	0～100	0.01
8	中性点 TV 原边（kV）	0～100	0.01

序号	定 值 名 称	定 值 范 围	整定步长
9	中性点 TV 副边（V）	0～300	0.01
10	发电机 TA 原边（A）	0～60000	1
11	发电机 TA 副边（A）	1，5	
12	中性点一分支组分支系数（%）	0～100	0.01
13	中性点二分支组分支系数（%）	0～100	0.01
14	中性点一分支组 TA 原边（A）	0～60000	1
15	中性点一分支组 TA 副边（A）	1，5	
16	中性点二分支组 TA 原边（A）	0～60000	1
17	中性点二分支组 TA 副边（A）	1，5	
18	横差 TA 原边（A）	0～60000	1
19	横差 TA 副边（A）	1，5	
20	转子电流额定值（A）	0～60000	1
21	转子分流器二次额定值（mV）	0～100	0.01
22	励磁额定电压（V）	0～600	0.01
23	轴电流 TA 原边（A）	0～600	0.01
24	轴电流 TA 副边（mA）	0～100	0.01

注 转子一次额定电流和分流器二次额定电流按分流器的一次、二次额定值整定，以下同。

发电机中性点保留两组分支组 TA 输入，可以满足裂相横差、纵差的要求，两组分支的分支系数按每分支组占总分支数百分比整定，对于中性点只能引出一组电流的情况，一分支组分支系数为 100%，二分支组分支系数为 0%。中性点一组 TA 原边即为中性点 TA 变比，中性点二组 TA 原边整定为 0。

（4）高厂变系统参数（见表 H - 5）。高厂变系统参数包括高厂变容量、电压等级、TV 及 TA 变比。

表 H - 5 　　　　　　　　　　RCS - 985A 高厂变系统参数定值

序号	定 值 名 称	定 值 范 围	整定步长
1	高厂变容量（MVA）	0～100	0.01
2	高压侧一次额定电压（kV）	0～100	0.01
3	A 分支一次额定电压（kV）	0～100	0.01
4	B 分支一次额定电压（kV）	0～100	0.01
5	A 分支 TV 原边（kV）	0～100	0.01
6	A 分支 TV 副边（V）	0～100	0.01
7	A 分支 TV 零序副边（V）	0～100	0.01
8	B 分支 TV 原边（kV）	0～100	0.01
9	B 分支 TV 副边（V）	0～100	0.01
10	B 分支 TV 零序副边（V）	0～100	0.01

序号	定 值 名 称	定 值 范 围	整 定 步 长
11	高压侧大变比 TA 原边（A）	0～60000	1
12	高压侧大变比 TA 副边（A）	1，5	
13	高压侧 TA 原边（A）	0～60000	1
14	高压侧 TA 副边（A）	1，5	
15	A 分支 TA 原边（A）	0～60000	1
16	A 分支 TA 副边（A）	1，5	
17	B 分支 TA 原边（A）	0～60000	1
18	B 分支 TA 副边（A）	1，5	
19	A 分支零序 TA 原边（A）	0～60000	1
20	A 分支零序 TA 副边（A）	1，5	
21	B 分支零序 TA 原边（A）	0～60000	1
22	B 分支零序 TA 副边（A）	1，5	
以下是运行方式控制字整定"1"表示投入，"0"表示退出			
1	高厂变联结方式：Y，y，y$_0$	0，1	
2	高厂变联结方式：D，d，d$_0$	0，1	
3	高厂变联结方式：D，y，y11	0，1	
4	高厂变联结方式：Y，d，d11	0，1	
5	高厂变接线方式：D，y，y1	0，1	

高厂变高压侧保留两组 TA 输入，高压侧 TA 用于高厂变差动及高厂变高压侧后备保护，高压侧大变比 TA 用于主变差动保护。共用一组 TA 时，变比整定相同，TA 二次额定电流整定需与装置内部配置的小 TA 额定电流对应。

（5）励磁变（励磁机）系统参数（见表 H - 6）。励磁变（励磁机）系统参数包括容量、电压等级、TA 变比及 TV 变比。

当接线方式为 0（励磁机）时，需整定励磁机频率、定值单中的高、低压侧电压定值均按励磁机额定电压整定，高、低压侧电流 TA 变比按励磁机机端、中性点 TA 变比整定。当接线方式为其他（励磁变）时，频率定值按 50Hz 整定，其他定值按励磁变系统定值整定。

表 H - 6　　　　　　　RCS - 985A 励磁变（励磁机）系统参数定值

序号	定 值 名 称	定 值 范 围	整 定 步 长
1	励磁机频率（Hz）	50，100	1
2	励磁变容量（MVA）	0～100	0.01
3	高压侧一次额定电压（kV）	0～100	0.01
4	低压侧一次额定电压（kV）	0～100	0.01
5	TV 原边（kV）	0～100	0.01
6	TV 副边（V）	0～100	0.01

序号	定 值 名 称	定 值 范 围	整 定 步 长
7	TV 零序副边（V）	0～100	0.01
8	高压侧 TA 原边（A）	0～60000	1
9	高压侧 TA 副边（A）	1，5	
10	低压侧 TA 原边（A）	0～60000	1
11	低压侧 TA 副边（A）	1，5	
以下是运行方式控制字整定"1"表示投入，"0"表示退出			
1	励磁机方式	0，1	
2	励磁变联结方式：Y，y0	0，1	
3	励磁变联结方式：D，d0	0，1	
4	励磁变联结方式：D，y11	0，1	
5	励磁变联结方式：Y，d11	0，1	
6	励磁变联结方式：D，y1	0，1	

（6）系统计算参数（见表 H-7）。计算值系统参数为根据表 H-7 中的系统定值计算出的一次额定电流、二次额定电流、二次额定电压以及用于发变组差动、主变压器差动、裂相横差、高厂变差动、励磁变差动的 TA 平衡系数。

本定值单系统参数不能整定，作为整定校验、保护实验的参考。

表 H-7　　　　　　　　　RCS-985A 系统计算值参数清单

一次额定电流

序号	名 称	数 值 范 围	备 注
1	主变高压侧（A）	0～60000	
2	主变低压侧（A）	0～60000	
3	发电机额定电流（A）	0～60000	
4	发电机中性点一分支组（A）	0～60000	
5	发电机中性点二分支组（A）	0～60000	
6	高厂变高压侧（A）	0～6500	
7	高厂变 A 分支（A）	0～6500	
8	高厂变 B 分支（A）	0～6500	
9	励磁变（励磁机）一侧（A）	0～6500	
10	励磁变（励磁机）二侧（A）	0～6500	

二次额定电流

序号	名 称	数 值 范 围	备 注
1	主变一支路 TA（A）	0～10	
2	主变二支路 TA（A）	0～10	
3	主变低压侧 TA（A）	0～10	

序号	名　称	数值范围	备　注
4	主变厂变侧（A）	0～10	
5	发变组高压侧 TA（A）	0～10	
6	发变组机组侧 TA（A）	0～10	
7	发变组厂变侧 TA（A）	0～10	
8	发电机机端 TA（A）	0～10	
9	发电机中性点一分支组 TA（A）	0～10	
10	发电机中性点二分支组 TA（A）	0～10	
11	高厂变高压侧大变比 TA（A）	0～10	
12	高厂变高压侧 TA（A）	0～10	
13	高厂变 A 分支 TA（A）	0～10	
14	高厂变 B 分支 TA（A）	0～10	
15	励磁变（励磁机）一侧 TA（A）	0～10	
16	励磁变（励磁机）二侧 TA（A）	0～10	

二次额定电压

序号	名　称	数值范围	备　注
1	主变高压侧（V）	0～120	
2	主变高压侧零序（V）	0～600	
3	发电机机端（V）	0～120	
4	发电机机端零序（V）	0～120	
5	发电机中性点零序（V）	0～600	
6	发电机零序电压平衡系数	0.01～3.00	
7	高厂变 A 分支（V）	0～120	
8	高厂变 A 分支零序（V）	0～120	
9	高厂变 B 分支（V）	0～120	
10	高厂变 B 分支零序（V）	0～120	
11	励磁变（励磁机）电压（V）	0～120	
12	主变低压侧零序电压（V）	0～120	

差动保护调整系数

序号	名　称	数值范围	备　注
1	主变一支路 TA	0～16	
2	主变二支路 TA	0～16	
3	主变低压侧 TA	0～16	
4	主变高厂变侧 TA	0～16	
5	发变组高压侧 TA	0～16	
6	发变组机组侧 TA	0～16	

序号	名 称	数 值 范 围	备 注
7	发变组高厂变侧 TA	0～16	
8	发电机机端侧 TA	0～16	
9	发电机中性点一分支组 TA	0～16	
10	发电机中性点二分支组 TA	0～16	
11	高厂变高压侧 TA	0～16	
12	高厂变 A 分支 TA	0～16	
13	高厂变 B 分支 TA	0～16	
14	励磁变（励磁机）一侧 TA	0～16	
15	励磁变（励磁机）二侧 TA	0～16	

3. 发变组保护定值单

保护定值单如表 H-8～表 H-37 所示。按需要整定相应定值，不使用的保护功能只需将相应的控制字整定为"0"。跳闸控制字的整定参见附录 I。

表 H-8　　　　　　　　　　RCS-985A 发变组差动保护定值

序号	定 值 名 称	定 值 范 围	整定步长
1	比率差动起动定值（A）	$(0.10～1.5)\,I_e$	$0.01I_e$
2	差动速断定值（A）	$(4～14)\,I_e$	$0.01I_e$
3	比率差动起始斜率	0.05～0.15	0.01
4	比率差动最大斜率	0.50～0.8	0.01
5	谐波制动系数	0.10～0.35	0.01
6	差动保护跳闸控制字	0000～FFFF	

以下是运行方式控制字整定"1"表示投入，"0"表示退出

1	差动速断投入	0，1	
2	比率差动投入	0，1	
3	涌流闭锁原理选择	0，1	0：二次谐波闭锁 1：波形判别
4	TA 断线闭锁比率差动	0，1	

表 H-9　　　　　　　　　　RCS-985A 主变差动保护定值

序号	定 值 名 称	定 值 范 围	整定步长
1	比率差动起动定值（A）	$(0.1～1.5)\,I_e$	$0.01I_e$
2	差动速断定值（A）	$(2～14)\,I_e$	$0.01I_e$
3	比率差动起始斜率	0.05～0.15	0.01
4	比率差动最大斜率	0.50～0.8	0.01
5	谐波制动系数	0.10～0.35	0.01
6	差动保护跳闸控制字	0000～FFFF	

序号	定 值 名 称	定 值 范 围	整 定 步 长
以下是运行方式控制字整定"1"表示投入,"0"表示退出			
1	差动速断投入	0,1	
2	比率差动投入	0,1	
3	工频变化量比率差动投入	0,1	
4	涌流闭锁原理选择	0,1	0:二次谐波闭锁 1:波形判别
5	TA断线闭锁比率差动	0,1	

表 H-10　　　　　　**RCS-985A 主变相间后备保护定值**

序号	定 值 名 称	定 值 范 围	整 定 步 长
1	负序电压定值(V)	1~20	0.01
2	低电压定值(V)	10~100	0.01
3	过流Ⅰ段定值(A)	0.1~100	0.01
4	过流Ⅰ段一时限(s)	0~10	0.01
5	过流Ⅰ段一时限控制字	0000~FFFF	1
6	过流Ⅰ段二时限(s)	0~10	0.01
7	过流Ⅰ段二时限控制字	0000~FFFF	1
8	过流Ⅱ段定值(A)	0.1~100	0.01
9	过流Ⅱ段一时限(s)	0~10	0.01
10	过流Ⅱ段一时限控制字	0000~FFFF	1
11	过流Ⅱ段二时限(s)	0~10	0.01
12	过流Ⅱ段二时限控制字	0000~FFFF	1
13	阻抗Ⅰ段正向定值(Ω)	0~100	0.01
14	阻抗Ⅰ段反向定值(Ω)	0~100	0.01
15	阻抗Ⅰ段一时限(s)	0~10	0.01
16	阻抗Ⅰ段一时限控制字	0000~FFFF	1
17	阻抗Ⅰ段二时限(s)	0~10	0.01
18	阻抗Ⅰ段二时限控制字	0000~FFFF	1
19	阻抗Ⅱ段正向定值(Ω)	0~100	0.01
20	阻抗Ⅱ段反向定值(Ω)	0~100	0.01
21	阻抗Ⅱ段一时限(s)	0~10	0.01
22	阻抗Ⅱ段一时限控制字	0000~FFFF	1
23	阻抗Ⅱ段二时限(s)	0~10	0.01
24	阻抗Ⅱ段二时限控制字	0000~FFFF	1
25	过负荷电流定值(A)	0.1~20	0.01
26	过负荷保护延时(s)	0~10	0.01
27	起动风冷电流定值(A)	0.1~20	0.01
28	起动风冷保护延时(s)	0~10	0.01

序号	定 值 名 称	定 值 范 围	整定步长
以下是运行方式控制字整定"1"表示投入，"0"表示退出			
1	过流Ⅰ段经复压闭锁	0，1	
2	过流Ⅱ段经复压闭锁	0，1	
3	过流经低压侧复压闭锁	0，1	
4	电流记忆功能投入	0，1	
5	TV断线保护投退原则	0，1	
6	过负荷保护投入	0，1	
7	起动风冷投入	0，1	

注 后备保护高压侧为双母线接线方式，电流取主变高压侧电流，高压侧为3/2母线接线方式，电流取主变高压侧套管电流。

表 H-11　　　　　　　　**RCS-985A 变压器接地后备保护定值**

序号	定 值 名 称	定 值 范 围	整定步长
1	零序电压闭锁定值（V）	1～100	0.01
2	零序电流Ⅰ段定值（A）	0.1～100	0.01
3	零序Ⅰ段一时限（s）	0～10	0.01
4	零序Ⅰ段一时限控制字	0000～FFFF	1
5	零序Ⅰ段二时限（s）	0～10	0.01
6	零序Ⅰ段二时限控制字	0000～FFFF	1
7	零序电流Ⅱ段定值（A）	0.1～100	0.01
8	零序Ⅱ段一时限（s）	0～10	0.01
9	零序Ⅱ段一时限控制字	0000～FFFF	1
10	零序Ⅱ段二时限（s）	0～10	0.01
11	零序Ⅱ段二时限控制字	0000～FFFF	1
12	零序电流Ⅲ段定值（A）	0.1～100	0.01
13	零序Ⅲ段一时限（s）	0～10	0.01
14	零序Ⅲ段一时限控制字	0000～FFFF	1
15	零序Ⅲ段二时限（s）	0～10	0.01
16	零序Ⅲ段二时限控制字	0000～FFFF	1
17	零序过压定值（V）	10～220	0.01
18	零序过压一时限（s）	0～10	0.01
19	零序过压一时限控制字	0000～FFFF	1
20	零序过压二时限（s）	0～10	0.01
21	零序过压二时限控制字	0000～FFFF	1
22	间隙零序过流定值（A）	0.1～100	0.01
23	间隙零序过流一时限（s）	0～10	0.01

序号	定 值 名 称	定 值 范 围	整 定 步 长
24	间隙零序过流一时限控制字	0000～FFFF	1
25	间隙零序过流二时限（s）	0～10	0.01
26	间隙零序过流二时限控制字	0000～FFFF	1
27	低压侧零序过压定值（V）	10～100	0.01
28	低压侧零序过压限（s）	0～10	0.01

以下是运行方式控制字整定"1"表示投入，"0"表示退出

1	零序Ⅰ段经零序过压闭锁	0，1	
2	零序Ⅰ段经谐波制动	0，1	
3	零序Ⅱ段经零序过压闭锁	0，1	
4	零序Ⅱ段经谐波制动	0，1	
5	低压侧零序电压报警投入	0，1	
6	间隙零序经无流闭锁	0，1	
7	间隙零序经外部投入	0，1	

表 H－12　　　　　　　　RCS－985A 发电机差动保护定值

序号	定 值 名 称	定 值 范 围	整 定 步 长
1	比率差动起动定值	(0.1～1.5) I_e	0.01I_e
2	差动速断定值	(2～14) I_e	0.01I_e
3	比率差动起始斜率	0～0.1	0.01
4	比率差动最大斜率	0.4～0.6	0.01
5	差动保护跳闸控制字	0000～FFFF	

以下是运行方式控制字整定"1"表示投入，"0"表示退出

1	差动速断投入	0，1	
2	比率差动投入	0，1	
3	工频变化量差动投入	0，1	
4	TA 断线闭锁比率差动	0，1	

表 H－13　　　　　　　　RCS－985A 发电机裂相差动保护定值

序号	定 值 名 称	定 值 范 围	整 定 步 长
1	裂相比率差动起动定值	(0.1～1.5) I_e	0.01I_e
2	裂相差动速断定值	(2～14) I_e	0.01I_e
3	裂相比率差动起始斜率	0～0.1	0.01
4	裂相比率差动最大斜率	0.4～0.6	0.01
5	差动保护跳闸控制字	0000～FFFF	

以下是运行方式控制字整定"1"表示投入，"0"表示退出

1	差动速断投入	0，1	
2	比率差动投入	0，1	
3	TA 断线闭锁比率差动	0，1	

表 H - 14 　　　　　　　　　　 **RCS - 985A 发电机匝间保护定值**

序号	定 值 名 称	定 值 范 围	整 定 步 长
1	横差电流定值（A）	0.1～50	0.01
2	横差电流高定值（A）	0.1～50	0.01
3	横差保护相电流制动系数	0.1～10	0.01
4	横差延时（转子一点接地后）（s）	0～10	0.01
5	纵向零序电压定值（V）	1～10	0.01
6	纵向零序电压高定值（V）	2～20	0.01
7	电流制动系数	0.1～10	0.01
8	纵向零序电压保护延时（s）	0.1～10	0.01
9	跳闸控制字	0000～FFFF	

以下是运行方式控制字整定"1"表示投入，"0"表示退出

1	横差保护投入	0，1	
2	横差保护高定值段投入	0，1	
3	零序电压投入	0，1	
4	零序电压经相电流制动	0，1	
5	零序电压经工频变化量方向闭锁	0，1	
6	零序电压高定值段投入	0，1	
7	工频变化量方向匝间保护投入	0，1	

表 H - 15 　　　　　　　 **RCS - 985A 发电机复合电压过流保护定值**

序号	定 值 名 称	定 值 范 围	整 定 步 长
1	负序电压定值（V）	1～20	0.01
2	低电压定值（V）	10～100	0.01
3	过流 I 段定值（A）	0.1～100	0.01
4	过流 I 段延时（s）	0～10	0.01
5	过流 I 段控制字	0000～FFFF	
6	过流 II 段定值（A）	0.1～100	0.01
7	过流 II 段延时（s）	0～10	0.01
8	过流 II 段控制字	0000～FFFF	
9	阻抗 I 段正向定值（Ω）	0～100	0.01
10	阻抗 I 段反向定值	0～100	0.01
11	阻抗 I 段时限（s）	0～10	0.01
12	阻抗 I 段控制字	0000～FFFF	
13	阻抗 II 段正向定值（Ω）	0～100	0.01
14	阻抗 II 段反向定值（Ω）	0～100	0.01
15	阻抗 II 段时限（s）	0～10	0.01
16	阻抗 II 段控制字	0000～FFFF	

序号	定 值 名 称	定 值 范 围	整 定 步 长
以下是运行方式控制字整定"1"表示投入，"0"表示退出			
1	过流Ⅰ段经复合电压闭锁	0，1	
2	过流Ⅱ段经复合电压闭锁	0，1	
3	经高压侧复合电压闭锁	0，1	
4	TV断线保护投退原则	0，1	
5	自并励发电机	0，1	
6	过流闭锁输出	0，1	

注 阻抗元件电流量取发电机中性点相间电流。

表 H-16　　　　　　　　　　　RCS-985A 发电机定子接地保护定值

序号	定 值 名 称	定 值 范 围	整 定 步 长
1	零序电压定值（V）	1～20	0.01
2	零序电压高定值（V）	1～20	0.01
3	零序电压延时（s）	0～10	0.01
4	并网前三次谐波比率定值	0.5～10	0.01
5	并网后三次谐波比率定值	0.5～10	0.01
6	三次谐波差动比率定值	0.1～2	0.01
7	三次谐波保护延时（s）	0～10	0.01
8	跳闸控制字	0000～FFFF	
以下是运行方式控制字整定"1"表示投入，"0"表示退出			
1	零序电压保护报警投入	0，1	
2	零序电压保护跳闸投入	0，1	
3	三次谐波电压比率判据投入	0，1	
4	三次谐波电压差动判据投入	0，1	
5	三次谐波电压保护报警投入	0，1	
6	三次谐波电压比率跳闸投入	0，1	
7	零序电压高定值段跳闸投入	0，1	

注 零序电压一般取发电机中性点零序电压。

表 H-17　　　　　　　　　　　RCS-985A 发电机转子接地保护定值

序号	定 值 名 称	定 值 范 围	整 定 步 长
1	一点接地灵敏段电阻定值（kΩ）	0.1～100	0.01
2	一点接地电阻定值（kΩ）	0.1～100	0.01
3	一点接地延时（s）	0～10	0.01
4	两点接地二次谐波电压定值（V）	0.1～10	0.01
5	两点接地延时定值（s）	0～10	0.01
6	跳闸控制字	0000～FFFF	

序号	定 值 名 称	定 值 范 围	整定步长
以下是运行方式控制字整定"1"表示投入，"0"表示退出			
1	一点接地灵敏段信号投入	0，1	
2	一点接地信号投入	0，1	
3	一点接地跳闸投入	0，1	
4	两点接地保护投入	0，1	
5	两点接地二次谐波电压投入	0，1	

表 H‐18　　　　　　　　RCS‐985A 发电机定子过负荷保护定值

序号	定 值 名 称	定 值 范 围	整 定 步 长
1	定时限电流定值（A）	0.1～100	0.01
2	定时限延时定值（s）	0～10	0.01
3	定时限跳闸控制字	0000～FFFF	
4	定时限报警定值（A）	0.1～100	0.01
5	定时限报警延时（s）	0～10	0.01
6	反时限起动电流（A）	0.1～10	0.01
7	反时限上限延时（s）	0～10	0.01
8	定子绕组热容量	1～100	0.01
9	散热效应系数	1.02～2	0.01
10	反时限控制字	0000～FFFF	

表 H‐19　　　　　　　　RCS‐985A 发电机负序过负荷保护定值

序号	定 值 名 称	定 值 范 围	整 定 步 长
1	定时限电流定值（A）	0.1～100	0.01
2	定时限延时定值（s）	0～10	0.01
3	定时限跳闸控制字	0000～FFFF	
4	定时限报警电流定值（A）	0.1～100	0.01
5	定时限报警延时（s）	0～10	0.01
6	反时限起动负序电流（A）	0.05～10	0.01
7	长期允许负序电流（s）	0.05～10	0.01
8	反时限上限延时（s）	0～10	0.01
9	负序转子发热常数	1～100	0.01
10	反时限控制字	0000～FFFF	

表 H-20　　　　　　　　　RCS-985A 发电机失磁保护定值

序号	定 值 名 称	定 值 范 围	整 定 步 长
1	阻抗定值 1（Ω）	0～100	0.01
2	阻抗定值 2（Ω）	0～100	0.01
3	无功反向定值（%）	0.01～50	0.01
4	转子低电压定值（V）	1～500	0.01
5	转子空载电压定值（V）	1～500	0.01
6	转子低电压判据系数定值（pu）	0.1～10	0.01
7	发电机凸极功率比（%）	0～30	0.01
8	低电压定值（V）	10～100	0.01
9	减出力有功定值（%）	10～100	0.01
10	Ⅰ段延时（s）	0.1～10	0.01
11	Ⅱ段延时（s）	0.1～10	0.01
12	Ⅲ段延时（s）	0.1～10	0.01
13	Ⅳ段延时（min）	0.1～60	0.01
14	Ⅰ段跳闸控制字	0000～FFFF	
15	Ⅱ段跳闸控制字	0000～FFFF	
16	Ⅲ段跳闸控制字	0000～FFFF	
17	Ⅳ段跳闸控制字	0000～FFFF	

以下是运行方式控制字整定"1"表示投入，"0"表示退出

1	Ⅰ段阻抗判据投入	0，1	
2	Ⅰ段转子电压判据投入	0，1	
3	Ⅰ段减出力判据投入	0，1	
4	Ⅱ段母线电压判据投入	0，1	
5	Ⅱ段阻抗判据投入	0，1	
6	Ⅱ段转子电压判据投入	0，1	
7	Ⅲ段阻抗判据投入	0，1	
8	Ⅲ段转子电压判据投入	0，1	
9	Ⅳ段阻抗判据投入	0，1	
10	Ⅳ段转子电压判据投入	0，1	
11	Ⅲ段投信号	0，1	
12	阻抗圆特性选择	0，1	0：静稳圆 1：异步圆
13	无功反向判据投入	0，1	
14	低电压判据电压选择	0，1	0：母线电压 1：机端电压

表 H - 21　　　　　　　　　　　　RCS - 985A 发电机失步保护定值

序号	定 值 名 称	定 值 范 围	整 定 步 长
1	阻抗定值 Z_a（Ω）	0～100	0.01
2	阻抗定值 Z_b（Ω）	0～100	0.01
3	阻抗定值 Z_c（Ω）	0～100	0.01
4	灵敏角（°）	60～90	0.1
5	透镜内角（°）	60～150	0.1
6	区外滑极数整定	1～1000	1
7	区内滑极数整定	1～1000	1
8	跳闸允许电流（按主变高压开关侧 TA 二次电流整定）（A）	1～100	0.01
9	跳闸控制字	0000～FFFF	

以下是运行方式控制字整定 "1" 表示投入，"0" 表示退出

序号	定 值 名 称	定 值 范 围	整 定 步 长
1	区外失步动作于信号	0，1	
2	区外失步动作于跳闸	0，1	
3	区内失步动作于信号	0，1	
4	区内失步动作于跳闸	0，1	

表 H - 22　　　　　　　　　　　　RCS - 985A 发电机电压保护定值

序号	定 值 名 称	定 值 范 围	整 定 步 长
1	过压 I 段电压（V）	10～170	0.01
2	过压 I 段延时（s）	0.1～10	0.01
3	过压 I 段控制字	0000～FFFF	
4	过压 II 段电压（V）	10～170	0.01
5	过压 II 段延时（s）	0.1～10	0.01
6	过压 II 段控制字	0000～FFFF	
7	低电压定值（V）	10～100	0.01
8	低电压延时（s）	0.1～10	0.01
9	低电压控制字	0000～FFFF	

表 H - 23　　RCS - 985A 过励磁保护定值单（主变、发电机各设一套，定值单相同）

序号	定 值 名 称	定 值 范 围	整 定 步 长
1	定时限 I 段定值 V/f（s）	1～2	0.01
2	定时限 I 段延时（s）	0.1～3000	0.1
3	定时限 I 段控制字	0000～FFFF	
4	定时限 II 段定值 V/f（s）	0.1～2	0.01
5	定时限 II 段延时（s）	0.1～3000	0.1

序号	定 值 名 称	定 值 范 围	整 定 步 长
6	定时限Ⅱ段控制字	0000～FFFF	
7	报警段定值（A）	1～2	0.01
8	报警段延时（s）	0.1～10	0.1
9	反时限上限定值（A）	1～2	0.01
10	反时限上限延时（s）	1～3000	0.1
11	反时限Ⅰ定值（s）	1～2	0.01
12	反时限Ⅰ延时（s）	1～3000	0.1
13	反时限Ⅱ定值（s）	1～2	0.01
14	反时限Ⅱ延时（s）	1～3000	0.1
15	反时限Ⅲ定值（A）	1～2	0.01
16	反时限Ⅲ延时（s）	1～3000	0.1
17	反时限Ⅳ定值（A）	1～2	0.01
18	反时限Ⅳ延时（s）	1～3000	0.1
19	反时限Ⅴ定值（A）	1～2	0.01
20	反时限Ⅴ延时（s）	1～3000	0.1
21	反时限Ⅵ定值（A）	1～2	0.01
22	反时限Ⅵ延时（s）	1～3000	0.1
23	反时限下限定值（A）	1～2	0.01
24	反时限下限延时（s）	1.0～3000	0.1
25	反时限保护控制字	0000～FFFF	

表 H-24　　　　　　　　　　RCS-985A 发电机功率保护定值

序号	定 值 名 称	定 值 范 围	整 定 步 长
1	逆功率定值（%）	0.5～10	0.01
2	逆功率信号延时（s）	0.1～25	0.1
3	逆功率跳闸延时（s）	0.1～600	0.1
4	逆功率控制字	0000～FFFF	
5	功率定值（%）	0～30	0.01
6	功率延时（min）	0.1～10	0.01
7	功率控制字	0000～FFFF	
8	程序逆功率定值（%）	0.5～10	0.01
9	程序逆功率延时（s）	0.1～10	0.01
10	程序逆功率控制字	0000～FFFF	

注　功率计算电流一般与差动保护共用一组机端 TA，如采用测量级 TA，需从电流备用通道输入。

RCS‑985A 发电机频率保护定值

序号	定 值 名 称	定 值 范 围	整定步长
1	低频Ⅰ段频率定值（Hz）	45～50	0.01
2	低频Ⅰ段累计延时（min）	0.1～300	0.01
3	低频Ⅱ段频率定值（Hz）	45～50	0.01
4	低频Ⅱ段累计延时（min）	0.1～300	0.01
5	低频Ⅲ段频率定值（Hz）	40～50	0.01
6	低频Ⅲ段延时（s）	0.1～100	0.01
7	低频Ⅳ段频率定值（Hz）	40～50	0.01
8	低频Ⅳ段延时（s）	0.1～100	0.01
9	低频跳闸控制字	0000～FFFF	
10	过频Ⅰ段频率定值（Hz）	50～60	0.01
11	过频Ⅰ段延时（min）	0.1～100	0.01
12	过频Ⅱ段频率定值（Hz）	50～60	0.01
13	过频Ⅱ段延时（s）	0.1～100	0.01
14	过频跳闸控制字	0000～FFFF	

以下是运行方式控制字整定 "1" 表示投入，"0" 表示退出

序号	定 值 名 称	定 值 范 围	整定步长
1	低频Ⅰ段投信号	0，1	
2	低频Ⅰ段投跳闸	0，1	
3	低频Ⅱ段投信号	0，1	
4	低频Ⅱ段投跳闸	0，1	
5	低频Ⅲ段投信号	0，1	
6	低频Ⅲ段投跳闸	0，1	
7	低频Ⅳ段投信号	0，1	
8	低频Ⅳ段投跳闸	0，1	
9	频率Ⅰ段投信号	0，1	
10	频率Ⅰ段投跳闸	0，1	
11	频率Ⅱ段投信号	0，1	
12	频率Ⅱ段投跳闸	0，1	
13	发电机超速功能投入	0，1	

表 H‑26 RCS‑985A 发电机起停机保护定值

序号	定 值 名 称	定 值 范 围	整定步长
1	频率闭锁定值（Hz）	40～50	0.01
2	主变差流定值	(0.1～10) I_e	0.01 I_e
3	高厂变差流定值	(0.1～10) I_e	0.01 I_e
4	发电机差流定值	(0.1～10) I_e	0.01 I_e
5	裂相差流定值	(0.1～10) I_e	0.01 I_e

序号	定 值 名 称	定 值 范 围	整定步长
6	励磁变差流定值	$(0.1\sim10)$ I_e	$0.01I_e$
7	跳闸控制字	0000～FFFF	
8	定子零序电压定值（V）	5～25	0.01
9	定子零序电压延时（s）	0.5～10	0.01
10	跳闸控制字	0000～FFFF	

以下是运行方式控制字整定"1"表示投入，"0"表示退出

序号	定 值 名 称	定 值 范 围	整定步长
1	主变差流判据投入	0，1	
2	高厂变差流判据投入	0，1	
3	发电机差流判据投入	0，1	
4	裂相横差流判据投入	0，1	
5	励磁变差流判据投入	0，1	
6	零序电压判据投入	0，1	
7	低频闭锁功能投入	0，1	

表 H-27 　　　　　　　RCS-985A 发电机误上电保护定值

序号	定 值 名 称	定 值 范 围	整定步长
1	频率闭锁定值（Hz）	40～50	0.01
2	误合闸过电流定值（按机端电流整定）（A）	0.1～100	0.01
3	断路器跳闸允许电流定值（按主变高压开关侧 TA 二次电流整定）（A）	1～100.00	0.01
4	误合闸延时（s）	0～1	0.01
5	误合闸跳闸控制字	0000～FFFF	
6	断路器闪络负序过流定值（按主变高压开关侧 TA 二次电流整定）（A）	.0.1～20	0.01
7	断路器闪络延时（s）	0.1～1	0.01
8	断路器闪络跳闸控制字	0000～FFFF	

以下是运行方式控制字整定"1"表示投入，"0"表示退出

序号	定 值 名 称	定 值 范 围	整定步长
1	低频闭锁投入	0，1	
2	断路器位置接点闭锁投入	0，1	
3	断路器跳闸闭锁功能投入	0，1	

表 H-28 　　　　　　　RCS-985A 发电机轴电流保护定值

序号	定 值 名 称	定 值 范 围	整定步长
1	轴电流一次定值（A）	0.1～10	0.01
2	轴电流二次定值（mA）	0.1～100	0.01
3	轴电流保护延时（s）	0.1～10	0.01
4	跳闸控制字	0000～FFFF	

序号	定 值 名 称	定 值 范 围	整 定 步 长
以下是运行方式控制字整定"1"表示投入，"0"表示退出			
1	按一次电流定值整定	0，1	
2	按二次电流定值整定	0，1	
3	动作量取三次谐波量	0，1	
4	轴电流保护报警投入	0，1	

表 H - 29　　　　RCS - 985A 励磁变（励磁机）差动保护定值

序号	定 值 名 称	定 值 范 围	整 定 步 长
1	差动起动定值	$(0.1\sim1)\,I_e$	$0.01I_e$
2	差动速断定值	$(4\sim14)\,I_e$	$0.01I_e$
3	比率差动起始斜率	0.05～0.15	0.01
4	比率差动最大斜率	0.4～0.8	0.01
5	谐波制动系数	0.1～0.35	0.01
6	差动跳闸控制字	0000～FFFF	
以下是运行方式控制字整定"1"表示投入，"0"表示退出			
1	差动速断投入	0，1	
2	比率差动投入	0，1	
3	涌流闭锁原理选择	0，1	0：二次谐波闭锁 1：波形判别
4	TA 断线闭锁比率差动	0，1	

表 H - 30　　　　RCS - 985A 励磁过流保护定值

序号	定 值 名 称	定 值 范 围	整 定 步 长
1	低电压定值（V）	10～100	0.01
2	负序电压定值（V）	1～20	0.01
3	过流Ⅰ段定值（A）	0.1～100	0.01
4	过流Ⅰ段延时（s）	0～10	0.01
5	过流跳闸控制字	0000～FFFF	
6	过流Ⅱ段定值（A）	0.1～100	0.01
7	过流Ⅱ段延时（s）	0～25	0.01
8	过流跳闸控制字	0000～FFFF	
以下是运行方式控制字整定"1"表示投入，"0"表示退出			
1	过流Ⅰ段经低电压闭锁	0，1	
2	过流Ⅱ段经低电压闭锁	0，1	
3	电流记忆功能投入	0，1	
4	TV 断线投退原则	0，1	
5	Ⅰ侧交流输入		
6	Ⅱ侧交流输入		

表 H-31　　　　　　　　　　RCS-985A 励磁过负荷保护定值

序号	定 值 名 称	定 值 范 围	整定步长
1	定时限电流定值（A）	0.1～100	0.01
2	定时限延时定值（s）	0～25	0.01
3	定时限跳闸控制字	0000～FFFF	
4	定时限报警电流定值（A）	0.1～100	0.01
5	报警延时定值（s）	0.1～25	0.01
6	反时限起动电流定值（A）	0.1～50	0.01
7	反时限上限时间定值（s）	0.1～10	0.01
8	励磁绕组热容量系数	1～100	0.01
9	基准电流（A）	0.1～50	0.01
10	反时限跳闸控制字	0000～FFFF	
11	控制字 　0：交流输入 　1：直流输入 　3：Ⅰ侧交流输入 　4：Ⅱ侧交流输入		

表 H-32　　　　　　　　　　RCS-985A 高厂变差动保护定值

序号	定 值 名 称	定 值 范 围	整定步长
1	差动起动定值	$(0.1～1)I_e$	$0.01I_e$
2	差动速断定值	$(4～14)I_e$	$0.01I_e$
3	比率差动起始斜率	0.05～0.15	0.01
4	比率差动最大斜率	0.5～0.8	0.01
5	二次谐波制动系数	0.1～0.35	0.01
6	差动跳闸控制字	0000～FFFF	
以下是运行方式控制字整定"1"表示投入，"0"表示退出			
1	差动速断投入	0，1	
2	比率差动投入	0，1	
3	涌流闭锁原理选择	0，1	0：二次谐波闭锁 1：波形判别
4	TA 断线闭锁比率差动	0，1	
5	高压侧电流速断投入	0，1	

表 H-33　　　　　　　　　　RCS-985A 高厂变高压侧后备保护定值

序号	定 值 名 称	定 值 范 围	整定步长
1	负序电压定值（V）	1～20	0.01
2	低电压定值（V）	10～100	0.01
3	过流Ⅰ段定值（A）	0.1～100	0.01

序号	定 值 名 称	定 值 范 围	整 定 步 长
4	过流Ⅰ段延时（s）	0～10	0.01
5	过流Ⅰ段控制字	0000～FFFF	
6	过流Ⅱ段定值（A）	0.1～100	0.01
7	过流Ⅱ段延时（s）	0～10	0.01
8	过流Ⅱ段控制字	0000～FFFF	
9	过负荷电流定值（A）	0.1～20	0.01
10	过负荷延时（s）	0～10	0.01
11	起动风冷定值（A）	0.1～20	0.01
12	起动风冷延时（s）	0～10	0.01
13	闭锁调压定值（A）	0.1～200	0.01
14	闭锁调压延时（s）	0～10	0.01

以下是运行方式控制字整定"1"表示投入，"0"表示退出

1	Ⅰ段经复合电压闭锁	0，1	
2	Ⅱ段经复合电压闭锁	0，1	
3	电流记忆功能投入	0，1	
4	TV断线保护投退原则	0，1	
5	过负荷保护投入	0，1	
6	起动风冷投入	0，1	
7	闭锁有载调压	0，1	

表 H－34   **RCS－985A 高厂变低压侧分支后备保护定值**

（A、B分支定值单相同）

序号	定 值 名 称	定 值 范 围	整 定 步 长
1	低电压定值（V）	10～100	0.01
2	过流Ⅰ段定值（A）	0.1～100	0.01
3	过流Ⅰ段延时（s）	0～10	0.01
4	过流Ⅰ段控制字	0000～FFFF	
5	过流Ⅱ段定值（A）	0.1～100	0.01
6	过流Ⅱ段延时（s）	0.1～10	0.01
7	过流Ⅱ段控制字	0000～FFFF	
8	零序Ⅰ段定值（A）	0.1～100	0.01
9	零序Ⅰ段延时（s）	0～10	0.01
10	零序Ⅰ段控制字	0000～FFFF	
11	零序Ⅱ段定值（A）	0.1～100	0.01
12	零序Ⅱ段延时（s）	0.1～10	0.01

序号	定 值 名 称	定 值 范 围	整 定 步 长
13	零序Ⅱ段控制字	0000～FFFF	
14	过负荷定值（A）	0.1～100	0.01
15	过负荷延时（s）	0.1～10	0.01
16	零序过电压定值（V）	5～100	0.01
17	零序过电压延时（s）	0.1～10	0.01

以下是运行方式控制字整定"1"表示投入，"0"表示退出

1	过流Ⅰ段经低电压闭锁	0，1	
2	过流Ⅱ段经低电压闭锁	0，1	
3	TV断线投退原则	0，1	
4	过负荷报警投入	0，1	
5	零序电压报警投入	0，1	

表 H-35　　　　　　　　　　RCS-985A 延时非电量保护定值

序号	定 值 名 称	定 值 范 围	整 定 步 长
1	外部重动1延时定值（s）	0～6000	0.1
2	外部重动1跳闸控制字	0000～FFFF	
3	外部重动2延时定值（s）	0～6000	0.1
4	外部重动2跳闸控制字	0000～FFFF	
5	外部重动3延时定值（s）	0～6000	0.1
6	外部重动3跳闸控制字	0000～FFFF	
7	外部重动4延时定值	0～6000	0.1
8	外部重动4跳闸控制字	0000～FFFF	

以下是运行方式控制字整定"1"表示投入，"0"表示退出

| 1 | 非电量回路监视 | 0，1 | |

注 定值名称及相应报文，985A 程序 V3.01 及以前版本，外部重动 1～4 分别对应热工、断水、外部重动 1、外部重动 2。

附录Ⅰ RCS-985A发变组保护
装置输出接点说明

一、跳闸矩阵

保护装置给出14组跳闸出口继电器，共33副出口接点，跳闸继电器均由跳闸控制字整定。通过保护各元件跳闸控制字的整定，每种保护可实现灵活的、用户所需要的跳闸方式。每付跳闸接点允许通入最大电流为5A。跳闸出口继电器提供跳闸接点数目见表Ⅰ-1。

表Ⅰ-1　　　　　　　　　　　RCS-985A跳闸出口继电器接点数目表

序号	跳闸控制字对应位（位）	出口继电器名称	输出接点数
1	0	本功能投入	
2	1	TJ1：跳闸出口1通道	4副
3	2	TJ2：跳闸出口2通道	4副
4	3	TJ3：跳闸出口3通道	4副
5	4	TJ4：跳闸出口4通道	2副
6	5	TJ5：跳闸出口5通道	4副
7	6	TJ6：跳闸出口6通道	3副
8	7	TJ7：跳闸出口7通道	1副
9	8	TJ8：跳闸出口8通道	1副
10	9	TJ9：跳闸出口9通道	1副
11	10	TJ10：跳闸出口10通道	1副
12	11	TJ11：跳闸出口11通道	2副
13	12	TJ12：跳闸出口12通道	2副
14	13	TJ13：跳闸出口13通道	2副
15	14	TJ14：跳闸出口14通道	2副

注　出口通道1、2、5、6为瞬时返回出口接点，可以用作跳断路器和起动失灵，其他出口动作后展宽100ms。

整定方法：在保护元件投入位和其所跳开关位填"1"，其他位填"0"，则可得到该元件的跳闸方式。表Ⅰ-2是几种保护跳闸控制字的整定示例，实际工程每组继电器定义可能不同，因此，跳闸控制字也有所不同，示例方法仅供参考，实际整定时可以通过专用软件设定，无需计算十六进制数。

表Ⅰ-2　　　　　　　　　　　整　定　示　例

序号	保　护　功　能	跳　闸　方　式	相应位整定				结果
			15～12	11～8	7～4	3～0	
1	发电机差动	全停	0111	1000	0011	1111	783F
2	失磁保护	解列灭磁	0111	1000	0011	0111	7837
3	主变高压侧零序Ⅰ段	缩小故障范围	0000	0010	0000	0001	0201
4	失磁保护Ⅰ段	减出力	0000	0000	1000	0001	0081

二、跳闸信号接点输出

装置可有 32 个跳闸信号。每个跳闸信号输出 1 副磁保持接点和 2 副瞬动接点。32 个跳闸信号分为 4 组，每组信号内容见表 I-3。

表 I-3   RCS-985A 跳闸信号定义表

序　号	第　一　组	第　二　组	第　三　组	第　四　组
0	公共端	公共端	公共端	公共端
1	发电机差动保护	发变组差动保护	发电机匝间保护	高厂变差动保护
2	定子接地保护	主变差动保护	转子接地保护	高厂变后备保护
3	定子过负荷保护	主变相间后备	负序过负荷保护	A 分支后备保护
4	失磁保护	主变接地后备	失步保护	B 分支后备保护
5	失磁保护减出力	主变间隙后备	备用跳闸信号 1	备用跳闸信号 2
6	过电压保护	非电量保护	过励磁保护	备用跳闸信号 3
7	逆功率保护		程序逆功率	
8	起停机保护		发电机相间后备	
9	误上电保护		频率保护	
10	励磁变差动保护		励磁过负荷保护	

三、报警信号及其他接点输出

装置可有 14 个报警信号，每个信号输出 3 副瞬动接点。14 个报警信号定义见表 I-4。

表 I-4   RCS-985A 报警信号定义表

序号	报　警　信　号	报　警　内　容	输出接点数
0	公共端		
1	装置闭锁	自检出错、电源消失	3 副
2	装置报警	内部通讯出错，长期起动等	3 副
3	TA 断线	各路 TA 断线或异常信号	3 副
4	TV 断线	各路 TV 断线或异常信号	3 副
5	过负荷报警	主变、发电机、高厂变等过负荷	3 副
6	负序过负荷报警	发电机负序过负荷信号	3 副
7	励磁过负荷报警	励磁绕组、励磁机、励磁变过负荷信号	3 副
8	定子接地报警	基波零序电压、三次谐波电压定子接地信号	3 副
9	转子一点接地报警	转子一点接地信号	3 副
10	失磁保护报警	失磁保护信号	3 副
11	失步保护报警	振荡中心区内、区外失步信号	3 副
12	频率保护报警	低频信号、过频信号	3 副
13	逆功率保护报警	逆功率保护信号	3 副
14	过励磁保护报警	过励磁保护信号	3 副

装置还有其他一些接点输出。（见表 I-5）

RCS-985A 其他接点输出定义表

序号	接 点 名 称	常 开 接 点 数	常 闭 接 点 数
1	主变起动风冷接点	2 副	
2	闭锁调压（或发电机超速输出）	1 副	1 副
3	高厂变起动风冷	1 副	
4	备用 1	1 副	
5	备用 2	1 副	
6	备用 3	1 副	

附录 J　RCS - 915AB 母线保护装置
定值整定及说明

一、装置参数定值

定值单见表 J - 1。

表 J - 1　　　　　　　　　RCS - 915AB 母差保护装置参数

序号	定 值 名 称	定 值 范 围	整 定 值
1	定值区号	0～3	
2	母线名称		
3	本机通信地址	0～254	
4	IP 地址 1		
5	IP 子网掩码 1		
6	IP 地址 2		
7	IP 子网掩码 2		
8	波特率 1（kbit/s）	4800，9600，19200，38400	
9	波特率 2（kbit/s）	4800，9600，19200，38400	
10	打印波特率（kbit/s）	4800，9600，19200，38400	
11	通信规约	0，1	
12	自动打印	0，1	
13	网络打印机	0，1	
14	分脉冲对时	0，1	
15	远方修改定值	0，1	

（1）定值区号：母差保护与失灵保护有 4 套定值可供切换。装置参数与系统参数不分区，只有一套定值。

（2）母线名称：可输入由 6 位 A～Z 或 0～9 组成的母线名称，例如 BUS001。

（3）本机通信地址：与后台机联接时本装置的通信地址。

（4）波特率 1：装置通信接口 1 的波特率。

（5）波特率 2：装置通信接口 2 的波特率。

（6）打印波特率：打印的通信波特率。

（7）通信规约：置"0"表示投 60870 - 5 - 103 规约，置"1"表示投 LFP - 900 系列传统规约。

（8）自动打印：当需要在装置有新报文时自动打印报告时置为"1"，否则置为"0"。

（9）网络打印机：当需要使用共享的打印机时置为"1"，否则置为"0"。

（10）分脉冲对时：当采用分脉冲对时置为"1"，秒脉冲对时置为"0"。

（11）远方修改定值：当允许远方修改定值时置为"1"，否则置为"0"。

二、系统参数定值

定值单见表 J-4。

(1) TV 二次额定电压：固定取为 57.7V。

(2) TA 二次额定电流：取基准变比的电流互感器的二次额定电流。

(3) TA 调整系数：TA 调整系数是专为母线上各连接支路 TA 变比不同的情况而设，一般取多数相同 TA 变比为基准变比，TA 调整系数整定为"1"，没有用到的支路 TA 调整系数整定为"0"。例如母线上连接有 3 个支路，TA 变比分别为 600/5，600/5，1200/5，则将"支路 01TA 调整系数"整定为"1"，"支路 02TA 调整系数"也整定为"1"，而将"支路 03TA 调整系数"整定为"2"，其余各 TA 调整系数均整定为"0"。

注意：选择 TA 时应保证单个支路一次系统的短路容量不超过 $30I_n$。为保证精度，各连接支路 TA 变比的差别不宜过大。归算至基准 TA 二次侧的系统总短路容量不应超过 $80I_n$。所有电流的显示值也均归算到了基准 TA 的二次侧。

如果各连接支路 TA 二次额定电流不同，订货时应特别声明。此时 TA 调整系数应反映各支路 TA 一次额定电流之比。例如母线上连接有 3 个支路，TA 变比分别为 600/1，600/5，1200/5，则应将 TA 二次额定电流整定为 5A，将"支路 01TA 调整系数"整定为"1"（此时装置内支路 1 的电流变换器额定电流为 1A），"支路 02TA 调整系数"也整定为"1"，而将"支路 03TA 调整系数"整定为"2"，其余各 TA 调整系数均整定为"0"。

(4) 母线 1、2 编号：根据母线实际编号整定，整定范围为Ⅰ～Ⅷ。

(5) Ⅰ、Ⅱ母刀闸位置控制字：当"投单母分段主接线"控制字为"1"时无需外引刀闸位置，应通过整定刀闸位置控制字决定母线运行方式。刀闸位置控制字位置"1"表示该支路挂在此母线上，例如：若Ⅰ母刀闸位置控制字"1"整为 000F，则表示支路 01、02、03、04 挂在Ⅰ母上。控制字定义见表 J-2 和表 J-3。

表 J-2　　　　　　　　　　Ⅰ、Ⅱ母刀闸位置控制字"1"

15	14	13	12	11	10	9	8	7	6	5	4	3	2	1	0
支路 16	支路 15	支路 14	支路 13	支路 12	支路 11	支路 10	支路 09	支路 08	支路 07	支路 06	支路 05	支路 04	支路 03	支路 02	支路 01

表 J-3　　　　　　　　　　Ⅰ、Ⅱ母刀闸位置控制字"2"

15	14	13	12	11	10	9	8	7	6	5	4	3	2	1	0
0	0	0	0	0	0	0	0	0	0	0	0	支路 20	支路 19	支路 18	支路 17

(6) 投中性点不接地系统控制字：当用于中性点不接地系统时将"投中性点不接地系统"控制字整定为"1"，此时母差及失灵定值中的相电压闭锁改取线电压作为比较电压，TV 断线判据改为 $3U_2 > 12V$ 和线电压低于 70V。

(7) 投单母主接线控制字：当用于单母主接线系统时将"投单母主接线"控制字整定为"1"。

(8) 投单母分段主接线控制字：当用于单母分段主接线系统时将"投单母分段主接线"控制字整定为"1"，此时无需外引刀闸位置，应通过整定刀闸位置控制字决定母线运行方式。当"投单母主接线"和"投单母分段主接线"控制字均为"0"时，装置认为当前的主接线方式为双母主接线。

（9）投母联兼旁路主接线控制字：当用于母联兼旁路主接线系统时将"投母联兼旁路主接线"控制字整定为"1"。

（10）投外部起动母联失灵控制字：如果希望通过外部保护启动本装置的母联失灵保护，将"投外部起动母联失灵"控制字置"1"。

表 J-4　　　　　　　　　　　母差保护系统参数定值

序号	定 值 名 称	定 值 范 围	整 定 值
1	TV 二次额定电压（V/相）	57.7	
2	TA 二次额定电流（A）	5、1	
3	支路 01 编号		
4	支路 01TA 调整系数	0~2	
5	支路 02 编号		
6	支路 02TA 调整系数	0~2	
7	支路 03 编号		
8	支路 03TA 调整系数	0~2	
9	支路 04 编号		
10	支路 04TA 调整系数	0~2	
11	支路 05 编号		
12	支路 05TA 调整系数	0~2	
13	支路 06 编号		
14	支路 06TA 调整系数	0~2	
15	支路 07 编号		
16	支路 07TA 调整系数	0~2	
17	支路 08 编号		
18	支路 08TA 调整系数	0~2	
19	支路 09 编号		
20	支路 09TA 调整系数	0~2	
21	支路 10 编号		
22	支路 10TA 调整系数	0~2	
23	支路 11 编号		
24	支路 11TA 调整系数	0~2	
25	支路 12 编号		
26	支路 12TA 调整系数	0~2	
27	支路 13 编号		
28	支路 13TA 调整系数	0~2	
29	支路 14 编号		
30	支路 14TA 调整系数	0~2	

序号	定 值 名 称	定 值 范 围	整 定 值
31	支路 15 编号		
32	支路 15TA 调整系数	0～2	
33	支路 16 编号		
34	支路 16TA 调整系数	0～2	
35	支路 17 编号		
36	支路 17TA 调整系数	0～2	
37	支路 18 编号		
38	支路 18TA 调整系数	0～2	
39	支路 19 编号		
40	支路 19TA 调整系数	0～2	
41	支路 20 编号		
42	支路 20TA 调整系数	0～2	
43	母联编号		
44	母联 TA 调整系数	0～2	
45	母线 1 编号	Ⅰ～Ⅷ	
46	母线 2 编号	Ⅰ～Ⅷ	
47	Ⅰ母刀闸位置控制字 "1"	0000～FFFF	
48	Ⅰ母刀闸位置控制字 "2"	0000～000F	
49	Ⅱ母刀闸位置控制字 "1"	0000～FFFF	
50	Ⅱ母刀闸位置控制字 "2"	0000～000F	
51	投中性点不接地系统	0，1	
52	投单母主接线	0，1	
53	投单母分段主接线	0，1	
54	投母联兼旁路主接线	0，1	
55	投外部起动母联失灵	0，1	

三、母差保护定值

注意：以下所有电流的定值均要求归算至基准 TA 的二次侧。

（1）I_{Hcd}：差动起动电流高值，保证母线最小运行方式故障时有足够灵敏度，并应尽可能躲过母线出线最大负荷电流。

（2）I_{Lcd}：差动起动电流低值，该段定值为防止母线故障大电源跳开差动起动元件返回而设，按切除小电源能满足足够的灵敏度整定，如无大小电源情况整定为 $0.9I_{Hcd}$。

（3）K_H：比率制动系数高值，按一般最小运行方式下（母联处合位）发生母线故障时，大差比率差动元件具有足够的灵敏度整定，一般情况下推荐取为 0.7。

（4）K_L：比率制动系数低值，按母联开关断开时，弱电源供电母线发生故障的情况下，大差比率差动元件具有足够的灵敏度整定，一般情况下推荐取为 0.6。

（5）I_{chg}：充电保护电流定值，按最小运行方式下被充电母线故障时有足够的灵敏度整定。

（6）I_{gl}：母联过流电流定值，按被充线路末端发生相间故障时有足够灵敏度整定，且必须躲过该运行方式下流过母联的负荷电流。

（7）I_{0gl}：母联过流零序定值（$3I_0$），按被充线路末端接地故障有足够灵敏度整定。

（8）T_{gl}：母联过流时间定值，可根据实际运行需要整定。

（9）I_{0byz}：母联非全相零序电流定值，躲过系统最大运行方式下母联的最大不平衡零序电流。

（10）I_{2byz}：母联非全相负序电流定值，躲过系统最大运行方式下母联的最大不平衡负序电流。

（11）T_{byz}：母联非全相时间定值，躲过母联开关合闸时三相触头最大不一致时间。

（12）I_{dx}：TA 断线电流定值，按正常运行时流过母线保护的最大不平衡电流整定。

（13）I_{dxbj}：TA 异常电流定值，设置 TA 异常报警是为了更灵敏地反应轻负荷线路 TA 断线和 TA 回路分流等异常情况，整定的灵敏度应较 I_{dx} 高，可按 1.5～2 倍最大运行方式下差流显示值整定。

（14）U_{bs}：母差低电压闭锁，按母线对称故障有足够的灵敏度整定，推荐值为 35～40V。（注：当"投中性点不接地系统控制字"投入时，此项定值改为母差线低电压闭锁值，推荐值为 70V。）

（15）U_{0bs}：母差零序电压闭锁（$3U_0$），按母线不对称故障有足够的灵敏度整定，并应躲过母线正常运行时最大不平衡电压的零序分量。推荐值为 6～10V。（注：当"投中性点不接地系统控制字"投入时，此项定值无效。）

（16）U_{2bs}：母差负序电压闭锁（相电压），按母线不对称故障有足够的灵敏度整定，并应躲过母线正常运行时最大不平衡电压的负序分量。推荐值为 4～8V。

（17）I_{msl}：母联失灵电流定值，按母线故障时流过母联的最小故障电流来整定，应考虑母差动作后系统变化对流经母联断路器的故障电流影响。

（18）T_{msl}：母联失灵时间定值，应大于母联开关的最大跳闸灭弧时间。

（19）T_{sq}：母联死区动作时间定值，应大于母联开关 TWJ 动作与主触头灭弧之间的时间差，以防止母联 TWJ 开入先于开关灭弧动作而导致母联死区保护误动作，推荐值为 100ms。

（20）投单母方式：此控制字不同于系统参数的"投单母主接线"控制字。"投单母主接线"控制字整定为"1"时，表示系统的主接线方式为单母主接线；而"投单母方式"控制字和压板用于两段母线运行于互联方式下将母差的故障母线选择功能退出。控制字投单母方式和压板的投单母方式是"与"的关系，就地操作时，将控制字整定为"1"，靠压板来投退单母方式；当远方操作时，将单母压板投入，靠远方整定单母方式控制字来投退单母方式。

（21）投一母 TV、投二母 TV：母线电压切换时使用，当就地用把手操作时务必整定为"0"。

（22）投充电闭锁母差：该控制字整定为"1"时，在充电保护开放的 300ms 内闭锁母差保护。

（23）投 TA 异常不平衡判据：当系统中存在不平衡负荷，可能导致 TA 异常不平衡判据 $3I_0 > 0.25I_{\phi max} + 0.04I_n$ 误判时，应将此控制字整定为"0"，将 TA 异常不平衡判据退出，否则一般情况下该控制字均应整定为"1"。

（24）投 TA 异常自动恢复：根据此控制字可以选择电流回路恢复正常后，TA 异常报警信号是否自动复归。

（25）投母联过流起动失灵：该控制字整定为"1"时，母联过流保护动作时起动母联失灵保护。

（26）投外部闭锁母差保护：如果希望通过外部接点闭锁本装置母差保护，该控制字整定为"1"。

注意：本保护中除用于母线电压切换的"投一母 TV"和"投二母 TV"以外，各控制字和对应压板之间均为"与"关系，即只有控制字和压板同时投入时，相应的保护功能才能投入。

所有电流定值均要求由一次电流根据基准 TA 变比规算至二次侧，零序电流定值按 $3I_0$ 整定，负序电流定值按 I_2 整定。

定值单见表 J-5。

表 J-5   母 差 保 护 整 定 值

序号	定 值 名 称	定值符号	整定范围	整定值
1	差动起动电流高值	I_{Hcd}	$(0.1\sim10)\,I_N$	
2	差动起动电流低值	I_{Lcd}	$(0.1\sim10)\,I_N$	
3	比率制动系数高值	K_H	$0.5\sim0.8$	
4	比率制动系数低值	K_L	$0.3\sim0.8$	
5	充电保护电流定值	I_{chg}	$(0.04\sim19)\,I_N$	
6	母联过流电流定值	I_{gl}	$(0.04\sim19)\,I_N$	
7	母联过流零序定值	I_{0gl}	$(0.04\sim19)\,I_N$	
8	母联过流时间定值（s）	T_{gl}	$0.01\sim10$	
9	母联非全相零序定值	I_{0byz}	$(0.04\sim19)\,I_N$	
10	母联非全相负序定值	I_{2byz}	$(0.04\sim19)\,I_N$	
11	母联非全相时间定值（s）	T_{byz}	$0.01\sim10$	
12	TA 断线电流定值	I_{dx}	$(0.06\sim1)\,I_N$	
13	TA 异常电流定值	I_{dxbj}	$(0.04\sim1)\,I_N$	
14	母差低电压闭锁（V）	U_{bs}	$2\sim100$	
15	母差零序电压闭锁（V）	U_{0bs}	$2\sim57.7$	
16	母差负序电压闭锁 V	U_{2bs}	$2\sim57.7$	
17	母联失灵电流定值	I_{msl}	$(0.04\sim19)\,I_N$	
18	母联失灵时间定值（s）	T_{msl}	$0.01\sim10$	
19	死区动作时间定值（s）	T_{sq}	$0.01\sim10$	

序号	定 值 名 称	定值符号	整定范围	整定值
以下是运行方式控制字整定"1"表示投入,"0"表示退出				
20	投母差保护		0, 1	
21	投充电保护		0, 1	
22	投母联过流		0, 1	
23	投母联非全相		0, 1	
24	投单母方式		0, 1	
25	投一母 TV		0, 1	
26	投二母 TV		0, 1	
27	投充电闭锁母差		0, 1	
28	投 TA 异常不平衡判据		0, 1	
29	投 TA 异常自动恢复		0, 1	
30	投母联过流起动失灵		0, 1	
31	投外部闭锁母差保护		0, 1	

四、失灵保护定值

(1) T_{gt}:跟跳本线路动作时间,当不用跟跳功能时,该定值应与 T_{ml} 定值一致。定值整定范围为 0.1s 到母联动作时间 T_{ml},推荐值为 0.15s。

(2) T_{ml}:母联动作时间,该时间定值应大于断路器动作时间和保护返回时间之和,再考虑一定的裕度。推荐值为 0.25~0.35s。

(3) T_{sl}:失灵保护动作时间,该时间定值应在先跳母联的前提下,加上母联断路器的动作时间和保护返回时间之和,再考虑一定的裕度。失灵保护动作时间应在保证动作选择性的前提下尽可能缩短。推荐值为 0.5~0.6s。

(4) U_{sl}:失灵低电压闭锁,按连接本母线上的最长线路末端对称故障发生短路故障时有足够的灵敏度整定,并应在母线最低运行电压下不动作,而在故障切除后能可靠返回。(注:当"投中性点不接地系统控制字"投入时,此项定值改为失灵线低电压闭锁值。)

(5) U_{0sl}:失灵零序电压闭锁($3U_0$),按连接本母线上的最长线路末端不对称故障发生短路故障时有足够的灵敏度整定,并应躲过母线正常运行时最大不平衡电压的零序分量。(注:当"投中性点不接地系统控制字"投入时,此项定值无效。)

(6) U_{2sl}:失灵负序电压闭锁(相电压),按连接本母线上的最长线路末端不对称故障发生短路故障时有足够的灵敏度整定,并应躲过母线正常运行时最大不平衡电压的负序分量。

(7) 投零序电流判据:当失灵起动相电流元件躲不过负荷电流时投入使用。

(8) 投负序电流判据:当失灵起动相电流元件躲不过负荷电流和零序电流元件(如不接地变压器)不能满足灵敏度要求时投入使用。

(9) 投不经电压闭锁:考虑到主变低压侧故障高压侧开关失灵时,高压侧母线的电压闭锁灵敏度有可能不够,因此,可选择主变支路跳闸时失灵保护不经电压闭锁。

注意:

1）由于各支路断路器失灵保护共用电压闭锁定值，故整定时应保证在最大运行方式下，各线路末端发生故障时电压闭锁元件均能够开放。

2）所有电流定值均要求由一次电流根据基准 TA 变比规算至二次侧，零序电流定值按 $3I_0$ 整定，负序电流定值按 I_2 整定。

3）当母联代路时，被代支路的失灵保护由旁路保护的跳闸接点起动，此时应根据被代支路参数整定代路失灵保护整定值。

4）如果每个支路已有失灵起动装置，可以将失灵起动接点接至本装置相应支路的三跳失灵开入。

定值单见表 J-6。

表 J-6 失 灵 保 护 整 定 值

失灵保护 公共整定值	1	跟跳动作时间 T_{gt}（s）	0.01～10	
	2	母联动作时间 T_{ml}（s）	0.01～10	
	3	失灵保护动作时间 T_{sl}（s）	0.01～10	
	4	失灵低电压闭锁 U_{sl}（V）	2～100	
	5	失灵零序电压闭锁 U_{0sl}（V）	2～57.7	
	6	失灵负序电压闭锁 U_{2sl}（V）	2～57.7	
	7	投失灵保护	0，1	
支路 1 失灵保护整定值 （支路 2～支路 20 的失灵 保护整定值与支路 1 相同）	8	失灵起动相电流 I_{slo1}	（0～19）I_n	
	9	失灵起动零序电流 I_{0slo1}	（0.04～19）I_n	
	10	失灵起动负序电流 I_{2slo1}	（0.04～19）I_n	
	11	投零序电流判据	0，1	
	12	投负序电流判据	0，1	
	13	投不经电压闭锁	0，1	
代路失灵保护整定值	14	失灵起动相电流 I_{sldl}	（0～19）I_n	
	15	失灵起动零序电流 I_{0sldl}	（0.04～19）I_n	
	16	失灵起动负序电流 I_{2sldl}	（0.04～19）I_n	
	17	投零序电流判据	0，1	
	18	投负序电流判据	0，1	
	19	投不经电压闭锁	0，1	

附录 K   RCS-915AB 母线保护装置模拟盘简介

RCS-915 母线差动保护装置采用隔离刀闸辅助触点判别母线运行方式，因此，刀闸辅助触点的可靠性直接影响保护的安全运行。为此，提供与母差保护装置配套的模拟盘以减小刀闸辅助触点的不可靠性对保护的影响。

目前有两种型号的模拟盘可供选用。

一、MNP-3 型模拟盘

母线差动保护装置不断地对刀闸辅助触点进行自检，当发现与实际不符（如某条支路有电流而无刀闸位置），则发出刀闸位置报警，通知运行人员检修。在运行人员检修期间，可以通过模拟盘强制指定相应的刀闸位置，保证母差保护在此期间的正常运行。

模拟盘的原理图如图 K-1 所示。

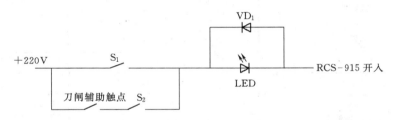

图 K-1   MNP-3 型模拟盘原理图

LED 指示目前的各元件刀闸位置状态，S_1、S_2 为强制开关的辅助触点。

强制开关有三种位置状态：自动、强制接通、强制断开。

（1）自动：S_1 打开，S_2 闭合，开入取决于刀闸辅助触点。

（2）强制接通：S_1 闭合，开入状态被强制为导通状态。

（3）强制断开：S_1、S_2 均打开，开入状态被强制为断开状态。

采用此型模拟盘，当刀闸位置接点异常时，通过强制开关指定正确的刀闸位置，然后按屏上"刀闸位置确认"按钮通知母差保护装置读取正确的刀闸位置。

应当特别注意的是，刀闸位置检修结束后必须及时将强制开关恢复到自动位置。

模拟盘采用 4U 标准机箱，用嵌入式安装于屏上，其面板布置图如图 K-2 所示。

背板端子定义图如图 K-3 所示。

二、MNP-2 型模拟盘

此型模拟盘要求为每一个刀闸位置提供一常开、一常闭两个互补的辅助触点，模拟盘中通过双位置继电器保证刀闸位置开入的可靠性，而不需人工进行干预，见图 K.4。

以下是双位置继电器的输入输出状态对应关系：

（1）常开接点闭合，常闭接点打开，开入为导通状态。

（2）常开接点打开，常闭接点闭合，开入为断开状态。

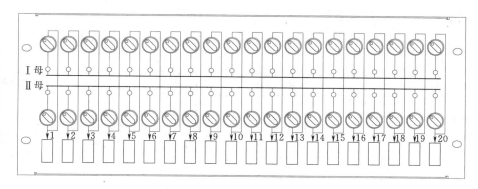

图 K-2　面板布置图

41	40	39	38	37	36	35	34	33	32	31	30	29	28	27	26	25	24	23	22	21	20	19	18	17	16	15	14	13	12	11	10	9	8	7	6	5	4	3	2	1
A																																								
I母线路20出	I母线路20进	I母线路19出	I母线路19进	I母线路18出	I母线路18进	I母线路17出	I母线路17进	I母线路16出	I母线路16进	I母线路15出	I母线路15进	I母线路14出	I母线路14进	I母线路13出	I母线路13进	I母线路12出	I母线路12进	I母线路11出	I母线路11进	I母线路10出	I母线路10进	I母线路9出	I母线路9进	I母线路8出	I母线路8进	I母线路7出	I母线路7进	I母线路6出	I母线路6进	I母线路5出	I母线路5进	I母线路4出	I母线路4进	I母线路3出	I母线路3进	I母线路2出	I母线路2进	I母线路1出	I母线路1进	+220V

41	40	39	38	37	36	35	34	33	32	31	30	29	28	27	26	25	24	23	22	21	20	19	18	17	16	15	14	13	12	11	10	9	8	7	6	5	4	3	2	1
B																																								
II母线路20出	II母线路20进	II母线路19出	II母线路19进	II母线路18出	II母线路18进	II母线路17出	II母线路17进	II母线路16出	II母线路16进	II母线路15出	II母线路15进	II母线路14出	II母线路14进	II母线路13出	II母线路13进	II母线路12出	II母线路12进	II母线路11出	II母线路11进	II母线路10出	II母线路10进	II母线路9出	II母线路9进	II母线路8出	II母线路8进	II母线路7出	II母线路7进	II母线路6出	II母线路6进	II母线路5出	II母线路5进	II母线路4出	II母线路4进	II母线路3出	II母线路3进	II母线路2出	II母线路2进	II母线路1出	II母线路1进	+220V

图 K-3　背板端子图

（3）常开接点和常闭接点同时打开或同时闭合，开入保持原先状态并发出报警信号。

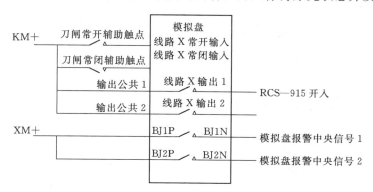

图 K-4　MNP-2 型模拟盘原理图

每个刀闸位置配一个变色指示灯。正常运行时，刀闸闭合灯亮（绿色），刀闸打开灯灭。刀闸位置异常时，若刀闸位置常开接点和常闭接点同时打开则灯亮（红色），若刀闸位置常开接点和常闭接点同时闭合则灯亮（橙色）。

当模拟盘失去直流电源或某元件支路常开接点和常闭接点同时打开或同时闭合时，发模拟盘报警中央信号。另外，模拟盘中可以通过断开相应跳线来切断未使用支路的刀闸位

309

置报警回路，以防误报警。

模拟盘的输入输出关系对应表见表K-1。

表 K-1 输入输出对应表

刀闸位置常开接点	刀闸位置常闭接点	接点输出	信号指示灯	报警中央信号
闭合	打开	闭合	绿色	无
打开	闭合	打开	灭	无
打开	打开	保持原来状态	红色	有
闭合	闭合	保持原来状态	橙色	有

模拟盘采用2U标准机箱，用嵌入式安装于屏上，其面板布置图如图K-5所示。

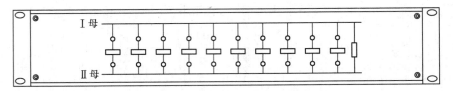

图 K-5 2U 机箱面板布置图

附录 L　PW（A. E）系列继电保护
测试系统使用说明

一、软件安装

将 PW（A. E）测试软件安装光盘放入光驱，系统自动启动安装程序，进入软件安装主界面，如图 L-1 所示。点击"安装"按钮，进入"欢迎使用"界面，如图 L-2 所示。

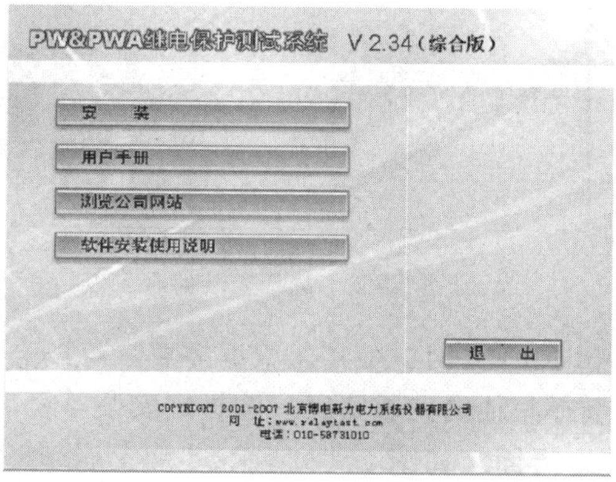

图 L-1　软件安装主界面 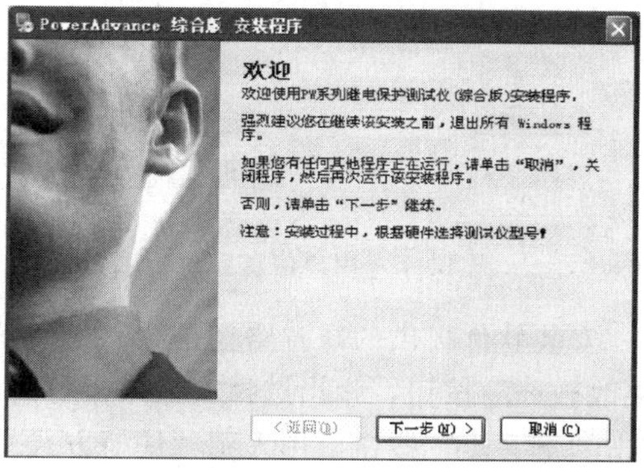　　　　图 L-2　软件安装欢迎界面

点击"下一步"按钮，继续安装；点击"取消"按钮，弹出退出安装"确认"对话框，如图 L-3 所示。点击"否"按钮，继续安装；点击"是"按钮，终止安装。

在图 L-2 中点击"下一步"按钮，进入到图 L-4 所示界面，根据测试仪与电脑的通信接口类型选择相应的安装软件，务必与接口类型完全一致。在选择好测试仪与接口类型后（以以太网口安装为例），点击"下一步"按钮，进入到下一界面，如图 L-5 所示。

图 L-3　退出安装对话框

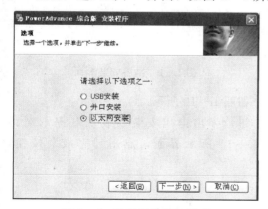

图 L-4　选择通信接口类型

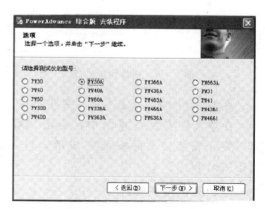

图 L-5　选择测试仪型号

根据测试仪硬件的型号选择相应的安装软件，在选择好软件安装的测试仪型号后，点击"下一步"按钮，进入到下一界面填写用户信息，如图 L－6 所示。在图 L－6 中点击"下一步"按钮，进入到图 L－7 所示界面，选择安装路径。

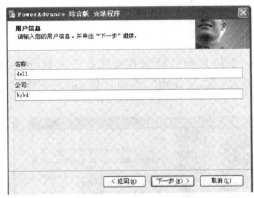

图 L－6　用户信息界面

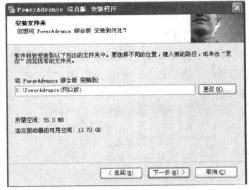

图 L－7　选择安装路径

安装软件提供的缺省路径是"C：\ PowerAdvance（网口版）"。根据需要，可以点击"更改……"按钮，弹出选择安装路径对话框，选择其他的安装路径。选择好安装路径后，点击"下一步"按钮，进入到"快捷方式文件夹"界面，如图 L－8 所示。

在选择好快捷方式文件夹后，点击"下一步"按钮，进入到"准备安装"界面，如图 L－9 所示。

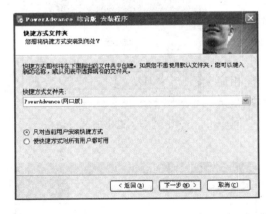

图 L－8　选择快捷方式

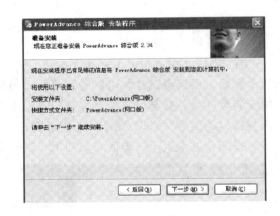

图 L－9　准备安装界面

点击"下一步"，进入到"文件安装"界面，如图 L－10 所示。

在"文件安装"界面中，点击"取消"按钮，弹出退出安装"确认"提示对话框，终止安装。文件安装完成后，进入到图 L－11 所示界面，点击"完成"按钮，结束安装程序。

二、测试模块简介

PW（A.E）系列测试仪软件 2.34 版包含以下 18 个测试模块（Modules）。

图 L-10 文件安装界面

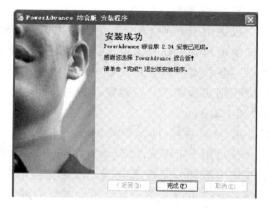

图 L-11 安装完成界面

1. 手动测试

作为电压和电流源能完成各种手动测试，测试仪输出四路交流或直流电压和三路交流或直流电流。具有输出保持功能。能以任意一相或多相电压电流的幅值、相位和频率为变量，在实验中随意改变其大小。也可以以阻抗值和阻抗角为变量改变输出值的大小。各相的频率可以分别设置，同时输出不同频率的电压和电流。可以根据给定的阻抗值，选择"短路计算"方式，确定电流、电压的输出值。选择接收 GPS 同步信号，实现多套测试仪的同步输出。

2. 手动测试（6×I 扩展）

仅适用于 PW（A. E）型六路电流输出的测试仪。测试仪输出一路交流电压、一路直流电压和六路交流电流。具有输出保持功能。该测试模块主要用于差动保护的测试，可以实现两侧三相的同时差动测试。各相的频率可以分别设置，同时输出不同频率的电压和电流。选择接收 GPS 同步信号，实现多套测试仪的同步输出。能以任意一相或多相电压电流的幅值、相位和频率为变量，在实验中随意改变其大小。

3. 递变

电压、电流的幅值、相位和频率按用户设置的步长和变化时间递增或递减。测试保护的动作值、返回值、返回系数和动作时间。根据继电保护装置的测试规范和标准，集成了六大类保护的测试模板，所有测试项目用测试计划表方式被添加到列表中，一次可完成多个实验项目的测试。通过重复次数的设置可对同一项目进行多次实验。实验结束后，根据精度要求对实验结果进行自动评估。

4. 状态序列

该模块可以输出四路交流电压和三路交流或直流电流。由用户定义多个实验状态，对保护装置的动作时间、返回时间以及重合闸，特别是多次重合闸进行测试。各状态可以分别设置电压、电流的幅值、相位和频率、直流值。并且在同一状态中可以设定电压的变化（$\mathrm{d}u/\mathrm{d}t$）及范围和频率变化（$\mathrm{d}f/\mathrm{d}t$）及范围。提供自动短路计算，可自动计算出各种故障情况下的短路电压、电流的幅值和相位。触发条件有多种，可以根据实验要求分别设置。有四路开入量输入接点（A、B、C、D）和四路开出量接点（1、2、3、4）。

5. 状态序列（6×I 扩展）

仅适用于 PW（A. E）型六路电流输出的测试仪。该模块可以输出六路交流电流、一路交流电压和一路直流电压。六路交流电流输出，可以实现差动保护两侧三相差动的同时测试。各状态可以分别设置电压、电流的幅值、相位和频率、直流值。触发条件有多种，可以根据实验要求分别设置。有四路开入量输入接点（A、B、C、D）和四路开出量接点（1、2、3、4）。

6. 状态序列（6×V 扩展）

仅适用于 PW（A. E）型六路电压输出的测试仪。该模块可以输出六路交流电压、一路交流电流和一路直流电压。可对备用电源的快速切换装置及低频低压减载装置进行测试。各状态可以分别设置电压、电流的幅值、相位和频率、直流值。并且在同一状态中可以设定电压的变化（du/dt）及范围和频率变化（df/dt）及范围。触发条件有多种，可以根据实验要求分别设置。有四路开入量输入接点（A、B、C、D）和四路开出量接点（1、2、3、4）。

7. 时间特性

绘制 i、u、f 及 u/f 的动作时间特性曲线。可以应用在方向过流或过流继电器的单相接地短路、两相短路和三相短路时过流保护以及零序和负序分量的动作时间特性，应用在发电机、电动机保护单元中的零序和负序过流保护的动作时间特性。当保护不带方向时，在电压输出端子上无电压输出；当保护选择带方向时，输出根据故障类型确定的故障电压。可以应用在发电机保护中的低频保护以及过激磁保护的频率和 u/F 动作时间特性。

8. 线路保护定值校验

根据保护整定值，通过设置整定值的倍数向测试列表中添加多个测试项目（测试点），从而对线路保护（包括距离、零序、高频、负序、自动重合闸、阻抗/时间动作特性、阻抗动作边界、电流保护）进行定值校验。线路保护装置的阻抗特性可从软件预定义的特性曲线库中直接选取调用，也可由用户通过专用的特性编辑器自行定义。

9. 距离保护（扩展）

通过设置阻抗扫描范围自动搜索阻抗保护的阻抗动作边界，绘制 $Z=f(I)$ 以及 $Z=f(u)$ 特性曲线。可扫描各种形状的阻抗特性。包括多边形、圆形、弧型及直线等动作边界。可设置序列扫描线也可添加特定的单条扫描线。通过添加特定阻抗角下的扫描线，找出某一具体角度下的阻抗动作边界。

10. 整组实验

对高频、距离、零序保护装置以及重合闸进行整组实验或定值校验。可控制故障时的合闸角，可在故障瞬间叠加按时间常数衰减的直流分量，用于测试量度继电器的暂态超越。可设置线路抽取电压的幅值、相位，校验线路保护重合闸的检同期或检无压。可模拟高频收发信机与保护的配合（通过故障时刻或跳闸时刻开出接点控制），完成无收发信机时的高频保护测试。通过 GPS 统一时刻，进行线路两端保护联调，有多种故障触发方式。可向测试计划列表中添加多个测试项目，一次完成所有测试项。

11. 差动保护

用于自动测试变压器、发电机和电动机差动保护的比例制动特性、谐波制动特性、动作时间特性、间断角闭锁以及直流助磁特性。提供多种比例和谐波制动方式。既可对微机差动保护也可对常规差动保护进行测试。TA 二次电流校正方式可以是内转角（内部校正）或外转角，提供多种制动电流计算公式，可预先绘制（定制）比例制动和谐波制动特性曲线 。

12. 差动保护（扩展）

仅适用于 PW（A.E）型六路电流输出的测试仪。同时输出六路交流电流，可同时在变压器或发电机差动的两侧加入三相电流，分相和三相进行测试，测试过程中不必改变接线。用于自动测试变压器、发电机和电动机差动保护的比例制动特性、谐波制动特性。提供了多种比例和谐波制动方式，可提供多种制动电流计算公式 。预先绘制（定制）比例制动和谐波制动特性曲线。提供静态输出按钮，对某一点的差动电流输出，可以在保护装置上观察差动电流的值。

13. 复式比率差动

用于自动测试复式比率差动母线保护的大差高值和低值、小差的动作特性。提供了针对大差、小差的不同自动测试方法，提供复式比率差动保护的动作方程。可预先绘制标准的比率制动特性曲线。

14. 同期装置

测试同期装置的电压闭锁值、频率闭锁值、导前角及导前时间、电气零点、调压脉宽、调频脉宽以及自动准同期装置的自动调整实验。

15. 故障回放

将以 COMTRADE（Common Format for Transient Data Exchange）格式记录的数据文件用测试仪播放，实现故障重演。

16. 故障回放（6×I）

仅适用于 PW（A.E）型六路电流输出的测试仪。可同时输出六路交流电流一路交流电压。将以 COMTRADE（Common Format for Transient Data Exchange）格式记录的数据文件用测试仪播放，实现故障重演。

17. 谐波

所有四路电压、三路电流可输出基波、谐波（2～20 次）。需在一个通道上叠加多次谐波时，可直接设置谐波含量的幅值和相位，设置完毕后可以直接实验输出多次谐波的叠加量。

18. 振荡

用来模拟系统动态振荡过程，用于自动测试发电机的失磁保护、振荡解列装置在系统振荡过程中的动作情况。可以根据系统阻抗、系统电压自动判别出系统振荡中心及最大振荡电压、电流，直观显示每一次振荡的波形，可以模拟系统在振荡过程中发生故障的实验。

三、视窗

（1）测试窗：设置实验参数、定义保护特性、添加测试项目。测试窗口不能关闭。

（2）矢量图：显示输出状态或设定值的矢量。电压矢量有△和 Y 两种表达。

（3）波形监视：实时显示测试仪输出端口输出值的波形，对输出波形进行监视。

（4）历史状态：实时记录电压、电流值随时间变化的曲线及保护装置的动作情况。

（5）录波：从测试仪中读取其在实验中采样的电压、电流值及开关量的状态，实现对输出值的录波和实验分析。

（6）实验结果列表：记录实验结果。对要保存在报告里的实验数据进行筛选和评估设置。

（7）实验报告：打开实验报告。

（8）功率窗：显示三相电压、电流、功率及功率因数。用于表计校验。

（9）序分量：显示电压、电流的正序、负序和零序分量。

（10）详细列表：显示四相电压、三相电流的各通道输出值的基波和谐波的幅值、相位及频率。

（11）同步指示器：显示系统和待并侧两个电压的相位变化情况。

（12）坐标设置：可以对坐标轴图形中的参数进行颜色设置，以便图形更清晰。

（13）曲线信息：显示各通道参量的输出值，有助于进行故障的谐波分析。

（14）时间信息：显示所选择的时标区域的时间，区域内的开始和终止时刻。

（15）静态输出：可以稳定输出电流值以便从保护装置上观察差动值。

四、测试中的时间定义

（1）变化前延时：测试时，首先输出变量变化初值，直到变化前延时结束。然后再按步长及步长变化时间递变。在这段时间中，测试仪读取开入量状态即被测保护装置在递变前的接点状态。

（2）触发后延时：保护动作后并且满足其触发条件或保护不动作但一个变化过程结束，变量立即停止递变直到延时结束后结束本项目的测试。

（3）间断时间：由多个项目按顺序进行测试，一个项目测试完成后，测试仪中断输出，直到间断时间结束，然后开始下一测试项目。

（4）最大故障时间：从故障开始到实验结束的时间即实验时间，包括跳闸、重合及永跳时间，一般为5～10s。

（5）故障前时间：进入故障状态之前输出额定电压及负荷电流的时间，在线路保护测试中，要大于重合闸充电时间或保护装置的整组复归时间。微机保护一般取20s；在递变单元中，如果故障前时间的设置大于0，变量在每次递变前，先进入故障前状态，输出故障前状态值直到时间结束。这种变化过程对于需要突变量起动或躲过长延时保护动作非常必要。故障前时间的值大于0时，变化过程如图L－12所示。

五、测试中的触发方式及起动方式

（1）最长状态时间：测试仪输出某一状态量的最长时间结束后进入下一状态。

（2）按键触发：单击工具栏上 ![icon] 图标进入下一状态。

（3）开入量翻转触发：测试仪接收到保护动作信号，并满足设置的逻辑关系后，自动进入下一状态。（开入量间的逻辑关系详见开入量的设置）

（4）GPS触发：利用GPS时钟同步，整分触发，实现多台测试仪的同步测试。

（5）电压触发：当设置的"触发相电压"达到所设定的触发电压值时测试仪的输出自动进入下一状态。

（6）突变量起动：测试仪是以脉冲的方式输出的，即加入保护装置的故障量是以突变量的方式输入的。在每一次脉冲输出时，输出的故障量都是以上一的输出的量加上故障量（变量）的变化步长作为本次脉冲输出的故障量，每一次脉冲输出的时间为设置的故障时间。两次脉冲输出的间隔时间为故障前延时时间。到保护动作或变量达到变化终止值时，测试仪关闭输出。变化过程见图 L-13，变化始值 1V，变化终值 80V，变化步长 5V，故障时间 0.1s，故障前延时 2.5s，变化前延时 1s。

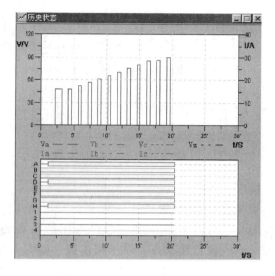
图 L-12　测试中的时间定义

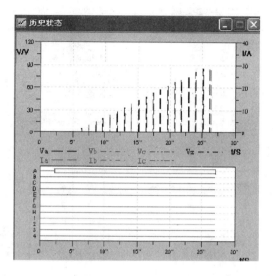
图 L-13　测试中的触发方式和起动方式

六、测试步骤

1. 测试模块选择

点击 PW 按钮打开 PW（A.E）软件的测试模块选择窗口，见图 L-14。根据测试项目选择对应的测试模块，并进入选中的测试模块，见图 L-15。（以线路保护定值校验为例）

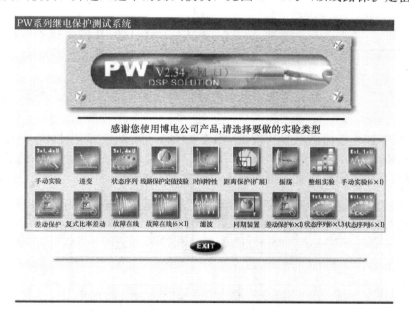
图 L-14　测试模块选择窗口

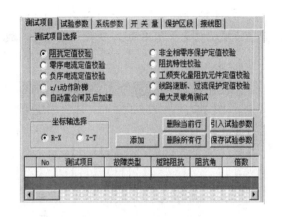

图 L-15　线路定值校验模块界面

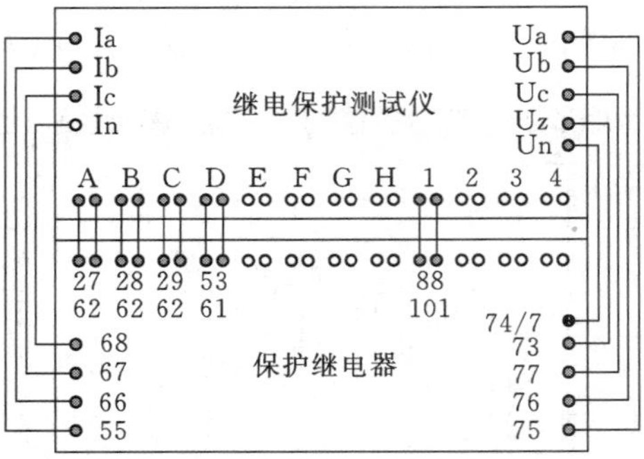

图 L-16　实验接线图

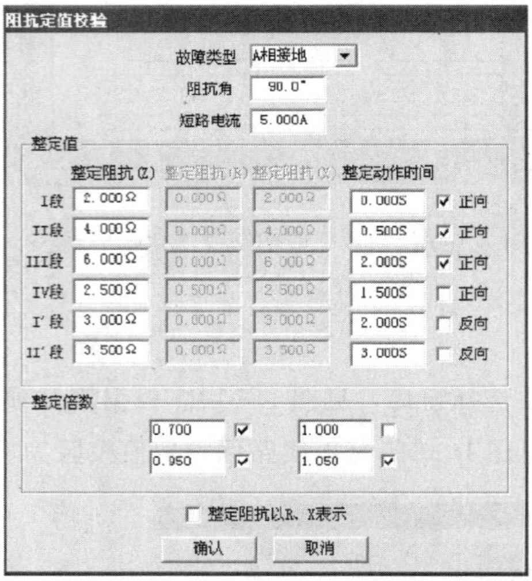

图 L-17　实验参数设置界面

2. 实验接线

根据测试项目的要求，将测试仪的电流、电压输出端及开入、开出量端口与保护装置的电流、电压及动作接点的端子相连接，如图 L-16 所示。

（1）测试仪的三相电压、三相电流输出分别接到被测保护装置的电压、电流输入端子。

（2）测试仪的开入量 A、B、C 的一端接到被测保护装置的跳闸出口接点 CKJ$_A$、CKJ$_B$、CKJ$_C$ 上，另一端短接并接到保护跳闸的正电源。

（3）测试仪的开出量接入保护装置的高频起动的接点上或位置继电器的接点上。

3. 添加测试项

点击"添加"按钮，在弹出的属性页对话框中依据定值要求设置实验参数，如图 L-17 所示。

此外，在添加某些测试点时（如差动保护测试），可在"测试项目"属性页图形上单击选择要添加的测试点，再右击"添加测试点"即可，然后在图 L-17 中点击"确认"按钮，就将测试参数添加到测试项目列表中，如图 L-18 所示。

	No	测试项目	故障类型	短路阻抗	阻抗角	倍数
✔	5	阻抗定值	A相接地	3.800Ω	90.0°	0.950
✔	6	阻抗定值	A相接地	4.200Ω	90.0°	1.050
✔	7	阻抗定值	A相接地	4.200Ω	90.0°	0.700
✔	8	阻抗定值	A相接地	5.700Ω	90.0°	0.950
✔	9	阻抗定值	A相接地	6.300Ω	90.0°	1.050
✔	10	零序定值	A相接地	1.000Ω	90.0°	0.950
✔	11	零序定值	A相接地	1.000Ω	90.0°	1.050
✔	12	零序定值	A相接地	1.000Ω	90.0°	0.950

图 L-18　测试项目列表界面

可一次完成所有测试项目的添加并进行测试，也可选择其中某一项目进行测试（如只做距离、或只做零序定值校验）。将鼠标移到测试项目列表中，点击右键，如图 L‑19 所示，对测试项的状态进行设置。或者用鼠标直接点击项目列表栏的第一列改变其测试态。☑ 表示选中，即要做的项目，☐ 表示未选中，为不做的实验。

图 L‑19 测试项目选择

4. 实验参数设置

根据保护装置测试项目的实际情况设定实验参数，如时间、故障触发方式、直流电压等一些必须设定的实验参数，如图 L‑20 所示。这些参数可能是定值单中没有的，但在实验过程中参数设定的正确与否直接影响到保护的测试结果。

5. 系统参数设置

系统参数属性页（见图 L‑21）中的参数在定值单或保护装置说明书及其二次回路中有明确的规定。但"防接点抖动时间"是用来提供给测试仪确认保护的动作与否的，保护装置动作其接点闭合（或打开）状态的时间大于设置的防抖动时间时，测试仪才确认为开入量翻转即保护动作，否则，确认保护不动作。

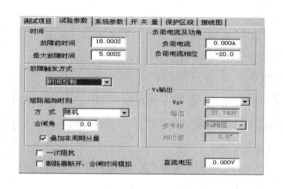

图 L‑20 实验参数设置界面

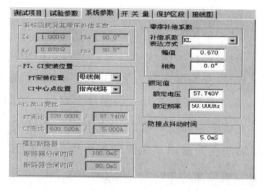

图 L‑21 系统参数设置界面

6. 开关量设置

针对保护装置的不同测试项目的要求，在开关量设置上也有不同。

（1）对于元件保护，其开入量选择 A、B、C、D、E、F、G、H 中的任何一个即可，若开入量的逻辑关系选择为"逻辑或"，则八个开入量中只要有一个开入量翻转，测试仪就进入下一实验状态（若设定了触发后延时，那么测试仪要到触发延时结束时刻，才关闭输出）。若开入量的逻辑关系选择为"逻辑与"，则八个开入量中必须是所有的开入量都翻转时测试仪才进入下一实验状态（若设定了触发后延时，那么测试仪要到触发延时结束），设置界面如图 L‑22 所示。

（2）对于线路保护，因为保护装置的重合闸设置有综重方式（分相跳闸）和三重方式（三相跳闸），使得开入量的选择必须跟重合闸方式相对应。如果保护是三重方式，开入量 A、B、C 亦需设成三跳方式，保护跳闸出口接点连接到 A、B、C 任何一个开入端均可，重合闸接点接在 D 上。如果保护是综重方式，开入量 A、B、C 要与保护跳闸出口接点对应的跳 A、跳 B、跳 C 相连接，重合闸接点接在 D 上，三跳接点接在第二组保护的 E 上，如图 L-23 所示。

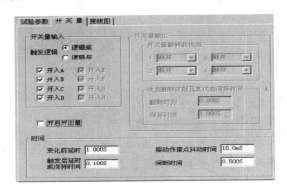

图 L-22　开关量逻辑选择界面

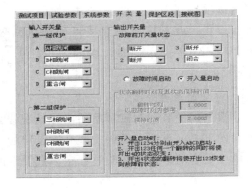

图 L-23　开关量设置界面

开出量的设置要根据保护装置的测试要求而定。如测试有高频保护的高压线路微机保护装置时，将开出量接入高频信号接点，用开出量的闭合（输出）时间模拟高频信号的接收时间，当开出量的闭合时间结束时，高频保护起动并跳闸，如图 L-23 所示。

7. 开始实验

（1）单击 ▶ 按钮开始实验。

测试仪将按测试项目列表的顺序模拟所设置的各种故障进行输出。

（2）在实验进行过程中可监视测试仪输出及保护动作的信息。

单击 ◫ 按钮打开"矢量图"窗口，实时监视电压、电流的有效值；单击 〳 按钮打开"历史状态"窗口，实时监视电压、电流有效值及开关量的变化曲线；单击 ▦ 按钮打开"波形监视"窗口，实时监视电压、电流的输出波形。

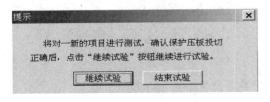

图 L-24　开始实验提示窗

（3）测试仪随时记录保护动作值及动作时间。每一项目（如零序保护）实验完成后，测试仪关闭电压、电流输出，在计算机窗口自动弹出提示对话框，提示进行下一个测试项目时是否投、退保护压板，见图 L-24。

（4）投、退完保护压板后，单击"继续实验"按钮继续进行测试项目列表中下一个实验。

（5）完成测试项目列表中的所有实验项目后测试仪自动结束实验。在实验结束时打开"录波图"窗口，测试仪可以对刚做完实验的电压、电流的输出波形进行录波回采，并将波形显示在计算机窗中，以便于对保护装置的动作情况进行分析。图 L-25、图 L-26 为一次整组实验的录波图。图 L-25 为回采的波形图，图 L-26 为局部放大波形图。图中开入量 A、B、C、D 为保护跳、合闸动作信号（单跳、重合、永跳），开出量 1 为模拟的高频信号。前一组波形为 A 相接地电流波形，后为故障转换后 B 相接地电流波形。

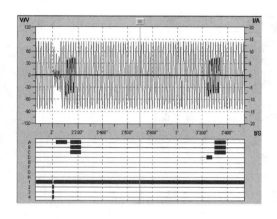

图 L-25　整组实验录波图一　　　　　　　　图 L-26　整组实验录波图二

（6）实验中需要停止输出时，点击 ■ 按钮停止实验。测试完成后点击 ▣ 按钮，打开"实验结果"列表查看实验结果，见图 L-27。对需要保存在报告里的实验数据进行筛选和评估设置。方法是把鼠标置于该表中，右击，弹出对话框，见图 L-28。在对话框里单击所要选择的项目，进行报告测试结果的保存，还可以在"实验结果"列表中的第一列进行打"√"选择，被打"√"的保存在报告中。

	序号	回路名称	保护型号	编号	测试项目	整定值	实测值	返回系数	最大灵敏角	误差	
√	01		DT-13	0066	同步检查继电器动…	30.000°	29.993°			-0.007°	
√	02		DT-13	0066	同步检查继电器返…	26.000°	26.005°			0.005°	

图 L-27　实验结果界面

8. 保存实验参数

在"文件"中选择"实验参数另存为"按钮或在工具栏中单击 🖫 按钮或在"实验项目"属性页中点击"保存实验参数"，出现如图 L-29 所示的对话框，在对话框中输入路径及文件名，单击"保存"按钮保存实验参数，以便下次实验时直接引用。

图 L-28　实验结果处理　　　　　　图 L-29　保存实验参数界面

9. 实验报告

仅在实验报告窗口处于激活状态，才能对实验报告进行编辑、保存或打印操作。

（1）打开实验报告。在工具栏中点击 🗐 按钮，如图 L-30 所示。

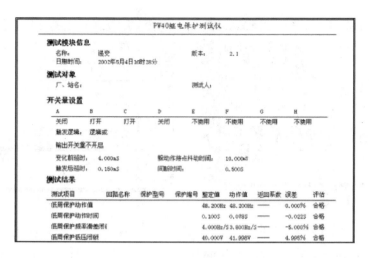

图 L-30　实验报告界面

（2）设置实验报告格式。可对实验报告进行编辑。在实验报告工具栏中按下██键可对实验报告进行以下几个方面的设置（定制）：

1）设置实验报告主题。如图 L-31 所示。

2）输入用户对实验结果的评估。如图 L-32 所示。

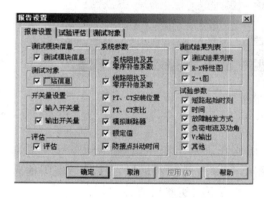

图 L-31　实验报告主题

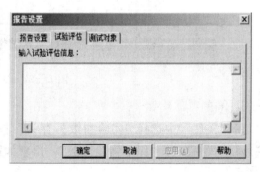

图 L-32　实验评估

3）设置本次实验的测试对象，如图 L-33 所示。

4）设置本次实验报告的页眉页角。单击██按钮，在随后弹出的对话框里设置页眉页角，如图 L-34 所示。

（3）保存实验报告。在"文件"中选择"实验报告另存为"按钮或在工具栏中单击██按钮，在随后弹出的对话框里选择路径、填写文件名，如图 L-35 所示，单击"保存"按钮保存实验报告，此时保存的报告为"＊.rtt"格式。

在"文件"中选择"实验报告输出为"按钮，在随后弹出的对话框里选择路径、填写文件名，如图 L-36 所示，单击"保存"按钮保存实验报告，此时保存的报告为"＊.txt"文本格式。

322

图 L-33　测试对象

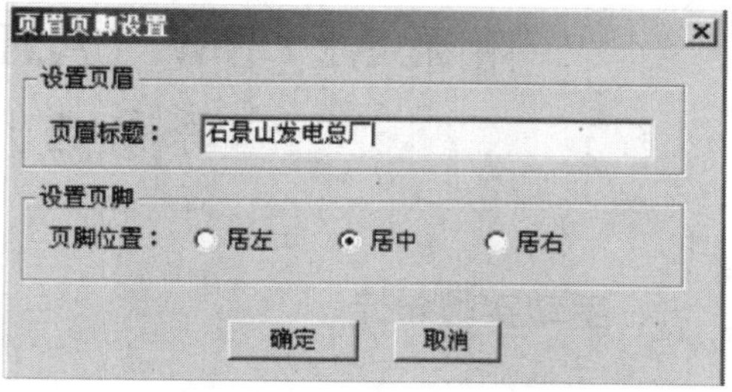

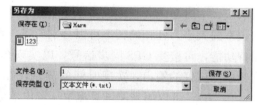

图 L-34　实验报告定制——页眉页角

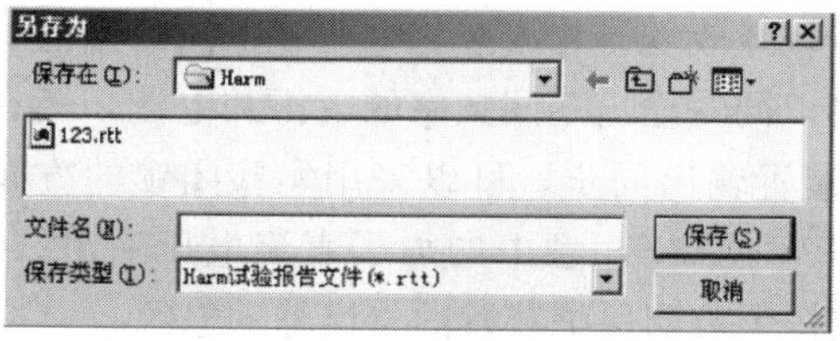

图 L-35　保存实验报告为"＊.rtt"格式　　　图 L-36　保存实验报告为"＊.txt"格式

（4）打印实验报告。联接打印机，在"文件"中选择"打印"或在工具栏中点击 按钮，打印实验报告。

10. 实验参数的导入

在"实验项目"属性页中点击"引入实验参数"按钮或在工具栏中单击 按钮，在随后弹出的对话框里选择文件名，点击"打开"按钮，计算机将从数据库中调出上一次保存的实验参数及接线图添加到本次实验的设置中，如图 L-37 所示。实验人员在现场

图 L-37　实验参数的导入界面

只需选择实验项目并导入实验参数，验证导入的实验参数设置的正确性，然后按接线图进行接线，开始实验即可。

附录M PW（A.E）系列继电保护测试系统常用单元介绍

一、手动实验单元

1. 单元概述

手动实验单元可完成各种手动测试，测试仪输出交、直流电压和电流。PW型同时输出四路交流或直流电压、三路交流或直流电流；PW（A.E）型同时输出一路直流电压、四路交流电压、三路交流或直流电流。在实验中可以任意改变一相或多相电压、电流的幅值、相位和频率的大小，各相的频率可以分别设置，可以同时输出不同频率的电压和电流，具有输出保持功能，可接受GPS同步信号，以实现多装置输出同步，可以采用实验闭锁的方式关闭或开放测试仪的输出，实现时间的测试，在PW（A.E）型中增加了直流电压输出（0～300V，0.5A），可以用来测试直流电压继电器或作为被测保护装置的直流辅助电源。

（1）继电器测试。手动测试可以测试交流或直流电压继电器、交直流电流继电器、功率继电器、频率继电器的动作值和返回值、交流或直流时间继电器的动作时间以及中间继电器。

测试保护装置的动作值和返回值时，手动按▲键或▼键使输出按设定的步长增加或减小电压、电流的幅值、频率或相位。使继电器从不动到动作，测出并记录其动作值；再从动作到不动，测出其返回值。

测试保护装置的动作时间时，在界面上设置使保护继电器不动作（测量动作时间）或使保护继电器动作（测量返回时间）的初始状态的电压或电流值。在工具栏上按下实验按钮▶输出初始状态下的电压和电流，同时使测试仪确认开关量的初始状态。按下工具栏上的保持按钮🔒，锁定当前输出状态。将界面上的电压或电流值改变到使保护的动作接点能够翻转的状态。再一次点击按钮🔒使之弹起，将修改后的值输出并开始计时，当保护动作接点翻转（接点闭合或断开后）停止计时，测量出保护动作时间。

（2）信号源。本单元可作为信号源，即在保护的二次回路中加入电流或电压量检查二次回路的接线。

（3）标准源。本单元可作为标准源对保护的测量精度和零漂、数采装置的数据采集精度以及测量仪表进行校正。其中，交流电压精度：$\pm 0.1\%$（2～120V）；交流电流精度：$\pm 0.1\%$（0.5～30A）。如果电流负载比较大时，在实验之前点击"高功率"按钮，将测试仪的输出状态切换到高功率。

2. 单元参数

交流电压：单相0～120V。两相相位设为反相（相位差180°），或同相位（相位差0°）可输出0～240V的电压。

直流电压：能提供0～300V、0.5A的直流电压。PW（A、E）型的直流电压即面板上的直流电压也可以作为被测装置（直流电流<0.5A）的直流辅助电源。

交流电流：PW30、PW30A 单相 0～30A，三相并联 0～90A；

PW40、PW40A 单相 0～40A，三相并联 0～120A；

PW60、PW60A 单相 0～60A，三相并联 0～180A；

直流电流：单相 0～20A。

3. 实验举例

（1）测试项目——校表。

在表中设置一定的电压、电流量，把被测表计接入。按 ▶ 键进入实验，在工具栏点击 ▦ 键图标，弹出功率视窗，显示输出的三相电压、电流、功率及功率因数。同时，功率显示即可以显示保护装置二次侧的功率、电流和电压值，也可以选择显示一次侧的功率、电流和电压值。如图 M-1～图 M-3 所示。

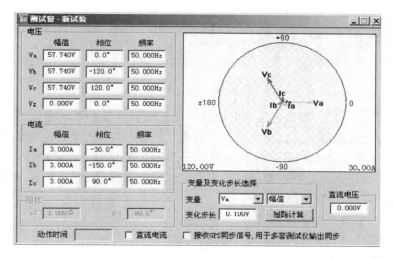

图 M-1　手动实验测试窗

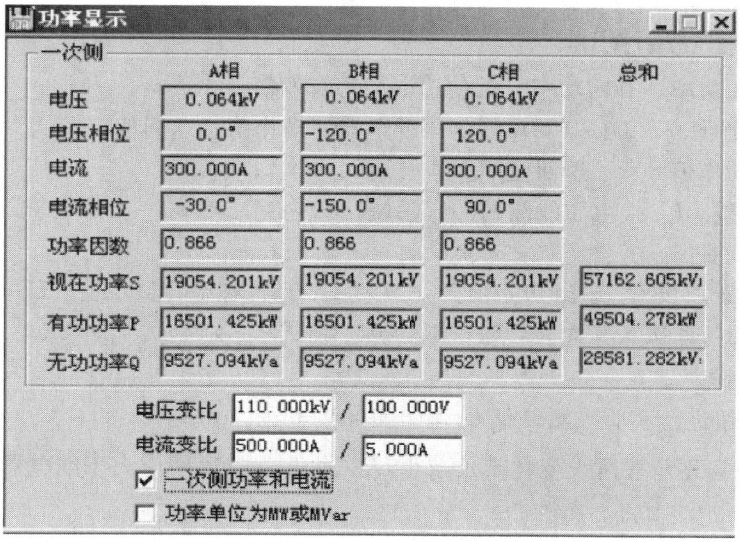

图 M-2　一次侧的功率显示

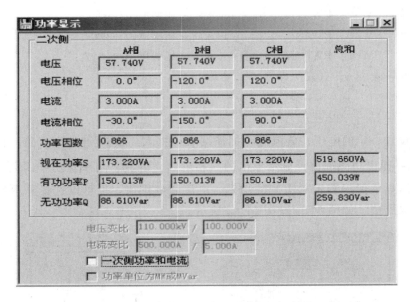

图 M-3　二次侧的功率显示

1）一次电压、电流。如果电压、电流表是通过互感器接到系统中，显示的是一次侧的电压、电流，把互感器一、二次侧电压、电流分别输入功率视窗的下方。在进行校表的时候，"功率显示"自动把电压、电流换算成一次侧的电压、电流，便于与表计相对照；如果表计是直接接入系统，可以把一、二次的电压、电流都写为1，这样功率视窗中显示的是直接输出的电压、电流值。

2）相位——电压、电流的相位。

a. 功率因数：$\lambda = \cos\theta$，θ 为电压、电流的夹角。

b. 视在功率：$S = UI$。

c. 有功功率：$P = UI\cos\theta$。

d. 无功功率：$Q = UI\sin\theta$。

注意：视在功率、有功功率、无功功率均为有效值。

（2）测试项目—— DJ-132A 型电压继电器的动作值、返回值。

整定值：动作值 80V、返回值 90V。

1）实验接线。U_a 接电压线圈的②、④端，U_n 接⑥、⑧端（并联方式），接点①、③接开入量 A。

2）参数设置。设 U_a 输出初始值为 100V，大于继电器的整定值。U_b、U_c、U_z、I_a、I_b、I_c 的取值均与此次实验无关，建议取为 0。如图 M-4 所示。

3）实验过程。

a. 按 ▶ 按钮进行实验，测试仪 U_a 输出 100V 电压。

b. 按 ▼ 按钮逐步按所设变化步长减小 U_a，每步保持时间应大于继电器出口时间，直到继电器动作，记录其动作值。

c. 按 ▲ 按钮逐步按所设变化步长增大 U_a，每步保持时间应大于继电器动作返回时

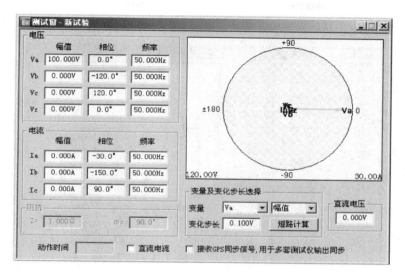

图 M-4 实验参数设置界面（一）

间，直到继电器返回，记录其返回值。

d. 按 ■ 按钮结束实验。

（3）测试项目——LL-7/2 型电流继电器的动作时间。

整定值：动作值 2.3A，返回值 2.0A，动作时间 0.03s。

1）实验接线。I_a 接电流线圈的①端，I_n 接③端，接点⑥、⑧接开入量 A。

2）参数设置。设 I_a 输出初始值为 0，小于继电器的动作值。如图 M-5 所示。

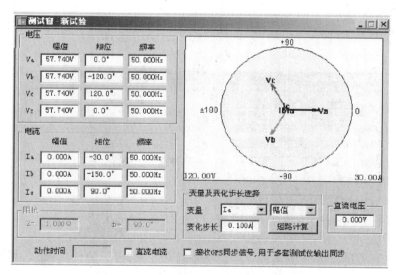

图 M-5 实验参数设置界面（二）

3）实验过程。

a. 点击 ▶ 图标开始测试。

b. 按下工具栏上保持按钮 🖶，直接在测试窗中将 I_a 值改变为 4A，大于继电器的动

327

作值使继电器可靠动作（如图 M－6 所示）。

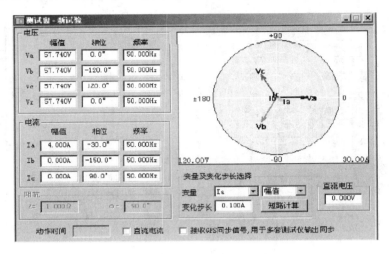

图 M－6　锁定并改变实验参数

c. 弹起 按钮，将修改后的值输出到继电器并同时开始计时，当接点闭合时停止计时，并显示出动作时间。

d. 按 结束实验。

（4）测试项目——LG－11 功率方向继电器的动作边界。

1）实验接线。U_a 接电压线圈的⑦端，U_n 接电压线圈的⑧端，I_a 接电流线圈的⑤端，I_n 接电流线圈的⑥端，接点⑪、⑫接开入量 A。

2）参数设置（见图 M－7）。设 U_a 输出值为 50V，大于继电器的动作电压。I_a 输出值为 5A。

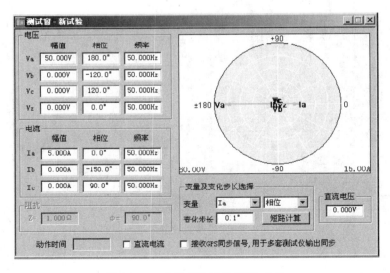

图 M－7　实验参数设置界面（三）

3）实验过程。

a. 按 ▶ 键进行实验，测试仪 U_a 输出 50V 电压，I_a 输出 5A 电流。

b. 按 ▼ 键以设置变化步长逐步减小 U_a 和 I_a 之间的角度，每步保持时间应大于继电器出口时间，直到继电器动作，记录其动作边界一。

c. 按 ▲ 键以设置变化步长逐步增大 U_a 和 I_a 之间的角度，每步保持时间应大于继电器出口时间，直到继电器返回，记录其动作边界二。

d. 按 ■ 键结束实验。

（5）测试项目——微机线路保护阻抗动作时间测试。

保护定值，接地保护定值：$Z=2\Omega$，$T_2=0.5s$；零序补偿系数：$K_L=0.67$。

1）实验接线。U_a、U_b、U_c、U_n 和 I_a、I_b、I_c、I_n 分别接入保护装置电压电流的输入端，开入量 A、B、C 分别接入保护跳闸的出口接点上。

2）参数设置。设置方法（如图 M-5 所示），先输出非故障量，再点击 🔒 按钮设置参数，点击"短路计算"按钮，弹出对话框（如图 M-8 所示），在对话框中将阻抗时间测试的

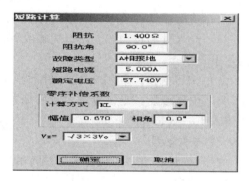

图 M-8　短路计算对话框

参数（0.7 倍阻抗定值下）添于表中，点击"确定"按钮，软件根据设定的参数自动计算出电流、电压的值（如图 M-9 所示），然后再弹起 🔒 按钮，测试时间。

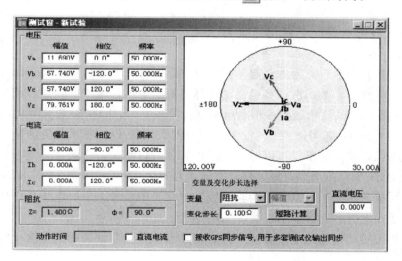

图 M-9　软件自动计算后的参数

二、状态序列单元

1. 单元概述

由用户定义多个实验状态，对保护装置的动作时间、返回时间以及重合闸，特别是多次重合闸进行测试。实验中，通过四对开入接点状态的翻转来测量保护的动作时间。动作

时间以各自状态的起始点为计时起点。

（1）开入量翻转条件：以第一个状态为参考，以上一个状态为参考。当选择以第一个状态为参考时，在以后各状态里，只要开入接点状态与第一个状态不一致，即认为该接点翻转；选择以上一个状态为参考时，在以后各状态里，只要开入接点状态与其前一个状态不一致，即认为该接点翻转。

当满足所设置的触发条件后，实验自动进入到下一状态。

（2）可选择的触发条件有：

1）最长状态时间：测试仪输出某一状态量的最长时间结束后进入下一状态。

2）按键触发：单击工具栏上 ▨ 图标进入下一状态。

3）开入量翻转触发：测试仪接收到保护动作信号，并满足设置的逻辑关系后，自动进入下一状态。

4）GPS触发：利用GPS时钟同步，整分触发，实现多台测试仪的同步测试。

5）电压触发：当设置的"触发相电压"达到所设定的触发电压值时测试仪的输出自动进入下一状态。

2．单元说明

（1）最长状态时间和开入量翻转触发可同时选择作为一种触发条件。两者为"或"的关系，只要其中一个条件满足，实验将进入到下一状态。在故障前状态最长状态时间的设定时，一般要大于保护装置的整组复归或重合闸的充电时间。

（2）触发条件满足后，测试仪的对该状态的输出要在触发后延时结束后（设置了触发后延时时间），进入到下一实验状态。

（3）在工具栏中点击"编辑"按钮，选择"插入一组阻抗状态"，可一次性添加"故障前状态"、"故障状态"、"跳闸后状态"等。也可以选择"插入阻抗状态"，添加一个"故障状态"。

（4）在参数设置窗口，为方便起见，设有"短路计算"对话框。必要时，通过设置短路阻抗、短路电流等参数，由计算机自动计算出短路电压、电流的幅值和相位。

（5）PW系列测试仪状态的各相电压和电流的频率可以分别设置为不同的频率值。频率设置的范围为10～1000Hz或0（仅PW型号测试仪有0）。当频率值设置为0时，表示为直流量。所以，该模块不仅可以对交流保护装置进行测试，也可对直流保护装置（继电器）进行测试。PW（A. E）型测试仪的直流电压（0～300V，0.5A）输出为UDC端子，输出值在不同状态的大小可以在"实验参数"属性页中设置。直流电压可以作为被测保护装置的直流辅助电源。

（6）防开入抖动时间用于区分接点抖动与接点动作，当保护的动作接点闭合或打开时间小于该时间（接点抖动），接点动作不被确认。一般取5～10ms。

（7）频率变化的选择是为了测试低频减载装置或备自投的。频率变化是连续变化的，是按设定的变化率 $\mathrm{d}f/\mathrm{d}t$ 变化，在频率低于各轮的频率定值时，进行分级减载。如果触发条件选择为开入量，且开入量选择逻辑与，则可同时记录保护分级动作情况。

（8）电压变化的选择是为了测试低压减载装置及备自投。电压变化是连续变化的，是按设定的变化率 $\mathrm{d}u/\mathrm{d}t$ 变化，在电压低于各轮的电压定值时，进行分级减载。如果触发条件选择开入量，且开入量选择"逻辑与"，则可同时记录保护分级动作情况。如果触发条件选择电压触发，那么触发电压值一定要在电压变化的范围内方有效。

（9）开关量：本测试模块有四路开入量：A、B、C、D和四路开出量：1、2、3、4。

（10）电流负载比较重时，在实验之前点击"高功率"按钮，将测试仪的输出状态切换到高功率。对于PW测试仪，在做分离元件的重合闸继电器时，在充电回路中，测试仪与被测元件的连接导线一定要用特制的专用测试导线。

3. 实验举例

实验项目：测试保护的动作时间、重合时间和永跳时间。

保护型号：DVP-631线路微机保护（北京德威特）。

（1）实验状态设置如下：

1）故障前状态：正常相电压，负荷电流为零，持续输出时间15s。

2）故障状态：A相过流，短路电流5A直到三相跳开。

3）跳闸后状态：三相跳开，电压为额定值，电流为零，直到重合闸动作。

4）重合状态：由于是永久性故障，重合后故障未消失。仍为A相过流、短路电流5A直到三相跳开。

5）永跳状态：三相跳开，ABC三相电压为故障前额定电压、电流为零。

（2）实验步骤。

1）添加状态序列。

2）设置各状态电压电流的幅值、相位和频率。

3）设置各状态的触发条件。

4）开始实验。

5）设置实验报告格式并保存、打印实验报告。

（3）实验接线。

实验接线图见图M-10。

1）用测试导线将测试装置的电压和电流输出端子与保护相对应的端子相连接，如果保护采用自产$3U_0$或重合闸不检同期或无压可不接U_z。

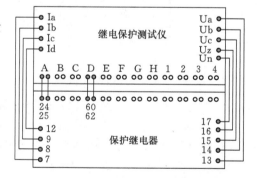

图M-10　实验接线

2）保护装置的跳A、跳B和跳C接点分别连接到测试仪开入端子A、B和C。重合闸动作接点必须连接到测试仪开入端子D，E2为保护装置的出口公共端。

（4）进入状态序列测试模块。

1）设置状态1为故障前状态。

a. 在工具栏上单击 ▶▸ 按钮进入"状态参数"属性页，见图M-11，设置幅值均为57.74V的三相对称电压，三相电流均为零，频率均为50Hz。状态名称为"故障前状态"。

b. 进入"触发条件"属性页，见图M-12，设置状态触发条件如下：最大状态输出时间设置为 15s，大于重合闸充电时间或整组复归时间，触发后延时设为 0。

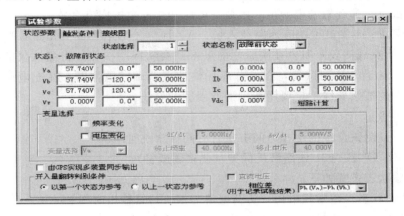

图 M-11　状态参数属性页

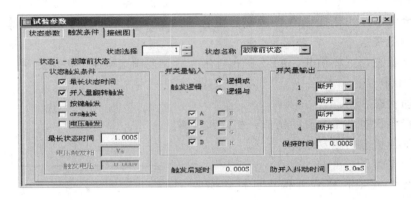

图 M-12　触发条件属性页

2）设置状态 2 为故障状态。

a. 在工具栏上单击 ▶* 按钮，添加一新的实验状态。

b. 进入"状态参数"属性页，设置 A 相电流为 5A，状态名称为"故障状态"。

c. 进入"触发条件"属性页，设置状态触发条件如下：开入 A、B 和 C 作为保护动作信号开入量，触发逻辑为"逻辑或"。最大状态持续时间为 0.5s。触发后延时设置为 35ms，模拟断路器跳闸时间。保护跳闸出口经 35ms 延时进入跳闸后状态。

3）设置状态 3 为跳闸后状态。

a. 在工具栏上单击 ▶* 按钮，再添加一新的实验状态。

b. 进入"状态参数"属性页，输入开关跳开后各电压电流的幅值和相位。即三相电流为零，电压为额定值。状态名称为"跳闸后状态"。

c. 进入"触发条件"属性页，设置状态触发条件如下：开入 D 作为重合闸动作信号开入量。触发后延时设置为 100ms，模拟断路器合闸时间。保护合闸出口后经 100ms 延时进入到重合状态。

4）设置状态 4 为重合后状态。

a. 在工具栏上单击 ▶* 按钮，再添加一新的实验状态。

b. 进入"状态参数"属性页，设置 A 相电流为 5A，状态名称设为"重合后态"。

c. 进入"触发条件"属性页，设置状态触发条件如下：开入 A、B 和 C 作为保护动作信号开入量，触发逻辑为"逻辑或"。最大状态持续时间为 0.5s，触发后延时设置为 35ms，模拟断路器跳闸时间，保护永跳出口后经 35ms 延时进入永跳状态。

5）设置状态 5 为永跳状态。

a. 在工具栏上单击 ▶* 按钮，再添加一新的实验状态。

b. 进入"状态参数"属性页，输入开关跳开后各电压电流的幅值和相位。即 ABC 相电流为零，电压为 57.7V 额定电压。状态名称设为"永跳状态"。

c. 由于是最后一个实验状态，选择最大状态时间作为其触发条件。最大状态持续时间设为 1s。

（5）实验结果。点击 🖳 图标打开实验结果列表试图窗口查看保护动作时间，每一状态下，开入量翻转时间记录在列表中（见图 M-13）。

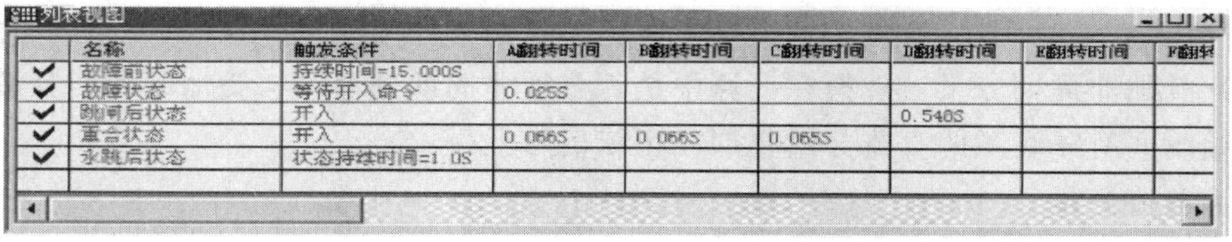

名称	触发条件	A翻转时间	B翻转时间	C翻转时间	D翻转时间	E翻转时间	F翻转
故障前状态	持续时间=15.000S						
故障状态	等待开入命令	0.025S					
跳闸后状态	开入				0.540S		
重合状态	开入	0.065S	0.065S	0.065S			
永跳后状态	状态持续时间=1.0S						

图 M-13　实验结果列表

（6）实验报告。点击 🖳 图标，打开实验报告。

三、线路保护定值校验单元

1. 单元概述

该测试单元可完成单个或多个测试点的测试。对线路保护的定值校验（包括距离、零序、高频、负序、自动重合闸、阻抗时间动作特性及阻抗动作边界）可进行多点测试。线路保护装置的阻抗特性可从软件预定义的特性曲线库中直接选取调用，也可由用户通过专用的特性编辑器进行定义，其方法简便实用。通过软件提供的历史状态视图，更直观地监视测试仪输出到被测对象上的电流、电压量及被测对象开出、开入量变化情况，便于对保护的动作过程进行分析。

可以测试的项目包括：阻抗定值校验、零序电流定值校验、负序电流定值校验、Z/T 动作阶梯、自动重合闸及后加速、非全相零序保护定值校验、阻抗特性校验、工频变化量阻抗元件定值校验、线路速断及过流保护定值校验等。

2. 单元参数

（1）故障前时间。进入故障状态之前输出额定电压及负荷电流的时间，要大于重合闸充电时间或保护装置的整组复归时间。微机保护一般取 20s。

（2）最大故障时间。从故障开始到实验结束的时间即图中的实验时间，包括跳闸、重合及永跳时间，一般为 5～10s。

（3）短路起始时刻。需要控制短路起始时刻参考相电压的相角即合闸角时，可选择合闸角固定，设置合闸角；不需要时选择随机，则随机给出合闸角。

（4）直流电压。在 PW（A. E）型中增加了直流电压输出（0～300V，0.5A），可以用来作为直流电压继电器或作为被测保护装置的直流辅助电源。

（5）合闸角。故障瞬间合闸参考相电压的相角。根据短路计算，合闸角直接影响非周期电压、电流分量初值的大小。例如阻抗角 $\varphi=78°$，合闸角 α 设为 $0°$，故障类型选择为 A 相接地。发生故障时 A 相电压角度为 0，而此时 A 相电流相位为 $-78°$，所以 A 相电流的非周期分量相对较大。而当合闸角 α 设为 $78°$ 时，短路瞬间 A 相电流相位为 0，此时 A 相电流无非周期分量。由于三相电压、电流相位不一致，合闸角参考相与故障类型有关，见表 M-1。

表 M-1　　　　　　　　　　合闸角参考相与故障类型的关系

故障类型	A—N	B—N	C—N	A—B	B—C	C—A	A—B—C
合闸角参考相	$\varphi(\dot{U}_A)$	$\varphi(\dot{U}_B)$	$\varphi(\dot{U}_C)$	$\varphi(\dot{U}_A-\dot{U}_B)$	$\varphi(\dot{U}_B-\dot{U}_C)$	$\varphi(\dot{U}_C-\dot{U}_A)$	$\varphi(\dot{U}_A)$

（6）叠加非周期分量。选择在计算中是否叠加非周期分量。当叠加非周期分量时，在故障开始瞬间有一衰减的直流分量叠加在正弦信号上。

直流电流分量

$$i_{dc}(t)=-I_{perm}\sin(\alpha-\varphi_k)e^{\frac{t}{\tau}}$$

直流电压分量

$$v_{dc}(t)=i_{dc}(t)R_1\left(1-\frac{\tau_1}{\tau}\right)$$

其中

$$\tau=\frac{L_s+L_1}{R_1+R_s}$$

$$\tau_1=\frac{L_1}{R_1}$$

式中　I_{perm}——稳态短路电流的最大值；

　　　　α——故障起始角（合闸角）（$-90°\sim90°$）；

　　　　φ_k——短路电流和电压间相角，$\varphi_k=z$，（$z=z_1+z_s$）的阻抗角；

　　　　z_1——短路阻抗，$z_1=R_1+jX_1$；

　　　　z_s——电源（系统）侧阻抗，$z_s=R_s+jX_s$。

当计算方式选择为系统阻抗恒定方式时，如果线路阻抗角等于系统阻抗角，即 $\tau_s=\tau_1$，此时 $v_{dc}(t)=0$，不存在衰减的直流电压分量。当计算方式选择为恒定电压或恒定电流模式时，因为在计算中假定 $\varphi_{(z_s)}=\varphi_{(z_1)}$，所以 $\tau_s=\tau_1$，也没有直流电压分量。当短路阻抗角 $\varphi_1=90°$（对于恒定电流和恒定电压模型）和 $\varphi_s=90°$（对于系统阻抗恒定模型）时，因为 $R=0$ 或 $R_\Sigma=R_s+R_1=0$，在短路电压和短路电流中不存在衰减的直流分量。所以，在短路计算中不叠加非周期分量。

非周期电压、电流分量初值的大小与短路发生的时刻有关，即与短路发生瞬时电源电压的初始相角（合闸角）有关。

（7）抽取电压：可设置幅值、相位及参考相，相位为对参考相的相位差，当 U_z 输出设置为线路抽取电压时，故障前 U_z 的相位与参考相一致，故障后 U_z 的相位与参考相的相位差等于所设置的相位差。

（8）分闸时间：测试仪器接收到保护跳闸信号后，延时一段时间以模拟断路器分闸灭弧过程，然后将跳闸，相电压、电流切换到跳开后状态。

（9）合闸时间：测试仪接收到保护重合闸信号后，延时所设置的合闸时间后，将电压、电流切换到重合后状态。

（10）输入开关量：保护开出接点跨接在测试仪开入量端子的两端，空接点和 220DC 电位兼容且不分极性。分相跳闸时开入量 A、B、C、D 分别接保护跳 A（KO-FA）、跳 B（KOFB）、跳 C（KOFC）、重合（AAR）。三相跳闸时开入量 E 和 D 分别接保护装置的跳闸和重合闸接点或开入量 A、B、C 任何一个接点（但必须设置为"三相跳闸"方式）。

（11）输出开关量：在测试仪给出故障的同时可给出开出量的状态。"翻转时刻"表示从故障开始到开出翻转的时间。"保持时间"表示开出量翻转后所保持的时间，保持时间结束后恢复到故障前的开出状态。

（12）TV、TA 位置：TV 安装在母线侧，测试仪接到跳闸信号后，跳闸相电压恢复到故障前电压值；TV 安装在线路侧时，跳闸相无电压输出。TA 中性点位置"指向线路"时，I_a、I_b 和 I_c 为极性端，I_n 为非极性端；TA 中性点位置"指向母线"时，I_n 为极性端，I_a、I_b 和 I_c 为非极性端。

3. 阻抗定值校验

该测试项目可一次性自动完成Ⅰ段～Ⅳ段距离保护在各种短路电流、各种故障类型条件下的相间距离和接地距离定值检验，并可以校验两段阻抗反向故障的动作情况。

（1）在"测试项目"属性页的测试项目中选择"阻抗定值校验"。

（2）单击"添加"按钮，弹出阻抗定值校验对话框，如图 M-14 所示。

（3）选择故障类型、设置阻抗角和短路电流。当需要添加多种类型的故障时，需要进行多次"添加"。

（4）输入各段整定阻抗和动作时间。

（5）设置整定倍数。短路阻抗＝整定值×整定倍数。

（6）单击"确定"按钮，将选择的测试点添加到测试项目列表中。

4. 零序电流定值校验

（1）在"测试项目"属性页的测试项目中选择"零序电流定值校验"。

（2）单击"添加"按钮，弹出"零序定值检验"对话框，如图 M-15 所示。

（3）选择故障类型、设置短路阻抗及阻抗角。当需要添加多种类型的故障时，需要进行多次"添加"。

（4）输入各段零序电流定值及其动作时间。

（5）设置整定倍数。短路电流＝整定值×整定倍数。

（6）单击"确认"按钮，将选择的测试点添加到测试项目列表中。

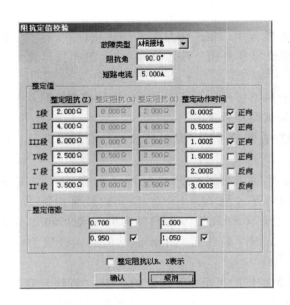

图 M-14　阻抗定值校验对话框　　　　　　图 M-15　零序定值校验对话框

5. 负序电流定值校验

对于不对称故障类型，测试仪输出三相电流给保护装置，测试仪软件自动计算负序电流，只需在软件菜单中直接输入负序电流便可校验定值。

图 M-16　负序电流定值校验对话框

（1）在"测试项目"属性页的测试项目中选择"负序电流定值校验"。

（2）单击"添加"按钮，弹出"负序定值校验"对话框，如图 M-16 所示。选择故障类型、设置短路阻抗及阻抗角。当需要添加多种类型的故障时，需要进行多次添加。

（3）输入负序整定值及其动作时间。单击"确认"按钮，将选择的测试点添加到测试项目列表中，方法同上。

（4）设置整定倍数。$I_2 =$ 整定值×整定倍数。负序电流是整定值的 0.95 倍时，保护应可靠不动作；负序电流是整定值的 1.05 倍时，保护应可靠动作。

6. Z/T 动作特性测试

该测试单元一次性自动完成Ⅰ段～Ⅳ段距离保护在各种短路阻抗、各种故障类型条件下阻抗时间特性的测试和定值检验并给出特性图。

（1）在"测试项目"属性页的测试项目中选择"Z/T 动作阶梯"。

（2）单击"添加"按钮，弹出"Z/T 动作特性"对话框，如图 M-17 所示。

（3）择故障类型、短路电流及阻抗角。

（4）输入阻抗变化的始值、终值及其变化步长。

（5）单击"确认"按钮，将选择的测试点添加到测试项目列表中，方法同上。

7. 重合闸及后加速测试

该项目可单独设置第一次故障的短路阻抗、短路电流和重合后的短路阻抗、短路电流以校验重合闸及阻抗后加速或电流后加速时，保护的动作情况。

（1）"测试项目"属性页中选择"自动重合闸及后加速"测试。

（2）点击"添加"按钮，弹出"重合闸及后加速"测试对话框，如图 M－18 所示。

图 M－17　Z/T 动作特性测试对话框

（3）选择故障类型、重合前和重合后的短路电流、短路阻抗及阻抗角。

（4）输入重合闸整定时间。

（5）单击"确认"按钮，将选择的测试点添加到测试项目列表中。

图 M－18　自动重合闸及后加速测试对话框　　　　图 M－19　非全相零序保护定值校验对话框

8. 非全相零序保护定值校验

设置两次故障。第一次故障后，保护动作跳开一相后使系统成为非全相运行状态，再给出第二次故障，对非全相运行状态下的不灵敏零序保护定值进行校验。

（1）在"测试项目"属性页中选择"非全相零序保护定值校验"对话框。

（2）单击"添加"按钮，弹出"非全相零序保护定值校验"对话框，如图 M－19 所示。

（3）设置第一次和第二次故障时的故障类型、短路阻抗、阻抗角及短路电流。

说明：两次故障类型应设得不一样。转换时刻的设置应保证在第一次故障跳开一相之后线路重合之前（此时为非全相运行状态）。

（4）设置整定倍数、不灵敏零序定值及其动作时间。

（5）单击"确认"按钮，将选择的测试点添加到测试项目列表中。

9. 阻抗特性校验

该测试项目通过对边界阻抗±X％的阻抗点进行阻抗动作边界曲线的测试。

（1）在"测试项目"属性页的中选择"阻抗特性校验"。

（2）单击"添加"按钮，弹出"阻抗特性校验"对话框。如图 M-20 所示。

（3）左击阻抗特性图，设置扫描线的中心、扫描范围、短路电流及校验精度。

（4）选择保护区段。所设置的扫描线仅对所选阻抗区段有效。

（5）单击"确认"按钮，将选择的测试点添加到测试项目列表中。

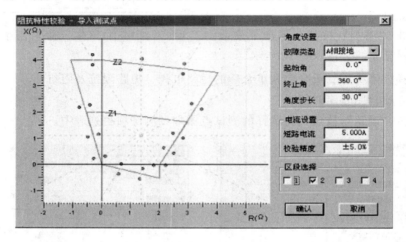

图 M-20　阻抗特性校验对话框

10. 工频变化量阻抗元件定值校验

该测试单元用于对工频变化量的阻抗继电器（KR）和 RCS900 系列线路保护装置的工频变化量距离保护的定值进行校验。

（1）在"测试项目"属性页中选择"工频变化量阻抗元件定值校验"。

（2）单击"添加"按钮，弹出"工频变化量阻抗元件"定值校验对话框。如图 M-21 所示。

（3）选择故障类型、设置整定阻抗、短路阻抗角和短路电流，设置不同的 M 值以确定短路电压，其关系见表 M-2。

表 M-2　　　　　　故障方向、故障类型、短路电压计算公式之间的关系表

故障名称	故障类型	短路电压计算公式
正方向单相接地	A 相接地、B 相接地、C 相接地	$V=(1+k)I_{dzzd}+(1-1.05M)U_n$
正方向相间短路	AB 相短路、BC 相短路、CA 相短路	$V=2I_{dzzd}+(1-1.05M)1.732U_n$
反方向出口短路	A 相接地、B 相接地、C 相接地、AB 相短路、BC 相短路、CA 相短路	$V=0$

（4）单击"确认"按钮，将选择的测试点添加到测试项目列表中。

当需要添加多种类型的故障以及不同的 M 值时，需要进行多次添加：$M=1.1$ 时保护

可靠动作，$M=0.9$ 时保护可靠不动作，$M=1.2$ 时测量保护动作时间。

图 M-21　工频变化量阻抗元件定值校验对话框　　　图 M-22　速断、过流定值校验对话框

11. 线路速断、过流保护定值校验

该测试项目可一次性自动完成两段速断、三段过流和两段过负荷的定值、动作时间及重合时间测试。

（1）在"测试项目"属性页中选择"速断、过流保护定值校验"。

（2）单击"添加"按钮，弹出"速断、过流定值校验"对话框，如图 M-22 所示。

（3）选择故障类型，输入各段整定阻抗、动作延时间（打"√"方有效），设置校验点的电流抗值，整定倍数 * 整定值（打"√"方有效）。

（4）单击"确定"按钮，设置的测试点将添加到"测试项目列表"中。

12. 实验举例

（1）测试项目：接地距离、相间距离、零序保护的定值校验及动作时间测试。

保护型号：CSL101B 线路微机保护（北京四方公司）。

接地距离：Ⅰ段定值 2Ω；Ⅱ段定值 4Ω，时间 0.5s；Ⅲ段定值 6Ω，时间 1s。

相间距离：Ⅰ段定值 2Ω；Ⅱ段定值 4Ω，时间 0.5s；Ⅲ段定值 6Ω，时间 1s。

零序电流定值：Ⅰ段定值 3A；Ⅱ段定值 2.5A，时间 0.5s；Ⅲ段定值 2A，时间 1s，Ⅳ段定值 1A，时间 1.5s。

零序补偿系数：选择 RE/RL 和 XE/XL 方式。$K_X=0.7$，$K_R=0$。

保护压板：在保护装置上进行保护压板的投退。退高频、重合闸，投距离保护。

测试过程中再根据软件提示投零序退距离。

1）实验接线。

a. 测试仪的三相电压、三相电流输出分别接到被测保护装置的电压、电流输入端子。

b. 测试仪的开入量 A、B、C 的一端接到被测保护装置的跳闸出口接点 CKJA、CK-JB、CKJC，另一端短接并接到保护跳闸的正电源。

2）添加测试项目。将阻抗定值和零序电流定值校验点添加到测试项目列表：

a. 在"测试项目"的属性页中选择"阻抗定值校验"。

b. 单击"添加"按钮，弹出"阻抗定值校验"对话框。

c. 选择故障类型为 A 相接地。

d. 因为校验的定值为电抗值所以阻抗角为 90°。

e. 输入各段整定阻抗。

f. 设置校验点的整定倍数：0.95 倍定值保护可靠动作（即本段动作）；1.05 倍定值保护可靠不动作（即本段不动作，下一段动作）；0.70 倍定值测试保护动作时间（即本段动作的动作时间）。

g. 单击"确认"按钮，将测试点添加到测试项目列表中，如图 M-23 所示。

h. 在测试项目的属性页中选择"零序电流定值校验"。

i. 单击"添加"按钮弹出"零序电流定值校验"对话框。

j. 设置校验点的零序电流整定值以及整定倍数：0.95 倍定值保护可靠不动作（即本段不动作，下一段动作）；1.05 倍定值保护可靠动作（即本段动作）；1.20 倍定值测试保护动作时间（即本段动作的动作时间）。

k. 单击"添加"按钮，将所有测试项目一次添加到测试项目列表中，如图 M-24 所示。这时测试项目列表中既有阻抗定值校验项，也有零序电流定值校验项。

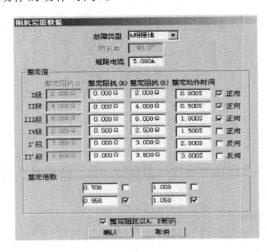

图 M-23　阻抗定值输入

	No	测试项目	故障类型	短路阻抗	阻抗角	倍数
✓	8	阻抗定值	AB短路	2.100Ω	90.0°	1.050
✓	9	阻抗定值	AB短路	3.800Ω	90.0°	0.950
✓	10	阻抗定值	AB短路	4.200Ω	90.0°	1.050
✓	11	阻抗定值	AB短路	5.700Ω	90.0°	0.950
✓	12	阻抗定值	AB短路	6.300Ω	90.0°	1.050
✓	13	零序定值	A相接地	1.000Ω	90.0°	0.950
✓	14	零序定值	A相接地	1.000Ω	90.0°	1.050
✓	15	零序定值	A相接地	1.000Ω	90.0°	0.950

图 M-24　测试项目列表

l. 可一次完成所有测试项目的测试，也可选择其中某一项目进行测试。

3）实验参数设置。

a. 故障前时间设为 18s（大于保护整组复归时间或重合闸充电时间，微机保护一般要取 20s 左右）。

b. 最大故障时间设为 5s（大于保护最长动作时间，一般取 3s 左右）。

c. 故障触发方式设置为时间控制，按照设置的时间自动完成所有故障模拟实验，如

340

图 M-25（a）所示。

4）开关量设置。因为保护分相跳闸（综重方式），设置 A、B、C 和 D 分别为保护的跳 A、跳 B、跳 C 和重合闸动作接点。

5）系统参数设置。零序补偿系数是由定值单或保护装置说明书中给出，TV、TA 安装位置要根据现场的实际位置进行设置。如图 M-25（b）所示。

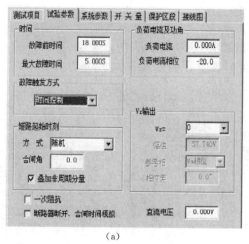 

（a）   （b）

图 M-25 实验参数及系统参数设置
（a）实验参数；（b）系统参数

6）开始实验。

a. 单击 ▶ 按钮开始实验。测试仪按测试项目表的顺序模拟所设置的各种故障，并记录保护跳、合闸时间。

b. 当距离保护定值校验完成后，测试仪关闭电压、电流输出，计算机自动弹出提示对话框提示投、退保护压板，如图 M-26 所示。

c. 退出距离压板并投入零序压板后，单击"继续实验"按钮继续实验。

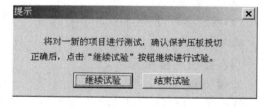

图 M-26 测试项目切换提示框

d. 在实验进行过程中可监视测试仪输出及保护动作的信息。

e. 完成测试项目列表中的所有实验项目后自动结束实验。

（2）测试项目：工频变化量阻抗元件定值校验。

保护型号：RCS-901A 线路微机保护（南瑞）。

整定值：工频变化量阻抗 $DZ_{zd}=1\Omega$。

1）实验接线。

a. 测试仪的三相电压、三相电流输出分别接到被测保护装置的电压、电流输入端子。

b. 测试仪的开入量 A、B、C 的一端接到被测保护装置的跳闸出口接点 CKJA、CK-

JB、CKJC 上，另一端短接并接到保护跳闸的正电源。

2）添加测试项。将工频变化量阻抗元件定值校验点添加到测试项目列表。

a. 在"测试项目"属性页的测试项目中选择工频变化量阻抗元件定值校验。

b. 点击"添加"按钮，弹出"工频变化量阻抗元件"定值校验对话框，如图 M-27 所示。

c. 故障类型为 AB 相短路，短路阻抗 $DZ_{zd}=1\Omega$，阻抗角 78°，短路电流 5A，$M=1.10$。

d. 单击"确定"按钮，将设置的测试点添加到测试项目列表中。

e. 同理添加 $M=0.9$、$M=1.2$ 到测试项目列表中，如图 M-28 所示。

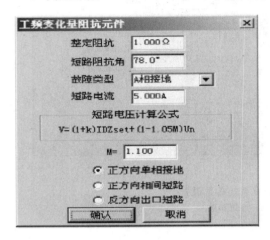
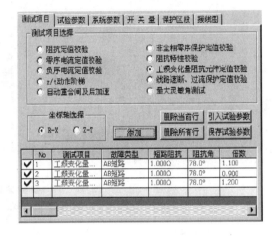

图 M-27　工频变化量阻抗元件定值校验对话框　　　图 M-28　测试项目列表

3）实验参数、开关量设置。

参考实验举例（1）。

4）系统参数设置。

参考实验举例（1）。

四、整组实验单元

1. 单元概述

整组实验相当于继电保护装置的静模实验，通过设置各实验参数，模拟各类故障，以完成对高频、距离、零序保护装置以及重合闸进行整组实验或定值校验。

单元可作项目：

（1）可设置各种故障类型：单相接地、两相短路、两相接地短路和三相短路。

（2）可设置瞬时、永久以及转换性故障。

（3）可控制故障时的合闸角，可在故障瞬间叠加按时间常数衰减的直流分量，用于测试量度继电器的暂态超越。

（4）可控制负荷电流及其功率角，模拟因负荷电流而引起的附加阻抗对送电侧或受电侧保护装置的影响。

（5）可设置线路抽取电压的幅值、相位，校验线路保护重合闸的检同期或检无压。

（6）可模拟断路器分闸与合闸时间。

（7）可模拟高频收发信机与保护的配合（通过故障时刻或跳闸时刻开出节点控制），完成无收发信机时的高频保护测试。通过 GPS 统一时刻，进行线路两端保护联调。

（8）具有多种故障触发方式：

1）时间控制：故障前时间结束后自动进入到故障状态。

2）按键触发：实验开试后，点击 ⚡ 按钮进入故障状态。

3）翻转触发：实验开试后，开入量"H"翻转进入故障状态。

4）GPS 触发：将 GPS 接收器与主机相连接，按下其同步按钮"SYN"。实验开始后，当接收到由 GPS 接收器发送的同步信号后（GPS 为整分触发）进入故障态。

（9）可选择一次短路阻抗或二次短路阻抗。当选为一次短路阻抗时，将根据 TV、TA 变比计算二次电压、电流值。

（10）可向测试计划列表中添加多个测试项目，一次完成所有测试项目。

（11）在 PW（A.E）型中增加了直流电压输出（0～300V，0.5A），可以用来作为直流电压继电器或被测保护装置的直流辅助电源。

2. 参数说明

（1）故障前时间：故障前状态时间，一般大于重合闸充电时间或整组复归时间。

（2）最大故障时间：从故障开始到实验结束的时间，包括跳闸、重合及永跳时间，一般为 5～10s。

（3）短路起始时刻：需要控制短路起始时刻参考相电压的相角即合闸角时，可选择合闸角固定，并设置合闸角；不需要时选择随机，则随机给出合闸角。

（4）故障转换时刻：从故障开始到故障转换的时间量。第一次故障状态中跳开相的电压、电流在转换后的故障状态仍等于所设置的额定电压 $V＝Vnom$ 或 $V＝0$（TV 接在母线侧），电流 $I＝0$，不受转换后的状态所影响。

（5）合闸角：故障瞬间参考相电压的相角。根据短路计算，合闸角直接影响非周期电压、电流分量初值的大小。如阻抗角 $\varphi＝78°$，合闸角 α 设为 0°，故障类型选择为 A 相接地。发生故障时 A 相电压角度为 0°，而此时 A 相电流相位为 $-78°$，所以 A 相电流的非周期分量相对较大。而当合闸角 α 设为 78°时，短路瞬间 A 相电流相位为 0，此时 A 相电流无非周期分量。由于三相电压、电流相位不一致，合闸角参考相与故障类型有关。如表 M-3 所示。

表 M-3　　　　　　　　　　合闸角参考项与故障类型的关系

故障类型	A—N	B—N	C—N	A—B	B—C	C—A	A—B—C
合闸角参考相	$\varphi\,(\dot{U}_A)$	$\varphi\,(\dot{U}_B)$	$\varphi\,(\dot{U}_C)$	$\varphi\,(\dot{U}_A-\dot{U}_B)$	$\varphi\,(\dot{U}_B-\dot{U}_C)$	$\varphi\,(\dot{U}_C-\dot{U}_A)$	$\varphi\,(\dot{U}_A)$

（6）叠加非周期分量：选择在计算中是否叠加非周期分量。当叠加非周期分量时，在故障开始瞬间有一衰减的直流分量叠加在正弦信号上。

直流电流分量为

$$i_{dc}(t)＝-I_{perm}\sin(\alpha-\varphi_k)e^{\frac{t}{\tau}}$$

直流电压分量为

$$v_{\text{dc}}(t)=i_{\text{dc}}(t)R_1\left(1-\frac{\tau_1}{\tau}\right)$$

其中

$$\tau=\frac{L_s+L_1}{R_1+R_s}$$

$$\tau_1=\frac{L_1}{R_1}$$

式中 I_{perm}——稳态短路电流的最大值；

α——故障起始角（合闸角）（$-90°\sim90°$）；

φ_k——短路电流和电压间相角，$\varphi_k=z$，（$z=z_1+z_s$）的阻抗角；

z_1——短路阻抗，$z_1=R_1+jX_1$；

z_s——电源（系统）侧阻抗，$z_s=R_s+jX_s$。

当计算方式选择为系统阻抗恒定方式时，如果线路阻抗角等于系统阻抗角，即 $\tau_s=\tau_1$，此时 $v_{\text{dc}}(t)=0$，不存在衰减的直流电压分量；当计算方式选择为恒定电压或恒定电流模式时，因为在计算中假定 $\varphi_{(z_s)}=\varphi_{(z_1)}$，所以 $\tau_s=\tau_1$，也没有直流电压分量。当短路阻抗角 $\varphi_1=90°$（对于恒定电流和恒定电压模型）和 $\varphi_s=90°$（对于系统阻抗恒定模型）时，因为 $R=0$ 或 $R_\Sigma=R_s+R_1=0$，在短路电压和短路电流中不存在衰减的直流分量。所以，在短路计算中不叠加非周期分量。

非周期电压、电流分量初值的大小与短路发生的时刻有关，即与短路发生瞬时电源电压的初始相角（合闸角）有关。

(7) 抽取电压：可设置幅值、相位及参考相，相位为对参考相的相位差当 U_z 输出设置为线路抽取电压时，故障前 U_z 的相位与参考相一致，故障后 U_z 的相位与参考相的相位差等于所设置的相位差。

(8) 计算模型：

1) 电流不变——由短路电流和短路阻抗计算得到短路电压。当所计算的故障相电压大于0.9倍额定电压时，计算机自动降低短路电流值。

2) 电压不变——根据短路电压和短路阻抗计算得到短路电流。当计算出的故障相电流大于最大输出电流时，计算机自动减小短路电压值。

3) 系统阻抗不变——根据系统阻抗和短路阻抗计算短路电压和短路电流。当所计算出的故障相电压大于0.9倍额定电压以及故障相电流大于最大输出电流时，自动增大系统阻抗。

(9) 分闸时间：测试仪接收到保护跳闸信号后，延时一段时间以模拟断路器分闸灭弧过程，然后将跳闸相电压、电流切换到跳开后状态。

(10) 合闸时间：测试仪接收到保护重合信号后，根据"合闸时间"延时一段时间，然后将电压、电流切换到重合后状态。

(11) 输入开关量：保护开出（动作或重合）接点跨接在测试仪开入端子的两端。对于PW系列测试仪，空接点和220DC电位兼容且不分极性。

分相跳闸时开入量A、B、C、D分别接保护TA、TB、TC和CH。三相跳闸时保护装置的跳闸接点分别接开入量A、B、C或E、F、G任何一个（但必须设置为"三相跳闸"方式），重合闸接点接 D 或 H。

（12）输出开关量：在测试仪给出故障的同时可给出开出量的状态。"翻转时刻"表示从故障开始到开出翻转的时间。"保持时间"表示开出量翻转后所保持的时间，保持时间结束后恢复到翻转前的开出状态。

（13）TV、TA 位置 TV 安装在母线侧，测试仪接到跳闸信号后，跳闸相电压恢复到故障前电压值。TV 安装在线路侧时，跳闸相无电压输出。

TA 中性点位置"指向线路"时，I_a、I_b 和 I_c 为极性端，I_n 为非极性端；TA 中性点位置"指向母线"时，I_n 为极性端，I_a、I_b 和 I_c 为非极性端。

3. 参数设置注意事项

（1）"短路阻抗"属性页上的所有实验参数必须添加到测试项目列表中才有效。修改该页上的参数不会影响到测试项目列表中已添加的测试项的实验。但其他属性页的参数被修改后，即使对于已添加到列表中的测试项目，其实验参数也随着改变。

（2）当控制回路为三相跳闸时，在软件应定义所接开入量为"三跳"。

（3）要选择正确的零序补偿系数，零序补偿系数的计算方式以保证接地故障测试准确。

附录 N　K10 系列继电保护测试仪使用说明

一、面板说明

面板使用说明见图 N-1 和表 N-1。

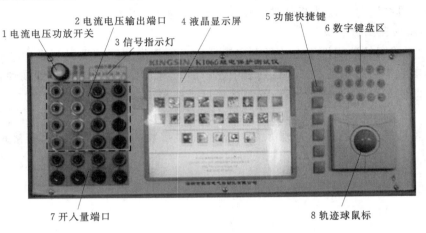

图 N-1　面板图

表 N-1　　　　　　　　　　　　面板使用相关说明表

编号	相　关　说　明
1	电流、电压功放的电源控制开关。按下开关，当开关指示灯亮时，表示功放已投入工作；当开关指示灯熄灭时，表示功放电源已被切断，没有输出，若此时进入测试模块开始实验，仪器会发出报警声，属正常现象
2	电压输出：直流电压由"U_{b+}"、"U_{c-}"两个端口输出，其中"U_{b+}"为直流正端，"U_{c-}"为直流负端。U_x 为第七路电压输出端口，所有七路电压公共端与电流的公共端相通。 电流输出：直流电流由"I_A"端口输出，"N"为直流负端
3	信号指示灯：当电流开路时指示灯会变亮
4	6.4 英寸 TFT 真彩液晶显示屏
5	功能快捷键
6	数字小键盘，输入实验相应的量
7	开入量接点。(1) 开入接点 A、B、C 相应的公共端电气 TN 相通，a、b、c、h、H 相应的公共端电气 HN 相通。(2) 开入接点兼容空接点和带电位接点，但带电位接点的"+"电位端应接于公共端 TN（HN）
8	工业轨迹球鼠标，操作更加方便

二、系统主界面

K1066 开机后用户操作主界面如图 N-2 所示。

主界面上包含的信息有当前系统名称、版本号、系统功能模块、公司名称、网址、电话等。用户可通过鼠标选择需要进入的功能模块，也可通过外接键盘的左边第一个快捷键或方向键来切换选择功能模块，然后按"回车"键进入。

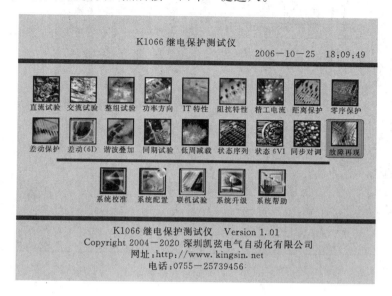

图 N-2　系统主界面

三、基本操作

（1）开始实验。点击"开始实验"按钮，则开始本次实验。

（2）＋手动加。点击"＋手动加"按钮，则所选择的变量按设置的步长递增。

（3）－手动减。点击"－手动减"按钮，则所选择的变量按设置的步长递减。

（4）参数翻页。点击"参数翻页"按钮，则切换到另一页参数设置界面。

（5）存取参数。点击"存取参数"按钮，则弹出"存取参数"界面，在"存取参数"界面中，可以保存实验参数或导入先前保存的实验参数和删除参数。

（6）图形处理。在界面"显示图"上右击，弹出"图形处理"界面，可以保存图形或查看图形。

（7）开入量。输入开关电量电位有方向性，一般情况下最好使用空接点。

开入量输入端子上的 A、B、C 负端相通，与电压、电流输出端子中的公共端"N"以及地线（如面板、机箱）均不相通，它是悬浮的。开入端子对于空接点和电位（10～250V）兼容。但对带电接点的输入具有方向性。

（9）开出量。测试仪可以发出触发脉冲信号，以起动保护装置某些功能，达到同步或延时计时。

（10）退出。表示退出本模块，返回系统主界面。

四、直流实验

点击主界面上的"直流实验"模块即可进入直流实验界面，如图 N-3 所示。

1. 界面介绍

主界面分为四个区域：

（1）界面左上区域对测试的交直流电压、电流各个变量值进行设定始值、终值、步

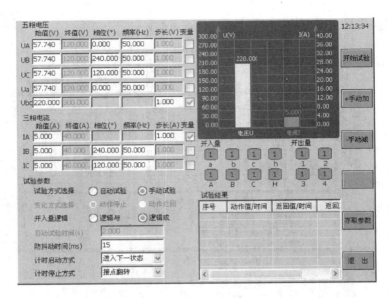

图 N-3　直流实验界面

长。区域内共有五路电压和三路电流通道。其中，直流电压从 U_b（＋）、U_c（－）端口输出，直流电流从 I_a（＋）、I_n（－）输出。用鼠标在"变量"选择框里点击打"√"，表示该变量为测试的变量。

（2）界面的左下区域为实验参数的设置区。

（3）界面的右上区域为直流电压、电流的图表区。

（4）界面的右下区域为开入、开出量接点开、闭显示和实验结果显示栏。

2. 参数设置

（1）实验方式。

自动实验：可通过设置变化方式、自动实验时间和变量步长来程控测试变量的动作值、返回值及返回系数。测试时，变量按自动时间和步长从始值递增或递减到终值，做过量实验时，步长设为正数，始值必须设置小于终值；做欠量实验时，步长设为负数，始值必须设置大于终值。注意：若自动测试中要改变参数重新进行实验必须先点击"停止"按钮停止实验，再修改参数重新实验。

手动实验：可通过"＋手动加"或"－手动减"变量步长来手动控制实验。实验时，变量变化不受变化时间控制和终值限制，步长不能设为负数，可以通过"＋手动加"或"－手动减"来实现递增、减实验，当开入量收到动作信号后停止实验，同时自动记录动作时间和动作值。实验之后要改变设置参数重新进行实验无需点击"停止"按钮停止实验，直接改变参数即可。

（2）变化方式。

1）动作停止：变量由始值按步长变化到终值停止或在变化过程中收到保护动作信号停止实验，并自动记录动作时间和动作值，可测试变量的动作值或返回值。

2）动作返回：电压或电流变量按步长从始值向终值变化过程收到保护动作信号时开始向始值返回，直到收到返回信号时动作停止，并自动记录动作时间、动作值、返回值和返回系数，可自动测试变量的动作值、返回值及返回系数。

（3）其他。

1）变量：分幅值、相位和频率，可选择其中一项作为变量，也可以同时选择八个通道（五路电压、三路电流）作变量输出。

2）开入量逻辑：有两个选项，分别为"逻辑或"和"逻辑与"。"逻辑或"表示所选开入量有任何一个满足条件时动作信号成立，"逻辑与"表示所选开入量均满足条件时动作信号才成立。若只选取一个开入端口，则"逻辑或"和"逻辑与"效果相同。

3）自动实验时间：自动实验时，变量由始值到终值每变化一次步长的时间。一般地，自动时间的设置应大于继电器的动作和返回时间，自动时间的最大值可设为 1000s，手动实验时用户自己掌握每变化一次步长的时间。

4）计时起动方式：用于设定计时器的触发方式。当满足所设定的触发方式后，计时器计时起动，共有 17 种方式。

5）停止计时方式：当计时器开始计时后，如果满足停止条件，计时器立即停止计时。停止计时条件共有 17 种方式。

6）开入量、开出量：提供 8 对开入量，4 对开出量。开入量"1"表示"开"或"高电位"，"0"表示"闭"或"低电位"。

7）防抖动时间：一般可以设置成 15ms，是指在自动实验时，为了防止测试过程中保护接点因抖动而影响测试结果而设置的这一时间参数，只有当接点闭合或断开连续达到所设置的时间后，才对所处状态给予认可。

3．实验流程

点击"直流实验"模块进入如图 N - 3 所示的界面。

（1）实验接线。将被测试的继电器或保护装置实验端子与测试仪相应的电流或电压输出端口用导线连接，将继电器的动合接点或保护装置的出口接点用导线接至测试仪开入量端口。（注：直流电压从 U_b（＋）、U_c（－）端口输出，直流电流从 I_A、I_n 输出。）

（2）参数设置。

1）设置实验方式，分手动实验、自动实验。

2）设置变量及变量的始值及终值。

3）设置开入量及计时方式。

4）保存参数。

5）开始实验。

6）报告处理，选择是否保存报告。

（3）实验过程。点击"开始实验"按钮开始本次实验，中途终止实验点击"停止实验"按钮。手动方式实验过程中，可修改变量参数的大小，自动方式实验时，不能修改参数。手动方式实验通过手动"＋"按钮"－"按钮使继电器动作并记录动作值及动作时间，点击"停止实验"按钮，结束实验并自动弹出保存报告对话框。自动方式实验，当开入量收到继电器动合接点信号后结束实验，系统自动弹出保存报告的对话框。

4．实验举例

测试任务：DZ - 31B 中间继电器校验。

测试项目：动作电压、返回电压、动作时间。

继电器整定值：动作值 110V，返回值 95V。

实验接线：U_b 接电压线圈的＋端②，U_c 接电压线圈的一端⑧；继电器动合接点①、③接测试仪开入量 A，如图 N-4 所示。

参数设置：如图 N-5 所示。

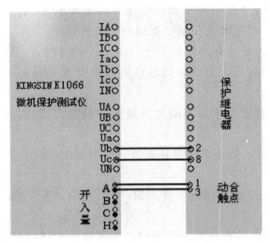

图 N-4 实验接线　　　　　　　　图 N-5 实验参数设置

实验过程：

（1）点击"开始实验"按钮，测试仪输出 U_{bc} 从 0 按步长 5V 向终值电压递增。每步保持时间应大于继电器的出口动作时间，当输出电压为 110V 时，继电器动作，开入量接点收到信号后，按步长 5V 向始值电压递减，直到收到返回信号后停止实验，并在实验结果一栏中记录动作值及动作时间。

（2）保存报告：根据系统提示保存报告，点击"查看按钮"，查看报告，如图 N-6 所示。

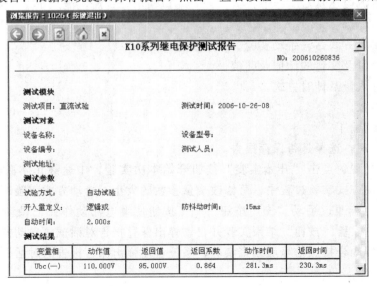

图 N-6 直流测试报告

五、交流实验

点击主界面上的"交流实验"模块即可进入交流实验界面，如图 N−7 所示。

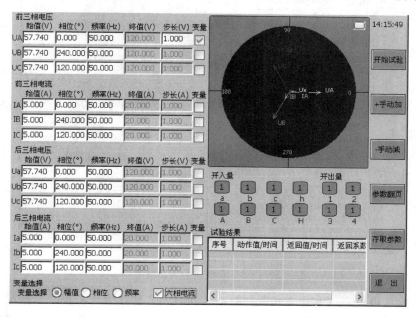

图 N−7 交流实验界面

1. 界面介绍

界面分三个区域：

（1）界面左半区域：对测试的交流电压、电流各个变量值设定始值、终值、步长。在"变量"选择框打"√"表示该变量为测试的变量，不打"√"的量在测试中不会变化。

（2）界面右上区域：前三相交流电压、电流的矢量图显示区，点击图右上角的小窗口，可以切换显示后三相电压、电流矢量图、相序量图及正弦波形图。

（3）界面右下区域：开入、开出量接点开、闭显示，实验结果显示栏。

2. 参数设置

（1）参数设置①。通常情况下，界面显示前三相电压、前三相电流和后三相电压；选择"六相电流"时，界面显示前三相电压、前三相电流、后三相电压、后三相电流。

变量：分为幅值、相位和频率，可选择其中任一项作为变量，也可以同时选择 13 个通道（七路电压、六路电流）作变量输出。

三相电流工作方式：表示 A、B、C 三相电流分别以前三相 I_A、I_B、I_C 输出，每相电流输出范围为 0～40A（K966＋、K936＋、K1066＋、K1063＋每相输出范围 0～60A）。

六相电流工作方式：K966/K963/K1066/K1063 机型有六相电流工作方式。表示前三相电流 I_A、I_B、I_C，后三相电流 I_a、I_b、I_c，六相电流单独输出，单相电流输出范围为 0～20A（K966＋、K963＋、K1066＋、K1063＋每相输出范围 0～30A）。

（2）参数设置②。设置页面如图 N−8 所示：

1）实验方式：分自动实验和手动实验方式。

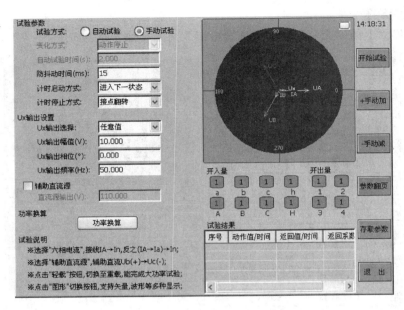

图 N-8　交流实验参数设置

自动实验：可设置"变化方式"、"自动实验时间"和"变量步长"程控测试变量的动作值、返回值及返回系数。测试时，变量按自动时间和步长从始值递增或递减到终值，做过量实验时，步长设为正数，始值必须设置小于终值；做欠量实验时，步长设为负数，始值必须设置大于终值。自动测试过程中不能改变参数，否则必须先停止实验，方可修改参数重新实验。

手动实验：可通过"＋手动加"或"－手动减"变化步长进行手动控制实验。实验时，变量变化不受变化时间控制和终值限制，步长不能设为负数，可以通过"＋手动加"、"－手动减"实现递增、递减实验，当开入量收到动作信号后停止实验，同时自动记录动作时间和动作值。实验之后要改变设置参数重新进行实验无需点停止按钮停止实验，直接改变参数即可。

2）变化方式：只适合自动实验，分"动作停止"和"动作返回"方式。

动作停止：变量由始值按步长变化到终值停止或在变化过程中收到保护动作信号停止实验，并自动记录动作时间和动作值，可测试变量的动作值或返回值。

动作返回：电压或电流变量按步长从始值向终值变化过程中收到保护动作信号后开始向始值返回，直至收到返回信号时动作停止，自动记录动作时间、动作值、返回值和返回系数。

3）自动实验时间：自动实验时，变量每变化一次步长的时间，一般自动时间的设置应大于继电器的动作时间和返回时间，自动实验时间的最大值可设为 1000s，手动实验时用户可以掌握变化时间。

4）计时起动方式：用于设定计时器的触发方式。当满足所设定的触发方式后，计时器计时起动，共有 17 种方式。

5）停止计时方式：当计时器开始计时后，如果满足停止时条件，计时器立即停止计时，停止计时条件共有 17 种方式。

6）U_x 设置：分任意值、$+3U_0$、$-3U_0$、$+\sqrt{3}\,3U_0$、$-\sqrt{3}\,3U_0$ 五种设置，设置为 $3U_0$ 时，其值与相序量图里的 $3U_0$ 值一致；设置 U_x 为任意值时，其幅值、相位和频率可任意设置，此时 U_x 相位参考 U_a。

7）辅助直流源：当选择辅助直流源时，可程控 U_b（＋）、U_c（－）输出直流电压 40 ～250V，此时，后三相电压的 U_b、U_c 被屏蔽，即交流被关闭。

8）功率换算：用于换算一次侧功率，点击"功率换算"，弹出提示窗口，见图 N-9。

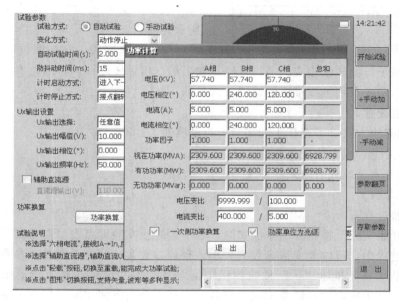

图 N-9　交流实验中的功率换算

9）显示切换：点击示意图右上角的小窗口，可进行相量图、序量图及波形图的切换，见图 N-10。

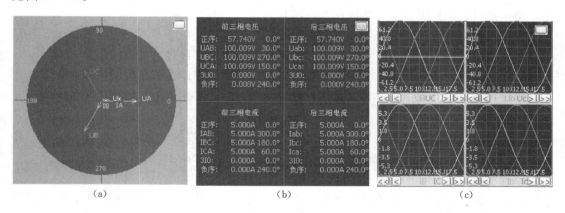

（a）　　　　　　　　　　（b）　　　　　　　　　　（c）

图 N-10　图形显示切换

（a）相量图；（b）序量图；（c）波形图

图 N-11 快捷键示意图

10）快捷键：实验设置参数时，为了更快速方便，可使用快捷键，即用单击幅值，然后右击，弹出对话框，即可选择三相"等幅值"、"额定值"等，用同样的方法可快速设置相位、频率、终值及步长的参数，见图 N-11。

3. 实验流程

点击"交流实验"菜单进入如图 N-7 所示界面。

（1）实验接线。将被测试的继电器或保护装置实验端子与测试仪相应的电流或电压输出端口用导线连接，将继电器的动合接点或保护装置的出口接点用导线接至测试仪开入量端口。

（2）参数设置。

1）设置实验方式，可选择手动实验、自动实验。

2）选择变量，设置始值及终值。

3）设置开入量及计时方式。

4）保存参数。

（3）实验过程。

点击"开始实验"按钮开始本次实验，若中途终止实验即点击"停止实验"按钮。手动方式实验过程中，可修改变量参数的大小，自动方式实验时，不能修改参数。手动方式实验通过手动"＋"按钮"－"按钮使保护继电器动作并记录动作值及动作时间，点击"停止实验"，结束实验并自动弹出保存报告对话框。自动方式实验，当开入量收到继电器动合接点信号后结束实验，系统自动弹出保存报告的对话框。

4. 实验举例

测试任务：ISA-311 线路保护零序Ⅱ段过电流检验。

测试项目：动作电流、动作时间及返回系数检验。

零序过流Ⅰ段方向退出，零序过流Ⅰ段定值 12.0A。

零序过流Ⅱ段方向退出，零序过流Ⅱ段定值 7.00A，零序过流Ⅱ段时限 0.50s。

零序过流Ⅲ段方向退出，零序过流Ⅲ段定值 4.00A，零序过流Ⅲ段时限 1.00s。

零序过流Ⅳ段方向退出，零序过流Ⅳ段定值 2.00A，零序过流Ⅳ段时限 1.50s。

实验步骤：

（1）实验接线：将保护装置的 A 相电流回路接入实验仪的电流输出端子 I_A、I_N，将保护出口的动合触点接入实验仪的开入量的 A 端子，如图 N-12 所示。

（2）参数设置：如图 N-13 所示。

（3）实验：点击"开始实验"按钮，开始本次检验，并自动记录动作值、返回值及返回系数。

（4）根据系统提示保存报告，点击"查看"按钮，即可查看报告，如图 N-14 所示。

354

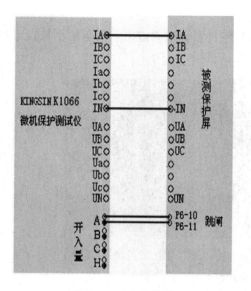

图 N-12　实验接线

图 N-13　实验参数设置

前三相电流

	始值(A)	相位(°)	频率(Hz)	终值(A)	步长(A)	变量
IA:	6.500	0.000	50.000	8.000	0.020	☑
IB:	0.000	240.000	50.000	20.000	1.000	☐
IC:	0.000	120.000	50.000	20.000	1.000	☐

试验参数

试验方式：　　　　　○ 自动试验　　　　○ 手动试验
变化方式：　　　　　动作返回
自动试验时间(s)：　　1.000
防抖动时间(ms)：　　15
计时启动方式：　　　进入下一状态
计时停止方式：　　　接点翻转

Ux输出设置

Ux输出选择：　　　任意值
Ux输出幅值(V)：　　60.000
Ux输出相位(°)：　　0.000
Ux输出频率(Hz)：　　50.000

☐ 辅助直流源
　直流源输出(V)　　　110.000

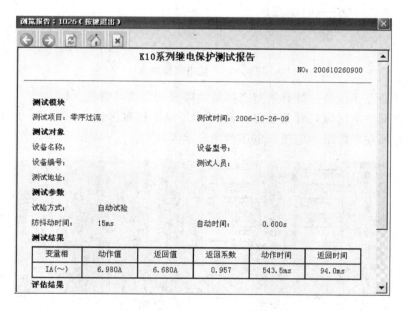

图 N-14　交流实验报告

六、整组实验

单击主界面上的"整组实验"模块进入整组实验界面。该测试模块主要用于对距离、零序等线路保护进行整组特性实验，可以模拟电力系统中各种单相接地、两相接地、相间和三相短路故障，包括瞬时性、永久性以及转换性故障。分阻抗定值校验和工频变化量阻抗元件定值校验测试功能，如图 N-15 所示。

1. 界面介绍

界面分五个区域：

（1）主界面左半区域：控制参数设置区域。

（2）主界面右半区域：电流、电压矢量图和序量图显示（点击右上角的小窗口可切换显示）开入、开出量接点开、闭显示，实验结果显示栏。

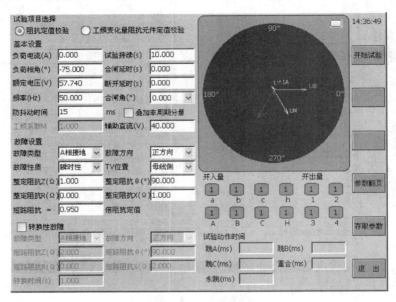

图 N－15　整组实验界面

（3）次界面左半区域：计算模型选择及故障起动方式等设置区域。

（4）次界面左下区域：开关量定义设置，U_x 输出设置区域，如图 N－16 所示。

（5）后界面左半区域：电流、电压辅助显示区域。

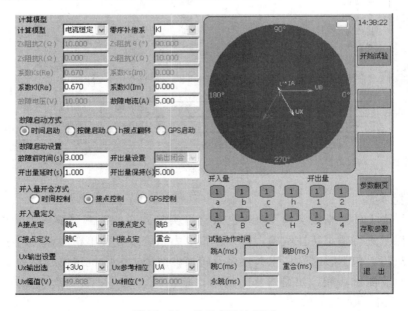

图 N－16　整组实验次界面

2. 参数设置

（1）短路电压计算

实验项目选择：实验项目选择分阻抗定值校验和工频变化量阻抗元件定值校验。

1）阻抗定值校验短路电压计算公式。

正方向单相接地短路

$$U=(1+K_1)kIZ_{set}$$

正方向相间短路

$$U=2kIZ_{set}$$

2）工频变化量阻抗定值校验短路电压计算公式。

正方向单相接地短路

$$U=(1+K_1)kIZ_{set}+(1-1.05M)U_n$$

正方向相间短路

$$U=2kIZ_{set}+(1-1.05M)\sqrt{3}U_n$$

反方向出口短路

$$U=0$$

式中　K_1——线路侧零序补偿系数；

　　　k——短路阻抗倍数；

　　　I——短路电流；

　　Z_{set}——短路阻抗整定值；

　　　M——工频变化系数；

　　　U_n——额定电压。

（2）基本设置。

1）负荷电流及相位：指在正常状态下所输出的电流的幅值及相位。一般电流幅值设为 0。

2）额定电压：在正常状态下的电压值或故障下非故障相电压值。

3）频率：指当前故障状态下的电压电流实时频率。

4）实验持续：从故障开始到实验结束的时间段。从进入故障开始计时，不管实验结果如何，到达实验结束时刻时测试装置自动结束实验。例如：如果 I 段动作时间是 0.5s，则作 I 段定值校验时该实验持续时间必须大于 0.5s，可设为 1.5s。

5）合闸延时：模拟断路器合闸时间。当接收到重合闸动作信号后，测试仪将等待一段开关合闸延时，然后将电压电流量切换到重合后状态。不接断路器时可设为 0。

6）断开延时：模拟断路器分闸时间。测试装置接收到保护跳闸信号后，将等待一段开关分闸延时，然后将电压电流切换到跳开后状态。不接断路器时可设为 0。

7）叠加非周期分量：设置叠加非周期分量时，在故障开始瞬间有一衰减的直流分量叠加在正弦信号上。如果线路阻抗角等于系统阻抗角，此时，不存在衰减的直流电压分量。当计算方式选择为恒定电压或恒定电流模式时，也没有直流电压分量。在"任意方式"下，由于是手动设置电流电压值，计算中不考虑非周期分量的影响。非周期电压、电流分量初值的大小与短路发生的时刻有关，即与短路发生时电源电压的初始相角（合闸角）有关。

8）合闸角：故障发生时刻参考相电压的相角。由于三相电压电流相位不一致，合闸角与故障类型有关。所选择的电压参考相如表 N-2 所示。

表 N-2　　　　　　　　　　　　电 压 参 考 相

故障类型	合闸角参考相	故障类型	合闸角参考相
A—N	$Ph(U_a)$	B—C	$Ph(U_b-U_c)$
B—N	$Ph(U_b)$	C—A	$Ph(U_c-U_a)$
C—N	$Ph(U_c)$	A—B—C	$Ph(U_a)$
A—B	$Ph(U_a-U_b)$		

9）防抖动时间：一般可以设置成 15ms，设置这一时间参数是为了防止在自动测试验的测试过程中保护接点因抖动而影响测试结果，只有当接点闭合或断开连续达到所设置的时间后，才对所处状态给予认可。

10）工频系数 M：输入 0.9 保护应可靠不动，输入 1.1 保护应可靠动作，输入 1.2 测试保护动作时间。

（3）故障设置。

1）故障类型：点击"故障类型"，在其下拉菜单里有 A 相接地、B 相接地、C 相接地、AB 相间短路、BC 相间短路、CA 相间短路、AB 相接地、BC 相接地、CA 相接地、三相短路等 10 种故障状态。

2）故障方向：分为两种方式：1 正方向，2 反方向。

3）故障性质：永久性故障、瞬时性故障。选择为瞬时性故障时，重合后故障不复存在。反之，故障继续存在。对于永久性故障，重合后的故障相与是否发生故障转换有关。

4）TV 位置：模拟一次侧电压互感器安装在母线侧还是线路侧。TV 装于母线侧时，故障相断开后，该相电流为零，电压恢复到正常相电压（$U=U_{nom}$）；TV 装于线路侧时，故障相断开后，该相电流及电压均为零值。

5）整定阻抗：故障时线路或负载的阻抗值，有两种表示方法：（$Z\angle\theta°$）或（$R+jX$）。对于转换性故障，可设置为与整定阻抗完全不同的短路阻抗值。通过不同阻抗值的设置，可对保护的后加速进行实验。

6）短路阻抗倍数设置：短路阻抗为 0.95 倍整定阻抗表示模拟故障时阻抗值为 0.95 倍整定阻抗。原则：当保护所测量的阻抗不大于整定阻抗的 0.95 倍时，该段一定可靠动作；当保护所测量的阻抗不小于整定阻抗的 1.05 倍时，该段一定可靠不动作；保护所测量的阻抗等于整定阻抗的 0.7 倍时测量保护动作时间。

（4）转换性故障。

1）转换性故障：打"√"设置是否发生故障转换。

2）转换时间：故障转换的发生时间，该时间从实验进入故障状态时开始计时。

（5）计算模型。零序补偿系数分"K_1"和"R_e/R_1 和 X_e/X_1"两种方式，当保护定值为 K_1 时可选择计算方式为"K_1"，并设置 R_e，I_m 的值。当保护定值为 K_r、K_x 时可选择"R_e/R_1 和 X_e/X_1"，并设置 K_r、K_x 的值。计算阻抗包括系统侧阻抗和短路阻抗。系统侧阻抗 Z_s 的设置必须不小于 0，$Ph(Z_s)$ 的取值范围为 $-90°\sim+90°$。短路阻抗 Z_1 的设置即可大于 0，也可小于 0。当 Z_1 为负时，表示保护安装位置反方向发生故障时的短路阻抗。$Ph(Z_1)$ 的取值范围为 $-90°\sim+90°$。$Ph(Z_1) > 0$ 表示线路呈感性，$Ph(Z_1) < 0$ 表示短路阻抗呈容性。

系统侧的零序补偿系数

$$K_{s0} = (Z_{s0} - Z_{s1})/(3Z_{s0})$$

式中　Z_{s0}——系统侧的零序阻抗；

　　　Z_{s1}——系统侧的正序阻抗。

如果考虑到零序阻抗角与正序阻抗角相等，则 K_{s0} 为一实数，其虚部为零。

线路侧的零序补偿系数

$$K_{l0} = (Z_{l0} - Z_{l1})/(3Z_{l0})$$

式中　Z_{l0}——线路侧的零序阻抗；

　　　Z_{l1}——线路侧的正序阻抗。

一般考虑 $Ph(Z_{l0}) = Ph(Z_{l1})$，K_{l0} 也仅为一实数。

对于非接地性短路故障，零序补偿系数不参与短路计算。

一般 I_m 设为 0，R_e 设置按保护定值进行设置，如果测试仪设置的零序系数与保护设置的零序系数不一致，将造成接地距离测试不准确。

计算模型有短路电流恒定、短路电压恒定及电源（系统）阻抗恒定三种计算模型。

1）电流恒定。假定在故障回路上接有一理想的电流源，通过短路电流和短路阻抗计算出短路电压。

2）电压恒定。假定在故障回路上接有一理想电压源模型，短路电流由短路电压及短路阻抗计算得出。

3）阻抗恒定。理想电压源串联一电源阻抗，然后接到故障回路，该模型与实际电网相接近。

短路电压和短路电流随着短路阻抗的变化而变化。减小短路阻抗，短路电流增大，故障残压减小。反之，短路电流和短路电压随着短路阻抗的增加而减小和增大。

对于恒定电流计算模型，由电流和阻抗计算得出的短路电压 U_f 不能大于 U_{nom}（额定电压）。如果 $U > U_{nom}$，则计算中自动降低短路电流 I_f，以满足 $U_f < U_{nom}$ 的条件。

对于电压恒定的计算模型，当由电压和阻抗计算得出的故障电流 I_f 过大，即 $I_f > I_{max}$

（30A）时，程序给出告警提示。解决的办法是减小所设置的短路电压。

对于电源（系统）阻抗恒定的计算模型，当短路阻抗与电源阻抗之和接近或等于零时，计算得出的短路电流将过大，即 $I_f > I_{max}$。此时在屏幕底部将出现电流越限提示。可通过增大电源阻抗的办法消除所出现的数值越限。

（6）参数设置②。

1）故障起动方式：分为"时间起动"、"按键起动"、"h 接点翻转起动"、"GPS 起动"，选择时间起动是实验开始之后，自动按照已经设置好的故障前时间和故障时间进行实验。按键起动是实验开始之后，手动选择是否进入故障状态。GPS 起动是利用 GPS 在线路两端进行同步故障输出，测试高频保护的整组性能。

2）故障起动设置：设置故障前时间及利用 GPS 起动故障时开出量的设置。故障前时间是设置进入故障前的时间。开出量设置默认为输出闭合，一旦进入故障状态，测试仪根据设置，在延长一段时间后，通过开出量的闭合发出一个信号。开出量延时是配合开出量设置而使用的，开出量保持是通过开出量发出信号的保持时间。

3）开入量开合方式：分时间控制、接点控制、GPS 控制三种方式。对于时间控制，测试装置根据故障、跳开和重合后故障时间值按顺序自动进入到各状态，输出相应的状态量。而对开入量的状态变化不作任何响应。这里所输入的时间值是指测试装置输出相应状态量（即故障时间、断开时间、重合时间）的持续时间。此时"实验持续时间"的设置必须大于故障时间、断开时间、重合后故障时间的总和。对于单相故障可通过菜单项选择三跳或单跳方式。

4）开入量定义：A、B、C 三对开入量根据需要可分别定义为保护跳 A、跳 B、跳 C 或三跳信号，也可将其关闭，实验时不再检测开入接点的状态变化。开入量 H 一般为重合闸开入信号，本装置另有四对开入接点 a、b、c、h。

5）U_x 输出设置：第七路电压 U_x 输出选择包括任意值、$+3U_0$、$-3U_0$、$+\sqrt{3}3U_0$、$-\sqrt{3}3U_0$、检同期 A、检同期 B、检同期 C、检同期 AB、检同期 BC、检同期 CA。注：若 U_x 设置选择为检无压方式，以"检无压 A"为例，则 U_x 的输出过程为故障前直到重合闸后，U_x 均输出 A 相电压 U_a。

6）开出量：测试装置可通过侧面板上的"1"、"2"、"3"、"4"四对开出量接点输出一开出量，开出量以空接点的形式输出。实验时根据需要可使测试装置在故障前或故障瞬间断开或闭合开出继电器接点，输出空接点信号，其主要是用于起动其他设备。

3. 实验流程

根据线路保护整组不同的实验项目，实验操作流程也不同，具体分以下三种情况。

（1）线路保护整组模拟实验（不带开关）。

1）将本线路所有保护装置的同名相交流电压回路并联，同名相交流电流回路按极性相互串联，退出保护的跳闸出口和重合闸的合闸出口压板。

2）将实验装置的三相电压输出 U_a、U_b、U_c、U_n 和三相电流输出 I_a、I_b、I_c、I_n 由测试导线连至待试保护屏相应的电压电流端子上。（注：此时电流以三相输出，I_a 端连接作 A 相电流，I_b 端连接作 B 相电流，I_c 端连接作 C 相电流，每相电流输出范围为 0～40A）。

3）将保护和综合重合闸装置的跳、合闸输出接点接至测试装置的开入端口 A、B、C、COM 和 H、COM。跳闸和合闸接点可以是保护或重合闸的备用空接点，也可以是连至断路器跳、合闸线圈的带电接点。注意：使用带电接点时，测试仪的开入量公共端 COM 必须接直流电源的"＋"端，即控制源的＋KM，且只需接 A、B、C 中任何一个端子。直流电源允许电压为 0～250V。

4）操作计算机进入整组实验单元，并设定短路阻抗、故障类型、故障性质、合闸角等实验参数，根据 TV 的实际安装位置，设置 TV 位于母线还是线路侧。所有参数根据要求设置完毕后开始整组模拟实验。

5）整组动作时间测量测量开始模拟故障至断路器跳闸回路动作的保护整组动作时间及重合闸重合动作的时间。与断路器失灵保护配合联动实验时，分别模拟断路器在正、副母线运行情况下起动断路器失灵保护回路性能的检验。接线时，将失灵保护动作接点接到"a"开入端子上。实验时所加故障电流应大于失灵保护电流整定值，而模拟故障的最大故障时间应大于失灵保护动作时间。

（2）线路保护整组传动断路器实验。各项准备工作和操作步骤同上。正式传动断路器实验前，还应：

1）退出跳、合闸出口压板，先进行一次不传动开关的模拟实验。

2）模拟实验正确后，投入跳、合闸出口压板，进行传动开关的模拟实验。

（3）允许式或闭锁式高频保护本体调试。允许式或闭锁式方向高频保护或高频距离保护实验时，将测试装置面板上的开出端子作为保护装置的发信接点。模拟正方向内部故障同时该接点瞬时导通，保护收到允许信号即可瞬时跳闸。模拟区外故障时先断开主机开出接点到保护装置收信接点之间的连线，保护无允许信号将不跳闸或只有当模拟闭锁式方向高频保护或高频距离保护时，输出端子可作为保护的收信闭锁接点。模拟区外故障时该接点导通，保护收到闭锁信号将不跳闸或经延时跳闸，模拟区内故障时只要断开此端子，保护无收信闭锁信号即可瞬时跳闸。

当模拟闭锁式高频保护时，可将此端子作为通道故障信号输入端子。模拟正向区内故障同时该接点导通，保护因无允许信号同时收到通道故障信号使高频跳闸回路短时开放，即可瞬时跳闸。解除此端子，保护不能瞬时跳闸。

1）实验接线。

a. 利用测试导线将测试装置的电压和电流输出端子与保护装置相对应的电压电流输入端子相连接。

b. 保护装置的跳闸出口接点接到测试仪开入接点 A，重合闸动作接点连接到测试仪开入接点 H。

2）参数设置。

a. 选择故障类型、故障方向及性质。

b. 设置实验控制方式。

c. 设置阻抗整定值，实验时间（针对自起动控制方式）。

d. 设置开入、开出量定义。

e. 开始实验。

f. 报告处理，选择是否保存报告。

4. 实验举例

（1）保护装置：ISA-311 型微机线路成套保护装置。

（2）测试任务：接地距离保护Ⅱ段的整组模拟实验。

（3）定值清单见表 N-3。

表 N-3　　　　　　　　　　定 值 清 单 表 （一）

定 值 名 称	定 值	定 值 名 称	定 值
零序阻抗补偿系数	0.67	接地距离Ⅰ段投退	退出
接地距离Ⅰ段阻抗定值（Ω）	0.2	接地距离Ⅱ段投退	投入
接地距离Ⅱ段阻抗定值（Ω）	3	接地距离Ⅱ段时限（s）	0.5
接地距离Ⅲ段投退	退出	接地距离Ⅲ段阻抗定值（Ω）	5
接地距离Ⅲ段时限（s）	1	接地距离偏移角度定值（°）	0
线路正序阻抗角度定值（°）	75	线路零序阻抗角度定值（°）	75
工频变化量距离保护投退	退出	不对应起动重合闸投退	退出
保护起动重合闸投退	投入	重合闸时限（s）	2
重合闸同期检定角度定值（°）	90		

（4）实验接线。

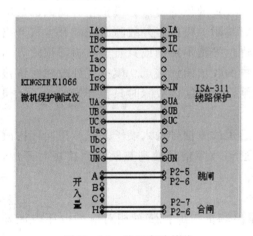

图 N-17　整组实验接线

1）利用测试导线将测试装置的电压和电流输出端子与保护装置相对应的电压电流输入端子相连接。

2）保护装置的跳闸出口接点接到测试仪开入接点 A，重合闸动作接点连接到测试仪开入接点 H，如图 N-17 所示。

（5）参数设置。

本次实验的过程应为：故障前→故障→重合→永跳。

参数设置①，如图 N-18 所示。参数设置②，如图 N-19 所示。

（6）实验步骤。

1）开启测试仪，进入主界面，点击"整组实验"模块进入整组测试界面。

2）完成设置后，点击右上角的"开始实验"钮开始本次实验。

3）根据系统提示选择是否保存所做的实验，图 N-20 是本次实验的实验报告。

七、功率方向

单击主菜单中的"功率方向"图标，进入功率方向测试模块。该测试模块用于测试电

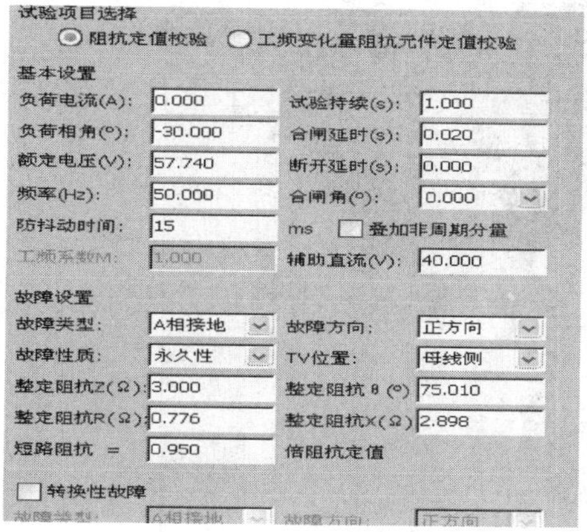

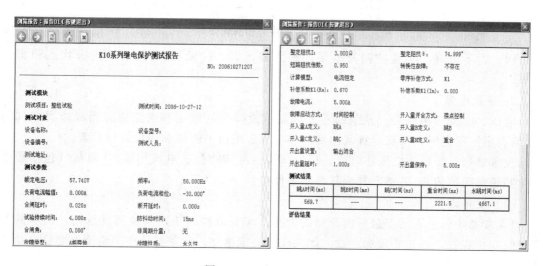

图 N-18 整组实验参数设置（一） 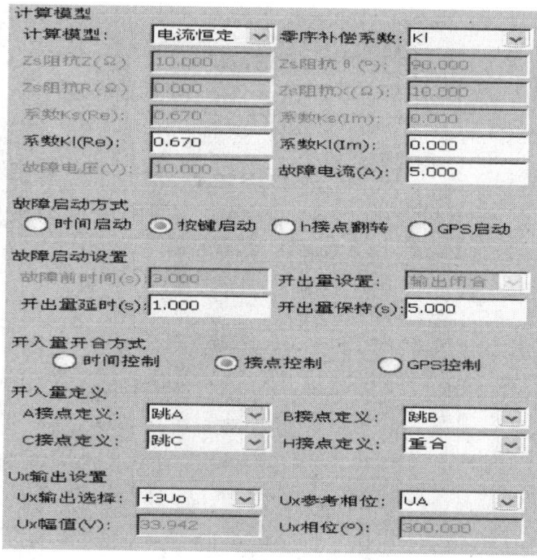　　　图 N-19 整组实验参数设置（二）

图 N-20 整组实验报告

压、电流、功率继电器和阻抗继电器的动作值、灵敏角等，可以进行手动或自动测试以及静态测试和动态测试，如图 N-21 所示。

1. 界面介绍

主界面分为四个区域：

（1）左上区域：电压、电流辅助显示区，根据实验设置选择不同的故障状态，结合计算模型，程序自动计算出各个状态下的电压、电流值，也可以根据实际的实验需要，可点击"故障类型"下拉列表选择"任意方式"进行参数设置。

（2）左下区域：控制参数设置区，用于设置实验时的控制参数，分两页显示，包括变量选择、变量设置、实验设置和计算模型。

（3）右上区域：矢量图显示区。

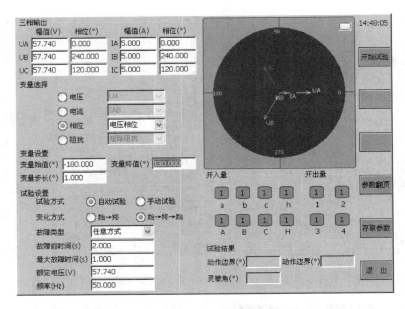

图 N-21 功率方向实验界面

（4）右下区域：实验控制及结果的辅助显示区，辅助显示开入/开出量状态和实验结果。

2. 参数设置

电压、电流三相输出：界面的左上区显示故障时的电压和电流值。当故障类型选为"任意设定"状态时，可在设置区内对三相电压、电流的幅值和相位进行设置。

变量选择：变量有电压、电流、相位（包括电压相位、电流相位）、阻抗（包括短路阻抗和短路阻抗角），可选取其中任意一项作变量。

（1）变量设置。

1）变量步长：表示变量每次改变的大小。步长取得越小，实验精度越高，但所需的测试时间也越长，步长必须为正数。如果变量自动增加，始值必须小于终值；变量自动减小，则始值必须大于终值。

2）变量始值：变量变化范围的起始值。

3）变量终值：变量变化范围的终止值。

4）变量的起始值和终值在变化范围设置区内设置，起始值和终值分别对应于变化范围的第一个参数和第二个参数。

（2）实验设置。

1）实验方式：分手动和自动实验方式。

2）自动实验：选定变量按照已设置的自动时间和步长从始值变化到终值，实验过程中不能直接修改设置参数，停止实验后，方可修改实验参数。自动测试时，变量按设定的变化方式变化并根据继电器动作情况，测试仪自动记录的动作、返回值及并计算出返回系数。

以自动方式测试时，测试装置首先输出初始电压、电流值，并检测保护接点状态，并将此时的外部输入接点状态记忆下来，作为判断实验中保护动作或返回的依据。当得到确定认可后开始测试。测试过程中，当 A、B、C、H 的接点状态与所记忆到的状态不一致时，即开入状态翻转，认为被测保护动作。当接点状态返回到与所记忆到的状态一致时，认为保护接点动作返回。

3）手动实验：实验过程中，当前变量的变化过程完全由用户控制，不受自动时间和终值限制，步长不可以设为负数，按"＋手动加"键、"－手动减"键增加、减小当前变量值，实验过程中可直接修改设置参数进行实验，无需停止实验。

4）变化方式：分"始→终"和"始→终→始"方式，"始"为变化范围的始点，"终"为终点。"始→终"为单程变化，只能测量动作值；"始→终→始"为双程变化，可以同时测量动作值和返回值；注：灵敏角的测试必须采用"始→终→始"方式，变量始终值、故障前时间只适于自动实验方式。

5）故障类型：选取故障类型时，点击"故障类型"下拉式列表框。在其下拉菜单里包括有任意方式、A 相接地、B 相接地、C 相接地、AB 相间短路、BC 相间短路、CA 相间短路、AB 接地、BC 接地、CA 接地、三相短路等 11 种故障状态。

6）故障前时间：表示进入故障之前测试装置输出正常量（$U=U_{nom}$ 三相对称电压，无电流）的时间。当该参数设置为大于零时，无论自动测试还是手动测试，在输出故障量之前先输出正常状态量，等到故障前状态结束才输出故障量。

一般地，故障前时间必须能保证保护可靠复归。应当说明的是，因为所输出的状态在故障前状态和故障状态之间来回变化，此时当用表计监视所输出的电压或电流时，表计指针在不断摆动，这属于正常情况。

7）最大故障时间：每次故障模拟时故障量的最大输出时间。该时间必须大于继电器的动作时间。当故障前时间设置为大于零时，可对保护继电器进行动态实验。动态实验相当于若干次故障模拟实验，每次都有一故障前及故障过程，但每次所输出的故障量都不一样，并按所设置的方式变化，以此来测试保护继电器的动态特性。当故障前时间设置为零且没有输出间断过程时，测试时实验装置仅输出故障量，这种情况相当于对继电器进行静态实验。

设置阻抗时，可从"短路阻抗"编辑框对阻抗进行设置。短路阻抗的取值不能于零，但阻抗角的取值可从 $-360°\sim+360°$。

系统侧的零序补偿系数

$$K_s = \frac{1}{3}\left(\frac{Z_{s0}}{Z_{s1}}-1\right)$$

式中　Z_{s0}——系统侧的零序阻抗；

　　　Z_{s1}——系统侧的正序阻抗。

如果考虑到零序阻抗角与正序阻抗角相等，则 K_s 为一实数，其虚部为零。

线路侧的零序补偿系数

$$Z_1 = \frac{1}{3}\left(\frac{Z_{l0}}{Z_{l1}}-1\right)$$

式中 Z_{l0}——线路侧的零序阻抗；

Z_{l1}——线路侧的正序阻抗。

一般考虑 $\varphi(Z_{l0}) = \varphi(Z_{l1})$，$K_1$ 也仅为一实数。注：对于非接地性短路故障，零序补偿系数不参与短路计算。

（3）计算模型。

一般取"电流恒定"方式。程序提供内阻恒定（系统侧）、电流恒定及电压恒定三种方式（见图 N-22～图 N-24）：

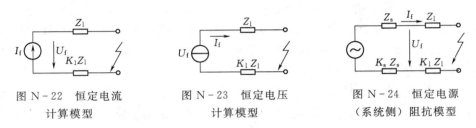

图 N-22　恒定电流　　　　图 N-23　恒定电压　　　　图 N-24　恒定电源
　　　计算模型　　　　　　　　计算模型　　　　　（系统侧）阻抗模型

1）电流恒定。假定在故障回路上接有一理想的电流源。通过短路电流和短路阻抗计算出短路电压。

2）电压恒定。假定在故障回路上接有一理想电压源模型。短路电流由短路电压及短路阻抗计算得出。

3）内阻恒定。理想电压源串联一电源阻抗，然后接到故障回路。该模型与实际电网相接近。短路电压和短路电流随着短路阻抗的变化而变化。减小短路阻抗，短路电流增大，故障残压减小。反之，短路电流和短路电压随着短路阻抗的增加而减小和增大。

3. 实验流程

（1）实验接线。

1）用导线将测试仪的电压和电流输出端子与保护相对应的电压、电流输入端子相连接。

2）保护装置的动作出口接点接到测试仪开入接点 A。

（2）参数设置。

1）选择故障类型、实验方式及变化方式。

2）选择变量及变量步长。

3）设置故障前、故障时间（针对自起动方式），额定电压及频率。

4）计算模型选择电流恒定。

5）开始实验。

6）报告处理，选择是否保存报告。

（3）最大灵敏角测试。在额定电压下加额定电流，确定功率方向继电器的动作边界和最大灵敏角。参数设置为：故障类型选择任意方式，A 相、B 相电压分别设置为 50V，相位差 180°，A 相电流设 5A 相位为 0，选择电流相位为变量按设定的角度范围以"始→终→始"方式自动变化。

开始实验后测试装置自动改变电压和电流的相位，在进入动作区后功率方向元件发出动作信号，测试仪则自动记录功率方向元件动作角度的边界值 Ph_1 和 Ph_2，即可得出的功率方向元件的动作区 $Ph=Ph_1+Ph_2$，动作灵敏角 $Ph_{1m}=(Ph_1-Ph_2)/2$。计算过程由测试仪自动完成。以下是三种功率方向继电器的最大灵敏角供参考。

相间功率方向继电器：$-45°\pm5°$；$30°\pm5°$。

零序功率方向继电器：$-105°\pm5°$。

负序功率方向继电器：$-105°\pm5°$。

（4）最小动作值测试。在最大灵敏角下，当一个输入激励量固定为额定值，变化另外一个激励量使继电器动作即为最小动作值。该实验可采取手动或自动方式进行。

实验时分别取 U_{ab} 电压和 I_a 电流作变量，变化范围分别设置为 $0\sim5V$ 和 $0\sim2A$，变化步长可设置为 $0.001V$ 和 $0.001A$。另外取 $Ph(U_a)=Ph_{1m}$，$Ph(U_b)=180°+Ph_{1m}$。按上所述即分别测试出电压最小动作值和电流最小动作值。

（5）潜动实验。不加电压，加 10 倍额定交流电流（50A）拉合 5 次。实验时，将电压量设置为零，$I_a=I_b=25A$，且 $Ph(I_a)=Ph(I_b)$。将两相电流通过测试导线并联后加入继电器的电流线圈不加电流，继电器应可靠动作，并无损坏迹象。加 1.1 倍额定电压（100V）拉合 5 次。取单相电压设为 110V 加入继电器电压线圈，继电器应可靠动作且并无损坏迹象。

4. 实验举例

保护装置：ISA-311 型微机线路成套保护装置。

测试任务：最大灵敏角的测试。

（1）定值清单（见表 N-4）。

表 N-4　　　　　　　　　定 值 清 单 表 （二）

定 值 名 称	定值	定 值 名 称	定值
零序阻抗补偿系数	0.67	线路正序阻抗角度定值（°）	75
线路零序阻抗角度定值（°）	75	接地距离保护投退	退出
相间距离Ⅰ段阻抗定值（Ω）	1	相间距离Ⅱ段阻抗定值（Ω）	3
相间距离Ⅱ段时限（s）	0.5	相间距离Ⅲ段投退	投入
相间距离Ⅲ段阻抗定值（Ω）	5	相间距离Ⅲ段时限（s）	1
相间距离Ⅳ段投退	投入	相间距离Ⅳ段阻抗定值（Ω）	7
相间距离Ⅳ段时限（s）	1.5	工频变化量距离投退	退出
不对应起动重合闸投退	退出	保护起动重合闸投退	退出

（2）实验接线。

1）利用测试导线将测试装置的 U_b、U_c 电压和电流 I_a 输出端子与保护装置相对应的电压电流输入端子相连接。

2）保护装置的跳闸出口接点接到测试仪开入接点 A，如图 N-25 所示。

（3）参数设置。

本次实验的过程应为：电流相位"始值→终值→始值"。

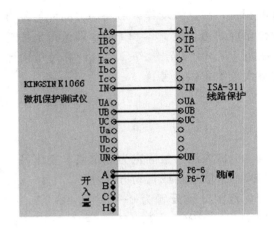

图 N-25　实验接线

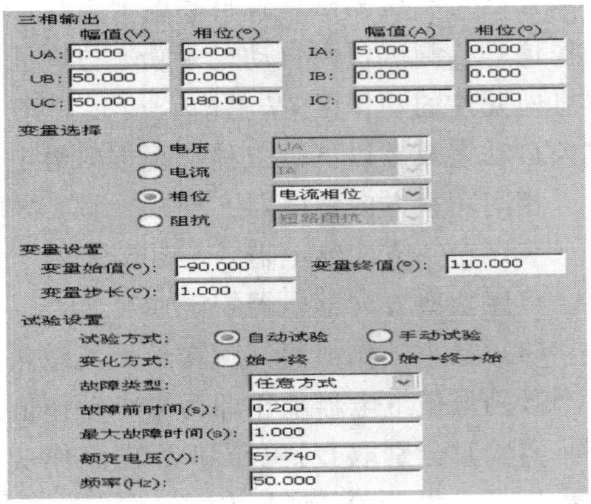

图 N-26　参数设置①

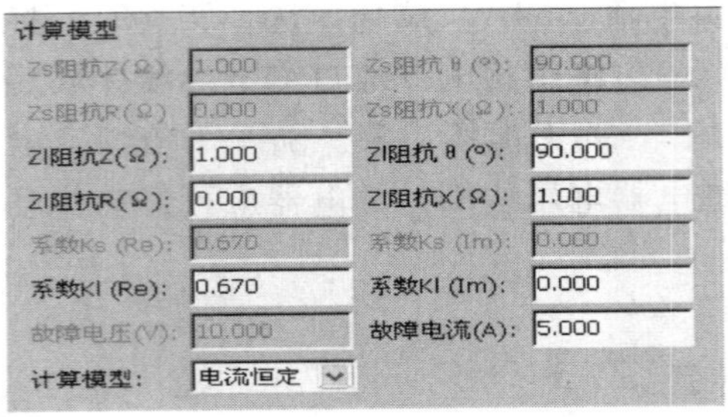

图 N-27　参数设置②

参数设置①，如图 N-26 所示；参数设置②，如图 N-27 所示。

（4）实验步骤。

1）开启测试仪，进入主界面，点击"功率方向"模块进入功率方向测试界面。

2）完成设置后，点击右上角的"开始实验"钮开始本次实验。

3）根据系统提示选择是否保存所做的实验，图 N-28 是本次实验的实验报告。

图 N-28　功率方向测试报告

八、距离保护

点击主界面上"距离保护"模块进入距离保护界面，该模块用于距离保护定值校验，定性分析距离保护各段动作的灵敏性和可靠性，如图 N-29 所示。

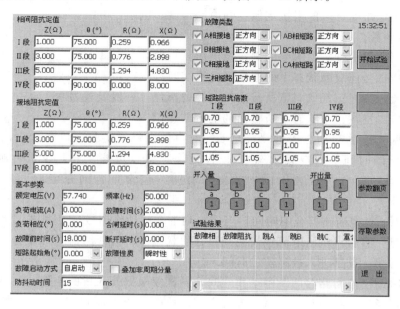

图 N-29 距离保护界面

1. 界面介绍

界面分为以下四个区域：

（1）主界面左半区域和右上区域：控制参数设置区，用于设置实验时控制的参数。

（2）主界面右下区域：开入、开出量接点开、闭显示，实验结果显示栏。

（3）次界面左上区域：控制参数设置区，用于设置实验时控制参数。

（4）次界面左下区域：开关量设置区，用于设置开入、开出量接点。

2. 参数设置

本实验根据测试项目和故障类型的选择，分别由若干个子实验项目组成，各子项目的实验过程如下所示：

第 n 个子实验：故障前→故障→重合闸。

第 $n+1$ 个子实验：故障前→故障→重合闸。

其中，每个子实验项目中的故障起动方式由用户自由设定（自起动和按键起动）。

（1）参数设置①。

1）相间阻抗定值。

Ⅰ段，相间距离Ⅰ段的阻抗定值：幅值、角度、电阻、电抗。

Ⅱ段，相间距离Ⅱ段的阻抗定值：幅值、角度、电阻、电抗。

Ⅲ段，相间距离Ⅲ段的阻抗定值：幅值、角度、电阻、电抗。

Ⅳ段，相间距离Ⅳ段的阻抗定值：幅值、角度、电阻、电抗。

2）接地阻抗定值。

Ⅰ段，接地距离Ⅰ段的阻抗定值：幅值、角度、电阻、电抗。

Ⅱ段，接地距离Ⅱ段的阻抗定值：幅值、角度、电阻、电抗。

Ⅲ段，接地距离Ⅲ段的阻抗定值：幅值、角度、电阻、电抗。

Ⅳ段，接地距离Ⅳ段的阻抗定值：幅值、角度、电阻、电抗。

3）基本参数。

额定电压：保护 TV 二次侧的额定相电压，一般为 57.735V。

频率：指试当前故障状态下的电压、电流实时频率。

负荷电流：指在正常状态下所输出的电流的幅值，一般设置为 0。

负荷相位：指在正常状态下所输出的电流的相位。

故障时间：故障起动方式为"自起动"时有效。每次实验项目测试前，测试仪均输出一段故障前的时间（即空载状态），以保证保护接点可靠复归，及重合闸准备完毕，所以，该时间的设置一般大于保护的复归时间（包含重合闸充电时间），通常取 20～25s。

合闸延时：模拟断路器合闸时间，当接收到重合闸动作信号后，测试仪将等待一段断路器合闸延时，然后将电压电流量切换到重合后状态。不接断路器时可设为 0。

故障前时间：设置进入故障前的时间。

断开延时：模拟断路器的跳闸动作时间，测试仪根据开入量的连接，一旦接收到保护的跳闸信号，经过"跳闸延时"后，方进入跳闸后的电压电流状态。（注：如果测试仪开入量直接连接断路器的"跳位"接点，则跳闸延时可取为 0。）

短路起始角：进入故障前瞬间短路电压和短路电流之间的角度。

故障性质：永久性故障和瞬时性故障。选择为瞬时性故障时，重合后故障不复存在。否则，故障继续存在。

故障起动方式：选择各故障起动的方式，包括自起动和按键起动两种方式。

自起动：本次子实验结束后，程序自动进入下一个子实验项目；按键起动：本次子实验结束后，程序自动提醒，等待用户按键，控制是否进入下一个子实验项目。注：每一个子实验项目的结束由"故障时间"参数决定。

叠加非周期分量：设置叠加非周期分量时，在故障开始瞬间有一衰减的直流分量叠加在正弦信号上。如果线路阻抗角等于系统阻抗角，此时，不存在衰减的直流电压分量。当计算方式选择为恒定电压或恒定电流模式时，也没有直流电压分量。在"任意方式"下，由于是手动设置电流电压值，计算中不考虑非周期分量的影响。非周期电压、电流分量初值的大小与短路发生的时刻有关，即与短路发生时电源电压的初始相角（合闸角）有关。

防抖动时间：一般可以设置为 15ms，是指在自动实验时，为了防止测试过程中保护接点因抖动而影响测试结果故设置的这一时间参数，只有当接点闭合或断开连续达到所设置的时间后，才对所处状态给予认可。

故障类型：根据需要选择需要进行测试的故障类型，打"√"者表示选中测试，同时可设置该类故障的故障方向包括：A 相接地，B 相接地，C 相接地，AB 相短路，BC 相短路，CA 相短路，三相短路。

短路阻抗倍数：根据需要选择各段距离阻抗定值的测试倍数，倍数可以改变，打"√"者表示选中测试。

距离Ⅰ段：选择距离Ⅰ段的各测试倍数。

距离Ⅱ段：选择距离Ⅱ段的各测试倍数。

距离Ⅲ段：选择距离Ⅲ段的各测试倍数。

距离Ⅳ段：选择距离Ⅳ段的各测试倍数。

注：一般整定倍数 0.95 倍保护应可靠动作；整定倍数 1.05 倍保护应可靠不动作；整定倍数 0.7 倍测量保护动作时间。设置反方向故障时，保护应可靠不动作。

4）测试方式及参数设置。零序补偿系数分"K_1"和"R_e/R_1 和 X_e/X_1"两种方式，当保护定值为 K_1 时可选择计算方式为"K_1"，并设置 R_e、I_m 的值。当保护定值为 K_r、K_x 时可选择"R_e/R_1 和 X_e/X_1"，并设置 K_r、K_x 的值。

计算阻抗包括系统侧阻抗和短路阻抗。系统阻抗 Z_s 的设置必须大于或等于 0，$Ph(Z_s)$ 的取值范围为 $-90°\sim+90°$。短路阻抗 Z_1 的设置即可大于 0，也可小于 0。当 Z_1 为负时，表示保护安装位置反方向发生故障时的短路阻抗。$Ph(Z_1)$ 的取值范围为 $-90°\sim+90°$。$Ph(Z_1)>0$ 表示线路呈感性，$Ph(Z_1)<0$ 时表示短路阻抗呈容性。

系统侧的零序补偿系数为

$$K_{s0}=(Z_{s0}-Z_{s1})/(3Z_{s0})$$

式中　Z_{s0}——系统侧的零序阻抗；

　　　Z_{s1}——系统侧的正序阻抗。

如果考虑到零序阻抗角与正序阻抗角相等，则 K_{s0} 为一实数，其虚部为零。

线路侧的零序补偿系数为

$$K_{l0}=(Z_{l0}-Z_{l1})/(3Z_{l0})$$

式中　Z_{l0}——线路侧的零序阻抗；

　　　Z_{l1}——线路侧的正序阻抗。

一般考虑 $Ph(Z_{l0})=Ph(Z_{l1})$，K_{l0} 也仅为一实数。

对于非接地性短路故障，零序补偿系数不参与短路计算。一般 I_m 设为 0，R_e 设置按保护定值进行设置，如果测试仪设置的零序系数与保护设置的零序系数不一致，将造成接地距离测试不准确。

5）计算模型。

a. 恒定短路电流

假定在故障回路上接有一理想的电流源，通过短路电流和短路阻抗计算出短路电压。

b. 恒定短路电压

假定在故障回路上接有一理想电压源，短路电流由短路电压及短路阻抗计算得出。

c. 恒定电源（系统）阻抗

理想电压源串联一电源阻抗，然后接到故障回路。该模型与实际电网相接近。短路电压和短路电流随着短路阻抗的变化而变化。减小短路阻抗，短路电流增大，故障残压减小。反之，短路电流和短路电压随着短路阻抗的增加而减小和增大。

对于恒定电流计算模型，由电流和阻抗计算得出的短路电压 U_f 不能大于 U_{nom} （额定电压）。如果 $U>U_{nom}$，则计算中自动降低短路电流 I_f，以满足 $U_f<U_{nom}$ 的条件。

对于电压恒定的计算模型，当由电压和阻抗计算得出的故障电流 I_f 过大，即 $I_f>I_{max}$（30A）时，程序给出告警提示，解决的办法是减小所设置的短路电压。

对于电源（系统）阻抗恒定的计算模型，当短路阻抗与电源阻抗之和接近或等于零时，计算得出的短路电流将过大，即 $I_f>I_{max}$。此时在屏幕底部将出现电流越限提示，可通过增大电源阻抗的办法消除所出现的数值越限。

Ⅰ段电流：针对Ⅰ段短路阻抗的大小，设置实验时Ⅰ段的故障电流。

Ⅱ段电流：针对Ⅱ段短路阻抗的大小，设置实验时Ⅱ段的故障电流。

Ⅲ段、Ⅳ段电流：针对Ⅲ段、Ⅳ段短路阻抗的大小，设置实验时Ⅲ段、Ⅳ段的故障电流。

注：计算模型为"电压恒定"时，可设置Ⅰ段~Ⅳ段短路电压。

（2）参数设置②。

开出量设置：一旦实验项目进入故障状态，测试仪可以根据设置，在延长一段时间后通过开出量发出一个信号。开出量延时是配合开出量设置而使用的，开出量保持是通过开出量发出信号的保持时间。

开入量定义：A、B、C三对开入量根据需要可分别定义为保护跳A、跳B、跳C或三跳信号，也可将其使能关闭，实验时不再检测开入接点的状态变化。开入量H一般为重合闸开入信号，本装置另有四对开入接点a、b、c、h。

3. 实验流程

（1）实验接线。

1）利用测试导线将测试装置的电压和电流输出端子与保护装置相对应的电压电流输入端子相连接。

2）保护装置的跳闸出口接点接到测试仪开入接点A，重合闸动作接点连接到测试仪开入接点H。

（2）参数设置。

1）选择故障类型。

2）输入各段短路阻抗值和各段短路电流值及各段短路阻抗倍数。

3）设置故障前、故障时间（针对自起动方式）、故障性质及故障起动方式等。

4）选择计算模型。

5）设置开出量及开入量定义。

6）开始实验。

7）报告处理，选择是否保存报告。

4. 实验举例

保护装置：ISA-311型微机线路成套保护装置。

测试任务：一次性完成接地距离、相间距离的定值校验及动作时间的测试。

（1）定值清单（见表N-5）。

表 N‐5　　　　　　　　　　　　　　　**定 值 清 单 表 （三）**

定　值　名　称	定值	定　值　名　称	定值
零序阻抗补偿系数	0.67	三段以上闭重投退	退出
接地距离Ⅰ段投退	投入	手合检同期投退	退出
接地距离Ⅱ段投退	投入	接地距离Ⅰ段阻抗定值（Ω）	1
接地距离Ⅱ段时限（s）	0.5	接地距离Ⅱ段阻抗定值（Ω）	3
接地距离Ⅲ段投退	投入	接地距离Ⅲ段阻抗定值（Ω）	5
接地距离Ⅲ段时限（s）	1	接地距离偏移角度定值（°）	0
接地距离Ⅳ段阻抗定值（Ω）	8	接地距离Ⅳ段时限（s）	1.5
相间距离Ⅰ段阻抗定值（Ω）	1	相间距离Ⅱ段时限（s）	0.5
相间距离Ⅱ段阻抗定值（Ω）	3	相间距离Ⅲ段阻抗定值（Ω）	5
相间距离Ⅲ段投退	投入	相间距离Ⅳ段阻抗定值（Ω）	8
相间距离Ⅲ段时限（s）	1	线路正序阻抗角度定值（°）	75
相间距离Ⅳ段投退	投入	工频变化量距离投退	退出
相间距离Ⅳ段时限（s）	1.5	保护起动重合闸投退	投入
线路零序阻抗角度定值（°）	75	重合闸同期检定角度定值（°）	90
不对应起动重合闸投退	退出	检同期投退	退出
重合闸时限（s）	1.5	检母线无压投退	退出
检线路无压投退	退出	手合检无压投退	退出
邻线有流重合闸检定投退	退出		

（2）实验接线。

1）利用测试导线将测试装置的电压和电流输出端子与保护装置相对应的电压电流输入端子相连接。

2）保护装置的跳闸出口接点接到测试仪开入接点 A，重合闸动作接点连接到测试仪开入接点 H，如图 N‐30 所示。

（3）参数设置：如图 N‐31 所示。

（4）实验步骤：

1）开启测试仪，进入主界面，点击"距离保护"模块进入距离保护测试界面。

2）完成参数设置后，点击右上角的"开始实验"按钮开始本次实验。

3）根据系统提示选择是否保存所做的实验，图 N‐32 是本次实验的实验报告。

九、零序保护

点击主界面"零序保护"模块进入零序保护界面，该模块用于零序保护定值校验，定性分析零序保护各段动作的灵敏性和可靠性。如图 N‐33 所示。

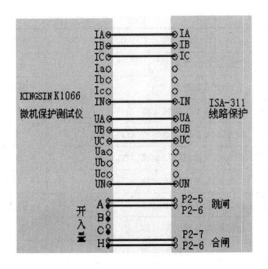
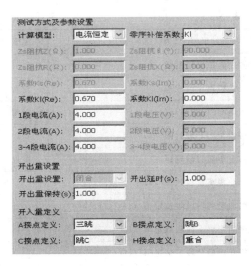

图 N-30 距离保护实验接线　　　　　图 N-31 距离保护参数设置

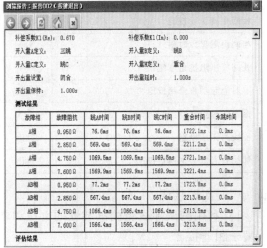

图 N-32 距离保护实验报告

1. 界面介绍

主界面分为三个区域：

（1）左上半区域、右上区域：控制参数设置区，用于设置实验时控制参数。

（2）左下区域：开关量设置区，用于设置开入、开出量接点。

（3）右下区域：开入、开出量接点开、闭显示，实验结果显示栏。

2. 参数设置

本实验根据测试项目和故障类型的选择，分别由若干个子实验项目组成，各子项目的实验过程如下所示。

第 n 个子实验：故障前→故障→重合闸。

第 $n+1$ 个子实验：故障前→故障→重合闸。

374

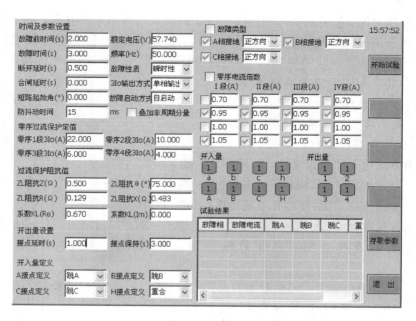

图 N-33　零序保护界面

其中，每个子实验项目中的故障起动方式由用户设定（自起动和按键起动）。零序保护主要用于线路接地故障的保护，接地故障中最常见的就是单相接地，故本实验中以单相接地故障进行实验。

（1）参数设置①。

故障前时间：设置进入故障前的时间，故障起动方式为"自起动"时有效。每次子实验项目测前，测试仪均输出 I 段故障前的时间（即空载状态），以保证保护接点可靠复归，及重合闸准备完毕，所以，该时间的设置一般大于保护的复归时间（包含重合闸充电时间），通常取 20～25s。

额定电压：保护 TA 二次侧的额定相电压，一般为 57.735V。

故障时间：每次故障模拟时故障量的最大输出时间。为了保证测试精度，该时间值必须大于保护继电器的动作时间。

频率：指当前故障状态下的电压电流实时频率。

断开延时：模拟断路器的跳闸动作时间，测试仪根据开入量的连接，一旦接受到保护的跳闸信号，经过"跳闸延时"后，方进入跳闸后的电压电流状态。（注：如果测试仪开入量直接连接断路器的"跳位"接点，则跳闸延时可取为 0）。

合闸延时：模拟断路器合闸时间，当接收到重合闸动作信号后，测试仪将等待 I 段开关合闸延时，然后将电压电流量切换到重合后状态；不接断路器时可设为 0。

故障性质：永久性故障、瞬时性故障。选择为瞬时性故障时，重合后故障不复存在。否则，故障继续存在。

$3I_0$ 输出方式：$3I_0$ 电流的提供方式。对于单相接地故障，理论上，零序电流应与故障相电流相对应，例如，A 相接地，$3I_0 = I_a$；B 相接地，$3I_0 = I_b$；C 相接地，$3I_0 = I_c$。

但是，对于零序电流 $3I_0$ 数值较大的情况，由于测试仪的输出量程有限，为了模拟 $3I_0$ 的大电流，必须利用测试仪两相或三相并联的方式，为此程序提供了 5 种 $3I_0$ 电流的输出方式，分别为"单相输出（故障相）"、"AB 两并电流输出"，"BC 两并电流输出"，"CA 两并电流输出"和"ABC 三并电流输出"。其中，第一种方式下，故障电流的输出和理论情况完全一致，而后几种方式只代表 $3I_0$ 的合成方式，即仅保证 $3I_0$ 输出的正确性（包括方向和大小），并不理会与故障相电流的对应性。

例如，对于 A 相接地有：

$3I_0$ 输出方式选择"单相输出（故障相）"，则 $I_a = 3I_0$，$I_b = 0$，$I_c = 0$；

$3I_0$ 输出方式选择"AB 两相并电流输出"，则 $I_a = 3I_0/2$，$I_b = 3I_0/2$，$I_c = 0$；

$3I_0$ 输出方式选择"BC 两相并电流输出"，则 $I_a = 0$，$I_b = 3I_0/2$，$I_c = 3I_0/2$；

$3I_0$ 输出方式选择"CA 两相并电流输出"，则 $I_a = 3I_0/2$，$I_b = 0$，$I_c = 3I_0/2$；

$3I_0$ 输出方式选择"ABC 三相并电流输出"，则 $I_a = 3I_0/3$，$I_b = 3I_0/3$，$I_c = 3I_0/3$。

但无论 $3I_0$ 的输出方式，还是 U_a、U_b、U_c 和 $3U_0$ 大小、方向的模拟均保证与理论情况完全相符。注：由于 $3I_0$ 的输出方式只代表 $3I_0$ 电流的提供方式，并不表示测试仪的电流输出端孔与保护故障相电流端子的连接方式，测试仪和保护的连接仍遵守一一对应的原则。对于有六路电流输出的仪器，当电流作三相输出时，I_a 端连接作 A 相电流，I_b 端连接作 B 相电流，I_c 端连接作 C 相电流。

短路起始角：进入故障前瞬间短路电压和短路电流之间的角度。

故障起动方式：选择各故障起动的方式，包括自起动和按键起动两种方式：自起动：本次子实验结束后，程序自动进入下一个子实验项目。按键起动：本次子实验结束后，程序自动提醒，等待用户按键，控制是否进入下一个子实验项目。注：每一个子实验项目的结束由"故障时间"参数决定。

防抖动时间：一般可以设置成 15ms，是指在自动实验时，为了防止测试过程中保护接点因抖动而影响测试结果故设置的这一时间参数，只有当接点闭合或断开连续达到所设置的时间后，才对所处状态给予认可。

叠加非周期非量：设置叠加非周期分量时，在故障开始瞬间有一衰减的直流分量叠加在正弦信号上。如果线路阻抗角等于系统阻抗角，此时，不存在衰减的直流电压分量。当计算方式选择为恒定电压或恒定电流模式时，也没有直流电压分量。在"任意方式"下，由于是手动设置电流电压值，计算中不考虑非周期分量的影响。非周期电压、电流分量初值的大小与短路发生的时刻有关，即与短路发生时电源电压的初始相角（合闸角）有关。

故障类型：根据需要选择需要进行测试的故障类型，打"√"者表示选中测试，同时可设置该类故障的故障方向包括：A 相接地，B 相接地，C 相接地。

零序过流保护定值：零序 1 段 $3I_0$ 为零序Ⅰ段定值；零序 2 段 $3I_0$ 为零序Ⅱ段定值；零序 3 段 $3I_0$ 为零序Ⅲ段定值；零序 4 段 $3I_0$ 为零序Ⅳ段定值。

零序过流保护阻抗值：保护安装处到短路点的线路阻抗 Z_1（正序阻抗），设定阻抗 Z_1 及阻抗角后，阻抗 R、阻抗 X 由程序自动计算出来，考虑到一般情况下，电力系统假定

零序阻抗 Z_0 和正序阻抗 Z_1 的阻抗角度相等，则 $I_m(K_1)＝0$，K_1 为一实数，通常取 0.667。

零序电流倍数：根据需要选择各段零序定值的测试倍数，倍数可以改变，打"√"者表示选中测试。零序Ⅰ段：选择零序 1 段的各测试倍数；零序Ⅱ段：选择零序 2 段的各测试倍数；零序Ⅲ段：选择零序 3 段的各测试倍数；零序Ⅳ段：选择零序 4 段的各测试倍数。注：一般整定倍数 0.95 倍保护应可靠不动作，整定倍数 1.05 倍保护应可靠动作。设置反方向故障时，对于保护带方向应可靠不动作。

（2）参数设置②。

开出量设置：一旦子实验项目进入故障状态，测试仪可以根据设置，在延长一段时间后通过开出量发出一个信号。开出量延时是配合开出量设置而使用的，开出量保持是通过开出量发出信号的保持时间。

开入量定义：A、B、C 三对开入量根据需要可分别定义为保护跳 A、跳 B、跳 C 或三跳信号，也可将其使能关闭，实验时不再检测开入接点的状态变化。开入量 H 一般为重合闸开入信号，本装置另有四对开入接点 a、b、c、h。

3. 实验流程

（1）实验接线。

1）用测试导线将测试装置的电压和电流输出端子与保护装置相对应的电压、电流输入端子相连接。

2）保护装置的跳闸出口接点接到测试仪开入接点 H，重合闸动作接点连接到测试仪开入接点 H，接点 A、B、C 的出口公共端相通。

（2）参数设置。

1）选择故障类型。

2）输入各段零序电流定值及短路阻抗值和零序电流倍数。

3）设置故障前、故障时间（针对自起动方式）、故障性质及故障起动方式等。

4）设置开出量及开入量定义。

5）开始实验。

6）报告处理，选择是否保存报告。

4. 实验举例

保护装置：ISA-311 型微机线路成套保护装置。

测试任务：一次性完成零序保护的定值校验及动作时间的测试。

（1）定值清单见表 N-6。

（2）实验接线。

1）利用测试导线将测试装置的电压和电流输出端子与保护装置相对应的电压电流输入端子相连接。

2）保护装置的跳闸出口接点接到测试仪开入接点 A，重合闸动作接点连接到测试仪开入接点 H，如图 N-34 所示。

（3）参数设置：如图 N-35 所示。

定 值 名 称	定值	定 值 名 称	定值
零序阻抗补偿系数	0.67	检母线无压投退	退出
零序反时限投退	退出	手合检无压投退	退出
零序过流Ⅰ段方向投退	退出	零序反时限方向元件投退	退出
零序过流Ⅱ段方向投退	退出	零序过流Ⅰ段定值（A）	12
零序Ⅱ段时限（s）	0.5	零序过流Ⅱ段定值（A）	7
零序过流Ⅲ段方向投退	退出	零序过流Ⅲ段定值（A）	4
零序Ⅲ段时限（s）	1	零序过流Ⅳ段定值（A）	2
零序过流Ⅳ段方向投退	退出	线路零序阻抗角度定值（°）	75
零序Ⅳ段时限（s）	1.5	不对应起动重合闸投退	退出
线路正序阻抗角度定值（°）	75	重合闸时限（s）	1.5
工频变化量距离保护投退	退出	检线路无压投退	退出
保护起动重合闸投退	投入	邻线有流重合闸检定投退	退出
重合闸同期检定角度定值（°）	90	Ⅲ段以上闭重投退	投入
检同期投退	退出	手合检同期投退	

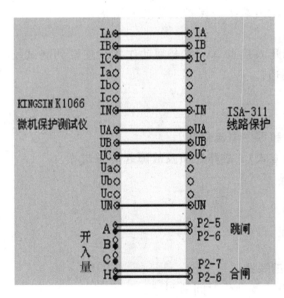

图 N-34　零序保护实验接线

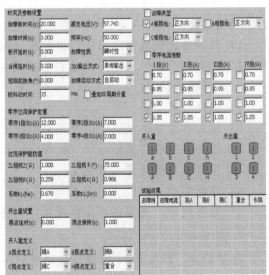

图 N-35　零序保护参数设置

（4）实验步骤。

1）开启测试仪，进入主界面，点击"零序保护"模块进入零序保护测试界面。

2）完成设置后，点击右上角的"开始实验"钮开始本次实验。

3）根据系统提示选择是否保存所做的实验，图 N-36 是本次实验的实验报告。

十、低周减载

单击主菜单中的"低周减载"图标进入低周减载测试模块，可测试各种频率继电器及

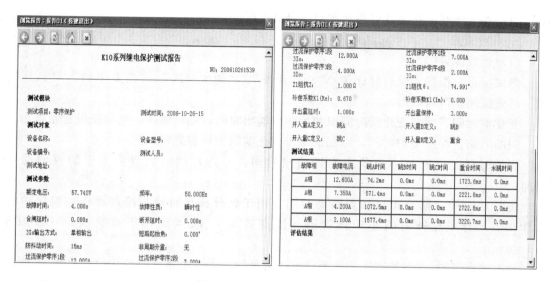

图 N-36 零序保护实验报告

低周减载自动装置的动作值、动作时间、df/dt 动作值、电压闭锁值和电流闭锁值。如图 N-37 所示。

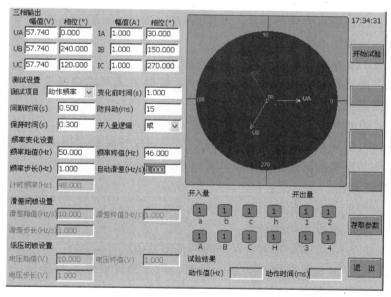

图 N-37 低周减载实验界面

1. 界面介绍

主界面分为四个区域：

（1）左上区域：电压、电流设置区，实时显示电压、电流的幅值、角度输出值。

（2）左下区域：参数设置区，用于设置实验参数，测试设置、频率设置、滑差设置、低压闭锁设置。

（3）右上区域：电压、电流矢量图。

（4）右下区域：开关量状态和实验结果显示区。

2. 参数设置

（1）参数设置①。

测试项目：根据实验内容选择，"动作频率"、"动作时间"、"滑差闭锁"、"低压闭锁"、"低流闭锁"测试。

变化前时间：频率变化前时间即初始频率输出时间，此时电压、电流按设置量输出。

间断时间：保护复归时间，以保证每步变化前保护可靠复归。

保持时间：设置每一个状态保持输出时间，保持时间的设置应大于装置的动作时间。

防抖动时间：防止出口接点抖动时间，用于区分接点抖动与接点动作，当保护的动作接点闭合或打开时间小于该时间（接点抖动），接点动作不被确认，一般取 5～15ms。

开入接点逻辑："逻辑或"表示所选开入有任何一个满足条件时动作信号成立，"逻辑与"表示所选开入均满足条件时动作信号才成立。若只选取一个开入端口，则"逻辑或"和"逻辑与"效果相同。

（2）参数设置②。

1）频率变化设置。

频率始值：设置频率的变化始点。

频率终值：设置频率的变化终点。

两者所构成的变化范围应覆盖保护装置的动作值。

频率步长：设置频率的变化步长。一般地，根据测试要求选择合适的步长，步长越小，动作值的测试精度越高。

自动滑差：设置频率的变化速率。

计时频率：根据频率变化的方向，当频率变化到该计时频率值时，起动计时器计时，直到继电器动作并反馈到测试仪后停止计时（在测试动作时间下有效）。

2）滑差闭锁设置。

滑差始值：设置滑差变化的始点。

滑差终值：设置滑差变化的终点。

两者所构成的变化范围应能覆盖保护的滑差闭锁值。

滑差步长：设置滑差的变化步长。一般地，根据测试要求选择合适的步长，步长越小，滑差值的测试精度越高。

注意：该滑差的设置在测试滑差闭锁时有效。

3）低压闭锁设置。

电压始值：设置电压的变化始点。

电压终值：设置电压的变化终点。

两者所构成的变化范围应能覆盖保护的电压闭锁值。

电压步长：设置电压的变化步长。一般地，根据测试要求选择合适的步长，步长越小，电压闭锁值的测试精度越高。

4）低流闭锁设置。

电流始值：设置电流的变化始点。

电流终值：设置电流的变化终点。

两者所构成的变化范围应能覆盖保护的电流闭锁值。

电流步长：设置电流的变化步长。一般地，根据测试要求选择合适的步长，步长越小，电流闭锁值的测试精度越高。

3. 实验流程

（1）实验接线。

1）用测试导线将测试装置的电压和电流输出端子与保护装置相对应的电压、电流输入端子相连接。

2）保护装置的跳闸出口接点接到测试仪开入接点 A。

（2）参数设置。

1）选择测试项目。

2）设置三相电流、电压值，其值要保证保护正常工作。

3）设置控制时间。

4）根据测试项目设置相应的变量步长。

5）开始实验。

6）报告处理，选择是否保存报告。

（3）测试项目：动作频率。

1）设置频率变化范围及其滑差：始值一般取装置的额定频率（即 50Hz），终值取能使保护可靠动作的频率。变化步长取能满足测试精度的值，一般取 0.1Hz，滑差 df/dt 取小于保护"df/dt 闭锁"的值。

2）设置电压、电流值，应取装置能正常工作的值。

3）输入装置整定值，输入允许误差。

4）实验过程描述：在"测试设置"中，设"变化前时间"为 2s，"间断时间"为 0.5s，"保持时间"为 0.3s，"自动滑差"为 1Hz/s，"变化步长"为 0.1Hz。测试仪首先给出 50Hz 频率 2s（变化时间），使装置能正常工作。变化前时间过后测试仪输出频率从 50Hz 以 1Hz/s 变化至 49.9Hz，并保持 0.3s，如果保护动作，测试仪停止实验；若保护不动作，测试仪停止输出 0.5s 后重新输出 50Hz 保持 2s 则以 1Hz/s 的滑差变化到 49.8Hz，以此类推，以同样的方式变至 49.7Hz、49.6Hz……直至测得保护动作频率。

（4）测试项目：动作时间。

1）按装置工作条件设置电压、电流。

2）输入计时触发频率。

3）在频率变化范围及其变化率栏输入变化始值、终值（应尽可能与触发频率保持一定范围）、df/dt（小于 df/dt 闭锁值）。

4）实验过程描述：在"测试设置"中，设"变化前时间"为 2s，"间断时间"为 0.5s，"保持时间"为 0.3s，"自动滑差"为 0.5Hz/s，"变化步长"为 1Hz，"计时频率"为 49Hz，

"频率始值"为 50Hz，"频率终值"为 46Hz，测试仪首先给出 50Hz 频率 2s（变化前时间），以使装置正常运行。然后以 0.5Hz/s 的变化率从 50Hz 往终值变化，至 49Hz 起动计时器，继续向下变频率，直至装置动作，测试仪停止记录时，并测得动作时间。

（5）测试项目：滑差闭锁值。

1）设置电压、电流值，使保护能正常工作。

2）设置频率变化范围，始值一般取保护的额定频率（即 50Hz），整定动作时间、整定计时频率按保护定值输入。

3）输入 df/dt 变化范围，变化始值、终值、频率滑差的变化步长。

4）实验过程描述：在"测试设置"中，设"变化前时间"为 2s，"间断时间"为 0.5s，"滑差始值"为 1Hz/s，"滑差终值"为 5Hz/s，"滑差步长"为 1Hz/s，"频率始值"为 50Hz，"频率终值"为 46Hz。测试仪首先给出 50Hz 频率 2s（变化前时间），使装置正常工作。然后开始以 1Hz/s 的变化率从 50Hz 下降，保护动作；测试仪经过间断时间 0.5s 无输出。间断时间结束后测试仪给出 50Hz 频率 2s 然后以 2Hz/s 的滑差从 50Hz 下降，保护动作。以同样的方式改变频率滑差直至测得装置不动作的滑差值，即为 df/dt 闭锁值。

（6）测试项目：低压闭锁值。

1）设置电压、电流值，使保护能可靠工作。

2）设置频率变化范围，始值一般取装置的额定频率（即 50Hz），整定动作时间、整定计时频率按保护定值输入，df/dt 应使保护不被闭锁。

3）输入电压变化范围的始值、终值、变化步长。

4）实验过程描述：在"测试设置"中，设"变化前时间"为 2s，"间断时间"为 0.5s，"电压始值"为 50V，"电压终值"为 40V，"电压步长"为 1V，"频率始值"为 50Hz，"频率终值"为 46Hz，"频率滑差"为 0.5Hz/s。测试仪首先给出 50Hz、57.74V 电压 2s（变化前时间），使装置正常工作。然后电压变为 50V，同时频率以 0.5Hz/s 的滑差从 50Hz 下降，保护动作。测试仪输出间断 0.5s。间断时间结束后测试仪输出 50Hz、57.74V 电压保持 2s，然后电压变为 49V，同时以 0.5Hz/s 的变化率从 50Hz 下降，保护动作。以同样的方式改变电压为 48V、47V、46V，…直到保护不动作，即为低电压闭锁值。

（7）测试项目：低流闭锁值。

1）设置电压、电流值，使装置能正常工作。

2）设置频率变化范围，始值一般取装置的额定频率（即 50Hz），整定动作时间、整定计时频率按装置定值输入，df/dt 应使保护不被闭锁。

3）输入电流变化范围的始值、终值、变化步长。

4）实验过程描述：在"测试设置"中，设"变化前时间"为 2s，"间断时间"为 0.5s，"频率滑差"为 0.5Hz/s，"电流始值"为 5A，"电流终值"为 1A；"电流步长"为 0.1A。测试仪首先给出 50Hz 的电流 5A 保持 2s（变化前时间），使装置正常工作。然后电流变为 4A，同时频率以 0.5Hz/s 的滑差从 50Hz 下降，保护动作。测试仪输出间断 0.5s，间断时间结束后测试仪输出频率 50Hz，电流 5A 保持 2s，然后电流变为 3.9A，同时以 0.5Hz/s 的变化率从 50Hz 下降，保护动作。以同样的方式改变电流为 3.8A、3.7A、3.6A、…直到保护不动作，即为低电流闭锁值。

4. 实验举例

保护装置：深圳南瑞 ISA-351F 型分散式微机保护测控装置。

测试任务：测试动作频率。

（1）定值清单见表 N-7。

表 N-7 定 值 清 单 表 （五）

定 值 名 称	定值	定 值 名 称	定值
有 $\Delta f/\Delta t$ 闭锁低周减载投入	投入	有 $\Delta f/\Delta t$ 闭锁低周频率定值（Hz）	49
有 $\Delta f/\Delta t$ 闭锁低周减载时限（s）	2	低周减载 $\Delta f/\Delta t$ 闭锁定值（Hz）	2
无 $\Delta f/\Delta t$ 闭锁低周减载投入	退出	低周减载无流闭锁投入	投入
低周减载无流闭锁定值（A）	1	控制回路断线告警投入	退出
瞬时电流速断保护投入	退出	限时电流速断保护投入	退出
定时限过电流保护投入	退出	反时限过电流保护投入	退出
不对应起动重合闸投入	退出	保护起动重合闸投入	退出
大电流闭锁闭锁重合闸投入	退出	零序过流保护投入	退出
过负荷告警投入	退出		

（2）实验接线。

1）用测试导线将测试装置的电压和电流输出端子与保护装置相对应的电压、电流输入端子相连接。

2）保护装置的跳闸出口接点接到测试仪开入接点 A。如图 N-38 所示。

（3）参数设置：如图 N-39 所示。

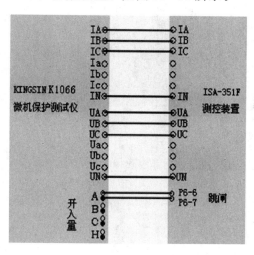

图 N-38 实验接线图

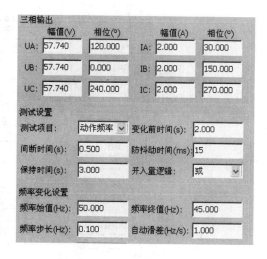

图 N-39 低周减载参数设置

（4）保存参数：点击"存取参数"按钮，弹出存取参数对话窗，选择需要保存的实验报告文件名或输入新的实验报告文件名，点击"保存"按钮，保存参数。

（5）开始实验：按"开始实验"按钮进行实验，测试仪按测试项目设置进行实验。

（6）保存报告：点击"报告处理"按钮，弹出报告处理对话窗，选择需要保存的实验报告文件名或重新输入新的文件名，点击"保存"按钮，保存报告，本次报告如图 N-40 所示。

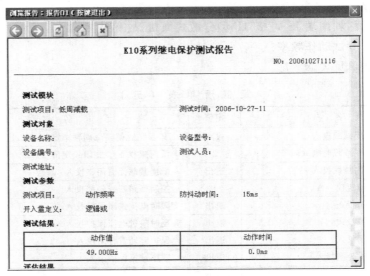

图 N-40　低周减载实验报告

注：三相电压、电流设置要保证装置正常工作，即保证低压、低流开放闭锁，变化前时间要保证保护可靠复归，保持时间应大于低周动作时间。

十一、状态序列

点击主界面"状态序列"模块进入状态序列界面，如图 N-41 所示。

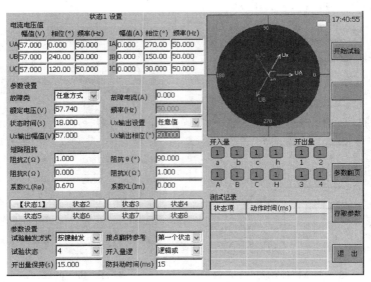

图 N-41　状态序列实验界面

1. 界面介绍

主界面分五个区域：

（1）左上半区域：电流、电压辅助参数显示区。

（2）左中区域：控制参数设置区，用于设置实验时的各状态参数。

（3）左下区域：各个状态触发方式及状态数选择等。

（4）右上区域：当前状态的电压、电流的矢量图显示区，点击图右上角的小窗口，可以切换显示电压、电流相序图。

（5）右下区域：开入、开出量接点开、闭显示，实验结果显示栏。

2. 参数设置

该实验过程分 8 个状态：状态 1～状态 8，用户可根据需要，自行选择状态数目。

根据"实验触发方式"的不同，各状态之间的切换由各状态的"状态时间"来确定，也可以由用户自行控制。"时间控制"时，若不需要此状态，其"状态时间"可设置为零。

（1）参数设置①。

故障类型：本状态的故障类型，可选择任意方式、A 相接地、B 相接地、C 相接地、AB 短路、BC 短路、CA 短路、三相短路等；

故障电流：短路故障时，流过保护安装处的故障相电流，计算模型为电流恒有效。

额定电压：保护 TV 二次侧的额定相电压，一般为 57.735V。

频率：电压、电流的频率，当故障类型为任意设置时，该项被屏蔽。

状态时间：本状态的实验持续时间，即进入本状态后，经过所设定的持续时间后，测试仪输出自动进入下一状态。

U_x 输出设置：包括任意值、$+3U_0$、$-3U_0$、$\sqrt{3}3U_0$、$-\sqrt{3}3U_0$ 五种设置，设置为 $3U_0$ 时，其值与相序量图的 $3U_0$ 值一致；设置 U_x 为任意值时，其幅值、相位和频率可任意设置，此时 U_x 相位参考 U_a。

短路阻抗：设置保护待测试段整定阻抗的大小和阻抗角。设定阻抗 Z 及阻抗角后，阻抗 R、阻抗 X 由程序自动计算，一般地系数 K_1（R_e）为 0.67，系数 K_1（I_m）为 0。

（2）参数设置②。

实验触发方式：分时间触发、接点＋时间触发、接点触发、按键触发四种，时间触发是经过本状态持续时间方进入下一状态。接点触发是通过接点的开、闭来切换状态。选择接点＋时间触发，只有当开入量逻辑选为"逻辑或"时两个控制方式才有效，当开入量逻辑选为"逻辑与"时，时间触发有效。按键触发是由用户自行选择是否进入下一状态的控制方式。

接点翻转参考点：选择接点触发或接点＋时间触发有效。该参考点有两个：以第一状态为参考点和以上一状态为参考点。以第一状态为参考点是利用接点开合方式进入下一状态，与第一个状态进入到下一状态的接点开合方式一样。如：以 A 接点为例，从第一状态进入第二状态，其开合方式为开→闭，即第二状态进入第三状态，其开合方式也为开→闭。以上一个状态为参考点是进入下一状态的接点开合方式参照上一状态。如：以 A 接点为例，第一状态接点为开，即进入第二状态接点为闭，进入第三状态接点为开。

实验状态数：有 8 个状态可供选择。

开入量逻辑：分"逻辑或"和"逻辑与"。"逻辑或"表示所选开入量有任何一个满足条件时动作信号成立，"逻辑与"表示所选开入量均满足条件时动作信号才成立。若只选取一个开入端口，则"逻辑或"和"逻辑与"效果相同。

开出量保持：通过开出量发出信号的保持时间。

防抖动时间：一般可以设置成 15ms，是指在自动实验时，为了防止测试过程中保护接点因抖动而影响测试结果故设置的这一时间参数，只有当接点闭合或断开连续达到所设置的时间后，才对所处状态给予认可。

3. 实验流程

（1）实验接线。

1）用测试导线将测试装置的电压和电流输出端子与保护装置相对应的电压、电流端子相连接，如重合闸不检同期或无压可不接 U_x。

2）保护装置的跳出口接点接到测试仪开入接点 A，重合闸动作接点连接到测试仪开入接点 H，接点 A、B、C 的出口公共端相通。

（2）参数设置。

1）设置各状态的电压、电流和短路状态。

2）选择实验状态数。

3）设置实验触发方式，若为接点触发，设置翻转参考点。

4）选择开入量逻辑、设置防抖动时间。

5）开始实验。

6）报告处理，选择是否保存报告。

4. 实验举例

保护装置：ISA-311 型微机线路成套保护装置。

测试任务：接地距离二段整组模拟实验。

（1）定值清单见表 N-8。

（2）实验接线。

1）利用测试导线将测试装置的电压和电流输出端子与保护装置相对应的电压电流输入端子相连接。

表 N-8   定 值 清 单 表 （六）

定 值 名 称	定值	定 值 名 称	定值
零序阻抗补偿系数	0.67	保护起动重合闸投退	投入
接地距离 I 段投退	退出	重合闸同期检定角度定值（°）	90
接地距离 II 段投退	投入	接地距离 I 段阻抗定值（Ω）	1
接地距离 II 段时限（s）	0.5	接地距离 II 段阻抗定值（Ω）	3
接地距离 III 段投退	退出	接地距离 III 段阻抗定值（Ω）	5
接地距离 III 段时限（s）	1	线路零序阻抗角度定值（°）	75
接地距离偏移角度定值（°）	0	不对应起动重合闸投退	退出
线路正序阻抗角度定值（°）	75	重合闸时限（s）	1.5
工频变化量距离保护投退	退出		

2）保护装置的跳闸出口接点接到测试仪开入接点 A，重合闸动作接点连接到测试仪开入接点 H。如图 N-42 所示。

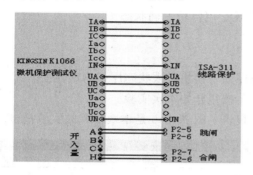

图 N-42　实验接线图

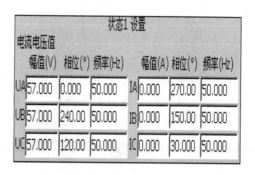

图 N-43　状态 1 电流电压值设置图

（3）参数设置。

本次实验的过程应为：状态 1（故障前状态）→状态 2（故障状态）→状态 3（重合状态）→状态 4（永跳状态）。

（4）参数设置①。

实验触发方式：接点＋时间触发；接点翻转参考：以上一个状态；开入量逻辑：逻辑或；实验状态数：4；开出量保持：不理会；防抖动时间：25ms。

（5）参数设置②。

1）状态 1（故障前状态）。

故障类型：任意方式；故障电流：0；额定电压：57.74V；状态时间：2s；U_x 输出设置：由于重合闸不检同期，此处可不理会；短路阻抗：可不理会；电压、电流值：如图 N-43 所示。

2）状态 2（故障状态），如图 N-44 所示。

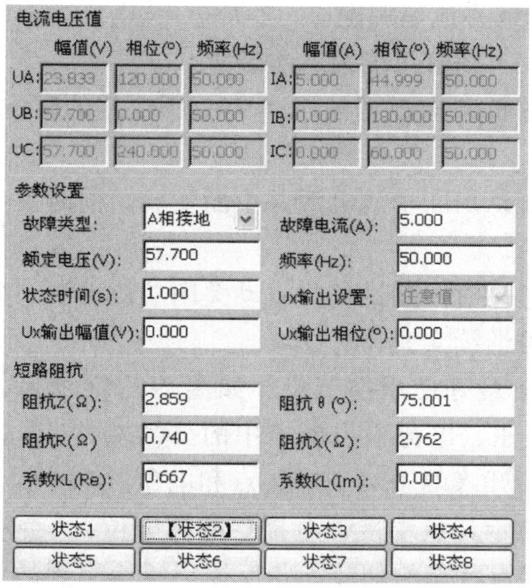

图 N-44　状态 2 参数设置

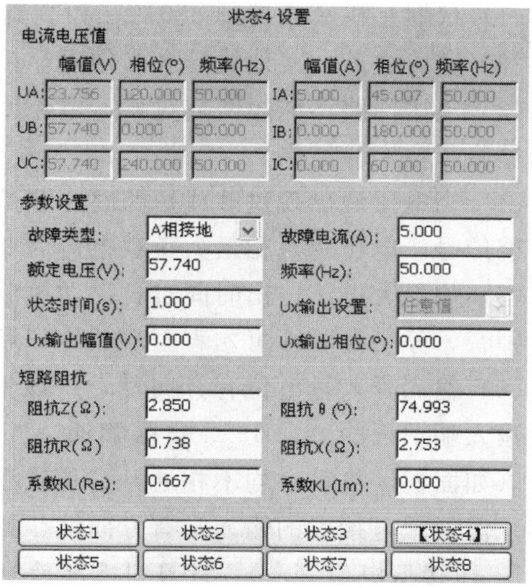

图 N-45　状态 4 参数设置

3）状态3（重合状态）。

故障类型：任意方式；故障电流：0；状态时间：2s；U_x输出设置：由于重合闸不检同期，此处可不理会；短路阻抗：可不理会；电压、电流值：同状态1。

4）状态4（永跳状态），如图N-45所示。

（6）实验步骤。

1）开启测试仪，进入主界面，点击"状态序列"模块进入状态序列测试界面。

2）完成设置后，点击右上角的"开始实验"按钮开始本次实验。

3）根据系统提示选择是否保存所做的实验报告，图N-46是本次实验的实验报告。

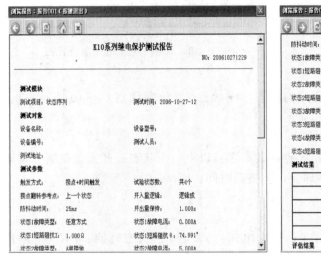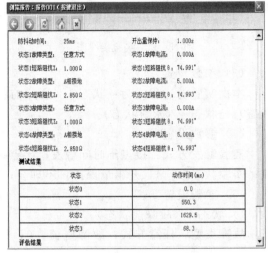

图N-46 状态序列实验报告

十二、注意事项

（1）仪器主机禁止接到380V三相交流电源或直流电源上。

（2）实验之前，接地线插孔必须可靠接地，否则有可能损坏本装置。

（3）电压回路不能短路或过载，电流回路的负载应根据技术参数中所给定的阻抗值，以免过载影响实验结果。

（4）当电压源出现过载或短路时，测试仪自动切断功放电源并中断实验，同时发出过载告警信号。电压源每相最大负载电流为0.55A。

（5）如果大电流输出时间过长，功放温升过高时，测试仪将自动关闭功放电源，并给出告警音，停止实验即可。直至功放冷却后方可继续实验。

（6）输入开入量电位有方向性，一般情况下最好使用空节点。如图N-47所示。开入量输入端子上的A、B、C负端相通，并与电压、电流输出端子中的公共端"N"以及地线（如面板、机箱）均不相通，它是悬浮地。开入端子对于空接点和电位（10～250V）兼容。但对带电接点的输入具有方向性。如图所示，负端接带电接点的高电位（＋），A、B、C、H接低电位（－），计算机才能检测到接点状态的翻转。若反接，所检测到的将始终是闭合状态。

（7）如果实验过程中出现紧急问题，迅速退出功放按钮，然后关闭主机电源。

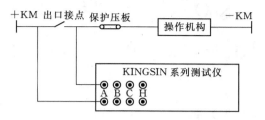

图 N-47　输入开入量的接线示意图

附录 O　毕业实习报告范例

以 PRC41A - 02 线路保护柜例，报告共分以下三个部分：

继电保护测试仪。

PRC41A - 02 线路保护柜。

实习中遇到的问题及解决方案。

一、继电保护测试仪

（1）所用测试仪面板说明。

（2）测试操作说明（举例自己所做保护时的方案及参数设置）。

（3）测试仪使用过程中所遇问题。

二、PRC41A - 02 线路保护柜

1. 装置介绍

（1）保护配置。

（2）保护原理。

（3）面板布置（附面板图）。

（4）使用说明［指示灯说明、液晶显示说明（保护运行、保护动作、装置自检、命令菜单使用说明）］。

（5）装置的运行说明。

2. 测试方案

（1）相间距离保护及三相一次重合闸测试。

1）参数设置。

2）开出量设置。

3）开入量定义。

4）测试过程。

5）测试结果（附保护装置动作报告）。

6）报告分析。

（2）接地距离保护及三相一次重合闸测试。

1）参数设置。

2）开出量设置。

3）开入量定义。

4）测试过程。

5）测试结果（附保护装置动作报告）。

6）报告分析。

（3）四段另序方向过流保护及三相一次重合闸测试。

1）参数设置。

2）开出量设置。

3）开入量定义。

4）测试过程。

5）测试结果（附保护装置动作报告）。

6）报告分析。

（4）整组实验（正向、反向各种类型故障，保护基本功能都有那个应投入）。

1）参数设置。

2）开出量设置。

3）开入量定义。

4）测试过程。

5）测试结果（附保护装置动作报告）。

6）报告分析。

（5）低周保护测试。

1）参数设置。

2）开出量设置。

3）开入量定义。

4）测试过程。

5）测试结果（附保护装置动作报告）。

6）报告分析。

三、实习中遇到的问题及解决方案

附录 P　RCS-941A 保护原理接线图

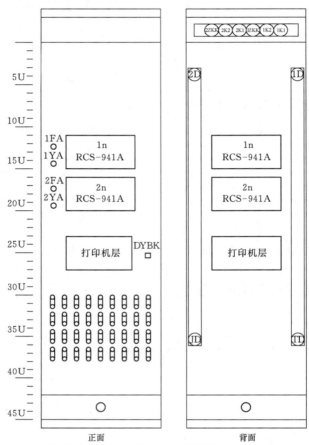

注:2n 装置预留安装位置及扎线,用空档板封好。

15					
14					
13					
12					
11					
10		凤凰端子			
9		打印机层		1	
8	DYQK	打印切换开关	LW21－16/4.6722.6	1	
7	1、2ZKK	电压开关	S253S－B02	2	
6	1、2K2	电源开关	S252S－B04－DC	2	
5	1、2K1	电源开关	S252S－B02－DC	2	
4	LP	连接片	XH17－2T/Z	36	
3	FA,YA	按钮	LA42P－10/G	4	
2	2n	成套线路保护装置	RCS－941A	0	
1	1n	成套线路保护装置	RCS－941A	1	
序号	符号	名称	型号	数量	备注

图 P-1　线路保护柜柜面布置图

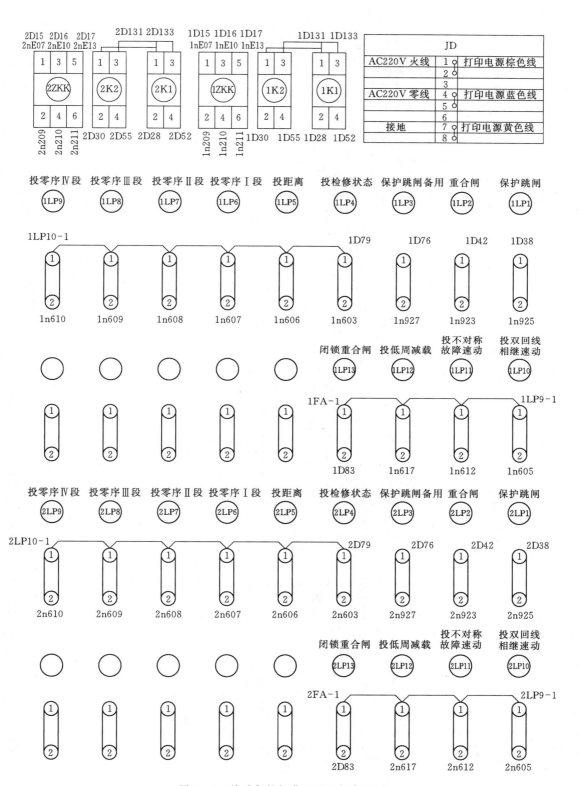

JD		
AC220V 火线	1	打印电源棕色线
	2	
	3	
AC220V 零线	4	打印电源蓝色线
	5	
	6	
接地	7	打印电源黄色线
	8	

图 P-2 线路保护柜背面及压板布置图

ln
RCS-941A

端子 1 — DC

	标	端子	标	端子	标
*	1D28	101			
*	1D52	102			
		103			
	1D78	104			
	1n615	105			
		106			

接地

端子 2 — AC

	标	端子	标	端子	标
*	1D1	201	1D2	202	*
*	1D3	203	1D4	204	*
*	1D5	205	1D6	206	*
*	1D7	207	1D8	208	*
	1ZK K-2	209	1ZK K-4	210	
	1ZK K-6	211	1D18	212	
	1D20	213	1D19	214	

端子 5 — COM

标	端子	
485+	501	#
485-	502	#
地	503	#
485+	504	#
485-	505	#
地	506	#
SYN+	507	#
SYN-	508	#
地	509	#
PP-20	510	
PP-3	511	
PP-7	512	

端子 6 — OPT1

标	端子	端子	标
1YA-2	601	602	1D85
1FA-2	603	604	1LP4-2
LLP5-2	605	606	1LP10-2
LLP7-2	607	608	1LP6-2
LLP9-2	609	610	1LP8-2
LLP11-2	611	612	1D82
1D80	613	614	
	615	616	1n105
1D84	617	618	1LP12-2
	619	620	
	621	622	
	623	624	
	625	626	
	627	628	
	629	630	

端子 9 — OUT1

标	端子	端子	标
1D129	902	901	1D128
1D63	904	903	1D58
1D62	906	905	1D64
1D118	908	907	1D61
1D121	910	909	1D119
1D120	912	911	1D122
	914	913	1D123
	916	915	
	918	917	
	920	919	
1D32	922	921	
1D31	924	923	1LP2-2
1D75	926	925	1LP1-2
	928	927	1LP3-2
	930	929	

端子 A

（空）

端子 B — SW1

标	端子	端子	标
1D89	B02	B01	1D30
1D96	B04	B03	1D92
1D95	B06	B05	1D59
	B08	B07	
1D45	B10	B09	1D55
1D40	B12	B11	1D49
1D35	B14	B13	1D50
1D38	B16	B15	1D47
1D42	B18	B17	1D46
1D90	B20	B19	1D91
1D94	B22	B21	1D98
1D93	B24	B23	1D97
1D65	B26	B25	1D66
1D67	B28	B27	
1D44	B30	B29	1D43

端子 E — YQ

标	端子	端子	标
1D24	E02	E01	1D23
1D26	E04	E03	1D25
1D12	E06	E05	1D9
1D10	E08	E07	1ZKK-1
1ZKK-3	E10	E09	1D13
1D14	E12	E11	1D11
1D106	E14	E13	1ZKK-5
1D105	E16	E15	1D107
1D110	E18	E17	1D109
1D112	E20	E19	1D108
1D111	E22	E21	1D113
1D116	E24	E23	1D115
1D68	E26	E25	1D114
1D60	E28	E27	1D69
1D54	E30	E29	

注：503,506,509,512不直接接地

注：图中标"*"号的为交流电流回路

图 P-3　线路保护柜 RCS-941A 背面接线图（一）

1nB19	91		
1nB03	92		
1nB24	93		
1nB22	94		
1nB06	95		
1nB04	96		
1nB23	97		
1nB21	98		
	99		
	100		
	101		
	102		
	103		
	104		
1nE16	105		
1nE14	106		
1nE15	107		
1nE19	108		
1nE17	109		
1nE18	110		
1nE22	111		
1nE20	112		
1nE21	113		
1nE25	114		
1nE23	115		
1nE24	116		
	117		
1n908	118		
1n909	119		
1n912	120		
1n910	121		
1n911	122		
1n913	123		
	124		
	125		
	126		
	127		
1n901	128		
1n902	129		
	130		
1K1-1	131	+KM	
	132		
1K1-3	133	-KM	
	134		
	135		

1nB17	46	跳闸线圈	*
1nB15	47		*
	48		*
1nB11	49	合闸线圈	*
1nB13	50		*
	51		*
1n102	52	1K1-4	*
	53		*
1nE30	54	切换	
1nB09	55	1K2-4	
	56		
	57		
1n903	58	+XM	
1nB05	59		
1nE28	60		
1n907	61		
1n906	62		
1n904	63		
1n905	64		
1nB26	65		
1nB25	66		
1nB27	67		
1nE26	68		
1nE27	69		
	70		
	71		
	72		
	73		
	74		
1n926	75		
1LP3-1	76		
	77		
1n104	78		
1LP4-1	79		
1n614	80		
	81		
1n611	82		
1LP13-2	83		
1n618	84		
1n601	85		
	86		
	87		
	88		
1nB02	89		
1nB20	90		

1D		
1n201	1	1IA
1n202	2	1IA'
1n203	3	1IB
1n204	4	1IB'
1n205	5	1IC
1n206	6	1IC'
1n207	7	1IN
1n208	8	1IN'
1nE05	9	1UA1
1nE08	10	1UB1
1nE11	11	1UC1
1nE06	12	1UA2
1nE09	13	1UB2
1nE12	14	1UC2
1ZKK-1	15	1UA
1ZKK-3	16	1UB
1ZKK-5	17	1UC
1n212	18	1UN
1n214	19	1UXN
1n213	20	1UX
	21	
	22	
1nE01	23	
1nE02	24	
1nE03	25	
1nE04	26	
	27	
1n101	28	1K1-2
	29	
1nB01	30	1K2-2
1n924	31	
1n922	32	
	33	
	34	
1nB14	35	
	36	
	37	
1nB16	38	1LP1-1
	39	
1nB12	40	
	41	
1nB18	42	1LP2-1
1nB29	43	
1nB30	44	
1nB10	45	

注：图中标"＊"号的为交流电流回路。

图 P-4 线路保护柜 RCS-941A 背面接线图（二）

图 P-5 线路保护柜 RCS-941A 背面接线图(三)

2n RCS-941A

1 DC

2D28	101	*
2D52	102	*
	103	*
2D78	104	*
2n615	105	
	106	

2 AC

2D1	201	2D2	202	*
2D3	203	2D4	204	*
2D5	205	2D6	206	*
2D7	207	2D8	208	*
2ZK K-2	209	2ZK K-4	210	
2ZK K-6	211	2D18	212	
2D20	213	2D19	214	

接地

5 COM

485+	501	#
485-	502	#
地	503	#
485+	504	#
485-	505	#
地	506	#
SYN+	507	#
SYN-	508	#
地	509	#
PP-20	510	
PP-3	511	
PP-7	512	

注:503,506,509,512不直接接地

6 OPT1

2YA-2	602	2D85	601
2FA-2	604	2LP4-2	603
2LP5-2	606	2LP10-2	605
2LP7-2	608	2LP6-2	607
2LP9-2	610	2LP8-2	609
2LP11-2	612	2D82	611
2D80	614		613
616	2n105		615
2D84	618	2LP12-2	617
	620		619
	622		621
	624		623
	626		625
	628		627
	630		629

9 OUT1

2D129	902	2D128	901
2D63	904	2D58	903
2D62	906	2D64	905
2D118	908	2D61	907
2D121	910	2D119	909
2D120	912	2D122	911
	914	2D123	913
	916		915
	918		917
	920		919
2D32	922		921
2D31	924	2LP2-2	923
2D75	926	2LP1-2	925
	928	2LP3-2	927
	930		929

A

B SWI

2D89	B02	2D30	B01
2D96	B04	2D92	B03
2D95	B06	2D59	B05
	B08		B07
2D45	B10	2D55	B09
2D40	B12	2D49	B11
2D35	B14	2D50	B13
2D38	B16	2D47	B15
2D42	B18	2D46	B17
2D90	B20	2D91	B19
2D94	B22	2D98	B21
2D93	B24	2D97	B23
2D65	B26	2D66	B25
	B28	2D67	B27
2D44	B30	2D43	B29

E YQ

2D24	E02	2D23	E01
2D26	E04	2D25	E03
2D12	E06	2D9	E05
2ZKK-3	E08	2ZKK-1	E07
2D10	E10	2D13	E09
2D14	E12	2D11	E11
2D106	E14	2ZKK-5	E13
2D105	E16	2D107	E15
2D110	E18	2D109	E17
2D112	E20	2D108	E19
2D111	E22	2D113	E21
2D116	E24	2D115	E23
2D68	E26	2D114	E25
2D60	E28	2D69	E27
2D54	E30		E29

注:图中标"*"号的为交流电流回路

	91	2nB19
	92	2nB03
	93	2nB24
	94	2nB22
	95	2nB06
	96	2nB04
	97	2nB23
	98	2nB21
	99	
	100	
	101	
	102	
	103	
	104	
	105	2nE16
	106	2nE14
	107	2nE15
	108	2nE19
	109	2nE17
	110	2nE18
	111	2nE22
	112	2nE20
	113	2nE21
	114	2nE25
	115	2nE23
	116	2nE24
	117	
	118	2n908
	119	2n909
	120	2n912
	121	2n910
	122	2n911
	123	2n913
	124	
	125	
	126	
	127	
	128	2n901
	129	2n902
	130	
+KM	131	2K1-1
	132	
−KM	133	2K1-3
	134	
	135	

跳闸线圈	46	2nB17
	47	2nB15
	48	
合闸线圈	49	2nB11
	50	2nB13
	51	
2K1-4	52	2n102
	53	
切换	54	2nE30
2K2-4	55	2nB09
	56	
	57	
+XM	58	2n903
	59	2nB05
	60	2nE28
	61	2n907
	62	2n906
	63	2n904
	64	2n905
	65	2nB26
	66	2nB25
	67	2nB27
	68	2nE26
	69	2nE27
	70	
	71	
	72	
	73	
	74	
	75	2n926
	76	2LP3-1
	77	
	78	2n104
	79	2LP4-1
	80	2n614
	81	
	82	2n611
	83	2LP13-2
	84	2n618
	85	2n601
	86	
	87	
	88	
	89	2nB02
	90	2nB20

2D			
2IA	1	2n201	*
2I′A	2	2n202	*
2I B	3	2n203	*
2I′B	4	2n204	*
2IC	5	2n205	*
2I′C	6	2n206	*
2IN	7	2n207	*
2I′N	8	2n208	*
2UA1	9	2nE05	
2UB1	10	2nE08	
2UC1	11	2nE11	
2UA2	12	2nE06	
2UB2	13	2nE09	
2UC2	14	2nE12	
2UA	15	2ZKK-1	
2UB	16	2ZKK-3	
2UC	17	2ZKK-5	
2UN	18	2n212	
2UXN	19	2n214	
2UX	20	2n213	
	21		
	22		
	23	2nE01	
	24	2nE02	
	25	2nE03	
	26	2nE04	
	27		
2K1-2	28	2n101	
	29		
2K2-2	30	2nB01	
	31	2n924	
	32	2n922	
	33		
	34		
	35	2nB14	
	36		
	37		
2LP1-1	38	2nB16	
	39		
	40	2nB12	
	41		
2LP2-1	42	2nB18	
	43	2nB29	
	44	2nB30	
	45	2nB10	

(2FA)
① ②
2LP13-1　2n604
2YA-1

(2YA)
① ②
2FA-1　2n602

注：图中标"＊"号的为交流电流回路。

图 P-6　线路保护柜 RCS-941A 背面接线图（四）

397

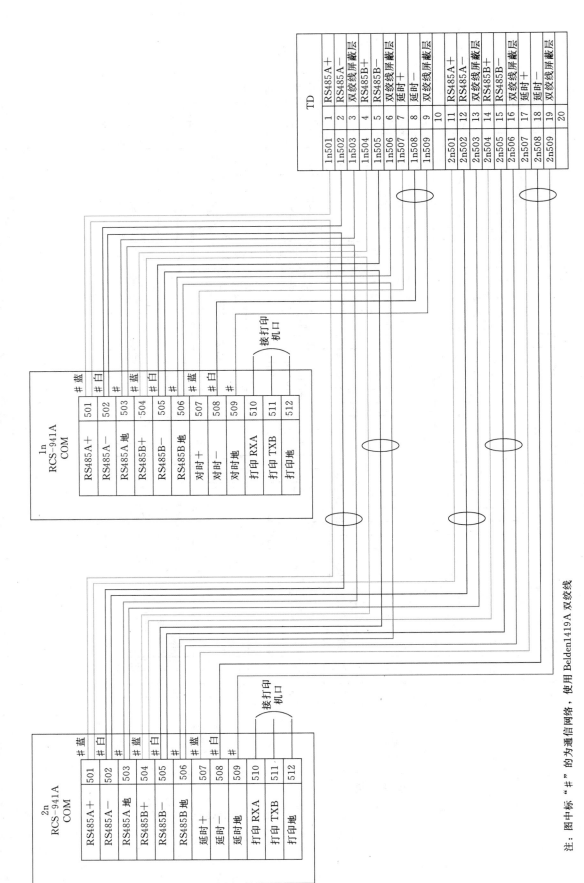

图 P－7　线路保护柜柜内通信电缆背面接线图

注：图中标"＃"的为通信网络，使用 Belden1419A 双绞线

DYQK 接点位置表（LW21-16/4.67226）

接点 运行方式	1-2 3-4 5-6	7-8 9-10 11-12	13-14 15-16 17-18	19-20 21-22 23-24
打印 1 ↙	✕	│ │ │	│ │ │	│ │ │
打印 2 ←	│ │ │	✕	│ │ │	│ │ │
打印 3 ↖	│ │ │	│ │ │	✕	│ │ │
打印 4 →	│ │ │	│ │ │	│ │ │	✕

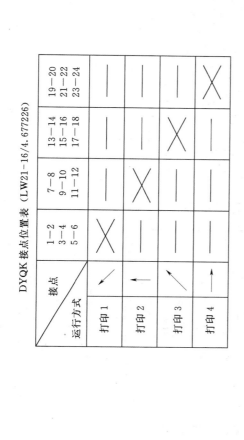

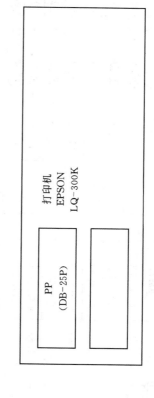

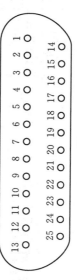

注：DB 抽头与 DYQK 之间用芯线连接

图 P-8　线路保护柜 DYQK 背面接线图

399

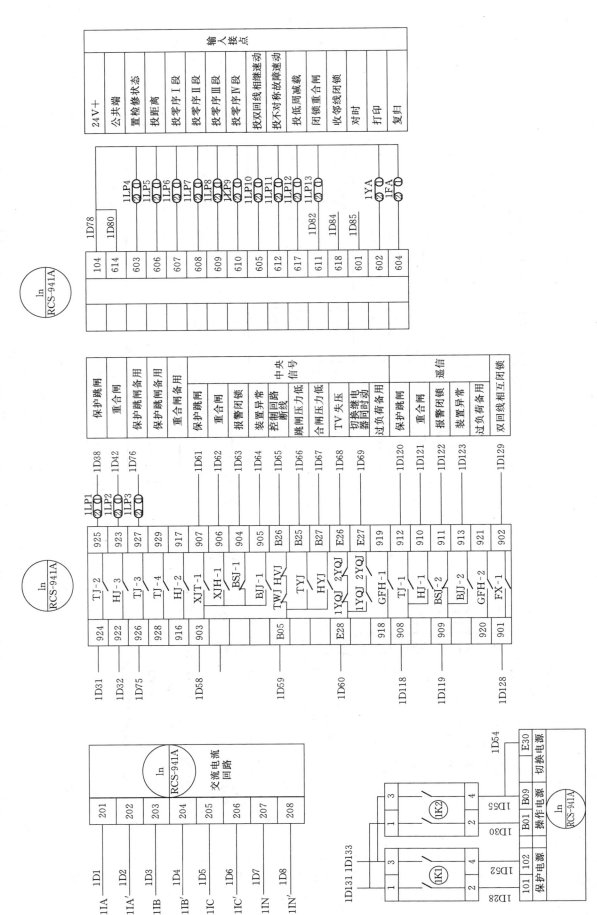

图 P－9　线路保护柜 RCS－941A 保护回路图

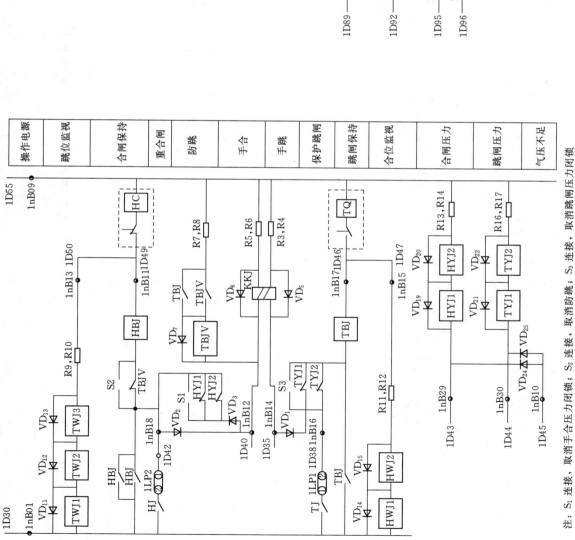

注：S_1 连接、取消手合压力闭锁；S_2 连接、取消防跳；S_3 连接、取消跳闸压力闭锁

图 P-10 线路保护柜 RCS-941A 操作回路图

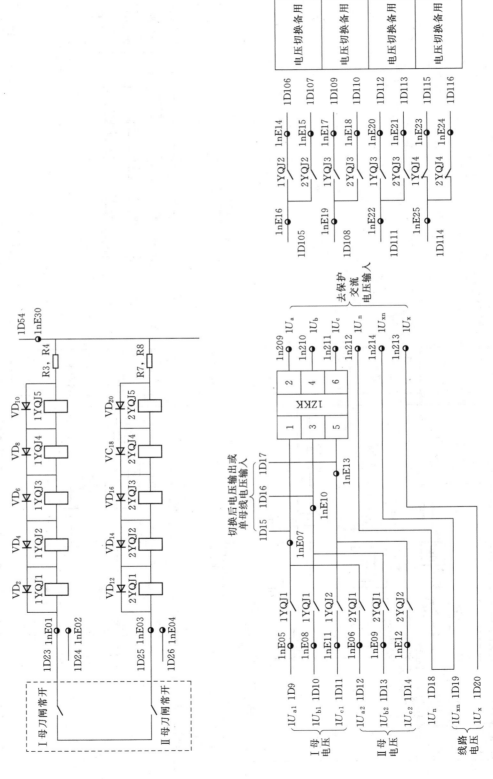

图 P-11 线路保护柜 RCS-941A 电压切换回路图

402

附录 Q RCS-941A 保护与继电保护测试仪的连接连线图

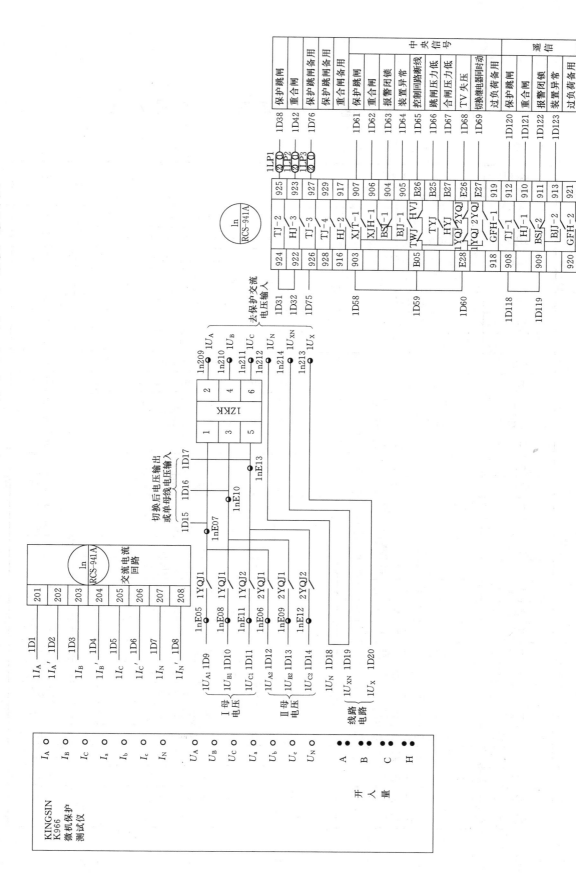

附录 R 常用电气设备新旧文字符号对照表

文字符号	中文含义	英 文 含 义	旧符号
A	装置；设备	device；equipment	—
A	放大器	ampliffier	FD
APD	备用电源自动投入装置	auto－put－into device of reserve－source	BZT
ARD	自动重合闸装置	auto－reclosing devise	ZCH
C	电容；电容器	electric capacity；capacitor	C
F	避雷器	arrester	BL
FU	熔断器	fuse	RD
G	发电机；电源	generator；source	F
GN	绿色指示灯	green indicator lamp	LD
HDS	高压配电所	high－voltage distribution substation	GPS
HL	指示灯；信号灯	indicator lamp；pilot lamp	XD
HSS	总降压变电所	head step－down substation	ZBS
K	继电器；接触器	relay；contactor	J；C、JC
KA	电流继电器	current relay	LJ
KAR	重合闸继电器	auto－reclosing relay	CHJ
KG	气体继电器	gas relay	WSJ
KH	热继电器	heating relay	RJ
KM	中间继电器	medium relay	ZJ
	辅助继电器	auxiliary relay	
KM	接触器	contactor	C、JC
KO	合闸接触器	closing contactor	HC
KR	干簧继电器	reed relay	GHJ
KS	信号继电器	signal relay	XJ
KT	时间继电器	time－delay relay	SJ
KU	冲击继电器	impulsing relay	CJJ
KV	电压继电器	voltage relay	YJ
L	电感；电感线圈	inductance；inductive coil	L
L	电抗器	reactor	L，DK
M	电动机	motor	D
N	中性线	neutral wire	N
PA	电流表	ammeter	A

文字符号	中文含义	英 文 含 义	旧符号
PE	保护线	protective wire	—
PEN	保护中性线	protective neutral wire	N
PJ	电能表	Waft – hour meter、var – hour meter	Wh、varh
PV	电压表	Voltmeter	V
Q	电力开关	power switch	K
QA	自动开关（低压断路器）	auto – switch	ZK
QDF	跌开式熔断器	drop – out fuse	DR
QF	断路器	circuit – breaker	DL
QF	低压断路器（自动开关）	low – voltage circuit – breaker（auto – switch）	ZK
QK	刀开关	knife – switch	DK
QL	负荷开关	load – switch	FK
QM	手动操作机构辅助触点	auxiliary contact of manual operating	—
QS	隔离开关	mechanism	GK
R	电阻；电阻器	switch – disconnector；resistance；resistor	R
RD	红色指示灯	red indicator lamp	HD
RP	电位器	potential meter	W
S	电力系统	electric power system	XT
S	起辉器	glow starter	S
SA	控制开关	control switch	KK
SA	选择开关	selector switch	XK
SB	按钮	push – button	AN
STS	车间变电所	shop transformer substation	CBS
T	变压器	transformer	B
TA	电流互感器	current transformer	LH
TAN	零序电流互感器	neutral – current transformer	LLH
TV	电压互感器	voltage transformer	YH
U	变流器	converter	BL
U	整流器	rectifier	ZL
V	二极管	diode	D
V	晶体（三极）管	transistor	T
W	母线；导线	busbar；wire	M；L、XL
WA	辅助小母线	auxiliary small – busbar	—
WAS	事故音响信号小母线	accident sound signal small – busbar	SYM
WB	母线	busbar	M
WC	控制小母线	control small – busbar	KM

文字符号	中文含义	英 文 含 义	旧符号
WF	闪光信号小母线	Flash – light signal small – busbar	SM
WFS	预告信号小母线	forecast signal small – busbar	YBM
WL	灯光信号小母线	lighting signal small – busbar	DM
WL	线路	line	L、XL
WO	合闸电源小母线	switch – on source small – busbar	HM
WS	信号电源小母线	signal source small – busbar	XM
WV	电压小母线	Voltage small – busbar	YM
X	电抗	reactance	X
X	端子板，接线板	terminal block	—
XB	连接片；切换片	link；switching block	LP；QP
YA	电磁铁	electromagnet	DC
YE	黄色指示灯	yellow indecator lamp	UD
YO	合闸线圈	clossing operation coil	HQ
YR	跳闸线圈，脱扣器	opening operation coil，release	TQ

参 考 文 献

[1] 许正亚. 电力系统安全自动装置. 北京：中国水利水电出版社，2006.
[2] 谷水清. 电力系统继电保护. 北京：中国电力出版社，2005.
[3] 何永华，闫晓霞. 新标准电气工程图. 北京：中国水利水电出版社，1996.
[4] 郭光荣. 电力系统继电保护. 北京：高等教育出版社，2006.
[5] 金建源. 继电保护测试技术. 北京：水利电力出版社，1993.
[6] 王大鹏，吴璨岚. 电力系统继电保护测试技术. 北京：中国电力出版社，2006.
[7] 罗仕萍. 微机保护实现原理及装置. 北京：中国电力出版社，1996.
[8] 贺家李. 电力系统继电保护原理（增订版）. 北京：中国电力出版社，2004.
[9] 王梅义. 四统一高压线路继电保护装置原理设计. 北京：水利电力出版社，1990.
[10] 李宏任. 实用继电保护. 北京：机械工业出版社，2002.
[11] 张举. 微型机继电保护原理. 北京：中国水利水电出版社，2004.
[12] GB/T 7261—2000 继电器及装置基本实验方法. 北京：中国标准出版社，2001.
[13] GB/T 2900. 17—94 电工术语电气继电器. 北京：中国标准出版社，1994.
[14] GB/T 2900. 63—2003 电工术语基础继电器. 北京：中国标准出版社，2003.
[15] GB/T 2900. 64—2003 电工术语有或无时间继电器. 北京：中国标准出版社，2003.
[16] GB/T 14047—1993 量度继电器和保护装置. 北京：中国标准出版社，1993.
[17] GB/T 10232—94 电气继电器，第 7 部分：有或无机电继电器测试程序. 北京：中国标准出版社，1995.
[18] GB/T 14598. 12—1998 电气继电器，第 19 部分：空白详细规范：有质量评定的有或无机电继电器实验一览表1，2 和 3. 北京：中国标准出版社，1999.
[19] GB/T 14598. 11—1997 电气继电器，第 19 部分：分规范：有质量评定的有或无机电继电器. 北京：中国标准出版社，1998.
[20] GB/T 14598. 2—1993 电气继电器：有或无电气继电器. 北京：中国标准出版社，1994.
[21] GB/T 15633—1995 非定时限单输入激励量的量度继电器及保护装置. 北京：中国标准出版社，1996.
[22] 高华. 新型继电保护发展现状综述. 电力自动化设备，2005（5）.
[23] 金明，兰勇，袁博强. 微机型继电保护测试装置的功能与现状. 继电器. 2001（3）.
[24] 国家电力调度通信中心电力系统继电保护规定汇编. 北京：中国电力出版社，1997.
[25] 国家电力调度通信中心电力系统继电保护实用技术问答. 北京：中国电力出版社，1997.
[26] RCS－902 系列超高压线路成套保护装置技术说明书. 南瑞继保. 2006.
[27] RCS－931 系列超高压线路成套保护装置技术说明书. 南瑞继保. 2006.
[28] RCS－941 系列超高压线路成套保护装置技术说明书. 南瑞继保. 2006.
[29] RCS－985 系列发变组保护装置技术说明书. 南瑞继保. 2006.
[30] RCS－978 系列变压器保护装置技术说明书. 南瑞继保. 2006.
[31] RCS－923A 型断路器失灵起动及辅助保护装置技术说明书. 南瑞继保. 2006.
[32] RCS－915AB 型微机母线保护装置技术和使用说明. 南瑞继保. 2006.
[33] RCS－9000 系列 C 型线路保护测控装置技术和使用说明. 南瑞继保. 2006.
[34] 李晓明，王奎. 微型继电保护实用培训教材. 北京：中国电力出版社，2004.